工业和信息化"十三五"人才培养规划教材

信息处理技术

（Windows 7+Office 2010）（微课版）

The Technologies of Information Processing

薛海斌 段智毅 主编

王云江 陈阳 副主编

人民邮电出版社

北京

图书在版编目（CIP）数据

信息处理技术 : Windows 7+Office 2010 : 微课版 /
薛海斌，段智毅主编. -- 北京 : 人民邮电出版社，
2020.9
　　工业和信息化"十三五"人才培养规划教材
　　ISBN 978-7-115-54565-7

　　Ⅰ. ①信… Ⅱ. ①薛… ②段… Ⅲ. ①Windows操作系
统—高等学校—教材②办公自动化—应用软件—高等学校
—教材 Ⅳ. ①TP316.7②TP317.1

中国版本图书馆CIP数据核字(2020)第138889号

内 容 提 要

本书全面系统地介绍计算机基础知识及其基本操作。本书共分 12 个项目，内容包括了解计算机基础知识、学习计算机系统知识、认识 Windows 7 操作系统、管理计算机中的资源、编辑 Word 文档、排版文档、制作 Excel 表格、计算和分析 Excel 数据、制作幻灯片、设置并放映演示文稿、使用 Internet 和了解计算机常用工具。

本书既可作为高等职业院校信息处理技术课程的教材，也可作为广大计算机爱好者学习计算机基础知识和操作技能的参考用书。

◆　主　　编　薛海斌　段智毅

　　副 主 编　王云江　陈　阳

　　责任编辑　刘　佳

　　责任印制　王　郁　马振武

◆　人民邮电出版社出版发行　　北京市丰台区成寿寺路 11 号

　　邮编　100164　　电子邮件　315@ptpress.com.cn

　　网址　https://www.ptpress.com.cn

　　三河市中晟雅豪印务有限公司印刷

◆　开本：787×1092　1/16

　　印张：18.5　　　　　　　　2020 年 9 月第 1 版

　　字数：506 千字　　　　　　2020 年 9 月河北第 1 次印刷

定价：59.80 元

读者服务热线：(010)81055256　印装质量热线：(010)81055316
反盗版热线：(010)81055315
广告经营许可证：京东市监广登字 20170147 号

前　言 FOREWORD

随着互联网技术的飞速发展和日益广泛的应用，"互联网+"已经深入人们的生活，计算机成为人们学习、工作和生活的基本工具，运用计算机进行信息处理已成为每位大学生必备的基本能力。

以立德树人为根本，以服务发展为宗旨，以促进就业为导向，不断完善集"通识教育、专业教育、个性发展教育、创新创业教育"为一体的"四位一体"人才培养模式是高等职业院校坚持深化改革、内涵发展，全面提升职业院校教育教学质量的路径之一。本书是针对"四位一体"人才培养模式中通识教育方面的公共基础课程模块中的"信息处理技术"课程的教材。通过学习本书，学生能够掌握计算机的基本概念和相关理论，具备利用计算机解决学习、工作、生活中常见问题的基本能力，具备信息表达能力，能够熟练使用 Office 办公软件，具备一定的网络信息交流和检索能力，能够利用网络与他人交流，完成获取、加工、分析和发布信息的工作任务。

本书的内容

本书内容紧跟当下的主流技术，讲解了以下 6 个部分的内容。

① 计算机基础知识（项目一～项目四）。该部分主要包括计算机的发展、计算机中信息的表示和存储、多媒体技术、计算机系统的组成、鼠标和键盘的使用、了解 Windows 7 操作系统、定制 Windows 7 工作环境、设置和使用汉字输入法、管理文件和文件夹资源、管理程序和硬件资源等内容。

② Word 2010 文字处理（项目五、项目六）。该部分主要通过输入和编辑学习计划、编辑招聘启事、编辑公司简介、制作图书采购单、排版考勤管理规范和毕业论文等，详细讲解 Word 2010 的基本操作、字符格式的设置、段落格式的设置、图片的插入与设置、表格的使用和图文混排的方法，以及编辑目录和长文档等 Word 文档制作与编辑的相关知识。

③ Excel 2010 电子表格（项目七、项目八）。该部分主要通过制作学生成绩表、产品价格表、产品销售测评表、统计分析员工绩效表和销售分析表等，详细讲解 Excel 2010 的基本操作、输入数据、设置工作表格式、使用公式与函数进行运算、筛选数据和分类汇总、用图表分析数据和打印工作表的相关知识。

④ PowerPoint 2010 幻灯演示（项目九、项目十）。该部分通过制作工作总结演示文稿、产品上市策划演示文稿、市场分析演示文稿和课件演示文稿，详细讲解幻灯片制作软件 PowerPoint 2010 的基本操作，介绍为幻灯片添加文字、图片和表格等对象的方法，以及如何设置演示文稿及幻灯片的切换、动画效果、放映效果和打包演示文稿等知识。

⑤ 网络应用（项目十一）。该部分主要讲解计算机网络基础知识、Internet 基础知识和 Internet 的应用等知识。

⑥ 计算机常用工具（项目十二）。该部分主要讲解防治计算机病毒、文件压缩等知识。

本书的特色

本书具有以下特色。

（1）能力本位，立足实用。本书的设计理念是"以学生能力为本位"，在编写过程中贯彻"立足实用"的原则，融基础知识和基本技能于一体。

（2）任务驱动，目标明确。每个项目分为几个不同的任务来完成，每个任务讲解时先结合情景式教学模式给出"任务要求"，便于学生了解实际工作需求并明确学习目的，然后列出完成任务需要具备的相关知识，再将操作实施过程分为几个具体的操作阶段来学习。

（3）深入浅出，内容全面。本书在注重系统性和科学性的基础上，突出了实用性及可操作性，对重点概念和操作技能进行详细讲解，语言流畅，内容丰富，符合计算机基础教学的规律，并满足社会人才培养的要求。

本书由杨凌职业技术学院薛海斌、段智毅任主编，王云江、陈阳任副主编。其中段智毅编写了项目一，项目二，薛海斌编写了项目三、项目四、项目五、项目六，王云江编写了项目七、项目八、项目九、项目十，陈阳编写了项目十一、项目十二。全书由段智毅筹划并统稿。

本书在编写过程中得到了多位同仁的大力支持，在此一并表示感谢！

由于编者水平有限，书中难免存在欠妥之处，敬请各位读者和专家批评指正。

编者
2020 年 4 月

目录 CONTENTS

项目一　了解计算机基础知识

　　计算机是 20 世纪人类最伟大的发明之一，它的出现使人类迅速步入了信息社会。在信息化的今天，以计算机技术为基础的信息处理技术在经济和社会发展中的作用日益加强，因此，掌握信息处理技术与能力已成为现代大学生的基本素质与能力要求之一。

　　本项目将通过 3 个任务，介绍计算机的基础知识，包括计算机的发展，计算机中信息的表示和存储，以及多媒体技术的相关知识，为后面项目的学习奠定基础。

学习目标

- 认识计算机的发展
- 了解计算机中信息的表示和存储
- 认识多媒体技术

任务一　认识计算机的发展

任务要求

　　本任务要求学生了解计算机的诞生及发展过程，认识计算机的特点、应用和分类，了解计算机的发展趋势，并熟悉信息技术的相关概念。

任务实现

（一）了解计算机的发展过程

　　现代电子计算机技术的飞速发展，离不开人类科技知识的积累，离不开许许多多热衷于此并呕心沥血的科学家的探索，正是这一代代的积累才构筑了今天的信息社会。

　　现代计算机问世之前，计算机的发展经历了机械式计算机、机电式计算机和萌芽期的电子计算机三个阶段。

　　早在 17 世纪，欧洲一批数学家就已开始设计和制造以数字形式进行基本运算的数字计算机。1642 年，法国数学家帕斯卡采用与钟表类似的齿轮传动装置，制成了最早的十进制加法器。1678 年，德国数学家莱布尼茨制成的计算机，进一步解决了十进制数的乘、除运算。

　　英国数学家巴贝奇在 1822 年制作差分机模型时提出一个设想，每完成一次算术运算将发展为自动完成某个特定的完整运算过程。1884 年，巴贝奇设计了一种程序控制的通用分析机。这台分析机虽然已经描绘出有关程序控制方式计算机的雏形，但限于当时的技术条件而未能实现。

　　巴贝奇的设想提出以后的一百多年间，电磁学、电工学、电子学不断取得重大进展。在元件、器件方面接连发明了真空二极管和真空三极管；在系统技术方面，相继发明了无线电报、电视和雷达……所有这些成就为现代计算机的发展准备了技术和物质条件。

与此同时，数学、物理也相应地蓬勃发展。到了 20 世纪 30 年代，物理学的各个领域经历着定量化的阶段，描述各种物理过程的数学方程中，有的用经典的分析方法已很难解决。于是，数值分析受到了重视，研究出各种数值积分、数值微分，以及微分方程数值解法，把计算过程归结为巨量的基本运算，从而奠定了现代计算机的数值算法基础。

社会上对先进计算工具产生了多方面迫切的需要，是促使现代计算机诞生的根本动力。20 世纪以后，各个科学领域和技术部门的计算困难堆积如山，已经阻碍了学科的继续发展。特别是第二次世界大战爆发前后，军事科学技术对高速计算工具的需要尤为迫切。在此期间，德国、美国、英国都在进行计算机的开拓工作，几乎同时开始了机电式计算机和电子计算机的研究。

德国的朱赛最先采用电气元件制造计算机。他在 1941 年制成的全自动继电器计算机 Z-3，已具备浮点记数、二进制运算、数字存储地址的指令形式等现代计算机的特征。在美国，1940～1947 年期间也相继制成了继电器计算机 MARK-1、MARK-2、Model-1、Model-5 等。不过，继电器的开关速度大约为百分之一秒，使计算机的运算速度受到很大限制。

电子计算机的开拓过程，经历了从制作部件到整机、从专用机到通用机、从"外加式程序"到"存储程序"的演变。1938 年，美籍保加利亚学者阿塔纳索夫首先制成了电子计算机的运算部件。1943 年，英国外交部通信处制成了"巨人"电子计算机。这是一种专用的密码分析机，在第二次世界大战中得到了应用。

世界上第一台真正意义上的电子计算机于 1946 年 2 月在美国宾夕法尼亚大学莫尔学院问世，它就是电子数字积分计算机（Electronic Numerical Integrator And Calculator，ENIAC）。ENIAC 重 30t，占地 170 ㎡，用了 18 000 多只电子管，1 500 多个继电器，耗电 150kW，每秒完成 5 000 次加法运算。当时正是第二次世界大战期间，ENIAC 被专门用于炮弹弹道的计算。后经多次改进，ENIAC 成为能进行各种科学计算的通用计算机。这台完全采用电子线路执行算术运算、逻辑运算和信息存储的计算机，运算速度比继电器计算机快 1 000 倍，如图 1-1 所示。

微课：计算机的
诞生及发展过程

图 1-1　世界上第一台计算机 ENIAC

但是，ENIAC 的程序仍然是外加式的，存储容量也太小，尚未完全具备现代计算机的主要特征。

新的重大突破是由美籍匈牙利数学家冯·诺依曼（John von Neumann）领导的设计小组完成的。1945 年 3 月，他们发表了一个全新的存储程序式通用电子计算机方案——电子离散变量自动计算机（Electronic Discrete Variable Automatic Computer，EDVAC）。随后于 1946 年 6 月，冯·诺依曼等人提出了更为完善的设计报告"电子计算机装置逻辑结构初探"。同年 7~8 月间，他们又在莫尔学院为美国和英国 20 多个机构的专家讲授了专门课程"电子计算机设计的理论和技术"，推动了存储程序式计算机的设计与制造。

冯·诺依曼的构思一直被沿用至今，所以现代计算机一般称为冯·诺依曼型计算机。冯·诺依曼式体系结构的特点概括如下。

① 采用二进制表示数据和指令。

② 存储程序。即将编写好的程序和原始数据预先存储在存储器中，计算机工作时通过控制器连续、自动、高速地从存储器中取出一条条指令并执行，从而自动完成预定的任务。

③ 计算机硬件系统由运算器、存储器、控制器、输入设备和输出设备五大部件组成。

1949 年，英国剑桥大学数学实验室率先制成电子离散时序自动计算机；美国则于 1950 年制成了东部标准自动计算机等。至此，电子计算机发展的萌芽时期遂告结束，开始了现代计算机的发展时期。

从第一台计算机 ENIAC 诞生至今的几十年，计算机技术成为发展最快的现代技术之一，根据计算机所采用的物理器件，可以将计算机的发展划分为 4 个阶段，如表 1-1 所示。

表 1-1 计算机发展的 4 个阶段

阶段	划分年代	采用的元器件	运算速度（每秒指令数）	主要特点	应用领域
第一代计算机	1946~1957 年	电子管	几千条	主存储器采用磁鼓，体积庞大、耗电量大、运行速度低、可靠性较差和内存容量小	国防及科学研究工作
第二代计算机	1958~1964 年	晶体管	几万~几十万条	主存储器采用磁芯，开始使用高级程序及操作系统，运算速度提高、体积减小	工程设计、数据处理
第三代计算机	1965~1970 年	中小规模集成电路	几十万~几百万条	主存储器采用半导体存储器，集成度高、功能增强和价格下降	工业控制、数据处理
第四代计算机	1971 年至今	大规模、超大规模集成电路	上千万~万亿条	计算机走向微型化，性能大幅度提高，软件也越来越丰富，为网络化创造了条件。同时计算机逐渐走向人工智能化，并采用了多媒体技术，具有听、说、读和写等功能	工业、生活等各个方面

（二）认识计算机的特点、应用和分类

随着科学技术的发展，计算机已被广泛应用于各个领域，在人们的生活和工作中起着重要的作用。下面介绍计算机的特点、应用和分类。

1. 计算机的特点

计算机之所以具有如此强大的功能，是由它的特点所决定的。计算机主要有以下 5 个主要

特点。

（1）高速的运算能力

计算机具有高速的运算速度，现在的计算机的速度甚至达到每秒几十亿次乃至上百亿次。例如，为了将圆周率 π 的近似值计算到 707 位，一位数学家曾为此花十几年的时间，而如果用现代的计算机来计算，可能瞬间就能完成，同时可达到小数点后 200 万位。

（2）计算精度高

一般的微型机可以达到十几位有效数字，巨型机还可以达到更高的精确度。计算机可以完成人力难以完成的高精度控制或高速操作任务。

（3）逻辑判断准确

计算机可以进行各种逻辑判断，具有可靠的判断能力。这种逻辑判断能力是通过程序实现的，可以实现计算机工作的自动化，从而保证计算机控制的判断可靠、反应迅速、控制灵敏。

（4）存储能力强大

在计算机中有容量很大的存储装置，不仅可以长久性地存储大量的文字、图形、图像、声音等信息资料，还可以存储指挥计算机工作的程序。

（5）能自动完成各种工作

计算机能自动控制和操作，只要将事先编制好的应用程序输入计算机，计算机就能自动按照程序规定的步骤完成预定的处理任务。

2. 计算机的应用

在计算机诞生的初期，计算机主要被应用于科研和军事等领域，负责的工作内容主要是针对大型的高科技研发活动。近年来，随着社会的发展和科技的进步，计算机的性能不断提高，在社会的各个领域都得到了广泛的应用。

计算机的应用可以概括为以下 6 个方面。

（1）科学计算（或数值计算）

科学计算是指利用计算机来完成科学研究和工程技术中提出的数学问题的计算。在现代科学技术工作中，科学计算问题是大量的和复杂的。利用计算机的高速计算、大存储容量和连续运算的能力，可以实现人工无法解决的各种科学计算问题。例如，建筑设计中为了确定构件尺寸，通过弹性力学导出了一系列复杂方程，长期以来由于计算方法跟不上而一直无法求解。而计算机不但能求解这类方程，并且引起了弹性理论上的一次突破，出现了有限单元法。

目前，科学计算仍然是计算机应用的一个重要领域。如高能物理、工程设计、地震预测、气象预报、航天技术等。由于计算机具有高运算速度和精度以及逻辑判断能力，所以出现了计算力学、计算物理、计算化学、生物控制论等新的学科。

（2）数据处理（信息处理）

数据处理是目前计算机应用最广泛的一个领域。利用计算机可加工、管理与操作任何形式的数据资料，如企业管理、物资管理、报表统计、账目计算、信息情报检索等。据统计，80%以上的计算机主要用于数据处理，这类工作量大面宽，决定了计算机应用的主导方向。

数据处理从简单到复杂已经历了 3 个发展阶段：电子数据处理（Electronic Data Processing，EDP）阶段，在此阶段主要以文件系统为手段，实现一个部门内的单项管理；管理信息系统（Management Information System，MIS）阶段，在此阶段主要以数据库技术为工具，实现一个部门的全面管理，以提高工作效率；决策支持系统（Decision Support System，DSS）阶段，在此阶段主要以数据库、模型库和方法库为基础，帮助决策者提高决策水平，改善运营策略的正确性与有效性。

目前，数据处理已被广泛地应用于办公自动化、企事业计算机辅助管理与决策、情报检索、图书管理、电影电视动画设计、会计电算化等各行各业。信息正在形成独立的产业，多媒体技术使信息展现在人们面前的形式不仅是数字和文字，也有声情并茂的声音和图像信息。

（3）辅助技术（计算机辅助设计与制造）

① 计算机辅助设计（Computer Aided Design，CAD）

计算机辅助设计是利用计算机系统辅助设计人员进行工程或产品设计，以实现最佳设计效果的一种技术。它已被广泛地应用于飞机、汽车、机械、电子、建筑和轻工等领域。例如，在电子计算机的设计过程中，利用 CAD 技术进行体系结构模拟、逻辑模拟、插件划分、自动布线等，从而大大提高了设计工作的自动化程度。又如，在建筑设计过程中，可以利用 CAD 技术进行力学计算、结构计算、绘制建筑图纸等，这样不但提高了设计速度，而且可以大大提高设计质量。

② 计算机辅助制造（Computer Aided Manufacturing，CAM）

计算机辅助制造是利用计算机系统进行生产设备的管理、控制和操作的过程的技术。例如，在产品的制造过程中，用计算机控制机器的运行，处理生产过程中所需的数据，控制和处理材料的流动以及对产品进行检测等。使用 CAM 技术可以提高产品质量，降低成本，缩短生产周期，提高生产率和改善劳动条件。

将 CAD 和 CAM 技术集成，实现设计生产自动化，这种技术被称为计算机集成制造系统（CIMS）。它的实现将真正做到无人化工厂（车间）。

③ 计算机辅助测试（Computer Aided Testing，CAT）

计算机辅助测试是指利用计算机进行复杂而大量的测试工作。

④ 计算机辅助教学（Computer Aided Instruction，CAI）

计算机辅助教学是指利用计算机系统使用课件来进行教学。课件可以用制作工具或高级语言来开发制作，它能引导学生循环渐进地学习，使学生轻松自如地从课件中学到所需要的知识。CAI 的主要特色是交互教育、个别指导和因人施教。

（4）过程控制（或实时控制）

过程控制是指利用计算机及时采集检测数据，按最优值迅速地对控制对象进行自动调节或自动控制。采用计算机进行过程控制，不仅可以大大提高控制的自动化水平，而且可以提高控制的及时性和准确性，从而改善劳动条件、提高产品质量及合格率。因此，计算机过程控制已在机械、冶金、石油、化工、纺织、水电、航天等领域得到广泛应用。例如，在汽车工业方面，利用计算机控制机床、控制整个装配流水线，不仅可以实现精度要求高、形状复杂的零件加工自动化，而且可以使整个车间或工厂实现自动化。

（5）人工智能（或智能模拟）

人工智能（Artificial Intelligence，AI）是研究、开发用于模拟、延伸和扩展人类智能的理论、方法、技术及应用系统的一门新的科学技术。人工智能能够利用计算机模拟人类的智能活动，诸如感知、判断、理解、学习、问题求解和图像识别等。现在人工智能的研究已取得不少成果，有些已开始走向实用阶段。例如，能模拟高水平医学专家进行疾病诊疗的专家系统，具有一定思维能力的智能机器人等。

（6）网络应用

计算机技术与现代通信技术的结合构成了计算机网络。计算机网络的建立，不仅解决了一个单位、一个地区、一个国家中计算机与计算机之间的通信，各种软、硬件资源的共享，也大大促进了国际间的文字、图像、视频和声音等各类数据的传输与处理。如银行服务系统、交通售票系统、网上各种信息的查询等。

3. 计算机的分类

计算机的种类非常多，划分的方法也有很多种。

按计算机的用途可将其分为专用计算机和通用计算机两种。其中，专用计算机是指为适应某种特殊需要而设计的计算机，如计算导弹弹道的计算机等，因为这类计算机都增强了某些特定功能，忽略一些次要要求，所以有高速度、高效率、使用面窄和专机专用的特点；通用计算机广泛适用于一般科学运算、学术研究、工程设计和数据处理等领域，具有功能多、配置全、用途广和通用性强等特点，目前市场上销售的计算机大多属于通用计算机。

微课：计算机的分类

按计算机的性能、规模和处理能力，可以将计算机分为巨型机、大型机、中型机、小型机和微型机 5 类，具体介绍如下。

① 巨型机。巨型机（见图 1-2）也称巨型计算机或高性能计算机，是速度最快、处理能力最强的计算机，是为少数部门的特殊需要而设计的。通常，巨型机多用于国家高科技领域和尖端技术研究。巨型机的性能是一个国家科研实力的体现，现有的巨型计算机运算速度大多可以达到每秒一万亿次以上。2014 年 6 月，在德国莱比锡市发布的世界巨型计算机 500 强排行榜上，中国巨型计算机系统"天河二号"位居榜首，其浮点运算速度达到每秒 33.86 千万亿次。

② 大型机。大型机（见图 1-3）或称大型主机，其特点是运算速度快、存储量大和通用性强，主要针对计算量大、信息流通量多、通信能力高的用户，如银行、政府部门和大型企业等。目前，生产大型主机的公司主要有 IBM 等。

③ 中型机。中型机的性能低于大型机，其特点是处理能力强，常用于中小型企业和公司。

④ 小型机。小型机是指采用精简指令集处理器，性能和价格介于微型机服务器和大型机之间的一种高性能 64 位计算机。小型机的特点是结构简单、可靠性高和维护费用低，常用于中小型企业。随着微型计算机的飞速发展，小型机最终被微型机取代的趋势已非常明显。

图 1-2　巨型机 　　　　　　　　　图 1-3　大型机

⑤ 微型计算机。微型计算机简称微型机、微机，是应用最普及的机型，占了计算机总数中

的绝大部分，而且价格便宜、功能齐全，被广泛应用于机关、学校、企事业单位和家庭中。微型机按结构和性能可以划分为单片机、单板机、个人计算机（PC）、工作站和服务器等，其中个人计算机又可分为台式计算机和便携式计算机（如笔记本电脑）两类，分别如图1-4、图1-5所示。

图1-4　台式计算机　　　　　　　图1-5　笔记本电脑

　　提示： 工作站是一种高端的通用微型计算机，它可以提供比个人计算机更强大的性能，通常配有高分辨率的大屏、多屏显示器及容量很大的内存储器和外部存储器，并具有极强的信息和高性能的图形、图像处理功能，主要用于图像处理和计算机辅助设计领域。服务器是提供计算服务的设备，它可以是大型机、小型机或高档微机，在网络环境下，根据服务器提供的服务类型不同，可分为文件服务器、数据库服务器、应用程序服务器和Web服务器等。

（三）了解计算机的发展趋势

　　自从1946年世界上第一台电子计算机诞生以来，电子计算机已经走过了半个多世纪的历程。从第一代电子管计算机到现在正在开发的第六代神经网络计算机，计算机的体积不断变小，但性能、速度却在不断提高。然而，人类的追求是无止境的，科学家们一刻也没有停止研究更好、更快、功能更强的计算机。

1. 计算机的发展方向

　　计算机的发展呈现出巨型化、微型化、网络化和智能化4个趋势。

　　① 巨型化。巨型化是指计算机的计算速度更快、存储容量更大、功能更强大和可靠性更高。巨型化计算机的应用范围主要包括天文、天气预报、军事和生物仿真等，这些领域需进行大量的数据处理和运算，需要性能强的计算机才能完成。

　　② 微型化。随着超大规模集成电路的进一步发展，个人计算机将更加微型化。膝上型、书本型、笔记本型和掌上型等微型化计算机将不断涌现，并会受到越来越多的用户的喜爱。

　　③ 网络化。随着计算机的普及，计算机网络也逐步深入人们工作和生活的各个部分。通过计算机网络可以连接地球上分散的计算机，然后共享各种分散的计算机资源。计算机网络逐步成为人们工作和生活中不可或缺的事物，计算机网络化可以让人们足不出户就能获得大量的信息以及与世界各地的亲友进行通信、网上贸易等。

　　④ 智能化。早期，计算机只能按照人的意愿和指令去处理数据，而智能化的计算机能够代替人的脑力劳动，具有类似人的智能。如能听懂人类的语言、能看懂各种图形、可以自己学习等，即计算机可以进行知识的处理，从而代替人的部分工作。未来的智能型计算机将会代替甚至超越人类某些方面的脑力劳动。

2. 新一代计算机芯片技术

计算机中最重要的核心部件是芯片，因此计算机芯片技术的不断发展也是推动计算机未来发展的动力。Intel 公司的创始人之一戈登·摩尔在 1965 年曾预言了计算机集成技术的发展规律，那就是每 18 个月在同样面积的芯片中集成的晶体管数量将翻一番，而成本将下降一半。

几十年来，计算机芯片的集成度严格按照摩尔定律进行发展，不过该技术的发展并不是无限的。因为计算机采用电流作为数据传输的信号，而电流主要靠电子的迁移来产生，电子最基本的通路是原子，一个原子的直径大约等于 1nm。目前芯片的制造工艺已经达到了 90nm 甚至更小，也就是说，一条传输电流的导线的直径即 90 个原子并排的长度。那么最终晶体管的尺寸将接近纳米级，即达到一个原子的直径长度。但是这样的电路是极不稳定的，因为电流极易造成原子迁移，那么电路也就断路了。

由于晶体管计算机存在上述物理极限，因而世界上许多国家在很早的时候就开始了各种非晶体管计算机的研究，如超导计算机、生物计算机、光子计算机和量子计算机等，这类计算机也被称为第五代计算机或新一代计算机，它们能在更大限度上仿真人的智能，这类技术也是目前世界各国计算机发展技术研究的重点。

任务二　了解计算机中信息的表示和存储

⊕ 任务要求

本任务要求认识计算机中的数据及其单位，了解数制及其转换，认识二进制数的运算，并了解计算机中字符的编码规则。

⊕ 任务实现

（一）认识计算机中的数据及其单位

在计算机中，各种信息都是以数据的形式出现的，对数据进行处理后产生的结果为信息，因此数据是计算机中信息的载体。数据本身没有意义，只有经过处理和描述，才能赋予其实际意义。如单独一个数据"32℃"并没有什么实际意义，但如果表示为"今天的气温是 32℃"时，这条信息就有意义了。

计算机中处理的数据可分为数值数据和非数值数据（如字母、汉字和图形等）两大类，无论什么类型的数据，在计算机内部都是以二进制的形式存储和运算的。计算机在与外部交流时会采用人们熟悉和便于阅读的形式表示，如十进制数据、文字表达和图形显示等，这之间的转换则由计算机系统来完成。

在计算机内存储和运算数据时，通常要涉及的数据单位有以下 3 种。

① 位（bit）。计算机中的数据都是以二进制来表示的，二进制的代码只有"0""1"两个数码，采用多个数码（0 和 1 的组合）来表示一个数，其中的每一个数码称为一位，位是计算机中最小的数据单位。

② 字节（Byte，B）。在对二进制数据进行存储时，以 8 位二进制代码为一个单元存放在一起，称为一个字节，即 1 B=8 bit。字节是计算机中信息组织和存储的基本单位，也是计算机体系结构的基本单位。在计算机中，通常用 B（字节）、KB（千字节）、MB（兆字节）或 GB（吉字节）为单位来表示存储器（如内存、硬盘和 U 盘等）的存储容量或文件的大小，

所谓存储容量指存储器中能够包含的字节数，存储单位 B、KB、MB、GB 和 TB 的换算关系如下。

1 KB（千字节）=1 024 B（字节）=2^{10}B（字节）

1 MB（兆字节）=1 024 KB（千字节）=2^{20}B（字节）

1 GB（吉字节）=1 024 MB（兆字节）=2^{30}B（字节）

1 TB（太字节）=1 024 GB（吉字节）=2^{40}B（字节）

③ 字长。人们将计算机一次能够并行处理的二进制代码的位数，称为字长。字长是衡量计算机性能的一个重要指标，字长越长，数据所包含的位数越多，计算机的数据处理速度越快。计算机的字长通常是字节的整倍数，如 8 位、16 位、32 位、64 位和 128 位等。

（二）了解数制及其转换

计算机对信息进行处理时，所有的指令、地址、编码（包括数字、字母、符号、汉字等）在计算机内部都采用二进制来表示。这是因为二进制运算简单，便于进行逻辑运算，而且容易通过硬件来实现。因此，二进制成为计算机内部信息处理的选择。但二进制数位数太长，不符合人们的阅读和书写习惯，而八进制和十六进制与二进制有较直观的对应关系，能减少数的位数，因而在计算机程序和外部编码中经常使用。

1. 进位计数制的基本概念

将数字符号按序排列成数位，并遵照某种由低位到高位进位的方法进行计数来表示数值的方式，称作进位计数制。比如，我们常用的是十进位计数制，简称十进制，就是按照"逢十进一"的原则进行计数的。

进位计数制的表示主要包含 3 个基本要素：数符、基数和位权。

数符是指在计数制中所有用来表示数的基本数字符号。

基数是指在某种进位计数制中，每个数位上所能使用的数码的个数，例如：

二进制中数符为 0 和 1，基数为 2；

八进制中数符为 0、1、2、3、4、5、6、7，基数为 8；

十进制中数符为 0、1、2、3、4、5、6、7、8、9，基数为 10；

十六进制中数符为 0、1、2、3、4、5、6、7、8、9、A、B、C、D、E、F，基数为 16。

基数的大小决定了该计数制的进位特点，如二进制是逢二进一；十进制是逢十进一；十六进制是逢十六进一。

位权是指在某种进位计数制中，每个数位上的数码所代表的数值的大小，等于在这个数位上的数符乘上一个固定的数值，这个固定的数值就是这种进位计数制中该数位上的位权。数码所处的位置不同，代表数的大小也不同。例如，在十进位计数制中，小数点左边第一位位权为 10^0，左边第二位位权为 10^1，左边第三位位权为 10^2……小数点右边第一位位权为 10^{-1}，小数点右边第二位位权为 10^{-2}……

为了区别十进制数、二进制数、八进制数和十六进制数，可在数的右下角注明数制，或者在数的后面加一字母。如 B（Binary）表示二进制，O（Octal）表示八进制，D（Decimal）或不带字母表示十进制，H（Hexadecimal）表示十六进制。例如：（1011.11）$_2$ 和 1011.11（B），（10A）$_{16}$ 和 10A（H）。几种常用的进位计数制的基本表示如表 1-2 所示。

表 1-2　计算机中常用的各种进制的表示

进位制	二进制	八进制	十进制	十六进制
规则	逢二进一	逢八进一	逢十进一	逢十六进一
基数	2	8	10	16
数符	0,1	0,1,2,…,7	0,1,2,…,9	0,1,2,…,9,A,B,…F
位权	2^i	8^i	10^i	16^i
形式表示	B	O	D	H

2. 进位计数制的表示方法

J 进制数每位的值等于该位的权与该位数码的乘积。一个 J 进制数可以写成按权展开的多项式和的形式，一个 J 进制数 $(S)_J$ 按权展开的多项式和的一般表达式为

$$(S)_J = k_n J^n + k_{n-1} J^{n-1} + \cdots + k_1 J^1 + k_0 J^0 + k_{-1} J^{-1} + \cdots + k_{-m} J^{-m} = \sum_{i-n}^{-m} k_i J^i$$

其中：

n——J 进制数整数部分的位数；

m——J 进制数小数部分的位数；

k_i——第 i 位上的数码，也称系数；

J^i——第 i 位上的权。在整数部分，i 是正数，在小数部分，i 应是负数。

可以看出，J 进制数相邻两个数的权相差 J 倍，如果小数点向左移一位，数缩小 J 倍；反之，小数点右移一位，数扩大 J 倍。

（1）十进制

十进位计数制简称十进制。有十个不同的数符：0、1、2、3、4、5、6、7、8、9。每个数符根据它在这个数中所处的位置（数位），按"逢十进一"来决定其实际数值，即各数位的位权是以 10 为底的幂次方。

例如：$(215.48)_{10} = 2 \times 10^2 + 1 \times 10^1 + 5 \times 10^0 + 4 \times 10^{-1} + 8 \times 10^{-2}$

（2）二进制

二进位计数制简称二进制。有二个不同的数符：0、1。每个数符根据它在这个数中所处的位置（数位），按"逢二进一"来决定其实际数值，即各数位的位权是以 2 为底的幂次方。

例如：$(11001.01)_2 = 1 \times 2^4 + 1 \times 2^3 + 0 \times 2^2 + 0 \times 2^1 + 1 \times 2^0 + 0 \times 2^{-1} + 1 \times 2^{-2} = (25.25)_{10}$

（3）八进制

八进位计数制简称八进制。有八个不同的数符：0、1、2、3、4、5、6、7。每个数符根据它在这个数中所处的位置（数位），按"逢八进一"来决定其实际数值，即各数位的位权是以 8 为底的幂次方。

例如：$(162.4)_8 = 1 \times 8^2 + 6 \times 8^1 + 2 \times 8^0 + 4 \times 8^{-1} = (114.5)_{10}$

（4）十六进制

十六进位计数制简称十六进制。有十六个不同的数符：0、1、2、3、4、5、6、7、8、9、A、B、C、D、E、F。每个数符根据它在这个数中所处的位置（数位），按"逢十六进一"来决定其实际数值，即各数位的位权是以 16 为底的幂次方。

列如：$(2BC.48)_{16} = 2\times16^2+B\times16^1+C\times16^0+4\times16^{-1}+8\times16^{-2} = (700.28125)_{10}$

3．进位计数制之间的相互转换

进位计数制是数的一种表示方法，用不同的形式表示同一个数值；同一数字在不同进制、不同数位中表示的数值大小也不同。而人们最熟悉、最常用的是十进制数。因此，有必要了解进制之间数的转换。

（1）二进制、八进制、十六进制数转换成十进制数

将其他进制转换为十进制的方法是按位权展开法，将二进制、八进制、十六进制数按位权展开求和得到。

【例1-1】分别把（10110.11）$_2$、（125.24）$_8$、（3A8.48）$_{16}$转换成十进制数。

解：$(10110.11)_2 = 1\times2^4+0\times2^3+1\times2^2+1\times2^1+0\times2^0+1\times2^{-1}+1\times2^{-2}=(22.75)_{10}$

$(125.24)_8 = 1\times8^2+2\times8^1+5\times8^0+2\times8^{-1}+4\times8^{-2}=(85.3125)_{10}$

$(3A8.48)_{16} = 3\times16^2+A\times16^1+8\times16^0+4\times16^{-1}+8\times16^{-2}=(936.28125)_{10}$

（2）十进制数转换成二进制、八进制、十六进制数

十进制数转换成二进制数要分为整数部分和小数部分分别进行。整数部分采用除2取余法，直到商等于零，最后将所得余数从下往上排列。而小数部分采用乘2取整法，最后将所得整数从上往下排列。下面通过例子说明。

【例1-2】将十进制数 100.345 转换成二进制数。

转换结果：（100.345）$_{10}$=（1100100.01011）$_2$

十进制数转换成八进制和十六进制数时，可以采取整数部分除 8/16 取余，小数部分乘 8/16 取整。但比较常用的方法是先把十进制数换算成二进制数再转化为八进制或十六进制数。有些十进制小数在转换时，只能得到一个近似值。

（3）二进制数、八进制数、十六进制数间的相互转换

由于二进制数、八进制数、十六进制数之间存在如表 1-3 所示的对应关系，可以用快捷的方法直接实现它们之间的转换。

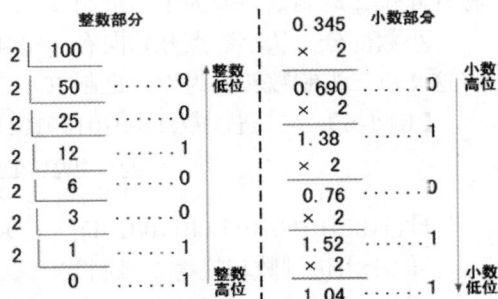

表 1-3　十进制数与二进制数、八进制数、十六进制数的对应关系

十进制	二进制	八进制	十六进制	十进制	二进制	八进制	十六进制
0	0	0	0	8	1000	10	8
1	01	1	1	9	1001	11	9
2	10	2	2	10	1010	12	A
3	11	3	3	11	1011	13	B
4	100	4	4	12	1100	14	C
5	101	5	5	13	1101	15	C
6	110	6	6	14	1110	16	E
7	111	7	7	15	1111	17	F

① 二进制数转换为八进制数

整数部分：从小数点开始向左，每 3 位划分为一组，不到 3 位的高位（左边）补 0，分别将这 3 位二进制数转换为八进制数。

小数部分：从小数点开始向右，每 3 位划分为一组，不到 3 位的低位（右边）补 0，分别将这 3 位二进制数转换为八进制数。

【例 1-3】将二进制数$(101011110.10110001)_2$转换成八进制数。

$$\underset{5}{\underline{101}}\ \underset{3}{\underline{011}}\ \underset{6}{\underline{110}}\ \cdot\ \underset{5}{\underline{101}}\ \underset{4}{\underline{100}}\ \underset{2}{\underline{010}}$$

即$(101011110.10110001)_2 = (536.542)_8$

② 八进制数转换为二进制数

将八进制数每位展开为 3 位二进制数，去掉最前面和最后面的 0。

【例 1-4】将八进制数$(357.162)_8$转换成二进制数。

$$\begin{array}{cccccc} 3 & 5 & 7 & \cdot\ 1 & 6 & 2 \\ \underline{011} & \underline{101} & \underline{111} & \cdot\ \underline{001} & \underline{110} & \underline{010} \end{array}$$

即$(357.162)_8 = (11101111.00111001)_2$

③ 二进制数转换为十六进制数

整数部分：从小数点开始向左，每 4 位划分为一组，不到 4 位的高位（左边）补 0，分别将这 4 位二进制数转换为十六进制数。

小数部分：从小数点开始向右，每 4 位划分为一组，不到 4 位的低位（右边）补 0，分别将这 4 位二进制数转换为十六进制数。

【例 1-5】将二进制数$(1100101001011.001100101)_2$转换成十六进制数。

$$\underset{1}{\underline{0001}}\ \underset{9}{\underline{1001}}\ \underset{4}{\underline{0100}}\ \underset{B}{\underline{1011}}\ \cdot\ \underset{3}{\underline{0011}}\ \underset{2}{\underline{0010}}\ \underset{8}{\underline{1000}}$$

即$(1100101001011.001100101)_2 = (194B.328)_{16}$

④ 十六进制数转换为二进制数

将十六进制数每位展开为 4 位二进制数，去掉最前面和最后面的 0。

【例 1-6】将十六进制数$(5AB.8CE)_{16}$转换成二进制数。

$$\begin{array}{cccccc} 5 & A & B & \cdot\ 8 & C & E \\ \underline{0101} & \underline{1010} & \underline{1011} & \cdot\ \underline{1000} & \underline{1100} & \underline{1110} \end{array}$$

即$(5AB.8CE)_{16} = (10110101011.10001100111)_2$

（三）认识二进制数的运算

计算机内部采用二进制表示数据，其主要原因是技术实现简单、易于进行转换、运算法则简单、可以方便地利用逻辑代数分析和设计计算机的逻辑电路等。下面将对二进制的算术运算和逻辑运算进行简要介绍。

1. 二进制的算术运算

二进制的算术运算也就是通常所说的四则运算，包括加、减、乘、除，运算比较简单，其具体运算规则如下。

① 加法运算。按"逢二进一"法，向高位进位，运算规则为 0+0=0、0+1=1、1+0=1、1+1=10。例如，$(10011.01)_2+(100011.11)_2=(110111.00)_2$。

② 减法运算。减法实质上是加上一个负数，主要应用于补码运算，运算规则为 0-0=0、

1-0=1、0-1=1（向高位借位，结果本位为 1）、1-1=0。例如，$(110011)_2-(001101)_2=(100110)_2$。

③ 乘法运算。乘法运算与我们常见的十进制数对应的运算规则类似，运算规则为 0×0=0、1×0=0、0×1=0、1×1=1。例如，$(1110)_2×(1101)_2=(10110110)_2$。

④ 除法运算。除法运算也与十进制数对应的运算规则类似，运算规则为 $0÷1=0$、$1÷1=1$，而 $0÷0$ 和 $1÷0$ 是无意义的。例如，$(1101.1)_2÷(110)_2=(10.01)_2$。

2. 二进制的逻辑运算

计算机所采用的二进制数 1 和 0 可以代表逻辑运算中的"真"与"假"、"是"与"否"和"有"与"无"。二进制的逻辑运算包括"与""或""非"和"异或"4 种，具体介绍如下。

① "与"运算。"与"运算又称逻辑乘，通常用符号"×""∧"或"•"来表示。其运算规则为 0∧0=0、0∧1=0、1∧0=0、1∧1=1。通过上述运算规则可以看出，当两个参与运算的数中有一个数为 0 时，其结果也为 0，此时是没有意义的；只有当数中的数值都为 1 时，结果为 1，即只有当所有的条件都符合时，逻辑结果才为肯定值。例如，假定某一个公益组织规定加入成员的条件是女性与慈善家，那么只有既是女性又是慈善家的人才能加入该组织。

② "或"运算。"或"运算又称逻辑加，通常用符号"+"或"∨"来表示。其运算法则为 0∨0=0、0∨1=1、1∨0=1、1∨1=1。该运算规则表明只要有一个数为 1，则结果就是 1。例如，假定某一个公益组织规定加入成员的条件是女性或慈善家，那么只要符合其中任意一个条件或两个条件都可以加入该组织。

③ "非"运算。"非"运算又称逻辑否运算，通常是在逻辑变量上加上画线来表示，如变量为 A，则其非运算结果用 $\overline{A}$ 表示。其运算规则为 $\overline{0}=1$、$\overline{1}=0$。例如，假定 A 变量表示男性，$\overline{A}$ 就表示非男性，即指女性。

④ "异或"运算。"异或"运算通常用符号"⊕"表示，其运算规则为 0⊕0=0、0⊕1=1、1⊕0=1、1⊕1=0。该运算规则表明，当逻辑运算中变量的值不同时，结果为 1，而变量的值相同时，结果为 0。

（四）了解计算机中字符的编码规则

在计算机内部是以二进制数表示不同数据的，但人们习惯书写十进制数，因此，对于输送到计算机中的数据必须进行编码。常用的编码有字符编码（ASCII）和汉字编码。

1. ASCII

美国信息交换标准码（American Standard Code for Information Interchange，ASCII）是由美国国家标准学会（American National Standard Institute）制定的标准的单字节字符编码方案，用于基于文本的数据。它起始于 20 世纪 50 年代后期，在 1967 年定案，最初是美国国家标准，供不同计算机在相互通信时用作共同遵守的西文字符编码标准，后来被国际标准化组织定为国际标准，称为 ISO 646 标准。其适用于所有拉丁文字字母。

ASCII 使用指定的 7 位或 8 位二进制数组合来表示 128 或 256 种可能的字符。标准 ASCII 也叫基础 ASCII，使用 7 位二进制数来表示所有的大写和小写字母、数字 0 到 9、标点符号，以及在美式英语中使用的特殊控制字符如表 1-4 所示，具体介绍如下。

编码 0～32 及 127（共 34 个）是控制字符或通信专用字符（其余为可显示字符），如控制符：LF（换行）、CR（回车）、FF（换页）、DEL（删除）、BS（退格）、BEL（振铃）等；通信专用字符：SOH（文头）、EOT（文尾）、ACK（确认）等；ASCII 值为 8、9、10 和 13 时，分别转换为退格、制表、换行和回车字符。它们并没有特定的图形显示，但会依不同的应用程序对文本显示不同的影响。

编码 33~126（共 94 个）是字符，其中编码 48~57 为 0~9 十个阿拉伯数字；编码 65~90 为 26 个大写英文字母，编码 97~122 为 26 个小写英文字母，其余为一些标点符号、运算符号等。

表 1-4　字符 ASCII 编码表（十进制表示）

编码	字符	编码	字符	编码	字符	编码	字符
0	NUL	32	Space	64	@	96	`
1	SOH	33	!	65	A	97	a
2	STX	34	"	66	B	98	b
3	ETX	35	#	67	C	99	c
4	EOT	36	$	68	D	100	d
5	ENQ	37	%	69	E	101	e
6	ACK	38	&	70	F	102	f
7	BEL	39	'	71	G	103	g
8	BS	40	(	72	H	104	h
9	TAB	41	)	73	I	105	i
10	LF	42	*	74	J	106	j
11	VT	43	+	75	K	107	k
12	FF	44	,	76	L	108	l
13	CR	45	–	77	M	109	m
14	SO	46	.	78	N	110	n
15	SI	47	/	79	O	111	o
16	DEL	48	0	80	P	112	p
17	DC1	49	1	81	Q	113	q
18	DC2	50	2	82	R	114	r
19	DC3	51	3	83	S	115	s
20	DC4	52	4	84	T	116	t
21	NAK	53	5	85	U	117	u
22	SYN	54	6	86	V	118	v
23	ETB	55	7	87	W	119	w
24	CAN	56	8	88	X	120	x
25	EM	57	9	89	Y	121	y
26	SUB	58	:	90	Z	122	z
27	ESC	59	;	91	[	123	{
28	FS	60	<	92	\	124		
29	GS	61	=	93	]	125	}
30	RS	62	>	94	^	126	~
31	US	63	?	95	_	127	DEL

2. 汉字编码

汉字编码的过程是由键盘输入的输入码先转换为机内码，再通过文字处理软件，寻找字模库中的文字编码的点阵信息，然后输出到显示器或打印机。计算机进行汉字信息处理时，必须先对汉字进行编码，再由计算机处理。

（1）国标码

国际码又称标准码。国标码主要用于汉字信息交换。所有汉字及符号的国标码组成一个 94×94 的方阵。在此方阵中，每一行称为一个"区"，每一列称为一个"位"。这个方阵实际上组成了一个有 94 个区（编号由 01 到 94），每个区有 94 个位（编号由 01 到 94）的汉字字符集。一个汉字所在的区号和位号的组合就构成了该汉字的"区位码"。其中，高两位为区号，低两位为位号。这样，区位码可以唯一地确定某一汉字或字符；反之，任何一个汉字或符号都对应一个唯一的区位码，没有重码。国标码共收集了汉字和图形符号 7 445 个，其中第一级汉字属常用字，在 16～55 区，有 3 755 个，按汉语拼音顺序排列；第二级汉字属不常用字，在 56～87 区，有 3 008 个，按偏旁部首排列；图形符号共 682 个；最后的 88～94 区为自定义汉字区。

国际码一般用十六进制表示。一个汉字的国标码，也可看作由两个单字节的表示图形字符的 ASCII 构成。国标码的起始二进制位置选择 00100001 即(33)D 是为了跳过 ASCII 的 32 个控制字符和空格字符。所以，汉字国标码的高位和低位分别比对应的区位码大(32)D 或(00100000)B 或(20)H，即国标码高位=区码+20H（H 表示十六进制），国标码低位=位码+20H。

（2）汉字内码（机内码）

汉字的内码是计算机系统内部对文字进行存储、处理、传输统一使用的代码，又称机内码。它将输入时使用的多种汉字输入码统一转换成汉字内码，以方便计算机内部的汉字处理和存储。

计算机既要处理汉字，又要处理英文。由于英文字符的机内码是最高位为 0 的 8 位 ASCII 码。为了避免与单字节的 ASCII 码发生冲突，把国标码高位字节和低位字节的最高位由 0 改为 1，其余位不变。

（3）汉字外码（输入码）

汉字外码是指从外部输入的代表汉字的编码，又称汉字输入码。根据不同的输入形式，可以分为以下几种。

① 数字码。如：电报码、区位码、纵横码。

② 字音码。如：全拼、双拼、微软拼音。

③ 字形码。如：五笔字型码。

④ 音形码。如：声形码。

（4）汉字字形码（输出码）

汉字字形码（输出码）用于汉字的显示和打印，是汉字字形的数字化信息。汉字内码用数字代码来表示汉字，但是为了在输出时让人们能看到汉字，就必须输出汉字的字形。汉字的字形主要有两种描述方法：点阵字形和轮廓字形。在汉字系统中，一般采用点阵来表示字形。

点阵字形用一组排列方阵的二进制数来表示一个汉字，点阵的每个点位只有两种状态：有笔画覆盖的用 1 表示，没有的用 0 表示。如图 1-6 所示。汉字点阵有 16×16、24×24、32×32、48×48 等。一个 16×16 的汉字需用 32 字节（16×16/8=32）表示。一套汉字的所有字符的形状描述信息集合在一起称为字形信息库，简称字库。不同的字体对应不同的字库。

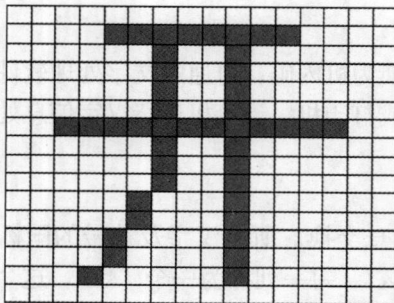

汉字的点阵类型

点阵类型	点阵参数 （行×列）	每个汉字 占的字节数
简易型	16×16	32B
普及型	24×24	72B
提高型	32×32	128B
精密型	48×48	288B

图 1-6　汉字点阵示意图

任务三　认识多媒体技术

任务要求

本任务要求认识媒体与多媒体技术，了解多媒体技术的特点，认识多媒体设备和软件，并了解常用的多媒体文件格式。

任务实现

（一）认识媒体与多媒体技术

媒体（Medium）有两重含义，一是指存储信息的实体，如磁盘、光盘、磁带、半导体存储器等，中文译作媒质；二是指传递信息的载体，如数字、文字、声音、图形等，中文译作媒介。

在计算机和通信领域，文字、图形、声音、图像、动画等都可以称为媒体。从计算机和通信设备处理信息的角度来看，我们可以将自然界和人类社会原始信息存在的形式：数据、文字、有声的语言、音响、绘画、动画、图像（静态的照片和动态的电影、电视和录像）等，归结为3 种最基本的媒体：声、图、文。传统的计算机只能够处理单媒体，电视能够传播声、图、文集成信息，但它不是多媒体系统。通过电视，我们只能单向被动地接受信息，不能双向地、主动地处理信息，没有所谓的交互性。可视电话虽然有交互性，但我们仅能听到声音、见到谈话人的形象，所以也不是多媒体。

多媒体（Multimedia）即多媒体计算机技术（Multimedia Computing），是指把文字、声音、图形、图像、动画、视频等多媒体信息通过计算机进行数字化采集、获取、压缩/解压缩、编辑、存储等加工处理，再以单独或合成的形式表现出来的一体化技术。

多媒体技术的发展改变了计算机的使用领域，使计算机由办公室、实验室中的专用品变成了信息社会的普通工具，广泛应用于工业生产管理、学校教育、公共信息咨询、商业广告、军事指挥与训练，甚至家庭生活与娱乐等领域。

（二）了解多媒体技术的特性

多媒体技术有以下 7 种关键特性。

1. 集成性

集成性主要表现在能够对信息进行多通道统一获取、存储、组织与合成。

2. 多样性

多样性是指多媒体技术处理信息的范围不再局限于数值、文本或简单的图像，而是包括表示媒体、表现媒体、存储媒体和传输媒体等多种形式，信息载体形式呈现多样化，从而使计算机所能处理的信息空间范围得以有效扩大。

3. 交互性

交互性是多媒体应用有别于传统信息交流媒体的主要特点之一。传统信息交流媒体只能单向地、被动地传播信息，而多媒体技术则可以实现人对信息的主动选择和控制。

4. 非线性

多媒体技术的非线性特点将改变人们传统循序性的读写模式。以往人们读写方式大都采用章、节、页的框架，循序渐进地获取知识，而多媒体技术将借助超文本链接（Hyper Text Link）的方法，将内容以一种更灵活、更具变化的方式呈现。

5. 实时性

实时性主要表现在当用户给出操作命令时，相应的多媒体信息都能够得到实时控制。

6. 信息使用的方便性

方便性主要体现在用户可以按照自己的需要、兴趣、任务要求和认知特点来使用信息，任取图、文、声等信息表现形式。

7. 信息结构的动态性

动态性主要体现在用户可以按照自己的目的和认知特征重新组织信息，增加、删除或修改节点，重新建立链接。

（三）认识多媒体设备和软件

一个完整的多媒体系统是由多媒体硬件系统和多媒体软件系统两个部分构成的。下面主要针对多媒体计算机系统，来介绍多媒体设备和软件。

微课：多媒体
计算机的硬件

1. 多媒体计算机的硬件系统

多媒体计算机的硬件系统除了计算机常规硬件外，还包括声音/视频处理器、多种媒体输入/输出设备及信号转换装置、通信传输设备及接口装置等。

（1）音频卡（Sound Card）

音频卡用于处理音频信息，它可以把话筒、录音机、电子乐器等输入的声音信息进行模数转换（A/D）、压缩等处理，也可以把经过计算机处理的数字化的声音信号通过还原（解压缩）、数模转换（D/A）后用音箱播放出来，或者用录音设备记录下来。

（2）视频卡（Video Card）

视频卡用来支持视频信号（如电视）的输入与输出。

（3）采集卡

采集卡能将电视信号转换成计算机的数字信号，便于使用软件对转换后的数字信号进行剪辑处理、加工和色彩控制，还可将处理后的数字信号输出到录像带中。

（4）扫描仪

扫描仪可以将摄影作品、绘画作品或其他印刷材料上的文字和图像，甚至实物，扫描到计算机中，以便进行加工处理。

（5）光驱

光驱分为只读光驱（CD-ROM）和可读写光驱（CD-R，CD-RW），可读写光驱又称刻录机，

用于读取或存储大容量的多媒体信息。

2. 多媒体计算机的软件系统

多媒体计算机的软件种类较多，根据功能可以分为多媒体操作系统、媒体处理系统工具和用户应用软件3种。

（1）多媒体操作系统（多媒体核心系统）

多媒体操作系统具有实时任务调度、多媒体数据转换和同步控制、对多媒体设备的驱动和控制，以及图形用户界面管理等功能。

（2）媒体处理系统工具（多媒体系统开发工具软件）

媒体处理系统工具是多媒体系统的重要组成部分，用来帮助应用开发人员提高开发工作效率，它们大体上都是一些应用程序生成器。这些媒体处理系统工具将各种媒体素材组织起来，形成多媒体应用系统。

（3）用户应用软件

用户应用软件是指根据多媒体系统终端用户要求而定制的应用软件或面向某一领域的用户应用软件系统，它是面向大规模用户的系统产品，包括文字处理软件、绘图软件、图像处理软件、动画制作软件、声音编辑软件以及视频编辑软件。

（四）了解常用媒体文件格式

在计算机中，利用多媒体技术可以将声音、文字和图像等多种媒体信息进行综合式交互处理，并以不同的文件格式进行存储，下面分别介绍常用的媒体文件格式。

1. 音频文件格式

在多媒体系统中，语音和音乐是必不可少的，存储声音信息的文件格式有多种，包括 WAV、MIDI、MP3、RM、Audio 和 VOC 等，具体如表 1-5 所示。

表 1-5　常见声音文件格式

文件格式	文件扩展名	相关说明
WAV	.wav	WAV 文件来源于对声音模拟波形的采样，主要针对话筒和录音机等外部音源录制，经声卡转换成数字化信息，播放时再还原成模拟信号由扬声器输出。这种波形文件是最早的数字音频格式。WAV 文件支持多种采样的频率和样本精度的声音数据，并支持声音数据文件的压缩，通常文件较大，主要用于存储简短的声音片段
MIDI	.mid/.rmi	音乐设备接口（Musical Instrument Digital Interface，MIDI）是乐器和电子设备之间进行声音信息交换的一组标准规范。MIDI 文件并不像 WAV 文件那样记录实际的声音信息，而是记录一系列的指令，即记录的是关于乐曲演奏的内容，可通过 FM 合成法和波表合成法来生成。MIDI 文件比 WAV 文件占用的存储空间要小得多，易于编辑节奏和音符等音乐元素，但整体效果不如 WAV 文件，且过于依赖 MIDI 硬件质量
MP3	.mp3	MP3 采用 MPEG Layer 3 标准对音频文件进行有损压缩，压缩比高，音质接近 CD 唱盘，制作简单，且便于交换，适用于网上传播，是目前使用较多的一种格式

文件格式	文件扩展名	相关说明
RM	.rm	RM 采用音频/视频流和同步回放技术在互联网上提供优质的多媒体信息,其特点是可随着网络带宽的不同而改变声音的质量
Audio	.au	AU 一种经过压缩的数字声音文件格式,主要在网上使用
VOC	.voc	VOC 一种波形音频文件格式,也是声霸卡使用的音频文件格式

2. 图像文件格式

图像是多媒体中最基本和最重要的数据,包括静态图像和动态图像。其中,静态图像又可分为矢量图形和位图图像两种,动态图像又分为视频和动画两种。常见的静态图像文件格式如表 1-6 所示。

表 1-6 常见静态图像文件格式

文件格式	文件扩展名	相关说明
BMP	.bmp	BMP(Bitmap)是 Windows 操作系统中的标准图像文件格式,它采用位映射存储格式,除了图像深度可选以外,不采用其他任何压缩,因此,BMP 文件所占用的空间很大
GIF	.gif	GIF 的原意是"图像互换格式",GIF 图像文件的数据是经过压缩的,而且采用了可变长度等压缩算法。在一个 GIF 文件中可以存储多幅彩色图像,如果把存储一个文件中的多幅图像数据逐幅读出并显示到屏幕上,就可构成一种最简单的动画。GIF 文件主要用于保存网页中需要高传输速率的图像文件
TIFF	.tiff	标签图像文件格式(Tag Image File Format,TIFF)是一种灵活的位图格式,主要用来存储包括照片和艺术图在内的图像,它是一种当前流行的高位彩色图像格式
JPEG	.jpg/.jpeg	JPEG 格式是第一个国际图像压缩标准,它能够在提供良好的压缩性能的同时,提供较好的重建质量,被广泛应用于图像、视频处理领域。".jpeg"".jpg"等格式指的是图像数据经压缩后形成的文件,主要用于网上传输
PNG	.png	可移植网络图形格式(PNG)是一种网络图像文件存储格式,其设计目的是试图替代 GIF 和 TIFF 文件格式,一般应用于 Java 程序和网页中
WMF	.wmf	WMF 是 Windows 中常见的一种图元文件格式,属于矢量文件格式,具有文件小、图案造型化的特点,其图形往往较粗糙

3. 视频文件格式

视频文件一般比其他媒体文件要大一些,比较占用存储空间。常见的视频文件格式如表 1-7 所示。

表 1-7 常见视频文件格式

文件格式	文件扩展名	相关说明
AVI	.avi	AVI 是由微软公司开发的一种数字视频文件格式,允许视频和音频同步播放,但由于 AVI 文件没有限定压缩标准,因此不同压缩标准生成的 AVI 文件,必须使用相应的解压缩算法才能播放

文件格式	文件扩展名	相关说明
MOV	.mov	MOV 是苹果公司开发的一种音频、视频文件格式，具有跨平台和存储空间小等特点，已成为目前数字媒体软件技术领域的工业标准
MPEG	.mpeg	MPEG 是运动图像压缩算法的国际标准，它能在保证影像质量的基础上，采用有损压缩算法减少运动图像中的冗余信息，压缩效率较高、质量好，它包括 MPEG-1、MPEG-2 和 MPEG-4 等在内的多种视频格式
ASF	.asf	ASF 是微软公司开发的一种可直接在网上观看视频节目的视频文件压缩格式，其优点有可本地或网络回放、具有可扩充的媒体类型、支持部件下载以及具有扩展性等
WMV	.wmv	WMV 格式是微软公司针对 Quick Time 之类的技术标准而开发的一种视频文件格式，可使用 Windows Media Player 播放，是目前比较常见的视频格式

提示： 由于音频和视频等多媒体信息的数据量非常庞大，为了便于存取和交换，在多媒体计算机系统中通常采用压缩的方式来进行有效的压缩，使用时再将数据进行解压缩还原。数据压缩可以分为无损压缩和有损压缩两种，其中无损压缩的压缩率比较低，但能够确保解压后的数据不失真，而有损压缩则是以损失文件中某些信息为代价来获取较高的压缩率。

课后作业

一、单选题

1. （　　　）被誉为"现代电子计算机之父"。

    A. 查尔斯·巴贝　　　B. 阿塔诺索夫　　　C. 图灵　　　D. 冯·诺依曼

2. 世界上第一台电子数字计算机 ENIAC 诞生于（　　　）年。

    A. 1943　　　B. 1946　　　C. 1949　　　D. 1950

3. 第一台电子数字计算机的加法运算速度为每秒（　　　）。

    A. 500 000 次　　　B. 50 000 次　　　C. 5 000 次　　　D. 500 次

4. 一般将计算机的发展历程划分为 4 个时代的主要依据是计算机的（　　　）。

    A. 机器规模　　　B. 设备功能　　　C. 物理器件　　　D. 整体性能

5. 采用晶体管的计算机被称为（　　　）。

    A. 第一代计算机　　　B. 第二代计算机　　　C. 第三代计算机　　　D. 第四代计算机

6. 第三代计算机使用的元器件为（　　　）。

    A. 晶体管　　　　　　　　　　　　　B. 电子管

    C. 中小规模集成电路　　　　　　　D. 大规模和超大规模集成电路

7. 世界上第一台电子数字计算机采用的主要逻辑部件是（　　　）。

    A. 电子管　　　B. 晶体管　　　C. 继电器　　　D. 光电管

8. 按计算机用途分类，可以将电子计算机分为（　　　）。

    A. 通用计算机和专用计算机

    B. 电子数字计算机和电子模拟计算机

　　C．巨型计算机、大中型机、小型计算机和微型计算机

　　D．科学与过程计算计算机、工业控制计算机和数据计算机

9．按计算机的性能、规模和处理能力，可以将计算机分为（　　）。

　　A．通用计算机和专用计算机

　　B．巨型计算机、大型计算机、中型计算机、小型计算机和微型计算机

　　C．电子数字计算机和电子模拟计算机

　　D．科学与过程计算计算机、工业控制计算机和数据计算机

10．个人计算机属于（　　）。

　　A．微型计算机　　　　B．小型计算机　　　　C．中型计算机　　　　D．小巨型计算机

11．（　　）的运算速度可达到一亿次以上，主要用于国家高科技领域与工程计算和尖端技术研究。

　　A．专用计算机　　　　B．巨型计算机　　　　C．微型计算机　　　　D．小型计算机

12．计算机辅助制造的简称是（　　）。

　　A．CAD　　　　　　　B．CAM　　　　　　　C．CAE　　　　　　　D．CBE

13．我国自行生产的"天河二号"计算机属于（　　）。

　　A．微机　　　　　　　B．小型机　　　　　　C．大型机　　　　　　D．巨型机

14．在下面的选项中，（　　）不属于按计算机的用途分类。

　　A．企业管理　　　　　B．人工智能　　　　　C．计算机辅助　　　　D．多媒体技术

15．计算机中处理的数据在计算机内部是以（　　）的形式存储和运算的。

　　A．位　　　　　　　　B．二进制　　　　　　C．字节　　　　　　　D．兆

16．下列 4 个计算机存储容量的换算公式中，错误的是（　　）。

　　A．1MB=1 024KB　　B．1KB=1 024MB　　C．1KB=1 024B　　D．1GB=1 024MB

17．在计算机中，存储的最小单位是（　　）。

　　A．位　　　　　　　　B．二进制　　　　　　C．字节　　　　　　　D．KB

18．下列不能用作数据单位的是（　　）。

　　A．bit　　　　　　　　B．Byte　　　　　　　C．MIPS　　　　　　　D．KB

19．计算机中字节的英文名字为（　　）。

　　A．bit　　　　　　　　B．Bity　　　　　　　C．Bait　　　　　　　D．Byte

20．计算机存储和处理数据的基本单位是（　　）。

　　A．bit　　　　　　　　B．Byte　　　　　　　C．B　　　　　　　　D．KB

21．1 字节表示（　　）位二进制数。

　　A．2　　　　　　　　　B．4　　　　　　　　　C．8　　　　　　　　　D．18

22．计算机的字长通常不可能为（　　）位。

　　A．8　　　　　　　　　B．12　　　　　　　　　C．64　　　　　　　　D．128

23．将二进制整数 111110 转换成十进制数是（　　）。

　　A．62　　　　　　　　　B．60　　　　　　　　　C．58　　　　　　　　D．56

24．十进制数 121 转换成二进制整数是（　　）。

　　A．1111001　　　　　　B．1110010　　　　　　C．1001111　　　　　　D．1001110

25．下列各进制的整数中，值最大的一个是（　　）。

A. 十六进制数 34　　　　　　　　　　B. 十进制数 55

C. 八进制数 63　　　　　　　　　　D. 二进制数 110010

26. 用 8 位二进制数能表示的最大的无符号整数等于十进制整数（　　　）。

　　A. 255　　　　　　B. 256　　　　　　C. 128　　　　　　D. 127

27. 八进制数 16 转换为二进制数是（　　　）。

　　A. 111101　　　　B. 111010　　　　C. 001111　　　　D. 001110

28. 将十六进制数 3 D 转换为二进制数是（　　　）。

　　A. 01110001　　　B. 00111101　　　C. 10001111　　　D. 00001110

29. 将八进制数 332 转换成十进制数是（　　　）。

　　A. 154　　　　　　B. 256　　　　　　C. 218　　　　　　D. 127

30. 将十六进制数 32 转换成十进制数是（　　　）。

　　A. 25　　　　　　B. 50　　　·　　　C. 61　　　　　　D. 64

31. 国际标准化组织指定为国际标准的是（　　　）。

　　A. EBCDIC 码　　B. ASCII　　　　C. 国标码　　　　D. BCD 码

32. 一个字符的标准 ASCII 码长是（　　　）。

　　A. 7 bits　　　　　B. 8 bits　　　　C. 16 bits　　　　D. 6 bits

33. 在下列字符中，其 ASCII 码值最大的一个是（　　　）。

　　A. 9　　　　　　　B. Z　　　　　　C. D　　　　　　D. X

34. 在标准 ASCII 表中，已知英文字母 D 的 ASCII 编码是 01000100，英文字母 C 的 ASCII 编码是（　　　）。

　　A. 01000001　　　B. 01000010　　　C. 01000011　　　D. 01100011

35. 下面不属于音频文件格式的是（　　　）。

　　A. WAV　　　　　B. MP3　　　　　C. RM　　　　　　D. SWF

36. 下列叙述中错误的是（　　　）。

　　A. 多媒体技术具有集成性和交互性

　　B. 所有计算机的字长都是 8 位

　　C. 通常计算机的存储容量越大，性能就越好

　　D. 计算机中的数据都是以二进制来表示的

37. 多媒体信息不包括（　　　）。

　　A. 文字、图像　　B. 动画、影像　　C. 打印机、光驱　D. 音频、视频

38. 下列各项中，不属于多媒体硬件的是（　　　）。

　　A. 扫描仪　　　　B. 视频卡　　　　C. 音频卡　　　　D. 加密卡

39. 下列选项中，不属于计算机多媒体的媒体类型的是（　　　）。

　　A. 文本　　　　　B. 图像　　　　　C. 音频　　　　　D. 程序

二、判断题

1. 人们常说的计算机一般是指通用计算机。　　　　　　　　　　　　（　　　）

2. 微型计算机最早出现在第三代计算机中。　　　　　　　　　　　　（　　　）

3. 冯·诺依曼原理是计算机的唯一工作原理。　　　　　　　　　　　（　　　）

4. 第四代电子计算机主要采用中、小规模集成电路的元器件。　　　　（　　　）

5. 冯·诺依曼提出的计算机体系结构的设计理论是采用二进制和存储程序方式。

（　　）

6. 第三代计算机的逻辑部件采用的是小规模集成电路。（　　）

7. 计算机应用包括科学计算、信息处理和自动控制等。（　　）

8. 在计算机内部，一切信息的存储、处理与传送都采用二进制来表示。（　　）

9. 一个字符的标准 ASCII 占一个字节的存储量，其最高位二进制总是 0。（　　）

10. 大写英文字母的 ASCII 值大于小写英文字母的 ASCII 码值。（　　）

11. 同一个英文字母的 ASCII 和它在汉字系统下的全角内码是相同的。（　　）

12. 一个字符的 ASCII 与它的机内码是不同的。（　　）

13. 标准 ASCII 表的每一个 ASCII 码值都能在屏幕上显示成一个相应的字符。（　　）

14. 国际通用的 ASCII 由大写字母、小写字母和数字组成。（　　）

15. 国际通用的 ASCII 是 7 位码。（　　）

16. 多媒体技术的主要特点是数字化和集成性。（　　）

17. 通常计算机的存储容量越大，性能就越好。（　　）

18. 传输媒体主要包括键盘、显示器、鼠标、声卡及视频卡等。（　　）

19. 多媒体文件包括音频文件、视频文件和图像文件。（　　）

20. 多媒体计算机包括多媒体硬件和多媒体软件系统。（　　）

21. 多媒体不仅是指文本、声音、图形、图像、视频、音频和动画这些媒体信息本身，还包含处理和应用这些媒体元素的一整套技术。（　　）

22. 传输媒体主要包括键盘、显示器、鼠标、声卡和视频卡等。（　　）

23. 多媒体技术可以处理文字、图像和声音，但不能处理动画和影像。（　　）

24. 1GB 等于 1 000MB，又等于 1 000 000KB。（　　）

项目二　学习计算机系统知识

计算机系统由硬件系统和软件系统组成，硬件是计算机系统的物质基础，软件是硬件功能的扩充和完善，它们共同协作运行应用程序并处理各种实际问题。本项目将通过 3 个任务，介绍计算机的硬件系统和软件系统的基础知识及中英文输入。

学习目标

- 认识计算机的硬件系统
- 认识计算机的软件系统
- 掌握中英文输入

一个完整的计算机系统由硬件系统和软件系统两大部分组成。

计算机硬件系统是指构成计算机的所有实体部件的集合，通常这些部件由电路（电子元件）、机械等物理部件组成，它们都是看得见摸得着的实体，故通常称为硬件，它是计算机系统的物质基础。仅有硬件的计算机称为物理机，也叫裸机。

软件系统则是指管理计算机软件和硬件资源，控制计算机运行的程序、命令、指令、数据等，软件系统就是程序系统，也称为"软设备"。

计算机是依靠硬件和软件的协同工作来执行一个具体任务的。硬件是计算机系统的物质基础，而软件又是硬件功能的扩充和完善。任何软件都是建立在硬件基础上的，也离不开硬件的支持；但如果没有软件的支持，硬件的功能就不能得到充分的发挥。在一台计算机中，硬件和软件两者缺一不可。计算机的组成如图 2-1 所示。

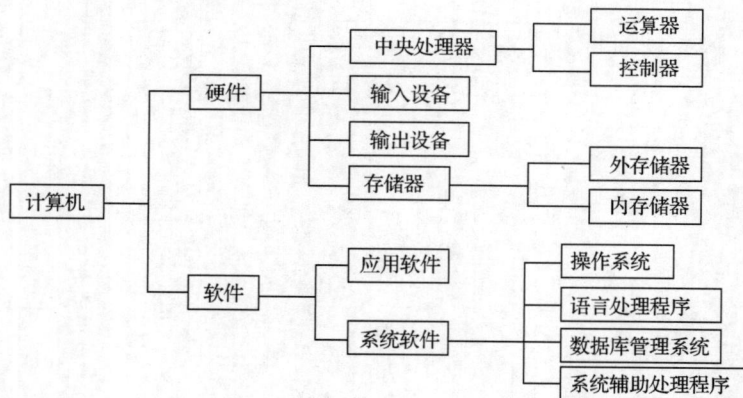

图 2-1　计算机的组成

任务一　认识计算机的硬件系统

任务要求

本任务要求认识计算机硬件系统的基本结构，了解计算机工作的基本原理，并对微型计算机的各组成硬件，如主机及主机内部的硬件，显示器、键盘和鼠标等硬件有一个基本的认识和了解。

任务实现

（一）认识计算机的基本结构

尽管各种计算机在性能和用途等方面都有所不同，但是其基本结构都遵循冯·诺依曼体系结构，因此人们便将符合这种设计的计算机称为冯·诺依曼型计算机。

冯·诺依曼体系结构的计算机主要由运算器、控制器、存储器、输入设备和输出设备5个部分组成，这5个组成部分的职能和相互关系如图2-2所示。从图中可知，计算机工作的核心是控制器、运算器和存储器3个部分，其中，控制器是计算机的指挥中心，它根据程序执行每一条指令，并向存储器、运算器以及输入/输出设备发出控制信号，控制计算机自动地、有条不紊地进行工作；运算器是在控制器的控制下对存储器里所提供的数据进行各种算术运算（加、减、乘、除）、逻辑运算（与、或、非）和其他处理（存数、取数等），控制器与运算器构成了中央处理器（Central Processing Unit，CPU），它被称为"计算机的心脏"；存储器是计算机的记忆装置，它以二进制的形式存储程序和数据，可以分为外存储器和内存储器，内存储器是影响计算机运行速度的主要因素之一，外存储器主要有光盘和U盘等，存储器中能够存放的最大信息数量称为存储容量，常见的存储容量单位有KB、MB、GB和TB等。

输入设备是计算机中重要的人机接口，用于接收用户输入的命令和程序等信息，并负责将命令转换成计算机能够识别的二进制代码，并放入内存中，输入设备主要包括键盘、鼠标等。输出设备用于将计算机处理的结果以人们可以识别的信息形式输出，常用的输出设备有显示器和打印机等。

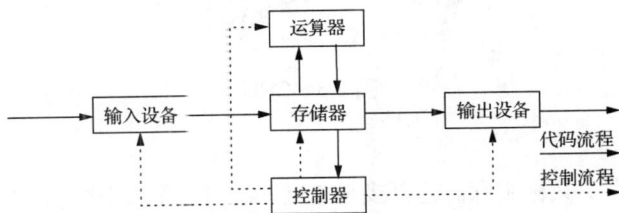

图2-2　计算机的基本结构

（二）了解计算机的工作原理

根据冯·诺依曼体系结构，计算机内部以二进制的形式表示和存储指令及数据，要让计算机工作，就必须先把程序编写出来，然后将编写好的程序和原始数据存入存储器中，接下来计算机在不需要人工干预的情况下，自动逐条读取并执行指令，因此，计算机只能执行指令并被指令所控制。

指令是指挥计算机工作的指示和命令，程序是一系列按一定顺序排列的指令。每条指令通常是由操作码和操作数两部分组成的，操作码表示运算性质，操作数指参加运算的数据及其所在的单元地址。执行程序和指令的过程就是计算机的工作过程。

计算机执行一条指令时，首先从存储单元地址中读取指令，并把它存放到 CPU 内部的指令寄存器暂存；然后由指令译码器分析该指令（译码），即根据指令中的操作码确定计算机应进行什么操作；最后执行指令，即根据指令分析结果，由控制器发出完成操作所需的一系列控制电位，以便指挥计算机有关部件完成这一操作，同时还为读取下一条指令做好准备。计算机重复执行上述过程，直至执行到指令结束。

（三）认识微型计算机的硬件组成

1. 中央处理器

运算器和控制器是计算机的核心部件，通常将这两个部件集成在一块芯片上，称为中央处理器（CPU）。微型计算机的中央处理器又称为微处理器。

运算器又称算术逻辑运算部件（ALU），其功能是对数据进行各种算术运算和逻辑运算，对数据进行加工处理。运算器在控制器的控制下实现其功能，运算结果由控制器指挥并送到内存储器中。它是计算机实现高速运算的核心，其主要的性能参数是运算精度和运算速度。

控制器是计算机的管理机构和指挥中心，其功能是对程序规定的控制信息进行解释，根据其要求进行控制，调度程序、数据和地址，协调计算机各部分工作及内存与外设的访问等。

CPU 是计算机的核心部件，决定着计算机的性能。反映 CPU 性能的最重要的指标是主频和数据传递的位数。主频反映 CPU 的速度，主频越高，CPU 的工作速度就越快；传递数据的位数是指计算机能够同时传递的二进制数据位数，目前绝大多数的微处理器芯片都是 32 位或64 位的。市场上最流行的 CPU 分成了 Intel 和 AMD 两大阵营。图 2-3 所示为 Intel 公司生产的CPU 外观图。

图 2-3　CPU

2. 内存储器

内存储器简称内存，又称主存。它直接与 CPU 交换信息，用来存放当前运行程序的指令和数据。内存的存储容量以字节为基本单位，每个字节都有自己的编号，称为"地址"。

内存是计算机的一个临时存储器，它只负责计算机数据的中转而不能永久保存。

内存储器分为随机存储器（RAM）和只读存储器（ROM）。随机存储器（RAM）：通常指计算机的主存，CPU 对它们既可以读出数据也可以写入数据，但是，一旦关机断电，RAM 中的信息将全部丢失。只读存储器（ROM）：ROM 里的内容只能读出，不能写入，即使断电，ROM 中的信息也不会丢失。

内存储器是计算机的核心部件，是 CPU 与硬盘沟通的桥梁，它的容量和处理速度直接决定了计算机数据传输的快慢。

常见的内存储器容量有 1GB、2GB、4GB、8GB 等。图 2-4 所示为内存的外观图。

图 2-4　内存

3. 主板

主板又叫系统板或母板。它是整个计算机的基板，是 CPU、内存、显卡及各种扩展卡的载体。主板的性能直接关系着整个计算机运行是否稳定，计算机整体运行速度也受到主板性能的影响。主板是计算机各部件的连接工具。图 2-5 所示为主板的外观图。

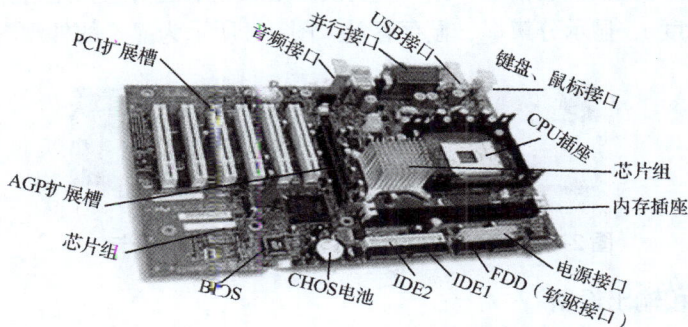

图 2-5　主板

4. 外存储器（辅助存储器）

辅助存储器用来存储程序和数据。它的特点是容量大，速度慢，价格便宜。目前常用的辅助存储器有磁盘、磁带、光盘等。

（1）硬盘

硬盘是各种程序、数据和结果的存放处，里面存储的信息不会由于断电而丢失。

一个硬盘一般由多个盘片组成，盘片的每一面都有一个读写磁头。硬盘在使用时，将盘片格式化成若干个磁道（称为柱面），每个磁道再划分为若干个扇区。

硬盘容量=磁头数×柱面数×扇区数×每扇区字节数

硬盘存储容量大，目前常见的有 500GB、1TB、2TB、4TB、10TB 等。图 2-6（a）所示为硬盘外观图。

（a）　　　　　　　　　　（b）

图 2-6　硬盘、光盘及光盘驱动器

（2）光盘

光盘存储器是一种可以移动的存储介质，利用激光技术存储信息，通过光盘驱动器进行读写操作。目前常见的光盘有只读型光盘、一次写入型光盘和可擦写型光盘 3 类。

CD-ROM 光盘的容量为 700MB 左右，而 DVD-ROM 光盘的容量可达到几吉字节，甚至更大。图 2-6（b）所示为光盘及光盘驱动器的外观图。

（3）闪存

闪存是一种可以移动的存储介质，外观小巧，使用 USB 接口，即插即用，可带电插拔。闪存可以引导机器启动（需要 U 盘和主板的支持），在 Windows 主流操作系统中使用不需要安装驱动程序。常见的容量有 512MB、1GB、2GB 等。图 2-7 所示为闪存的外观图。

5. 显卡（显示器适配卡）

显卡是连接主机与显示器的接口卡，其作用是将主机的输出信息转换成字符、图形和颜色等信息，传送到显示器上显示。

显卡插在主板的 AGP 扩展槽中（有一些主板是集成显卡的），主要性能指标有：刷新频率、色彩位数（彩色深度）、显示分辨率、显存容量。图 2-8 所示为显卡的外观图。

图 2-7　闪存　　　　　　　　图 2-8　显卡

6. 输入设备和输出设备

计算机的输入／输出设备通常为外围设备。这些外围设备种类繁多、速度各异，因而它们不能直接地同高速工作的主机相连接，而是通过适配器部件与主机联系。适配器的作用相当于一个转换器。它可以保证外围设备按计算机系统所要求的形式发送或接收信息，使主机和外围设备并行协调地工作。

（1）输入设备

输入设备用于将人们的信息形式变换成计算机能接收并识别的信息形式，并将它们送入内存。常用的输入设备有键盘、鼠标、扫描仪、触摸屏、摄像头和数码相机等。

除了以上介绍的输入设备以外，还有光电输入机、磁带机、磁盘机、光盘机、光笔和 PC 镜头等，它们在工程和家庭等方面都有着广泛运用。图 2-9 所示为常见的输入设备。

（a）键盘鼠标

（b）扫描仪、数码相机、摄像头

图 2-9　常用输入设备

（2）输出设备

输出设备用于将计算机处理结果的二进制信息转换成人类或其他设备能够接收和识别的字符、文字、图形、图像、声音等形式显示、打印或播放出来。常用的输出设备有显示器、打印机、绘图仪等。图 2-10 所示为是常用的输出设备。

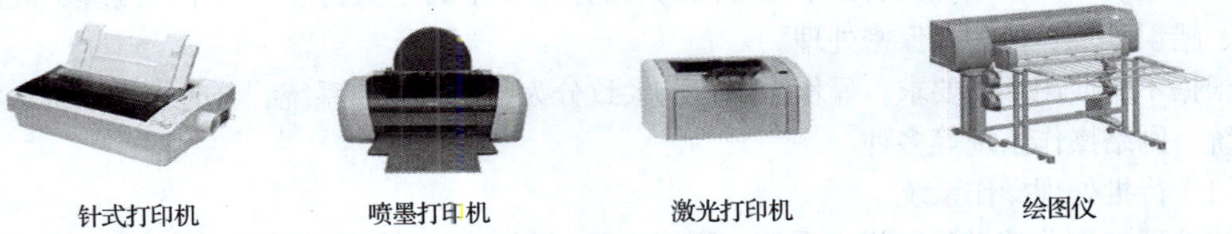

针式打印机　　　　喷墨打印机　　　　激光打印机　　　　绘图仪

图 2-10　常用输出设备

7. 系统总线

计算机硬件之间的连接线路分为网状结构与总线结构。绝大多数计算机采用总线（BUS）结构。系统总线是构成计算机系统的骨架，是多个系统部件之间进行数据传送的公共通路。借助系统总线，计算机在各系统部件之间实现传送地址、数据和控制信息的操作。

任务二　认识计算机的软件系统

任务要求

本任务要求了解计算机软件的定义，认识软件系统的分类，并了解常用操作系统和应用软件。

任务实现

（一）了解计算机软件的定义

计算机软件（Computer Software）简称软件，是指计算机系统中的程序及其文档，程序是计算任务的处理对象和处理规则的描述，是按照一定顺序执行的、能够完成某一任务的指令集合，而文档则是为了便于了解程序的说明性资料。

计算机之所以能够按照用户的要求运行，是因为计算机采用了程序设计语言(计算机语言)，该语言是人与计算机之间沟通时需要使用的语言，用于编写计算机程序，计算机可通过该程序控制工作流程，从而完成特定的设计任务。可以说，程序语言是计算机软件的基础和组成部分。

计算机软件分为系统软件和应用软件两大类。

（二）认识系统软件

系统软件指可以高效率使用和管理计算机、为用户提供友好界面、帮助用户编写和调试应用程序的通用程序集合。系统软件用于实现计算机系统的管理、调度、监视和服务等功能，其目的是方便用户，提高计算机使用效率，扩充系统的功能。

常用的系统软件包括操作系统、数据库管理系统、语言处理程序和服务性程序，其中操作系统是系统软件的核心。

1. 操作系统

操作系统是管理计算机资源（如处理器、内存、外部设备和各种编译、应用程序）和自动调度用户指令的作业程序，使多个用户能有效地共用一套计算机系统的软件。操作系统的出现，使计算机的使用效率成倍地提高，并且为用户提供了方便的使用手段和令人满意的服务质量。概括起来，操作系统具有 3 大功能：管理计算机硬、软件资源，使之有效应用；组织协调计算机的运行，以增强系统的处理能力；提供人机接口，为用户提供方便。

具体地说，操作系统具有如下几方面的功能：作业管理、资源管理、中断处理、I/O 处理、调度、错误处理、保护和保密处理。

根据不同使用环境要求，操作系统目前大致分为批处理操作系统、分时操作系统、实时操作系统、网络操作系统等多种。

（1）待批处理操作系统

待处理的作业按批连续进入系统，程序一旦运行，用户就不能再接触它，除非运行完毕。这有利于提高效率，但不便于对程序的调度和人机对话。目前大部分的计算中心采用这种系统。

（2）分时操作系统

分时操作系统允许系统同时为多个用户服务，一般采用时间片轮转的方式向用户轮流分配机时，而对用户来说，感觉不到有几个用户同时在使用一台计算机。

（3）实时操作系统

实时操作系统中用户分优先级别，对不同级别的用户有不同的响应方式。实时系统要求响应时间快，性能好，常用于计算机控制过程中。

（4）网络操作系统

计算机网络将分布在不同地理位置的计算机连接起来，网络操作系统用于对多台计算机及其设备之间的通信进行有效的监护管理。因此，网络操作系统除具有一般操作系统功能外，还有专门用于网络的网络管理模块。

目前，常见的操作系统有：微软公司的 Windows 系列、苹果公司的 Mac OS、多用于大型服务器的 UNIX、拥有开放源代码的 Linux 等。

2. 数据库管理系统

数据库管理系统（Database Management System，DBMS）是管理数据的一组程序，具有建立、编辑、维护、访问数据库的功能，能提供数据的独立性、完整性、安全性。数据库和数据管理软件一起，组成了数据库管理系统。

目前有 3 种类型的数据库管理系统，即层次型数据库、网状型数据库和关系型数据库，其中关系型数据库使用最为方便，得到了广泛的应用。常用的关系型数据库管理系统有 FoxPro、Oracle、Access 和 SQL Server 等。

3. 语言处理程序

在早期的计算机中，人们是直接用机器语言（即机器指令代码）来编写程序的，这种用机器语言书写的程序，计算机完全可以识别并能直接执行，所以又叫目的程序。

机器语言是由二进制代码组成的，难懂难记，并且它依赖于计算机的硬件结构；不同类型的计算机，其机器语言不同，这些情况大大限制了计算机的使用。

为了编写程序方便和提高机器的使用效率，人们用一些约定的文字、符号和数字按规定的格式来表示各种不同的指令，然后再用这些特殊符号表示的指令来编写程序，这就是所谓的汇编语言。对人来讲，符号语言简单直观、便于记忆，比二进制数表示的机器语言方便了许多。但计算机不认识这些文字、数字、符号，为此人们创造了汇编程序，它是一种将符号语言表示的程序（称为汇编源程序）翻译成用机器语言表示的目的程序的软件。

所谓高级语言，是指按实际需要规定好的一套基本符号以及由这套基本符号构成程序的规则。高级语言比较接近数学语言，它直观通用，与具体机器无关，只要稍加学习就能掌握，便于推广使用计算机。有影响的高级语言如 BASIC、FORTRAN、C、C++、Java 等。

用高级语言编写的程序称为源程序。但是，这种源程序如同汇编源程序一样，是不能由机器直接识别和执行的，也必须翻译为机器语言。通常采用下面两种方法。

编译程序可把源程序翻译成目的程序，然后机器执行目的程序，得出计算结果。目的程序一般不能独立运行，还需要一种叫作运行系统的辅助程序来帮助。通常，把编译程序和运行系统合称为编译系统。

解释程序可逐条解释并立即执行源程序的语句，它不是将源程序的全部指令一起翻译，编出目的程序后再执行，而是直接逐一解释语句并得出计算结果。

4．服务性程序

服务性程序提供各种运行所需的服务，是一种辅助计算机工作的程序。包括用于程序的装入、连接、编辑及调试用的装入程序、连接程序、编辑程序及调试程序，又如诊断故障程序、纠错程序、监督程序，此外，还有进制转换程序等为系统提供更多实用功能的服务性程序。

（三）认识应用软件

应用软件指用户借助系统软件在各自的应用领域中，为解决各类实际问题而编制的程序，它用来帮助人们完成特定领域的工作，如工程设计程序、数据处理程序、自动控制程序、企业管理程序、情报检索程序、科学计算程序等。随着计算机的广泛应用，这类程序的种类越来越多。

随着计算机应用的不断深入，系统软件与应用软件之间已不再有明显的界限。一些具有通用价值的应用程序，已经纳入系统软件之中，作为一种资源提供给用户。

微课：认识应用软件

（四）软件与硬件的逻辑等价性

随着大规模集成电路技术的发展和软件硬化的趋势，计算机系统软件、硬件界限已经变得模糊了，因为任何操作可以由软件来实现，也可以由硬件来实现；任何指令的执行可以由硬件完成，也可以由软件来完成。

对于某一功能采用硬件方案还是软件方案，取决于器件价格、速度、可靠性、存储容量、变更周期等因素。就目前而言，一些计算机已经把原来通过编制程序实现的操作，如整数乘除法指令、浮点运算指令、处理字符串指令等，改为直接由硬件完成。

总之，随着大规模集成电路和计算机系统结构的发展，实体硬件的功能范围不断在扩大。这正是因为容量大、价格低、体积小、可以改写的只读存储器提供了软件固化的良好物质手段。现在已经可以把许多复杂的、常用的程序制作成固件。就它的功能来说，是软件；但从形态来说，又是硬件。目前在一颗单晶硅芯片上制作复杂的逻辑电路已经是实际可行的，这就为扩大指令的功能提供了物质基础，因此本来通过软件手段来实现的某些功能，现在可以通过硬件来直接解释执行。未来的发展，就是设计面向高级语言的计算机。这样的计算机，可以通过硬件直接解释执行高级语言的语句而不需要先经过编译程序的处理。传统的软件部分，今后完全有可能"固化"甚至"硬化"。

任务三　掌握中英文输入

任务要求

本任务要求了解中英文输入方法，掌握键盘的布局和中文输入法的使用，能熟练使用键盘输入中英文资料。

任务实现

（一）掌握英文输入

熟悉键盘上键位分布情况，明确手指分工，是提高输入速度和准确率的前提和保障。手指在键盘上的具体分工情况如图 2-11 所示。

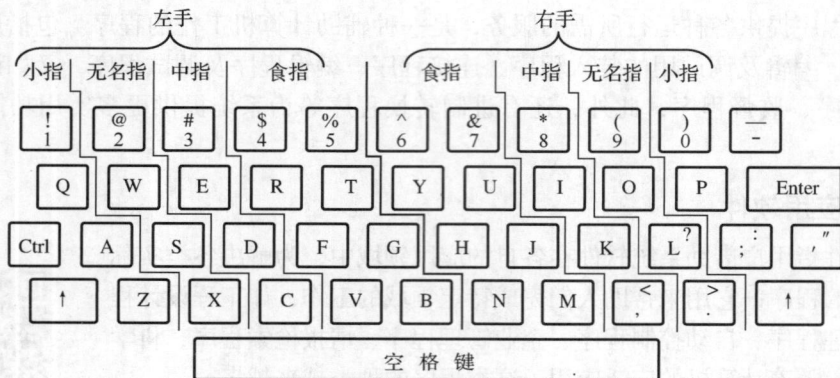

图 2-11　手指分工图

（二）掌握中文输入

Windows 中文版是 Microsoft 为了适应中文使用而推出的中文版本。其中，Windows 系列中文版中包含有多种汉字输入方式，如微软拼音、全拼、郑码、智能 ABC、双拼等，用户可根据需要自行选择。

1. 智能 ABC 输入法

下面以智能 ABC 输入法为例（见图 2-12），介绍中文输入的一般方法。

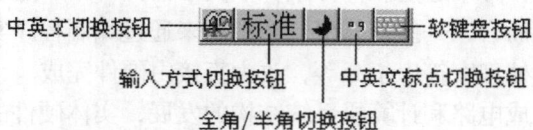

图 2-12　输入法状态窗口

输入方式切换：单击"输入方式切换按钮"，可选择不同的汉字输入方式。

中英文切换：在中英文混合输入时，一般可用组合键【Ctrl+Space】进行切换，也可单击中英文切换按钮。

全角/半角切换：所谓半角是在输入一个非汉字字符时，该字符仅占半个汉字位（即西文字符位）；全角是在输入非汉字字符时，该字符占一个汉字位。中英文输入时，若需要"全角/半角"切换，可使用组合键【Shift+Space】进行，也可单击全角/半角切换按钮。

输入中文标点切换：单击中英文标点切换按钮，可选择中文标点符号，也可使用组合键【Ctrl+.（句号）】进行切换。中文标点符号与键盘键位的对照，如表 2-1 所示。

表 2-1 中文标点符号与键位对照表

中文符号	键位	说明	中文符号	键位	说明
。句号	.		）右括号	）	
，逗号	,		《《书名号	<	自动嵌套
；分号	;		》》书名号	>	自动嵌套
：冒号	:		……省略号	^	双符处理
？问号	?		——破折号	_	双符处理
！叹号	!		、顿号	\	
""双引号	"	自动配对	·间隔号	@	
''单引号	'	自动配对	—连接号	&	
（左括号	(		￥人民币符号	$	

软键盘：在 Windows 中提供了 13 种软键盘，其中包括 PC 键盘、希腊字母、俄文字母、注音符号、拼音、日文平假名、日文片假名、标点符号、数字序号、数学符号、单位符号、制表符及特殊符号等。右键单击软键盘按钮，屏幕显示软键盘菜单，用户可根据需要进行选择。

2. 输入法设置

单击屏幕下面"状态栏"的"CH"按钮，屏幕显示图 2-13 所示的输入法列表，用户可从中选择自己所需要的输入法。

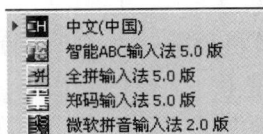

图 2-13 输入法列表

3. 汉字输入

汉字输入方式有多种，如微软拼音、全拼、郑码、智能 ABC、双拼、区位码和表形码等，这里仅以 Windows 全拼输入法为例，说明汉字输入方法。

在输入法状态窗口，用鼠标单击"输入法切换按钮"，选择"全拼"输入方式，屏幕显示图 2-14 所示的小窗口，供用户输入汉语拼音字母。用户输入声母和韵母之后，屏幕显示一个大窗口和同音汉字，用户可用鼠标或数字键选择其中的一个。如果所需汉字不在这一窗口中，可用鼠标单击窗口右上角的左按钮或右按钮翻页，也可用键盘上的"–"和"="键翻页。例如，输入"a"，窗口显示所有以"a"开头的汉字，供用户选择。

此外，在"全拼"输入法中还包含有词组输入功能。当输入第一个汉字的声母和韵母之后，再输入第二个汉字的声母，即显示相应的词组。若同时显示多个词组时，可用鼠标或数字键选择。

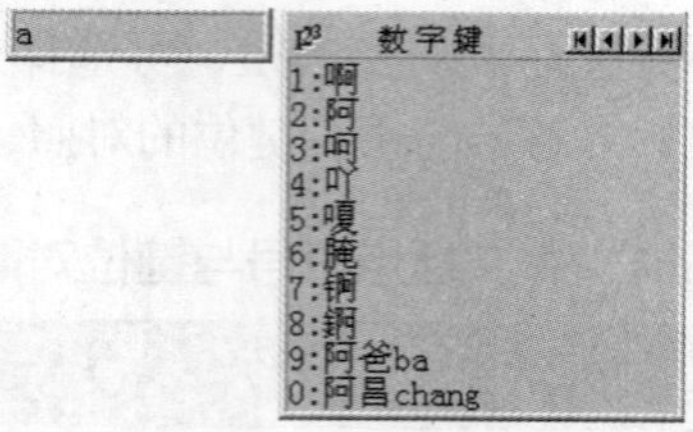

图 2-14　汉字输入窗口

课后作业

一、单选题

1. 计算机中运算器的主要功能是（　　　）。
   A. 控制计算机的运行　　　　　　　　　B. 算术运算和逻辑运算
   C. 分析指令并执行　　　　　　　　　　D. 负责存取存储器中的数据

2. 计算机的 CPU 每执行一个（　　），表示完成一步基本运算或判断。
   A. 语句　　　　　　B. 指令　　　　　　C. 程序　　　　　　D. 软件

3. 磁盘驱动器属于计算机的（　　　）设备。
   A. 输入　　　　　　B. 输出　　　　　　C. 输入和输出　　　　D. 存储器

4. 计算机的主机由（　　　）组成。
   A. 计算机的主机箱　　　　　　　　　　B. 运算器和输入/输出设备
   C. 运算器和控制器　　　　　　　　　　D. CPU 和内存储器

5. 下面关于 ROM 的说法中，不正确的是（　　　）。
   A. ROM 不是内存而是外存　　　　　　B. ROM 中的内容在断电后不会消失
   C. CPU 不能向 ROM 随机写入数据　　　D. ROM 是只读存储器的英文缩写

6. 构成计算机物理实体的部件称为（　　　）。
   A. 计算机软件　　　B. 计算机程序　　　C. 计算机硬件　　　D. 计算机系统

7. 下列设备中属于输入设备的是（　　　）。
   A. 显示器　　　　　B. 扫描仪　　　　　C. 打印机　　　　　D. 绘图机

8. 计算机中对数据进行加工与处理的硬件为（　　　）。
   A. 控制器　　　　　B. 显示器　　　　　C. 运算器　　　　　D. 存储器

9. 微型计算机中，控制器的基本功能是（　　　）。
   A. 控制系统各部件正确地执行程序　　　B. 传输各种控制信号
   C. 产生各种控制信息　　　　　　　　　D. 存储各种控制信息

10. 下列属于硬盘能够存储多少数据的一项重要指标的是（　　　）。
    A. 总容量　　　　　B. 读写速度　　　　C. 质量　　　　　　D. 体积

11. 下列选项中，不属于计算机硬件系统的是（　　　）。
    A. 系统软件　　　　B. 硬盘　　　　　　C. I/O 设备　　　　D. 中央处理器

12. 微型计算机的（　　　）集成在微处理器芯片上。
    A. CPU 和 RAM　　　　　　　　　　　B. 控制器和 RAM
    C. 控制器和运算器　　　　　　　　　　D. 运算器和 RAM

13. 下列不属于计算机的外部存储器的是（　　　）。
　　A. 软盘　　　　　　B. 硬盘　　　　　　C. 内存条　　　　　　D. 光盘

14. USB 是一种（　　　）。
　　A. 中央处理器　　　　　　　　　B. 不间断电源
　　C. 通用串行总线接口　　　　　　D. 存储器

15. CPU 能直接访问的存储器是（　　　）。
　　A. 硬盘　　　　　　B. U 盘　　　　　　C. 光盘　　　　　　D. ROM

16. ROM 中的信息是（　　　）。
　　A. 由程序临时存入的　　　　　　B. 在安装系统时写入的
　　C. 由用户随时写入的　　　　　　D. 由生产厂家预先写入的

17. 微机的主机指的是（　　　）。
　　A. CPU、内存和硬盘等　　　　　B. CPU 和内存等
　　C. CPU、内存、主板和硬盘等　　D. CPU、内存、硬盘、显示器和键盘等

18. 英文缩写 ROM 的中文译名是（　　　）。
　　A. U 盘　　　　　　　　　　　　B. 只读存储器
　　C. 随机存取存储器　　　　　　　D. 高速缓冲存储器

19. 内存一般采用半导体存储单元，包括随机存储器（RAM）、（　　　）和高速缓存（Cache）。
　　A. 可读存储器（ROM）　　　　　B. 只读存储器（COM）
　　C. 只读存储器（POM）　　　　　D. 可读存储器（TOM）

20. 微型计算机硬件系统中最核心的部件是（　　　）。
　　A. 主板　　　　　　B. I/O 设备　　　　C. 内存　　　　　　D. CPU

21. 计算机的硬件主要包括中央处理器（CPU）、存储器、输出设备和（　　　）。
　　A. 输入设备　　　　B. 鼠标　　　　　　C. 打印机　　　　　D. 键盘

22. 计算机系统是指（　　　）。
　　A. 硬件系统和软件系统　　　　　B. 控制器、存储器、外部设备
　　C. 主机、显示器、键盘、鼠标　　D. 主机和外部设备

23. 计算机中的存储器包括（　　　）和外存储器。
　　A. 光盘　　　　　　B. 硬盘　　　　　　C. 内存储器　　　　D. 半导体存储单元

24. 计算机软件总体分为系统软件和（　　　）。
　　A. 非系统软件　　　B. 重要软件　　　　C. 应用软件　　　　D. 工具软件

25. 计算机系统中，（　　　）是指运行的程序、数据及相应的文档的集合。
　　A. 主机　　　　　　B. 系统软件　　　　C. 软件系统　　　　D. 应用软件

26. Office 2010 属于（　　　）。
　　A. 系统软件　　　　B. 应用软件　　　　C. 辅助设计软件　　D. 商业管理软件

27. 在 Windows 中，连续两次快速按下鼠标左键的操作是（　　　）。
　　A. 单击　　　　　　B. 双击　　　　　　C. 拖曳　　　　　　D. 启动

28. 计算机键盘上的【Shift】键称为（　　　）。
　　A. 控制键　　　　　B. 上挡键　　　　　C. 退格键　　　　　D. 换行键

29. 计算机键盘上的【Esc】键的功能一般是（　　　）。

A. 确认　　　　　　B. 取消　　　　　　C. 控制　　　　　　D. 删除

30. 键盘上的（　　）键是控制键盘输入大小写切换的。

A.【Shift】　　　　B.【Ctrl】　　　　C.【NumLock】　　　D.【CapsLock】

31. 下列（　　）键用于删除光标后面的字符。

A.【Delete】　　　B.【→】　　　　　C.【Insert】　　　　D.【Backspace】

32. 下列（　　）键用于删除光标前面的字符。

A.【Delete】　　　B.【→】　　　　　C.【Insert】　　　　D.【Backspace】

33. 通常情况下，单击鼠标（　　）将会打开一个快捷菜单。

A. 左键　　　　　　B. 右键　　　　　　C. 中键　　　　　　D. 左、右键同时按下

34. 双击鼠标左键会（　　）。

A. 选中对象　　　　B. 取消选中　　　　C. 执行程序　　　　D. 弹出快捷菜单

35. 拖动时应按下鼠标的（　　）。

A. 左键　　　　　　B. 右键　　　　　　C. 中键　　　　　　D. 左、右键同时按下

二、判断题

1. 计算机软件按其用途和实现的功能可分为系统软件和应用软件两大类。（　　）

2. 计算机系统包括硬件系统和软件系统。（　　）

3. 主机包括 CPU、显示器。（　　）

4. CPU 的主频越高，则它的运算速度越慢。（　　）

5. CPU 由控制器和运算器组成。（　　）

6. CPU 的主要任务是取出指令、解释指令和执行指令。（　　）

7. CPU 主要由控制器、运算器和存储器组成。（　　）

8. 中央处理器和主存储器构成计算机的主体，称为主机。（　　）

9. 主机以外的大部分硬件设备称为外围设备或外部设备，简称外设。（　　）

10. 运算器是进行算术和逻辑运算的部件，通常称它为 CPU。（　　）

11. 输入/输出设备是用来存储程序及数据的装置。（　　）

12. 键盘和显示器都是计算机的输入/输出设备，键盘是输入设备，显示器是输出设备。（　　）

13. 通常说的内存是指 RAM。（　　）

14. 显示器属于输入设备。（　　）

15. 键盘是输入设备，显示器是输出设备。（　　）

16. 光盘属于外存储设备。（　　）

17. 扫描仪属于输出设备。（　　）

18. 数码相机属于输出设备。（　　）

19. 可以在计算机工作的情况下插上或拔掉电路设备。（　　）

20. 内部存储器也叫主存储器，简称内存。（　　）

项目三 认识 Windows 7 操作系统

Windows 7 是由微软（Microsoft）公司开发的一款具有革命性变化的操作系统，也是当前主流的微机操作系统之一，同时具有操作简单、启动速度快、安全和连接方便等特点，使计算机操作变得更加简单和快捷。本项目将通过 4 个典型任务，介绍 Windows 7 操作系统的基本操作，包括启动与退出、窗口与菜单操作、对话框操作、系统工作环境定制和设置汉字输入法等内容。

学习目标

- 了解 Windows 7 操作系统
- 操作窗口、对话框与"开始"菜单
- 定制 Windows 7 工作环境
- 设置汉字输入法

任务一　了解 Windows 7 操作系统

任务要求

本任务要求了解操作系统的概念、功能与种类，了解 Windows 操作系统的发展史，掌握启动与退出 Windows 7 的方法，并熟悉 Windows 7 的桌面组成。

任务实现

（一）了解操作系统的概念、功能与种类

在认识 Windows 7 操作系统前，应先了解操作系统的概念、功能与种类。

1. 操作系统的概念

操作系统（Operating System，OS）是一种系统软件，用于管理计算机系统的硬件与软件资源，控制程序的运行，改善人机操作界面，为其他应用软件提供支持等，并为用户提供方便的、有效的和友善的服务界面。操作系统是一个庞大的管理控制程序，它直接运行在计算机硬件上，是最基本的系统软件，也是计算机系统软件的核心，同时还是靠近计算机硬件执行的第一层软件，其所处的位置如图 3-1 所示。

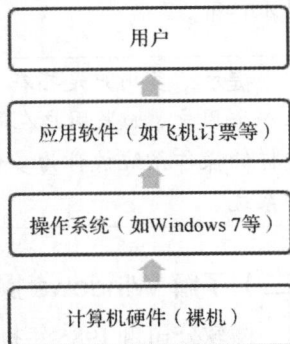

图 3-1　操作系统的位置

2. 操作系统的功能

通过前面介绍的操作系统的概念可以看出，操作系统的功能是控制和管理计算机的硬件资源和软件资源，从而提高计算机的利用率，方便用户使用。具体来说，它包括以下 6 个方面的管理功能。

① 进程与处理机管理。通过操作系统处理机管理模块来确定对处理机的分配策略，实施对进程或线程的调度和管理。

② 存储管理。存储管理的实质是对存储"空间"的管理，主要指对内存的管理。操作系统的存储管理功能负责将内存单元分配给需要内存的程序以便让它执行，在程序执行结束后再将程序占用的内存单元收回以便再使用。此外，存储管理时还要保证各用户进程之间互不影响，保证用户进程不能破坏系统进程，并提供内存保护。

③ 设备管理。设备管理指对硬件设备的管理，包括对各种输入/输出设备的分配、启动、完成和回收。

④ 文件管理。文件管理又称信息管理，指利用操作系统的文件管理子系统，为用户提供一个方便、快捷、可以共享、同时又提供文件保护的使用环境，包括文件存储空间管理、文件操作、目录管理、读写管理和存取控制。

⑤ 网络管理。随着计算机网络功能的不断加强，网络应用不断深入人们生活的各个角落，因此操作系统必须具备支持计算机与网络进行数据传输和提供网络安全防护的功能。

⑥ 提供良好的用户界面。操作系统是计算机与用户之间的接口，因此，操作系统必须为用户提供一个良好的用户界面。

3. 操作系统的分类

操作系统可以从以下 3 个角度进行分类。

① 从用户角度分类，操作系统可分为 3 种：单用户、单任务（如 DOS 操作系统）；单用户、多任务（如 Windows 9x 操作系统）；多用户、多任务（如 Windows 7 操作系统）。

② 从硬件的规模角度分类，操作系统可分为微型机操作系统、中小型机操作系统和大型机操作系统 3 种。

③ 从系统操作方式的角度分类，操作系统可分为批处理操作系统、分时操作系统、实时操作系统、PC 操作系统、网络操作系统和分布式操作系统 6 种。

目前微机上常见的操作系统有 DOS、OS/2、UNIX、Linux、Windows 和 NetWare 等，虽然操作系统的种类非常多样，但所有的操作系统都具有并发性、共享性、虚拟性和不确定性 4 个基本特征。

提示： 多用户是指在一台计算机上可以建立多个用户，单用户是指在一台计算机上只能建立一个用户。如果用户在同一时间可以运行多个应用程序（每个应用程序被称作一个任务），则这样的操作系统被称为多任务操作系统；在同一时间只能运行一个应用程序，则称为单任务操作系统。

（二）了解 Windows 操作系统的发展史

微软公司自 1985 年推出 Windows 操作系统以来，其版本从最初运行在 DOS 下的 Windows 3.0，到现在风靡全球的 Windows XP、Windows 7、Windows 8 和 Windows 10。Windows 操作

系统的发展主要经历了以下 10 个阶段。

① Windows 是由微软在 1983 年 11 月宣布推出，并在 1985 年 11 月发行的，标志着计算机开始进入了图形用户界面时代。1987 年 11 月正式在市场上推出 Windows 2.0，增强了键盘和鼠标界面。

② 1990 年 5 月发布了 Windows 3.0，它标志着计算机在家用和办公室市场上取得立足点。

③ 1992 年 4 月发布了 Windows 3.1，它只能在保护模式下运行，并且要求计算机至少配置了 1MB 内存的 286 处理器或 386 处理器。1993 年 7 月发布的 Windows NT 是第一个支持 Intel386、Intel486 和 Pentium CPU 的 32 位保护模式的版本。

④ 1995 年 8 月发布了 Windows 95，它具有需要较少硬件资源的优点，是一个完整的、集成化的 32 位操作系统。

⑤ 1998 年 6 月 Windows 98 发布，它升级了许多功能，包括执行效能的提高、更好的硬件支持以及扩大了网络功能。

⑥ 2000 年 2 月发布的 Windows 2000 是由 Windows NT 发展而来的，同时从该版本开始，正式抛弃了 Windows 9X 的内核。

⑦ 2001 年 10 月发布了 Windows XP，它在 Windows 2000 的基础上增强了安全特性，同时加强了验证盗版的技术，Windows XP 是最易使用的操作系统之一。此后，微软公司于 2006 年发布了 Windows Vista，它具有华丽的界面和炫目的特效。

⑧ 2009 年 10 月发布了 Windows 7，该版本吸收了 Windows XP 的优点，已成为当前市场上的主流操作系统之一。

⑨ 2012 年 10 月发布了 Windows 8，采用全新的用户界面，被应用于个人计算机和平板电脑上，且启动速度更快、占用内存更少，并兼容 Windows 7 所支持的软件和硬件。

⑩ Windows 10 是微软公司于 2015 年发布的最后一个 Windows 版本，自 2014 年 10 月 1 日开始公测，Windows 10 经历了 Technical Preview（技术预览版）及 Insider Preview（内测者预览版）。

（三）启动与退出 Windows 7

在计算机上安装 Windows 7 操作系统后，启动计算机便可进入 Windows 7 的操作界面。

1. 启动 Windows 7

开启计算机主机箱和显示器的电源开关，Windows 7 将载入内存，接着开始对计算机的主板和内存等进行检测，系统启动完成后将进入 Windows 7 欢迎界面。若只有一个用户且没有设置用户密码，则直接进入系统桌面；如果系统存在多个用户且设置了用户密码，则需要选择用户并输入正确的密码才能进入系统。

微课：启动 Windows 7

2. 认识 Windows 7 桌面

启动 Windows 7 后，在屏幕上即可看到 Windows 7 桌面。在默认情况下，Windows 7 的桌面是由桌面图标、鼠标指针、任务栏和语言栏 4 个部分组成，如图 3-2 所示。下面分别对这 4 个部分进行讲解。

① 桌面图标。桌面图标一般是程序或文件的快捷方式，程序或文件的快捷方式图标左下角有一个小箭头。安装新软件后，桌面上一般会增加相应的快捷图标，如"腾讯 QQ"的快捷方

式的图标为![图标]，除此之外，还包括"计算机"图标![图标]、"网络"图标![图标]、"回收站"图标![图标]和"个人文件夹"图标![图标]等系统图标。用户双击桌面上的某个图标可以打开该图标对应的窗口。

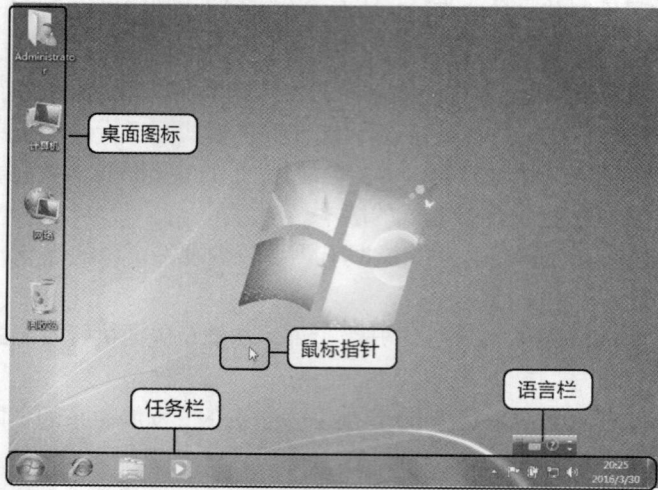

图 3-2　Windows 7 的桌面

② 鼠标指针。在 Windows 7 操作系统中，鼠标指针在不同的状态下有不同的形状，这样可直观地告诉用户当前可进行的操作或系统状态。常用鼠标指针及其对应的状态如表 3-1 所示。

表 3-1　鼠标指针形态与含义

鼠标指针	表示的状态	鼠标指针	表示的状态	鼠标指针	表示的状态
![指针]	准备状态	![指针]	调整对象垂直大小	![指针]	精确调整对象
![指针]	帮助选择	![指针]	调整对象水平大小	![指针]	文本输入状态
![指针]	后台处理	![指针]	等比例调整对象 1	![指针]	禁用状态
![指针]	忙碌状态	![指针]	等比例调整对象 2	![指针]	手写状态
![指针]	移动对象	![指针]	候选	![指针]	超链接选择

③ 任务栏。任务栏默认情况下位于桌面的最下方，由"开始"按钮![图标]、任务区、通知区域和"显示桌面"按钮![图标]（单击可快速显示桌面）4 个部分组成，如图 3-3 所示。

图 3-3　任务栏

④ 语言栏。在 Windows 7 中，语言栏一般浮动在桌面上，用于选择系统所用的语言和输入法。单击语言栏右上角的"最小化"按钮![图标]，将语言栏最小化到任务栏上，且该按钮变为"还原"按钮![图标]。

3. 退出 Windows 7

计算机操作结束后需要退出 Windows 7。

【例 3-1】正确退出 Windows 7 并关闭计算机。

（1）保存文件或数据，关闭所有打开的应用程序。

（2）单击"开始"按钮，在打开的"开始"菜单中单击 按钮即可，如图 3-4 所示。

（3）关闭显示器的电源。

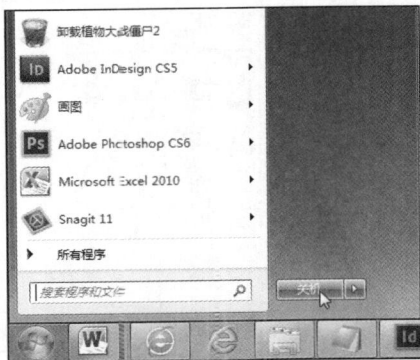

图 3-4　退出 Windows 7

微课：退出 Windows 7

提示：如果计算机出现死机或其他故障等问题，用户可以尝试重新启动计算机来解决。方法是：单击图 3-4 中所示的 按钮右侧的 按钮，在打开的下拉列表中选择"重新启动"选项。

任务二　操作窗口、对话框与"开始"菜单

任务要求

本任务要求认识操作系统的窗口、对话框和"开始"菜单，掌握窗口的基本操作、熟练操作对话框中各组成部分，同时掌握利用"开始"菜单启动程序的方法。

相关知识

（一）Windows 7 窗口

在 Windows 7 中，几乎所有的操作都要在窗口中完成，在窗口中的相关操作一般是通过鼠标和键盘来进行的。例如，双击桌面上的"计算机"图标，将打开"计算机"窗口，如图 3-5 所示，这是一个典型的 Windows 7 窗口，各个组成部分的作用介绍如下。

① 标题栏。位于窗口顶部，右侧有控制窗口大小和关闭窗口的按钮。

② 菜单栏。菜单栏主要用于存放各种操作命令，要执行菜单栏上的操作命令，只需单击对应的菜单名称，然后在弹出的菜单中选择某个命令即可。在 Windows 7 中，常用的菜单类型主要有子菜单、菜单和快捷菜单（如单击鼠标右键弹出的菜单），如图 3-6 所示。

③ 地址栏。显示当前窗口文件在系统中的位置。其左侧包括"返回"按钮和"前进"按钮，用于打开最近浏览过的窗口。

④ 搜索栏。用于快速搜索计算机中的文件。

⑤ 工具栏。该栏会根据窗口中显示或选择的对象同步进行变化，以便用户进行快速操作。其中，单击 按钮，可以在打开的下拉列表中选择各种文件管理操作，如复制和删

41

信息处理技术（Windows 7+Office 2010）（微课版）

除等操作。

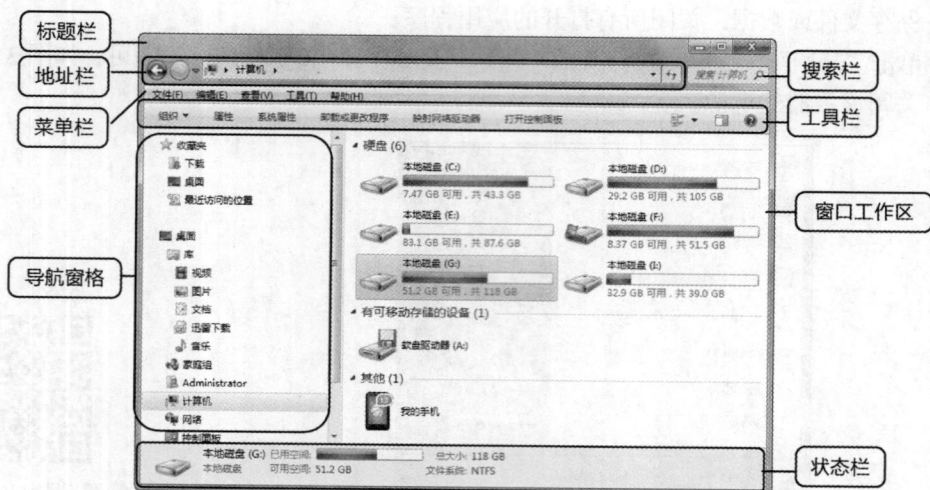

图 3-5 "计算机"窗口的组成

⑥ 导航窗格。单击可快速切换或打开其他窗口。

⑦ 窗口工作区。用于显示当前窗口中存放的文件和文件夹内容。

⑧ 状态栏。用于显示计算机的配置信息或当前窗口中选择对象的信息。

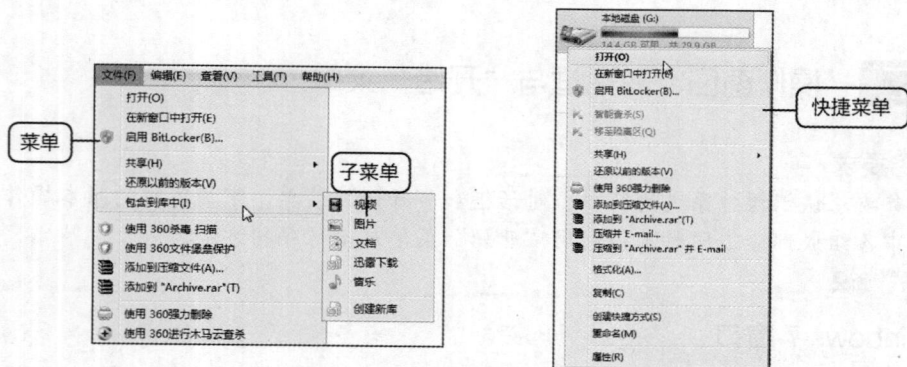

图 3-6 Windows 7 中的菜单类型

提示：在菜单中有一些常见的符号标记，其中，字母标记表示该命令的快捷键；√标记表示已将该命令选中并应用了效果，其他相关的命令也将同时存在，可以同时应用；●标记表示已将该命令选中并应用，同时其他相关的命令将不再起作用；…标记表示执行该命令后，将打开一个对话框，可以进行相关的参数设置。

（二）Windows 7 对话框

执行某些命令后将打开一个用于对该命令或操作对象进行下一步设置的对话框，它实际上是一种特殊的窗口，用户可通过选择选项或输入数据来进行设置。选择不同的命令，所打开的对话框也各不相同，但其中包含的参数类型是类似的。图 3-7 所示为 Windows 7 对话框中各组成元素的名称。

42

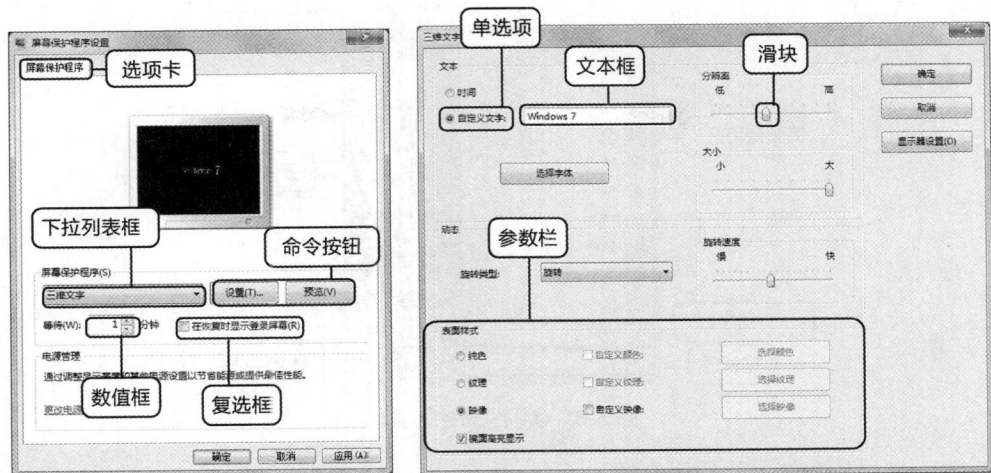

图 3-7　Windows 7 对话框

① 选项卡。当对话框中有很多内容时，Windows 7 将对话框按类别分成几个选项卡，每个选项卡都有一个名称，并依次排列在一起，单击其中一个选项卡，将会显示其相应的内容。

② 下拉列表框。下拉列表框中包含多个选项，单击下拉列表框右侧的 按钮，将打开该下拉列表，从中可以选择所需的选项。

③ 命令按钮。命令按钮用来执行某一操作，如 设置(T)... 、 预览(V) 和 应用(A) 等都是命令按钮。单击某一命令按钮将执行与其名称相应的操作，一般单击对话框中的 确定 按钮，表示关闭对话框，并保存所做的全部更改；单击 取消 按钮，表示关闭对话框，但不保存任何更改；单击 应用(A) 按钮，表示保存所有更改，但不关闭对话框。

④ 数值框。数值框是用来输入具体数值的。图 3-7 左侧所示的"等待"数值框用于输入屏幕保护激活的时间。用户可以直接在数值框中输入具体数值，也可以单击数值框右侧的"调整"按钮 调整数值。单击 按钮可按固定步长增加数值，单击 按钮可按固定步长减小数值。

⑤ 复选框。复选框是一个小的方框，用来表示是否选择该选项，也可同时选择多个选项。当复选框没有被选中时外观为 ，被选中时外观为 。若要单击选中或撤销选中某个复选框，只需单击该复选框前的方框即可。

⑥ 单选项。单选项是一个小圆圈，用来表示是否选择该选项，只能选择选项组中的一个选项。当单选项没有被选中时外观为 ，被选中时外观为 。若要单击选中或撤销选中某个单选项，只需单击该单选项前的圆圈即可。

⑦ 文本框。文本框在对话框中为一个空白方框，主要用于输入文字。

⑧ 滑块。有些选项是通过左右或上下拉动滑块来设置相应数值的。

⑨ 参数栏。参数栏主要是将当前选项卡中用于设置某一效果的参数放在一个区域，以方便使用。

（三）"开始"菜单

单击桌面任务栏左下角的"开始"按钮 ，即可打开"开始"菜单。计算机中几乎所有的应用都可在"开始"菜单中执行。"开始"菜单是操作计算机的重要门户，即使桌面上没有显示的文件或程序，通过"开始"菜单也能轻松找到。"开始"菜单主要组成部分如图 3-8 所示。

图 3-8　认识"开始"菜单

"开始"菜单各个部分的作用介绍如下。

① 高频使用区。根据用户使用程序的频率，Windows 会自动将使用频率较高的程序显示在该区域中，以便用户能快速地启动所需程序。

② 所有程序区。选择"所有程序"命令，高频使用区将显示计算机中已安装的所有程序的启动图标或程序文件夹，选择某个选项可启动相应的程序，此时"所有程序"命令也会变为"返回"命令。

③ 搜索区。在搜索区的文本框中输入关键字后，系统将搜索计算机中所有与关键字相关的文件和程序等信息，搜索结果将显示在上方的区域中，单击即可打开相应的文件或程序。

④ 用户信息区。显示当前用户的图标和用户名，单击图标可以打开"用户账户"窗口，通过该窗口可更改用户账户信息，单击用户名将打开当前用户的用户文件夹。

⑤ 系统控制区。显示了"计算机""网络"和"控制面板"等系统选项，选择相应的选项可以快速打开或运行程序，便于用户管理计算机中的资源。

⑥ 关闭注销区。用于关闭、重启和注销计算机或进行用户切换、锁定计算机以及使计算机进入睡眠状态等操作，单击　关机　按钮时将直接关闭计算机，单击右侧的　按钮，在打开的下拉列表中选择所需选项，即可执行对应操作。

任务实现

（一）管理窗口

下面将举例讲解打开窗口及其中的对象、最小化/最大化窗口、移动窗口、缩放窗口、多窗口的重叠和关闭窗口的操作。

1. 打开窗口及窗口中的对象

在 Windows 7 中，每当用户启动一个程序、打开一个文件或文件夹时都将打开一个窗口，而一个窗口中包括多个对象，打开某个对象又可能打开相应的窗口，该窗口中可能又包括其他不同的对象。

【例 3-2】打开"计算机"窗口中"本地磁盘(C:)"下的 Windows 目录。

（1）双击桌面上的"计算机"图标，或在"计算机"图标上单击鼠标右键，在弹出的快捷菜单中选择"打开"命令，将打开"计算机"窗口。

微课：打开窗口及窗口中的对象

44

（2）双击"计算机"窗口中的"本地磁盘(C:)"图标，或选择"本地磁盘(C:)"图标后按【Enter】键，打开"本地磁盘(C:)"窗口，如图 3-9 所示。

（3）双击"本地磁盘(C:)"窗口中的"Windows"文件夹图标，即可进入 Windows 目录查看。

（4）单击地址栏左侧的"返回"按钮，将返回上一级"本地磁盘(C:)"窗口。

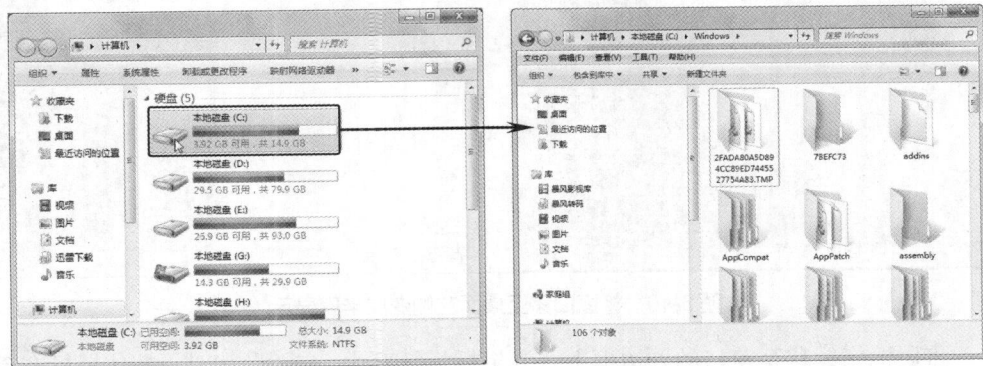

图 3-9　打开窗口及窗口中的对象

2．最大化或最小化窗口

最大化窗口可以将当前窗口放大到整个屏幕显示，这样可以显示更多的窗口内容，而最小化后的窗口将以标题按钮形式缩放到任务栏的程序按钮区。

【例 3-3】打开"计算机"窗口中"本地磁盘(C:)"下的 Windows 目录，然后将窗口最大化，再最小化显示，最后还原窗口。

（1）打开"计算机"窗口，再依次双击打开"本地磁盘(C:)"下的 Windows 目录。

（2）单击窗口标题栏右侧的"最大化"按钮，此时窗口将铺满整个显示屏幕，同时"最大化"按钮将变成"还原"按钮，单击"还原"按钮即可将最大化窗口还原成原始大小。

（3）单击窗口右上角的"最小化"按钮，此时该窗口将隐藏显示，并在任务栏的程序区域中显示一个图标，单击该图标，窗口将还原到屏幕显示状态。

> 提示：双击窗口的标题栏也可最大化窗口，再次双击可从最大化窗口恢复到原始窗口大小。

微课：最大化或
最小化窗口

3．移动和调整窗口大小

打开窗口后，有些窗口会遮盖屏幕上的其他窗口内容，为了查看到被遮盖的部分，需要适当移动窗口的位置或调整窗口大小。

【例 3-4】将桌面上的当前窗口移至桌面的左侧位置，呈半屏显示，再调整窗口的长宽大小。

（1）打开"计算机"窗口，再打开"本地磁盘(C:)"下的"Windows 目录"窗口。

（2）在窗口标题栏上按住鼠标左键不放，拖曳窗口，当拖动到目标位置后释放鼠标即可移动窗口位置。其中，将窗口向屏幕最上方拖动到顶部

微课：移动和调整
窗口大小

时，窗口会最大化显示；向屏幕最左侧拖曳时，窗口会半屏显示在桌面左侧；向屏幕最右侧拖曳时，窗口会半屏显示在桌面右侧。图 3-10 所示为将窗口拖至桌面左侧变成半屏显示的效果。

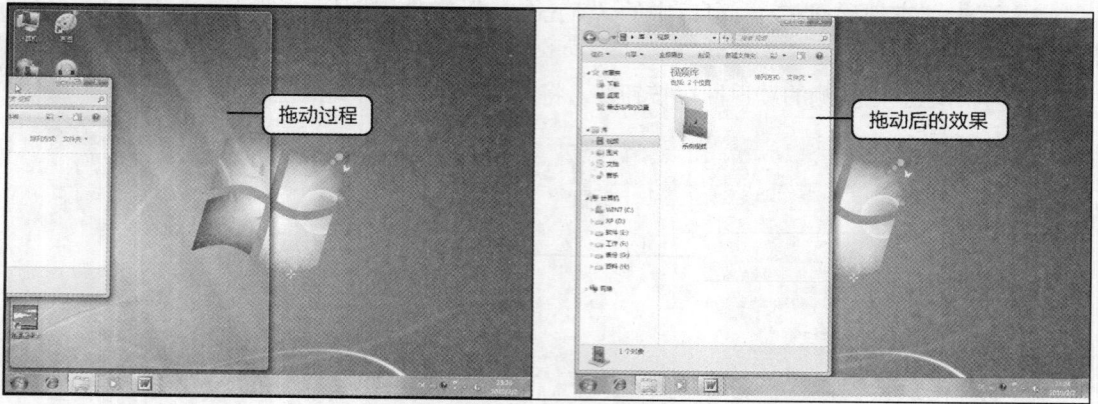

图 3-10　将窗口移至桌面左侧变成半屏显示

（3）将鼠标指针移至窗口的外边框上，当鼠标指针变为 ↔ 或 ↕ 形状时，按住鼠标左键不放拖动到窗口变为需要的大小时释放鼠标即可调整窗口大小。

（4）将鼠标指针移至窗口的 4 个角上，当其变为 ⤢ 或 ⤡ 形状时，按住鼠标不放拖曳窗口到需要的大小时释放鼠标，可使窗口的长宽大小按比例缩放。

注意：最大化后的窗口不能进行窗口的位置移动和大小调整操作。

---

4. 排列窗口

在使用计算机的过程中常常需要打开多个窗口，如既要用 Word 编辑文档，又要打开 IE 浏览器查询资料等。当打开多个窗口后，为了使桌面更加整洁，可以将打开的窗口进行层叠、堆叠和并排等操作。

【例 3-5】将打开的所有窗口进行层叠排列显示，然后撤销层叠排列。

（1）在任务栏空白处单击鼠标右键，弹出图 3-11 所示的快捷菜单，选择"层叠窗口"命令，即可以层叠的方式排列窗口，层叠的效果如图 3-12 所示。

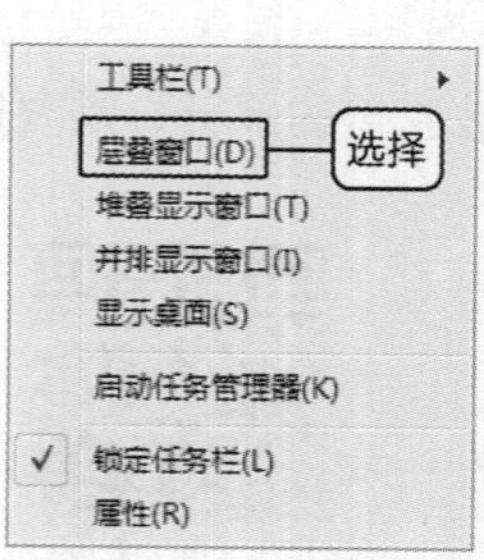

图 3-11　快捷菜单

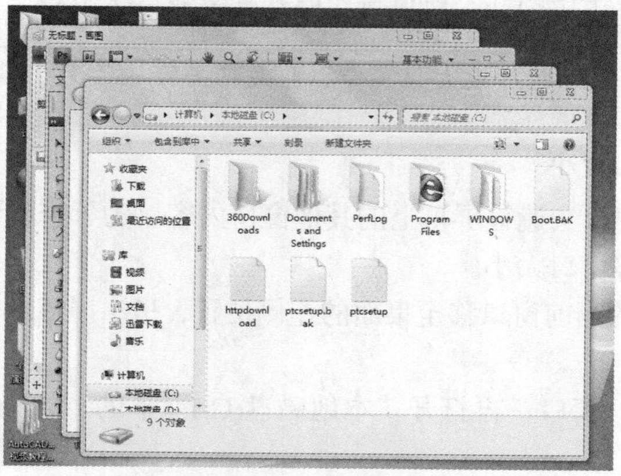

图 3-12　层叠窗口

微课：排列窗口

（2）层叠窗口后拖动某一个窗口的标题栏可以将该窗口拖至其他位置，并切换为当前窗口。

（3）在任务栏空白处单击鼠标右键，在弹出的快捷菜单中选择"撤销层叠"命令，恢复至原来的显示状态。

5. 切换窗口

无论打开多少个窗口，当前窗口只有一个，且所有的操作都是针对当前窗口进行的。因此，用户需要切换当前窗口进行操作。切换窗口除了可以通过单击窗口进行切换外，在 Windows 7 中还提供了以下 3 种切换方法。

① 通过任务栏中的按钮切换。将鼠标指针移至任务左侧按钮区中的某个任务图标上，此时将展开所有打开的该类型文件的缩略图，单击某个缩略图即可切换到该窗口，在切换时其他同时打开的窗口将自动变为透明效果，如图 3-13 所示。

② 按【Alt+Tab】组合键切换。按【Alt+Tab】组合键后，屏幕上将出现任务切换栏，系统当前打开的窗口都以缩略图的形式在任务切换栏中排列出来，如图 3-14 所示，此时按住【Alt】键不放，再反复按【Tab】键，将显示一个蓝色方框，并在所有图标之间轮流切换，当方框移动到需要的窗口图标上后释放【Alt】键，即可切换到该窗口。

图 3-13　通过任务栏中的按钮切换

图 3-14　按【Alt+Tab】组合键切换

③ 按【Win+Tab】组合键切换。用户在按【Win+Tab】组合键时按住【Win】键不放，再反复按【Tab】键，可利用 Windows 7 特有的 3D 切换界面切换打开的窗口，如图 3-15 所示。

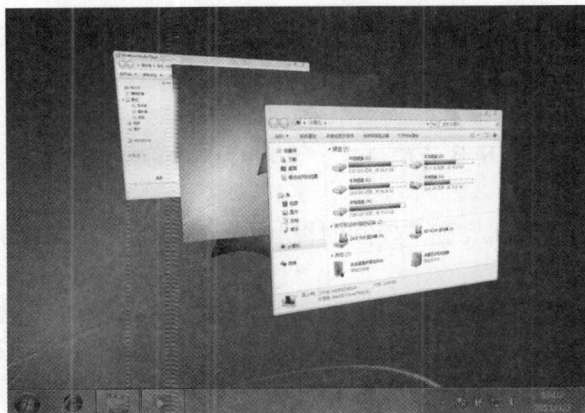

图 3-15　按【Win+Tab】组合键切换

6. 关闭窗口

用户对窗口的操作结束后要关闭。关闭窗口有以下 5 种方法。

① 单击窗口标题栏右上角的"关闭"按钮 ▨ 。

② 在窗口的标题栏上单击鼠标右键，在弹出的快捷菜单中选择"关闭"命令。

③ 将鼠标指针指向某个任务缩略图后单击右上角的▨按钮。

④ 将鼠标指针移动到任务栏中需要关闭窗口的任务图标上，单击鼠标右键，在弹出的快捷菜单中选择"关闭窗口"命令或"关闭所有窗口"命令。

⑤ 按【Alt+F4】组合键。

（二）利用"开始"菜单启动程序

用户启动应用程序有多种方法，比较常用的是在桌面上双击应用程序的快捷方式图标和在"开始"菜单中选择启动的程序。下面介绍从"开始"菜单中启动应用程序的方法。

【例 3-6】通过"开始"菜单启动"腾讯 QQ"程序。

（1）单击"开始"按钮 ，打开"开始"菜单，如图 3-16 所示，此时可以先在"开始"菜单左侧的高频使用区查看是否有"腾讯 QQ"程序选项，如果有，则选择该程序选项启动。

（2）如果高频使用区中没有要启动的程序，则选择"所有程序"命令，在显示的列表中依次单击展开程序所在文件夹，再选择"腾讯 QQ"命令启动程序，如图 3-17 所示。

图 3-16　打开"开始"菜单　　　图 3-17　启动腾讯 QQ

微课：利用"开始"菜单启动程序

任务三　定制 Windows 7 工作环境

任务要求

为了提高资源使用效率和操作的便捷度，需要对操作系统的工作环境进行个性化定制。具体要求如下。

① 在桌面上显示"计算机"和"控制面板"图标，然后将"计算机"图标样式更改为 样式。

② 查找系统提供的应用程序"calc.exe"，并在桌面上建立快捷方式，快捷方式名为"My 计算器"。

③ 在桌面上添加"日历"和"时钟"桌面小工具。

④ 将系统自带的"建筑"Aero 主题作为桌面背景，设置图片每隔 1 小时更换一次，图片

位置为"拉伸"。

⑤ 设置屏幕保护程序的等待时间为"60"分钟，屏幕保护程序为"彩带"。

⑥ 设置任务栏属性，实现自动隐藏任务栏，再设置"开始"菜单属性，将'电源按钮操作"设置为"切换用户"，同时设置"开始"菜单中显示的最近打开的程序的数目为 5 个。

⑦ 将"图片库"中的"小狗"图片设置为账户图像，再创建一个名为"公用"的账户。

图 3-18 所示为进行上述设置后的个性化桌面效果。

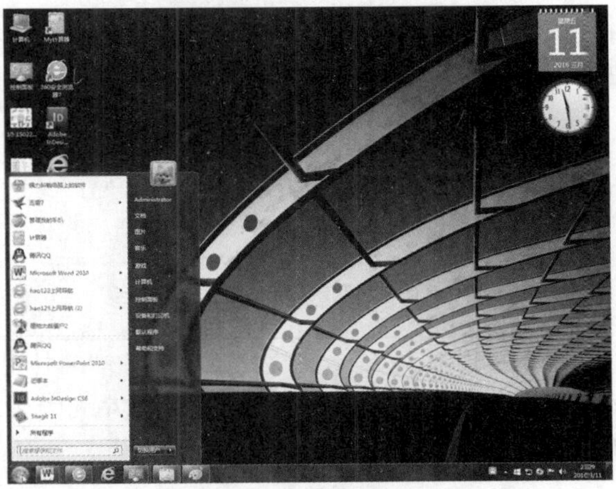

图 3-18　个性化桌面效果

🔍 相关知识

（一）创建快捷方式的几种方法

前面介绍了利用"开始"菜单启动程序的方法，在 Windows 7 操作系统中还可以通过创建快捷方式来快速启动某个程序，创建快捷方式的常用方法有两种，即创建桌面快捷方式和将常用程序锁定到任务栏。

1. 桌面快捷方式

桌面快捷方式是指图片左下角带有 符号的桌面图标，双击这类图标可以快速访问或打开某个程序，因此创建桌面快捷方式可以提高办公效率。用户可以根据需要在桌面上添加应用程序、文件或文件夹的快捷方式，其方法有以下三种。

① 在"开始"菜单中找到程序启动项的位置，单击鼠标右键，在弹出的快捷菜单中选择"发送到"子菜单下的"桌面快捷方式"命令。

② 在"计算机"窗口中找到文件或文件夹后，单击鼠标右键，在弹出的快捷菜单中选择"发送到"子菜单下的"桌面快捷方式"命令。

③ 在桌面空白区域或打开"计算机"窗口中的目标位置，单击鼠标右键，在弹出的快捷菜单中选择"新建"子菜单下的"快捷方式"命令，打开图 3-19 所示的"创建快捷方式"对话框，单击 浏览(R)... 按钮，选择要创建快捷方式的程序文件，然后单击 下一步(N) 按钮，输入快捷方式的名称，单击 完成(F) 按钮，完成创建。

2. 将常用程序锁定到任务栏

将常用程序锁定到任务栏的常用方法有以下两种。

① 在桌面上或"开始"菜单中的程序启动快捷方式上单击鼠标右键，在弹出的快捷菜单中选择"锁定到任务栏"命令，或直接将该快捷方式拖曳至任务栏左侧的程序区中。

② 如果要将已打开的程序锁定到任务栏，可在任务栏的程序图标上单击鼠标右键，在弹出的快捷菜单中选择"将此程序锁定到任务栏"命令，如图 3-20 所示。

如果要将任务中不再使用的程序图标解锁（即取消显示），可在要解锁的程序图标上单击鼠标右键，在弹出的快捷菜单中选择"将此程序从任务栏解锁"命令。

图 3-19 "创建快捷方式"对话框

图 3-20 将程序锁定到任务栏

提示：图 3-20 所示的快捷菜单又称"跳转列表"，它是 Windows 7 的新增功能之一，即在该菜单上方列出了用户最近使用过的程序或文件，以方便用户快速打开。另外，在"开始"菜单中指向程序右侧的箭头，也可以弹出相对应的"跳转列表"。

（二）认识"个性化"设置窗口

用户在桌面上的空白区域单击鼠标右键，在弹出的快捷菜单中选择"个性化"命令，将打开图 3-21 所示的"个性化"窗口，可以对 Windows 7 操作系统进行个性化设置。其主要功能及参数设置介绍如下。

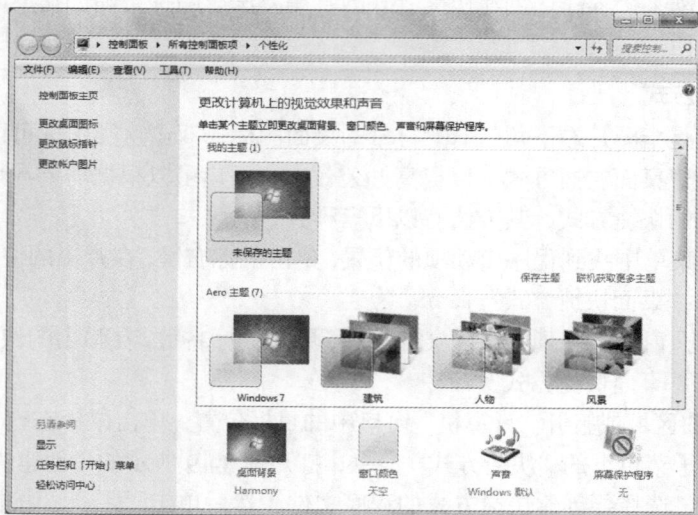

图 3-21 "个性化"窗口

① 更改桌面图标。用户在"个性化"窗口中单击"更改桌面图标"超链接，在打开的"桌面图标设置"对话框中的"桌面图标"栏中单击选中或撤销选中要在桌面上显示或取消显示的系统图标，并可对图标的样式进行更改。

② 更改账户图片。用户在"个性化"窗口中单击"更改账户图片"超链接，在打开的"更改图片"窗口中可以选择新的账户图标样式，新的图标样式将在启动时的欢迎界面和"开始"菜单的用户账户区域中进行显示。

③ 设置任务栏和"开始"菜单。用户在"个性化"窗口中单击"任务栏和「开始」菜单"超链接，在打开的"任务栏和「开始」菜单"对话框中分别单击各个选项卡进行设置。其中，

在"任务栏"选项卡中可以设置锁定任务栏（即任务栏的位置不能移动）、自动隐藏任务栏（当鼠标指向任务栏区域时才会显示）、使用小图标、任务栏的位置和是否启用 Aero Peek 预览桌面功能等；在"「开始」菜单"选项卡中主要可以设置"开始"菜单中电源按钮的用途等。

④ 应用 Aero 主题。Aero 主题决定着整个桌面的显示风格，Windows 7 中有多个主题供用户选择。其方法是在"个性化"窗口的中间列表框中选择一种喜欢的主题，单击即可应用。应用主题后，其声音、背景和窗口颜色等都会随之改变。

⑤ 设置桌面背景。用户单击"个性化"窗口下方的"桌面背景"超链接，再打开的"桌面背景"窗口中间的图片列表中可选择一张或多张图片，选择多张图片时需按住【Ctrl】键进行选择，如需将计算机中的其他图片作为桌面背景，用户可以单击"图片位置（L）"下拉列表框后的 浏览(B)... 按钮来选择计算机中存放图片的文件夹。选择图片后，用户还可设置背景图片在桌面上的位置和图片切换的时间间隔（选择多张背景图片时才需设置）。

⑥ 设置窗口颜色。用户在"个性化"窗口中单击"窗口颜色"超链接，将打开"窗口颜色和外观"窗口，单击某种颜色可快速更改窗口边框、"开始"菜单和任务栏的颜色，并且可设置是否启用透明效果和设置颜色浓度等。

⑦ 设置声音。在"个性化"窗口中单击"声音"超链接，打开"声音"对话框，在"声音方案"下拉列表框中选择一种 Windows 声音方案，或在选择某个程序事件后单独设置其关联的声音。

⑧ 设置屏幕保护程序。用户在"个性化"窗口中单击"屏幕保护程序"超链接，打开"屏幕保护程序设置"对话框，再"屏幕保护程序"下拉列表框中选择一个程序选项，然后在"等待"数值框中输入屏幕保护等待的时间，若单击选中"在恢复时显示登录屏幕"复选框，则表示当需要从屏幕保护程序恢复正常显示时，将显示登录 Windows 屏幕，如果用户账户设置了密码，则需要输入正确的密码才能进入桌面。

＋ 任务实现

（一）添加和更改桌面系统图标

安装好 Windows 7 后第一次进入操作系统界面时，桌面上只显示"回收站"图标，此时可以通过设置来添加和更改桌面系统图标。

【例 3-7】用户在桌面上显示"控制面板"图标，显示并更改"计算机"图标。

（1）用户在桌面上单击鼠标右键，在弹出的快捷菜单中选择"个性化"命令，打开"个性化"窗口。

（2）单击"更改桌面图标"超链接，在打开的"桌面图标设置"对话框中的"桌面图标"栏中单击选中要在桌面上显示的系统图标复选框，若撤销选中某图标则表示取消显示，这里单击选中"计算机"和"控制面板"

微课：添加和更改桌面系统图标

复选框，并撤销选中"允许主题更改桌面图标"复选框，其作用是应用其他主题后，图标样式仍然不变，如图 3-22 所示。

（3）用户在中间列表框中选择"计算机"图标，单击 更改图标 (H)... 按钮，在打开的"更改图标"对话框中选择 图标样式，如图 3-23 所示。

（4）用户依次单击 确定 按钮，应用设置。

图 3-22　选择要显示的桌面图标　　　　图 3-23　更改桌面图标样式

提示： 用户在桌面空白区域单击鼠标右键，在弹出的快捷菜单中的"排序方式"子菜单中选择相应的命令，可以按照名称、大小、项目类型或修改日期4种方式自动排列桌面图标位置。

（二）创建桌面快捷方式

创建的桌面快捷方式只是一个快速启动图标，所以它并没有改变文件原有的位置，因此若删除桌面快捷方式，不会删除原文件。

【例3-8】 为系统自带的计算器应用程序"calc.exe"创建桌面快捷方式。

（1）单击"开始"按钮　，打开"开始"菜单，在"搜索程序和文件"框中输入"calc.exe"。

（2）在搜索结果中的"calc.exe"程序选项上单击鼠标右键，在弹出的快捷菜单中选择【发送到】/【桌面快捷方式】命令，如图3-24所示。

（3）用户在桌面上创建的　图标上单击鼠标右键，在弹出的快捷菜单中选择"重命名"命令，输入"My计算器"，按【Enter】键，完成创建，效果如图3-25所示。

微课：创建桌面
快捷方式

图 3-24　选择"桌面快捷方式"命令　　图 3-25　创建桌面快捷方式的效果

（三）添加桌面小工具

Windows 7为用户提供了一些桌面小工具程序，显示在桌面上既美观又实用。

【例3-9】 添加时钟和日历桌面小工具。

（1）用户在桌面上单击鼠标右键，在弹出的快捷菜单中选择"小工具"命令，打开"小工具库"对话框。

（2）用户在其列表框中选择需要在桌面显示的小工具程序，这里分别双击"日历"和"时钟"小工具，即可在桌面右上角显示出这两个小工具，如图 3-26 所示。

（3）显示桌面小工具后，使用鼠标拖曳小工具将其调整到所需的位置，将鼠标放到工具上面，其右边会出现一个控制框，通过单击控制框中相应的按钮可以设置或关闭小工具。

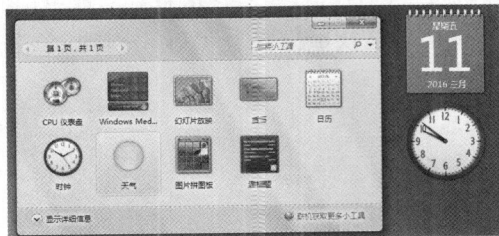

图 3-26 添加桌面小工具

微课：添加桌面
小工具

（四）应用主题并设置桌面背景

用户在 Windows 中可通过为桌面背景应用主题，让其更加美观。

【例 3-10】应用系统自带的"建筑"Aero 主题，并对背景图片的参数进行相应设置。

（1）用户在"个性化"窗口中的"Aero 主题"列表框中单击并应用"建筑"主题，此时背景和窗口颜色等都会发生相应的改变。

（2）用户在"个性化"窗口下方单击"桌面背景"超链接，打开"桌面背景"窗口，此时列表框中的图片即"建筑"系列，单击"图片位置"下拉列表框右侧的▼按钮，在打开的下拉列表中选择"拉伸"选项。

（3）单击"更改图片时间间隔"下拉列表框右侧的▼按钮，在打开的下拉列表中选择"1 小时"选项，如图 3-27 所示。若单击选中"无序播放"复选框，将按设置的间隔随机切换，这里保持默认设置，即按列表中图片的排序进行切换。

（4）单击 保存修改 按钮，应用设置，并返回"个性化"窗口。

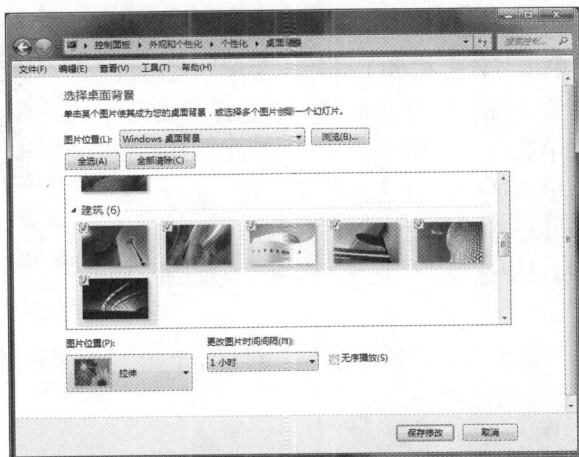

图 3-27 应用主题后设置桌面背景

微课：应用主题并
设置桌面背景

（五）设置屏幕保护程序

当有一段时间不操作计算机时，通过屏幕保护程序可以使屏幕暂停显示或显示动画，让屏幕上的图像或字符不会长时间停留在某个固定位置上，从而可以保护显示器屏幕。

【例 3-11】设置"彩带"样式的屏幕保护程序。

（1）用户在"个性化"窗口中单击"屏幕保护程序"超链接，打开"屏幕保护程序设置"对话框。

（2）用户在"屏幕保护程序"下拉列表框中选择保护程序的样式，这里选择"彩带"选项，在"等待"数值框中输入屏幕保护等待的时间，这里设置为"60 分钟"，单击选中"在恢复时显示登录屏幕"复选框，如图 3-28 所示。

（3）单击 确定 按钮，关闭对话框。

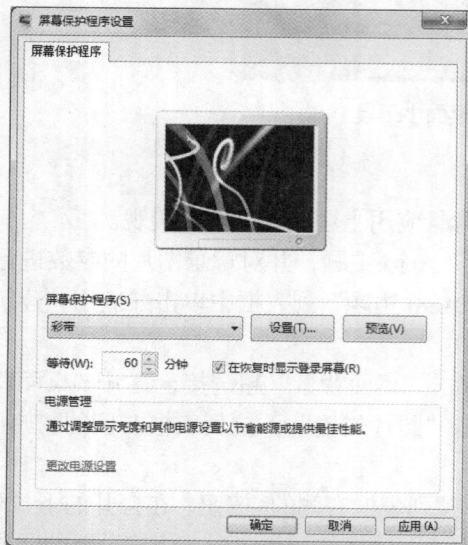

微课：设置屏幕
保护程序

图 3-28　设置"彩带"屏幕保护程序

（六）自定义任务栏和"开始"菜单

【例 3-12】设置自动隐藏任务栏并定义"开始"菜单的功能。

（1）用户在"个性化"窗口中单击"任务栏和「开始」菜单"超链接，或在任务栏的空白区域单击鼠标右键，在弹出的快捷菜单中选择"属性"命令，打开"任务栏和「开始」菜单属性"对话框。

（2）单击"任务栏"选项卡，单击选中"自动隐藏任务栏"复选框。

（3）单击"「开始」菜单"选项卡，单击"电源按钮操作"下拉列表框右侧的下拉按钮，在打开的下拉列表中选择"切换用户"选项，如图 3-29 所示。

微课：自定义任务栏
和"开始"菜单

（4）单击 自定义(C)... 按钮，打开"自定义「开始」菜单"对话框，在"要显示的最近打开过的程序的数目"数值框中输入"5"，如图 3-30 所示。

（5）依次单击 确定 按钮，应用设置。

提示：用户在图 3-29 中的"任务栏"选项卡中单击 自定义(C)... 按钮，在打开的窗口中可以设置任务栏通知区域中的图标的显示状态，如设置隐藏或显示方式，或者调整通知区域的视觉效果。

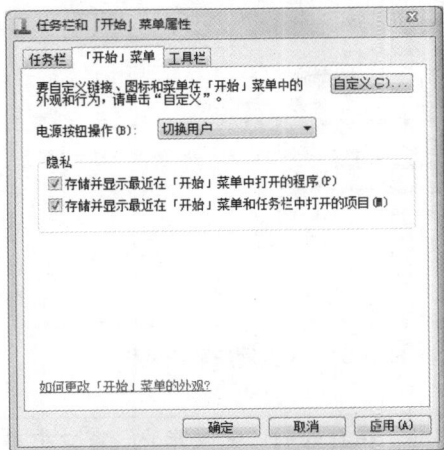

图 3-29 设置电源按钮操作功能

图 3-30 设置要显示的最近打开过的程序的数目

（七）设置 Windows 7 用户账户

Windows 7 支持多个用户使用同一台计算机，每个用户只需建立一个独立的账户，就可以用自己的账号登录 Windows 7，并且多个用户之间的 Windows 7 设置是相对独立的，且互不影响的。

【例 3-13】设置账户的图像样式并创建一个新账户。

（1）用户在"个性化"窗口中单击"更改账户图片"超链接，打开"更改图片"窗口，选择"小狗"图片样式，然后单击 更改图片 按钮，如图 3-31 所示。

微课：设置 Windows 7 用户账户

（2）用户在返回的"个性化"窗口中单击"控制面板主页"超链接，打开"控制面板"窗口，单击"添加或删除用户账户"超链接，如图 3-32 所示。

图 3-31 设置用户账户图片

图 3-32 单击"添加或删除用户账户"超链接

（3）用户在打开的"管理账户"窗口中单击"创建一个新账户"超链接，如图 3-33 所示。

（4）用户在打开的窗口中输入账户名称"公用"，然后单击 创建账户 按钮，如图 3-34 所示，完成账户的创建，同时完成本任务的所有设置操作。

图 3-33　单击"创建一个新账户"超链接

图 3-34　设置用户账户名称

提示： 用户在图 3-33 所示窗口中单击某一账户图标，在打开的"更改账户"窗口中单击相应的超链接，也可以更改账户的图片样式，或是更改账户名称、创建或修改密码等。

任务四　设置汉字输入法

任务要求

用户使用计算机中的记事本程序制作一个备忘录，用于记录最近几天要做的工作，以便随时进行查看。在制作之前需要对计算机中的输入法进行相关的管理和设置。具体要求如下。

① 添加"微软拼音-简捷 2010"输入法，然后删除"微软拼音输入法 2003"输入法。

② 为"微软拼音-简捷 2010"输入法设置切换组合键为【Ctrl+Shift+1】。

③ 将桌面上的"汉仪楷体简"字体安装到计算机中并进行查看。

④ 使用"微软拼音-简捷 2010"输入法在桌面上创建"备忘录"记事本文档，内容如下。

3 月 15 日上午　　　　　接待蓝宇公司客户

3 月 16 日下午　　　　　给李主管准备出差携带的资料▲

3 月 16-17 日　　　　　准备市场调查报告

图 3-35 所示为进行管理后的输入法列表以及创建的"备忘录"记事本文档效果。

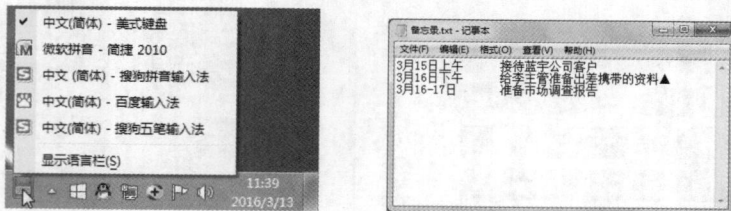

图 3-35　管理输入法列表并创建"备忘录"记事本文档

相关知识

（一）汉字输入法的分类

计算机需要使用汉字输入法才能进行汉字输入。汉字输入法是指输入汉字的方式，常用的汉字输入法有微软拼音输入法、搜狗拼音输入法和五笔字型输入法等。这些输入法按编码的不同可以分为音码、形码和音形码 3 类。

①　音码。音码是指利用汉字的读音特征进行编码，通过输入拼音字母来输入汉字，例如，"计算机"一词的拼音编码为"jisuanji"，这类输入法包括微软拼音输入法和搜狗拼音输入法等，它们都具有简单、易学以及会拼音即会汉字输入的特点。

②　形码。形码是指利用汉字的字形特征进行编码，例如，"计算机"一词的五笔编码为"ytsm"，这类输入法的输入速度较快、重码少，且不受方言限制，但需记忆大量编码，如五笔输入法。

③　音形码。音形码是指既可以利用汉字的读音特征，又可以利用字形特征进行编码，如智能 ABC 输入法等。音码与形码相互结合，取长补短，既降低了重码，又无需大量记忆编码。

提示： 有时汉字的编码和汉字并非是完全对应的，如在拼音输入法状态下输入"da"，此时便会出现"大""打""答"等多个具有相同读音的汉字，这些具有相同编码的汉字或词组就是重码，我们称为同码字。出现重码时需要用户自己选择需要的汉字，因此，选择重码较少的输入法可以提高输入速度。

（二）认识语言栏

在 Windows 7 操作系统中，输入法统一是在语言栏■■■中进行管理。在语言栏中可以进行以下 4 种操作。

①　当鼠标指针移动到语言栏最左侧的■图标上时，鼠标指针变成✥形状，此时可以在桌面上任意移动语言栏。

②　单击语言栏中的"输入法"按钮■，可以选择需切换的输入法，选择后该图标将变成选择的输入法的徽标。

③　单击语言栏中的"帮助"按钮■，则打开语言栏帮助信息。

④　单击语言栏右下角的"选项"按钮■，打开"选项"下拉列表，可以对语言栏进行设置。

（三）认识汉字输入法的状态条

要输入汉字必须先切换至汉字输入法，其方法是单击语言栏中的"输入法"按钮■，再选择所需的汉字输入法，或者按住【Ctrl】键不放再依次按【Shift】键在不同的输入法之间切换（需提前设置快捷切换方式）。切换至某一种汉字输入法后，将弹出其对应的汉字输入法状态条，图 3-36 所示为微软拼音输入法的状态条，各图标的作用介绍如下。

①　输入法图标。输入法图标用来显示当前输入法徽标，单击可以切换至其他输入法。

②　中英文切换图标。用户单击该图标，可以在中文输入法与英文输入法之间进行切换。当图标为■时表示中文输入状态，当图标为■时表示英文输入状态。按【Ctrl+Space】组合键也可在中文输入法和英文输入法之间快速切换。

③　全/半角切换图标。单击该图标可以在全角■和半角■之间切换，在全角状态下输入的字母、字符和数字均占一个汉字（两个字节）的位置，而在半角状态输入的字母、字符和数字只占半个汉字（一个字节）的位置，图 3-37 所示分别为全角和半角状态下输入的效果。

④　中英文标点切换图标。默认状态下的■图标表示输入中文标点符号，单击该图标，变为■图标，此时可输入英文标点符号。

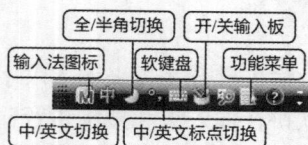

图 3-36　输入法状态条

123ａｂｃ　　　123abc

图 3-37　全/半角输入效果对比

⑤ 软键盘图标。用户通过软键盘可以输入特殊符号、标点符号和数字序号等多种字符，其方法：单击软键盘图标▦，在弹出的列表中选择一种符号的类型，此时将打开相应的软键盘，直接单击软键盘中相应的按钮或按键盘上对应的按键，都可以输入对应的特殊符号。需要注意的是，若要输入的特殊符号是上档字符时，只需按住【Shift】键不放，在键盘上的相应键位处按键即可输入该特殊符号。输入完成后要单击右上角的✕按钮退出软键盘，否则会影响用户的正常输入。

⑥ 开/关输入板图标。单击▦图标，将打开"输入板手写识别"对话框，单击左侧的▦图标，可以通过部首笔画来检索汉字，单击左侧的▦图标，可以通过手写方式来输入汉字，如图 3-38所示。

图 3-38　"输入板-手写识别"对话框

⑦ 功能菜单图标。不同的输入法自带不同的输入选项设置功能，单击▦图标，便可对该输入法的输入选项和功能进行相应设置。

（四）拼音输入法的输入方式

使用拼音输入法时，直接输入汉字的拼音编码，然后输入汉字前的数字或直接用鼠标单击需要的汉字便可输入。当输入的汉字编码的重码字较多时，便不能在状态条中全部显示出来，此时可通过按【+】键向后翻页，按【-】键向前翻页，通过查找的方式来选择需要输入的汉字。

为了提高用户的输入速度，目前的各种拼音输入法都提供了全拼输入、简拼输入和混拼输入等多种输入方式，各种输入方式介绍如下。

① 全拼输入。全拼词组输入是按照汉语拼音进行输入，和书写汉语拼音一致。例如，要输入"文件"，只需一次输入"wenjian"，然后按【Space】键在弹出的汉字状态条中选择即可。

② 简拼输入。简拼输入是取各个汉字的第一个拼音字母，对于包含复合声母，如 zh、ch、sh 的音节，也可以取前两个拼音字母组成。例如，要输入"掌握"，只需输入"zhw"，然后按【Space】键，在弹出的汉字状态条中选择即可。

③ 混拼输入。混拼输入综合了全拼输入和简拼输入，即在输入的拼音中既有全拼也有简拼。使用的规则：对两个音节以上的词语，一部分用全拼，一部分用简拼。如要输入"电脑"，只需输入"diann"，然后按【Space】键在弹出的汉字状态条中选择即可。

任务实现

（一）添加和删除输入法

Windows 7 操作系统中集成了多种汉字输入法，但不是所有的汉字输入法都显示在语言栏的输入法列表中，此时可以通过添加输入法将适合自己的输入法显示出来。

微课：添加和删除
输入法

【例 3-14】用户在 Windows 7 语言栏的输入法列表中添加"微软拼音-简捷 2010"，删除"微软拼音输入法 2003"。

（1）用户在语言栏中的 🔲 按钮上单击鼠标右键，在弹出的快捷菜单中选择"设置"命令，打开"文本服务和输入语言"对话框，如图 3-39 所示。

（2）单击 [添加(D)...] 按钮，打开"添加输入语言"对话框，在"使用下面的复选框选择要添加的语言"列表框中单击"键盘"选项前的 ⊞ 按钮，在展开的子列表中单击选中"微软拼音-简捷 2010"复选框，撤销选中"微软拼音输入法 2003"复选框，如图 3-40 所示。

图 3-39　"文字服务和输入语言"对话框

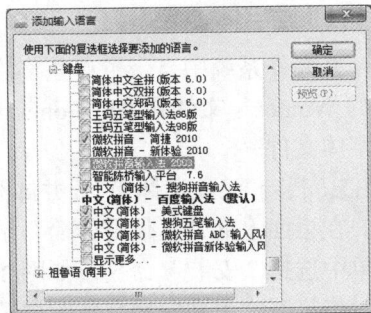

图 3-40　添加和删除输入法

（3）单击 [确定] 按钮，返回'文本服务和输入语言"对话框，在"已安装的服务"列表框中将显示已添加的输入法，单击 [确定] 按钮完成添加。

（4）单击语言栏中的 🔲 按钮，查看添加和删除输入法后的效果。

注意：通过上面的方法删除的输入法并不会真正从操作系统中删除，而是取消其在输入法列表中的显示，所以删除后还可通过添加输入法的方式将其重新添加到输入法列表中使用。

（二）设置输入法切换快捷键

为了便于快速切换至所需输入法，可以为输入法设置切换快捷键。

【例 3-15】设置"中文（简体，中国）-微软拼音-简捷 2010"的快捷键。

（1）用户在语言栏中的 🔲 按钮上单击鼠标右键，在弹出的快捷菜单中选择"设置"命令，打开"文本服务和输入语言"对话框。

（2）单击"高级键设置"选项卡，在列表框中选择要设置切换快捷键的输入法选项，这里选择图 3-41 所示的输入法选项，然后单击下方的 [更改按键顺序(C)...] 按钮。

微课：设置输入法
切换快捷键

（3）打开"更改按键顺序"对话框，单击选中"启用按键顺序"复选框，然后在下方的两个列表框中选择所需的快捷键，这里设置为【Ctrl+Shift+1】组合键，如图3-42所示。

（4）依次单击 确定 按钮，应用设置。

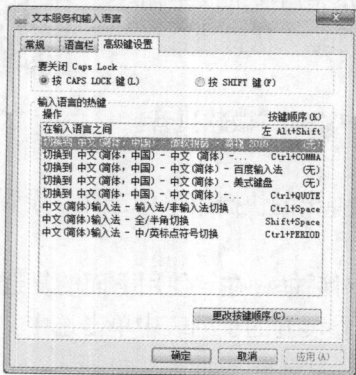

图3-41 "文本服务和输入语言"对话框

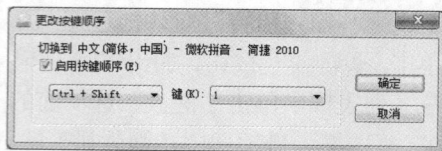

图3-42 设置输入法切换快捷键

（三）安装与卸载字体

Windows 7操作系统中自带了一些字体，其安装文件在系统盘（一般为C盘）下的Windows文件夹下的Fonts子文件夹中。用户也可根据需要安装和卸载字体文件。

微课：安装与
卸载字体

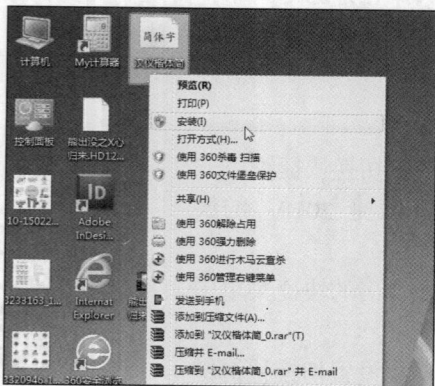

【例3-16】安装"汉仪楷体简"，并卸载不需要再使用的字体。

（1）用户在桌面上的"汉仪楷体简"字体文件上单击鼠标右键，在弹出的快捷菜单中选择"安装"命令，如图3-43所示。

（2）此时将打开"正在安装字体"提示对话框，安装结束后将自动关闭该提示对话框，同时结束字体的安装。

（3）打开"计算机"窗口，双击打开C盘，再依次双击打开"Windows"文件夹和"Fonts"子文件夹，在打开的Fonts文件夹窗口中可以查看系统中已安装的所有字体，选择不需要再使用的字体文件后，单击鼠标右键，在弹出的快捷菜单中选择"删除"命令，即可将该字体文件从系统中卸载掉，如图3-44所示。

图3-43 安装字体

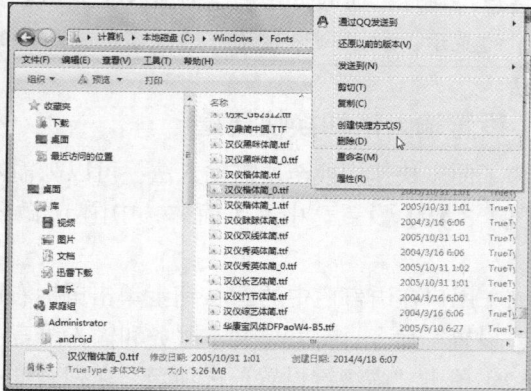

图3-44 查看和卸载字体文件

（四）使用微软拼音输入法输入汉字

当添加好输入法后，即可进行汉字的输入，这里将以微软拼音输入法为例，对输入方法进行介绍。

【例 3-17】启动记事本程序，创建一个"备忘录"文档并使用微软拼音输入法输入任务要求中的备忘录内容。

（1）在桌面上的空白区域单击鼠标右键，在弹出的快捷菜单中选择【新建】/【文本文件】命令，此时将在桌面上新建一个名为"新建文本文档.txt"的文件，且文件名呈可编辑状态。

（2）单击语言栏中的"输入法"按钮，选择"微软拼音-简捷 2010"输入法，然后输入编码"beiwanglu"，如图 3-45 所示，此时在汉字状态条中将显示出所需的"备忘录"文本。

微课：使用微软拼音
输入法输入汉字

（3）单击汉字状态条中的"备忘录"或直接按【Space】键输入文本，再次按【Enter】键完成输入。

（4）双击桌面上新建的"备忘录"记事本文件，启动记事本程序，在编辑区单击出现一个插入点，按【3】键输入数字"3"，按【Ctrl+Shift+1】组合键切换至"微软拼音-简捷 2010"输入法，输入编码"yue"，单击状态条中的"月"或按【Space】键输入文本"月"。

（5）继续输入数字"15"，再输入编码"ri"，按【Space】键输入"日"字，再输入简拼编码"shwu"，单击或按【Space】键输入词组"上午"，如图 3-46 所示。

图 3-45 输入"备忘录"　　　　图 3-46 输入词组"上午"

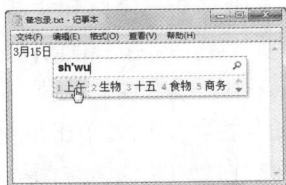

（6）连续按多次【Space】键，输入空字符串，接着继续使用微软拼音输入法输入后面的内容，输入过程中按【Enter】键可分段换行。

（7）在"资料"文本右侧单击定位文本插入点，单击微软拼音输入法状态条上的图标，在打开的列表中选择"特殊符号"选项，在打开的软键盘中选择"▲"特殊符号，如图 3-47所示。

（8）单击软键盘右上角的按钮关闭软键盘，在记事本程序中选择【文件】/【保存】命令，保存文档，如图 3-48 所示。关闭记事本程序，完成操作。

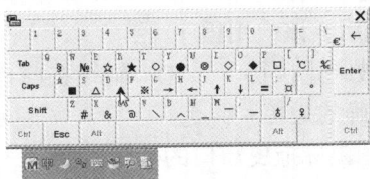

图 3-47 输入特殊符号　　　　图 3-48 保存文档

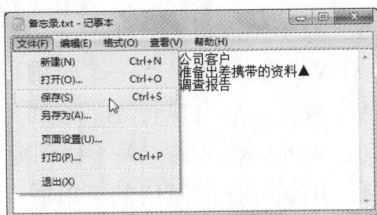

课后作业

一、单选题

1. Windows 是一种（　　　）。

    A. 操作系统　　　　B. 文字处理系统　　C. 电子应用系统　　D. 应用软件

2. Windows 7 桌面上，任务栏中最左侧的第一个按钮是（　　　）。

    A. "打开"按钮　　　B. "程序"按钮　　　C. "开始"按钮　　　D. "时间"按钮

3. 在 Windows 7 桌面中，任务栏（　　　）。

    A. 只能在屏幕的底部　　　　　　　　　B. 可以在屏幕的右边

    C. 可以在屏幕的左边　　　　　　　　　D. 可以在屏幕的四周

4. 在 Windows 中，有关"还原"按钮回的说法正确的是（　　　）。

    A. 单击"还原"按钮回可以将最大化后的窗口还原

    B. 单击"还原"按钮回可以将最小化后的窗口还原

    C. 双击"还原"按钮回可以将最大化后的窗口还原

    D. 双击"还原"按钮回可以将最小化后的窗口还原

5. 单击"开始"按钮后，将打开"开始"菜单中，其中"所有程序"用于（　　　）。

    A. 显示可计算机可运行的程序　　　　　B. 表示要开始编写的程序

    C. 表示开始执行的程序　　　　　　　　D. 表示打开的所有程序

6. 在 Windows 中，活动窗口和非活动窗口是根据（　　　）的颜色变化来区分的。

    A. 标题栏　　　　　　B. 信息栏　　　　　C. 菜单栏　　　　　　D. 工具栏

7. 在 Windows 中，改变窗口的排列方式应执行的操作是（　　　）。

    A. 在"任务栏"空白处单击鼠标右键，在弹出的快捷菜单中选择要排列的方式

    B. 在桌面空白处单击鼠标右键，在弹出的快捷菜单中选择要排列的方式

    C. 在"计算机"窗口的空白处单击鼠标右键，在弹出的快捷菜单中选择【查看】/【排列方式】菜单命令中的子命令

    D. 打开"计算机"窗口，选择【查看】/【排列方式】命令中的子命令

8. 在打开的窗口之间进行切换的组合键为（　　　）。

    A.【Ctrl+Tab】　　　B.【Alt+Tab】　　　C.【Alt+Esc】　　　D.【Ctrl+Esc】

9. 在 Windows 操作系统中，可以按（　　　）打开"开始"菜单。

    A.【Ctrl+Tab】组合键　　　　　　　　B.【Alt+Tab】组合键

    C.【Alt+Esc】组合键　　　　　　　　　D.【Ctrl+Esc】组合键

10. 当前窗口处于最大化状态，双击该窗口标题栏，则相当于单击（　　　）。

    A. 最小化按钮　　　B. 关闭按钮　　　　C. 还原按钮　　　　D. 系统控制按钮

11. 在 Windows 中，当一个应用程序窗口被最小化后，该应用程序（　　　）。

    A. 被转入后台执行　B. 被暂停执行　　　C. 被终止执行　　　D. 继续在前台执行

12. 在 Windows 7 中，关于移动窗口位置的方法正确的是（　　　）。

    A. 用鼠标拖曳窗口的菜单栏　　　　　　B. 用鼠标拖曳窗口的标题栏

    C. 用鼠标拖曳窗口的边框　　　　　　　D. 用鼠标拖曳窗口的空白处

13. 在 Windows 的窗口中，单击"最小化"按钮后（　　　）。

A. 当前窗口将被关闭　　　　　　　　B. 当前窗口将缩小显示

C. 当前窗口缩小为任务栏的图标　　　D. 当前窗口一直位于桌面底层

14. 在 Windows 7 中，任务栏的作用是（　　　　）。

A. 显示系统的所有功能　　　　　　　B. 只显示当前活动窗口名

C. 只显示正在后台工作的窗口名　　　D. 实现窗口之间的切换

15. 正确关闭 Widows 7 操作系统的方法是（　　　　）。

A. 单击"开始"按钮 ⊙ 后再操作　　　B. 关闭电源

C. 按【Reset】按钮开关　　　　　　　D. 按【Ctrl+Alt+Del】组合键

16. 在 Windows 7 中，打开一个窗口后，通常在其顶部是一个（　　　　）。

A. 标题栏　　　　B. 任务栏　　　　C. 状态栏　　　　D. 工具栏

17. 中文 Windows 7 的"桌面"指的是（　　　　）。

A. 电脑屏幕　　　　B. 当前窗口　　　　C. 全部窗口　　　　D. 活动窗口

18. 下列不能关闭应用程序的方法是（　　　　）。

A. 单击"任务栏"上的"关闭窗口"按钮

B. 利用【Alt+F4】组合键

C. 双击窗口左上角的控制图标

D. 选择【文件】/【退出】菜单命令

19. 在 Windows 7 窗口的标题栏右侧的"最大化""最小化""还原"和"关闭"按钮不可能同时出现的两个按钮分别是（　　　　）。

A. "最大化"和"最小化"　　　　　　B. "最小化"和"还原"

C. "最大化"和"还原"　　　　　　　D. "最小化"和"关闭"

20. 在 Windows 7 中，按住鼠标左键拖曳（　　　　），可缩放窗口大小。

A. 标题栏　　　　B. 对话框　　　　C. 滚动框　　　　D. 边框

21. 应用程序窗口被最小化后，要重新运行该应用程序可以（　　　　）。

A. 单击应用程序图标　　　　　　　　B. 双击应用程序图标

C. 拖动应用程序图标　　　　　　　　D. 指向应用程序图标

22. 在对话框中，复选框是指在所列的选项中（　　　　）。

A. 只能选一项　　B. 可以选多项　　C. 必须选多项　　D. 必须选全部项

23. 在 Windows 7 中，改变"任务栏"位置的方法是（　　　　）。

A. 在"任务栏和「开始」菜单属性"对话框中进行设置

B. 在"任务栏"空白处按住鼠标左键不放并拖放

C. 在"任务栏"空白处按住鼠标右键不放并拖放

D. 在"任务栏"的任一个图标上按住鼠标左键并拖放

24. 在 Windows 7 中，排列桌面图标的第一步操作为（　　　　）。

A. 用鼠标右键单击任务栏空白区　　　B. 用鼠标右键单击桌面空白区

C. 用鼠标左键单击桌面空白区　　　　D. 用鼠标左键单击任务栏空白区

25. 在 Windows 7 中，当任务栏在桌面屏幕的底部时，其右端的█按钮用于显示（　　　　）。

A. 桌面　　　　B. 输入法　　　　C. 快速启动工具栏　　D. 时间日期

26. 在 Windows 7 中，对桌面背景的设置可以通过（　　　　）。

A. 右键单击"计算机"图标，在弹出的快捷菜单中选择"属性"命令

B. 右键单击"开始"菜单

C. 右键单击桌面空白区，在弹出的快捷菜单中选择"个性化"命令

D. 右键单击任务栏空白区，在弹出的快捷菜单中选择"属性"命令

27. Windows 7 中，"显示桌面"按钮位于桌面的（　　　　）。

   A. 左下方　　　　　　B. 右下方　　　　　　C. 左上方　　　　　　D. 右上方

28. 下列操作中，不能将常用程序锁定到任务栏的是（　　　　）。

A. 在"开始"菜单中选择常用程序，拖曳到任务栏

B. 在"开始"菜单的常用程序上单击鼠标右键，在弹出的快捷菜单中选择"锁定到任务栏"命令

C. 在桌面的常用程序快捷方式上单击鼠标右键，在弹出的快捷菜单中将其发送至任务栏

D. 用鼠标右键单击任务栏中的程序图标，在弹出的快捷菜单中选择"将此程序锁定到任务栏"命令

29. 在 Windows 7 操作系统中，将打开的窗口拖动到屏幕顶端，窗口会（　　　　）。

   A. 关闭　　　　　　B. 消失　　　　　　C. 最大化　　　　　　D. 最小化

30. 在 Windows 7 中，当任务栏显示在桌面的底部时，其右端的"通知区域"显示的是（　　　　）。

   A. 快速启动工具栏　　　　　　　　　　B. 用于多个应用程序之间切换的图标

   C. "开始"按钮　　　　　　　　　　　D. 输入法和时钟等

31. 利用窗口中左上角的控制菜单图标不能实现的窗口操作是（　　　　）。

   A. 最大化窗口　　　　B. 打开窗口　　　　C. 最小化窗口　　　　D. 移动窗口

32. 如果删除了桌面上的一个快捷方式图标，则其对应的应用程序（　　　　）。

   A. 一起被删除　　　　　　　　　　　　B. 只能打开不能编辑

   C. 不能打开　　　　　　　　　　　　　D. 无任何变化

33. 关于 Windows 7 操作系统窗口，下列描述正确的是（　　　　）。

   A. 都有水平滚动条　　　　　　　　　　B. 都有垂直滚动条

   C. 可能出现水平或垂直滚动条　　　　　D. 都有水平和垂直滚动条

34. 下面关于任务栏的说法，正确的是（　　　　）。

   A. 任务栏的位置大小均可以改变　　　　B. 任务栏可以根据需要进行隐藏

   C. 任务栏显示了所有打开的窗口的图标　D. 任务栏的尾端不能添加图标

35. 当鼠标位于窗口的左右边界，鼠标指针变为形状时，拖动鼠标可以（　　　　）。

   A. 改变窗口高度　　　　　　　　　　　B. 改变窗口的宽度

   C. 改变窗口的大小　　　　　　　　　　D. 改变窗口的位置

36. 当运行多个应用程序时，默认情况下屏幕上显示的是（　　　　）。

   A. 第一个程序窗口　　　　　　　　　　B. 系统的当前窗口

   C. 最后一个程序窗口　　　　　　　　　D. 多个窗口的叠加

37. 在 Windows 7 中，下列说法正确的有（　　　　）。

A. 利用鼠标拖动对话框的边框可以改变对话框的大小

B. 利用鼠标拖动窗口边框可以移动窗口

C. 一个窗口最小化之后不能还原

D. 一个窗口最大化之后不能再移动

38. 下列操作可以恢复最小化窗口的是（　　　）。

　　A. 单击最小化窗口图标　　　　　　B. 双击最小化窗口图标

　　C. 使用"还原"命令　　　　　　　　D. 使用放大命令

39. 下列有关快捷方式的叙述，错误的是（　　　）。

　　A. 快捷方式不会改变程序或文档在磁盘上的存放位置

　　B. 快捷方式提供了对常用程序或文档的访问捷径

　　C. 快捷方式图标的左下角有一个小箭头

　　D. 删除快捷方式会影响源程序或文档的完整性

40. 当窗口不能将所有的信息行显示在当前工作区内时，窗口中一定会出现（　　　）。

　　A. 滚动条　　　　　B. 状态栏　　　　　C. 提示窗口　　　　　D. 信息窗口

41. 打开快捷菜单的操作为（　　　）。

　　A. 单击鼠标左键　　B. 单击鼠标右键　　C. 双击鼠标左键　　D. 三击鼠标左键

42. 在 Windows 7 操作系统中，正确关闭计算机的操作是（　　　）。

　　A. 在文件未保存的情况下，单击"开始"按钮，在打开的"开始"菜单中单击"关机"按钮

　　B. 在保存文件并关闭所有运行的程序后，单击"开始"按钮，在打开的"开始"菜单中单击"关机"按钮

　　C. 直接按主机面板上的电源按钮

　　D. 直接拔掉电源，关闭计算机

43. 不可能显示在任务栏上的内容为（　　　）。

　　A. 对话框窗口的图标　　　　　　　B. 正在执行的应用程序窗口图标

　　C. 已打开文挡窗口的图标　　　　　D. 语言栏对应图标

44. 多用户使用一台计算机的情况经常出现，这时可设置（　　　）。

　　A. 共享用户　　　B. 多个用户账户　　C. 局域网　　　　D. 使用时段

45. 在"小工具库"对话框中添加桌面小工具的方法是（　　　）。

　　A. 双击鼠标左键　　B. 单击鼠标左键　　C. 单击鼠标右键　　D. 三击鼠标右键

46. 在 Windows 7 操作系统中，显示桌面的组合键为（　　　）。

　　A.【Win+D】　　　B.【Win+P】　　　C.【Win+Tab】　　　D.【Alt+Tab】

47. 在 Windows 7 默认环境中，用于中英文输入方式切换的组合键是（　　　）。

　　A.【Alt+Tab】　　　B.【Shift+空格】　　C.【Shift+Enter】　　D.【Ctrl+空格】

48. 在中文 Windows 中，使用软键盘输入特殊符号，（　　　）可撤销弹出的软键盘。

　　A. 左键单击软键盘上的【Esc】键

　　B. 右键单击软键盘上的【Esc】键

　　C. 右键单击中文输入法状态窗口中的"开启/关闭软键盘"按钮

　　D. 左键单击中文输入法状态窗口中的"开启/关闭软键盘"按钮

49. 在 Windows 7 中，切换中文输入方式到英文方式，使用（　　　）。

　　A.【Win+E】组合键　　　　　　　B.【Shift+Ctrl】组合键

  C.【Shift】键   D.【Ctrl+空格】组合键

50. 在 Windows 7 中，切换不同的汉字输入法，应同时按下（ ）。

  A.【Ctrl+Shift】组合键   B.【Ctrl+Alt】组合键

  C.【Ctrl+空格】组合键   D.【Ctrl+Tab】组合键

二、操作题

1. 将桌面图标分别按"名称""大小""项目类型""修改时间"进行排列，查看这几种排列方式所表现的不同效果。

2. 通过"开始"菜单启动计算机中安装的 Word 2010 程序，然后将打开的 Word 程序窗口进行最大化和最小化操作，在还原窗口后关闭窗口。

3. 在"性能选项"对话框的"视觉效果"选项卡中可以对 Windows 7 的外观和性能进行调整。

4. 设置自己的桌面背景，以拉伸方式显示在桌面。

5. 自定义桌面图标，将"控制面板"显示在桌面上。

6. 设置屏幕保护程序和 Windows 主题。其中屏幕保护程序为"变幻线"，等待时间是 15 分钟，主题是"中国"。

7. 设置任务栏的显示风格，要求将任务栏保持在其他窗口的前端，显示快速启动，隐藏不活动的图标。

8. 在任务栏上定制自己的工具栏，将地址工具栏和"我的文档"加入任务栏中。

9. 设置窗口外观显示，其中，窗口和按钮采用 Windows 7 样式，活动窗口标题栏大小为 18，标题栏中的字体为华文楷体、大小为 10。

10. 把显示器的分辨率调整为 1 024×768，并在桌面的右上方显示"日历"小工具。

项目四　管理计算机中的资源

用户在使用计算机的过程中，对文件、文件夹、程序和硬件等资源的管理是非常重要的操作。本项目将通过两个任务，介绍在 Windows 7 中如何利用资源管理器来管理计算机中的文件和文件夹，包括对文件和文件夹进行新建、移动、复制、重命名及删除等操作，并介绍如何安装程序和打印机硬件，以及计算器、画图程序等附件程序的使用。

学习目标

- 管理文件和文件夹资源
- 管理程序和硬件资源

任务一　管理文件和文件夹资源

任务要求

为了管理上的需要，经常会在计算机中存放一些工作中的日常文档，同时为了方便使用，还需要对相关的文件进行新建、重命名、移动、复制、删除、搜索和设置文件属性等操作。具体要求如下。

① 在 G 盘根目录下新建"办公"文件夹和"公司简介.txt""公司员工名单.xlsx"两个文件，再在新建的"办公"文件夹中创建"文档"和"表格"两个子文件夹。

② 将前面新建的"公司员工名单.xlsx"文件移动到"表格"子文件夹中，将"公司简介.txt"文件复制到"文档"文件夹中并修改文件名为"招聘信息.txt"。

③ 删除 G 盘根目录下的"公司简介.txt"文件，然后通过回收站查看后再进行还原。

④ 搜索 E 盘下的所有 JPG 格式的图片文件。

⑤ 将"公司员工名单.xlsx"文件的属性修改为只读。

⑥ 新建一个"办公"库，将"表格"文件夹添加到"办公"库中。

相关知识

（一）文件管理的相关概念

在管理文件过程中，会涉及以下几个相关概念。

① 硬盘分区与盘符。硬盘分区是指将硬盘划分为几个独立的区域，这样可以更加方便地存储和管理数据，格式化可使分区划分成可以用来存储数据的单位，一般是在安装系统时会对硬盘进行分区。盘符是 Windows 系统磁盘存储设备的标识符，一般使用 26 个英文字符加上一个

冒号“:”来标识，如“本地磁盘(C:)”，“C”就是该盘的盘符。

② 文件。文件是指保存在计算机中的各种信息和数据，计算机中的文件包括的类型很多，如文档、表格、图片、音乐和应用程序等。在默认情况下，文件在计算机中是以图标形式显示的，它由文件图标、文件名称和文件扩展名3部分组成，如 作息时间表.docx 表示为一个 Word 文件，其扩展名为.docx。

③ 文件夹。用于保存和管理计算机中的文件，其本身没有任何内容，却可放置多个文件和子文件夹，让用户能够快速地找到需要的文件。文件夹一般由文件夹图标和文件夹名称两部分组成。

④ 文件路径。在对文件进行操作时，除了要知道文件名外，还需要指出文件所在的盘符和文件夹，即文件在计算机中的位置，称为文件路径。文件路径包括相对路径和绝对路径两种。其中，相对路径是以“.”（表示当前文件夹）、“..”（表示上级文件夹）或文件夹名称（表示当前文件夹中的子文件名）开头；绝对路径是指文件或目录在硬盘上存放的绝对位置，如“D:\图片\标志.jpg”表示“标志.jpg”文件是在 D 盘的“图片”目录中。在 Windows 7 系统中单击地址栏的空白处，即可查看打开的文件夹的路径。

⑤ 资源管理器。资源管理器是指“计算机”窗口左侧的导航窗格，它将计算机资源分为收藏夹、库、家庭组、计算机和网络等类别，可以方便用户更好、更快地组织、管理及应用资源。打开资源管理器的方法为双击桌面上的“计算机”图标 或单击任务栏上的“Windows 资源管理器”按钮 。打开“资源管理器”对话框，单击导航窗格中各类别图标左侧的 图标，便可依次按层级展开文件夹，选择需要的文件夹后，其右侧将显示相应的文件内容，如图 4-1 所示。

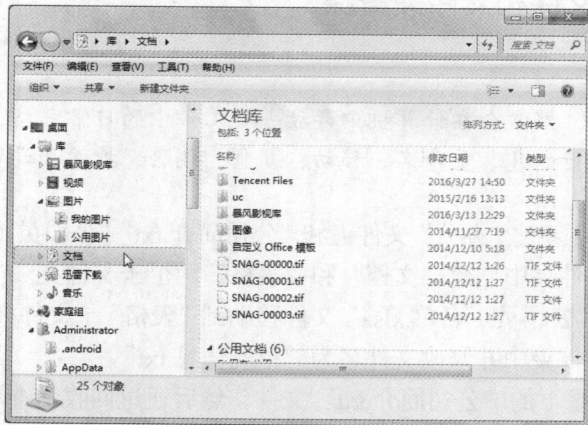

图 4-1　资源管理器

提示：为了便于查看和管理文件，用户可根据当前窗口中文件和文件夹的多少、文件的类型，更改当前窗口中文件和文件夹的视图方式。其方法是在打开的文件夹窗口中单击工具栏右侧的 按钮，在打开的下拉列表中选择大图标、中等图标、小图标和列表等视图显示方式。

（二）选择文件的几种方式

用户对文件或文件夹进行复制和移动等操作前，要先选择文件或文件夹，选择的方法主要有以下5种。

① 选择单个文件或文件夹。使用鼠标直接单击文件或文件夹图标即可将其选中，被选中的

文件或文件夹的周围将呈蓝色透明状显示。

　　②　选择多个相邻的文件和文件夹。可在窗口空白处按住鼠标左键不放，并拖曳鼠标框选需要选择的多个对象，再释放鼠标即可。

　　③　选择多个连续的文件和文件夹。用鼠标选择第一个对象，按住【Shift】键不放，再单击最后一个对象，可选择两个对象中间的所有对象。

　　④　选择多个不连续的文件和文件夹。按住【Ctrl】键不放，再依次单击所要选择的文件或文件夹，可选择多个不连续的文件和文件夹。

　　⑤　选择所有文件和文件夹。直接按【Ctrl+A】组合键，或选择【编辑】/【全选】命令，可以选择当前窗口中的所有文件或文件夹。

任务实现

（一）文件和文件夹基本操作

　　对文件和文件夹进行的基本操作包括新建、移动、复制、删除和查找等，下面将结合前面的任务要求对操作方法进行讲解。

1．新建文件和文件夹

　　新建文件是指根据计算机中已安装的程序类别，新建一个相应类型的空白文件，新建后可以双击打开以编辑文件内容。如果需要将一些文件分类整理在一个文件夹中以便日后管理，此时就需要新建文件夹。

微课：新建文件和
文件夹

　　【例4-1】新建"公司简介.txt"文件和"公司员工名单.xlsx"文件。

　　（1）双击桌面上的"计算机"图标，打开"计算机"窗口，双击G磁盘图标，打开"本地磁盘（G:）"窗口。

　　（2）选择【文件】/【新建】/【文本文档】命令，或在窗口的空白处单击鼠标右键，在弹出的快捷菜单中选择【新建】/【文本文档】命令，如图4-2所示。

　　（3）系统将在文件夹中默认新建一个名为"新建文本文档"的文件，且文件名呈可编辑状态，切换到汉字输入法输入"公司简介"，然后单击空白处或按【Enter】键，新建的文档效果如图4-3所示。

图4-2　选择新建命令　　　　　　　　　图4-3　命名文件

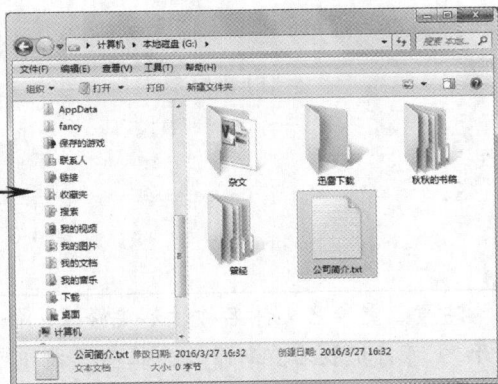

　　（4）选择【文件】/【新建】/【新建 Microsoft Excel 工作表】命令，或在窗口的空白处单击鼠标右键，在弹出的快捷菜单中选择【新建】/【新建 Microsoft Excel 工作表】命令，此时将

新建一个 Excel 文件，输入文件名"公司员工名单"，按【Enter】键，效果如图 4-4 所示。

（5）选择【文件】/【新建】/【文件夹】命令，或在右侧文件显示区中的空白处单击鼠标右键，在弹出的快捷菜单中选择【新建】/【文件夹】命令，或直接单击工具栏中的 新建文件夹 按钮，选中并单击文件夹名称使其呈可编辑状态，并在文本框中输入"办公"，然后按【Enter】键，完成文件夹的新建，如图 4-5 所示。

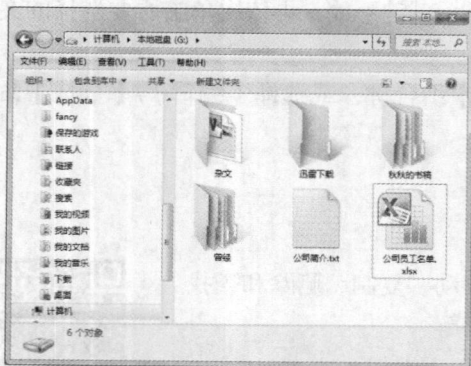

图 4-4　新建 Excel 工作表

图 4-5　新建文件夹

（6）双击新建的"办公"文件夹，在打开的目录窗口中单击工具栏中的 新建文件夹 按钮，输入子文件夹名称"表格"后按【Enter】键，然后再新建一个名为"文档"的子文件夹，如图 4-6 所示。

（7）单击地址栏左侧的 ⊙ 按钮，返回上一级窗口。

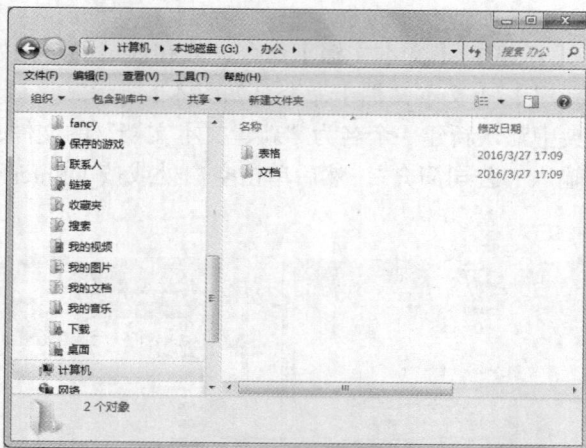

图 4-6　新建子文件夹

> **注意**：重命名文件名称时不要修改文件的扩展名部分，一旦修改可能将导致文件无法正常打开，（可将扩展名重新修改为正确模式即可）。此外，文件名可以包含字母、数字和空格等，但不能有"、?、*、/、\、<、>、:等。

2. 移动、复制、重命名文件和文件夹

移动文件是将文件或文件夹移动到另一个文件夹中以便管理的一种操作，复制文件相当于

为文件做一个备份，即原文件夹下的文件或文件夹仍然存在，重命名文件即为文件更换一个新的名称。

【例4-2】移动"公司员工名单.xlsx"文件，复制"公司简介.txt"文件，并将复制的文件重命名为"招聘信息"。

（1）在导航窗格中单击展开"计算机"图标 ，然后在导航窗格中选择"本地磁盘(G:)"图标。

（2）在右侧窗口中选择"公司员工名单.xlsx"文件，在其上单击鼠标右键，在弹出的快捷菜单中选择"剪切"命令，或选择【编辑】/【剪切】命令（也可直接按【Ctrl+X】组合键），如图4-7所示，将选择的文件剪切到剪贴板中，此时文件呈灰色透明显示效果。

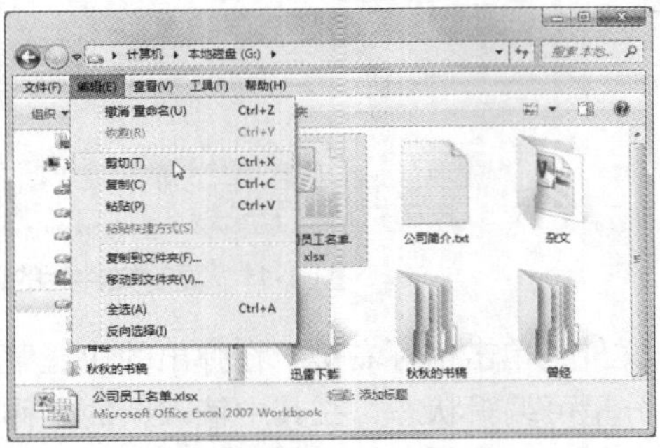

图4-7　选择"剪切"命令

微课：移动、复制、
重命名文件和文件夹

（3）在导航窗格中单击展开"办公"文件夹，再选择"表格"选项，在右侧打开的"表格"窗口中单击鼠标右键，在弹出的快捷菜单中选择"粘贴"命令，或选择【编辑】/【粘贴】命令（也可直接按【Ctrl+V】组合键），如图4-8所示，即可将剪切到剪贴板中的"公司员工名单.xlsx"文件粘贴到"表格"窗口中，完成文件的移动，效果如图4-9所示。

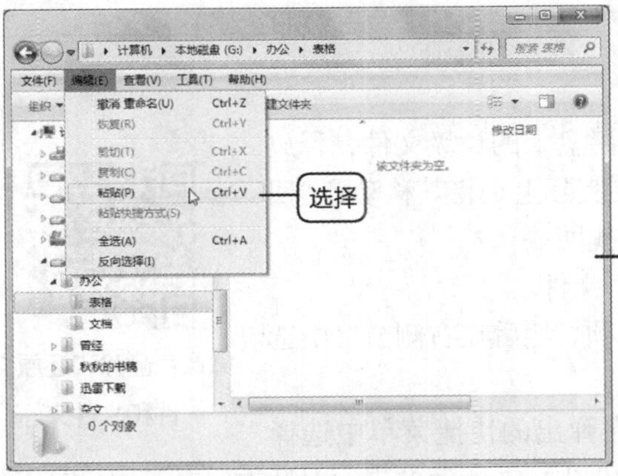

图4-8　执行"粘贴"命令

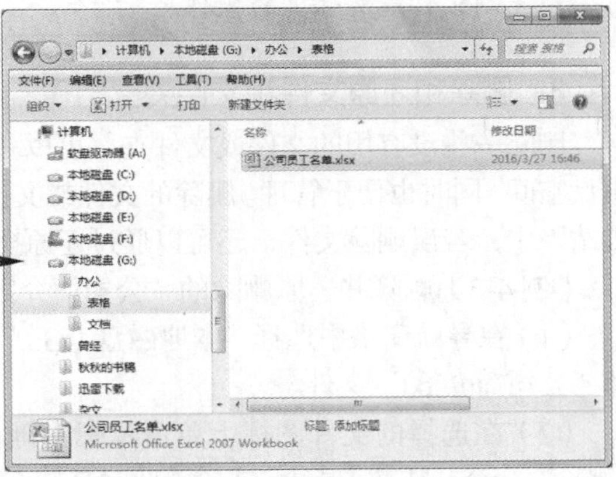

图4-9　移动文件后的效果

（4）单击地址栏左侧的 按钮，返回上一级窗口，即可看到窗口中已没有"公司员工名单.xlsx"文件。

（5）选择"公司简介.txt"文件，单击鼠标右键，在弹出的快捷菜单中选择"复制"命令，或选择【编辑】/【复制】命令（也可直接按【Ctrl+C】组合键），如图4-10所示，将选择的文件复制到剪贴板中，此时窗口中的文件不会发生任何变化。

（6）在导航窗格中选择"文档"文件夹选项，在右侧打开的"文档"窗口中单击鼠标右键，在弹出的快捷菜单中选择"粘贴"命令，或选择【编辑】/【粘贴】命令（也可直接按【Ctrl+V】组合键），即可将剪贴板中的"公司简介.txt"文件粘贴到该窗口中，完成文件的复制，效果如图 4-11 所示。

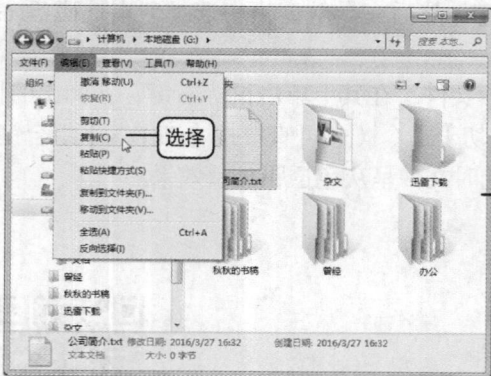

图 4-10　选择"复制"命令　　　　图 4-11　复制文件后的效果

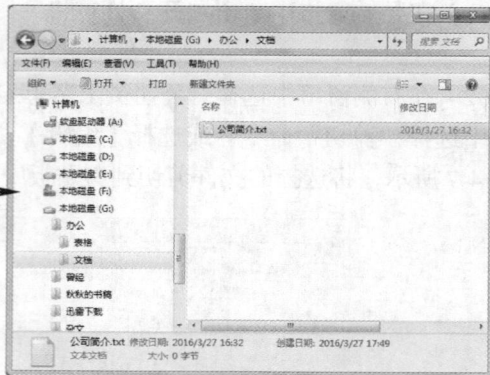

（7）选择复制后的"公司简介.txt"文件，单击鼠标右键，在弹出的快捷菜单中选择"重命名"命令，此时要重命名的文件名称部分呈可编辑状态，在其中输入新的名称"招聘信息"后按【Enter】键即可。

（8）在导航窗格中选择"本地磁盘（G:）"选项，即可看到该磁盘根目录下的"公司简介.txt"文件仍然存在。

提示：将选择的文件或文件夹拖动到同一磁盘分区下的其他文件夹中，或拖动到左侧导航空格中的某个文件夹选项上，可以移动文件或文件夹，在拖曳过程中按住【Ctrl】键不放，则可实现复制文件或文件夹的操作。

3. 删除和还原文件和文件夹

删除一些没有用的文件或文件夹，可以减少磁盘上的垃圾文件，释放磁盘空间，同时也便于管理。删的的文件或文件夹实际上是将其移动到"回收站"中，若误删除文件，还可以通过还原操作找回。

【例 4-3】删除并还原删除的"公司简介.txt"文件。

（1）在导航窗格中选择"本地磁盘（G:）"选项，然后在右侧窗口中选择"公司简介.txt"文件。

微课：删除和还原文件和文件夹

（2）在选择的文件图标上单击鼠标右键，在弹出的快捷菜单中选择"删除"命令，或按【Delete】键，此时系统会打开图 4-12 所示的提示对话框，提示用户是否确定要把该文件放入回收站。

（3）单击 是(Y) 按钮，即可删除选择的"公司简介.txt"文件。

（4）单击任务栏最右侧的"显示桌面"区域，切换至桌面，双击"回收站"图标，在打开的窗口中将查看到最近删除的文件和文件夹等对象，在要还原的"公司简介.txt"文件上单击鼠标右键，在弹出的快捷菜单中选择"还原"命令，如图 4-13 所示，即可将其还原到被删除前的位置。

72

图 4-12　"删除文件"对话框

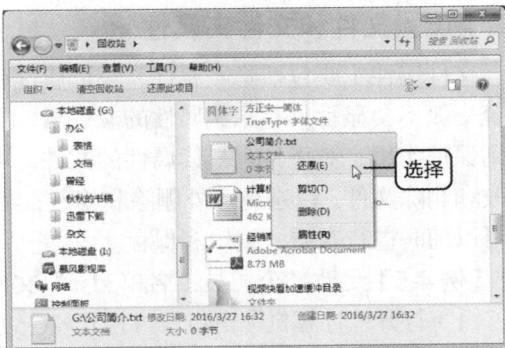

图 4-13　还原被删除的文件

提示：选择文件后，按【Shift+Delete】组合键将不通过回收站，直接将文件从计算机中删除。此外，放入回收站中的文件仍然会占用磁盘空间，在"回收站"窗口中单击工具栏中的 清空回收站 按钮才能彻底删除。

4. 搜索文件或文件夹

如果用户不知道文件或文件夹在磁盘中的位置，可以使用 Windows 7 的搜索功能来查找。搜索时如果不记得文件的名称，可以使用模糊搜索功能，其方法是用通配符"*"来代替任意数量的任意字符，使用"？"来代表某一位置上的任一个字母或数字，如"*.mp3"表示搜索当前位置下所有类型为 MP3 格式的文件，而"pin?.mp3"则表示搜索当前位置下前 3 个字母为"pin"、第 4 位是任意字符的 MP3 格式的文件。

【例 4-4】搜索 E 盘中的 JPG 图片。

（1）用户只需在资源管理器中打开需要搜索的位置，如需在所有磁盘中查找，则打开"计算机"窗口，如需在某个磁盘分区或文件夹中查找，则打开具体的磁盘分区或文件夹窗口，这里打开 E 磁盘窗口。

（2）在窗口地址栏后面的搜索框中输入要搜索的文件信息，如这里输入"*.jpg"，Windows会自动在搜索范围内搜索所有符合文件信息的对象，并在文件显示区中显示搜索结果，如图 4-14所示。

（3）根据需要，可以在"添加搜索筛选器"中选择"修改日期"或"大小"选项来设置搜索条件，以缩小搜索范围。

图 4-14　搜索 E 盘中的 JPG 格式文件

微课：搜索文件或
文件夹

（二）设置文件和文件夹属性

文件属性主要包括隐藏属性、只读属性和归档属性3种。用户在查看磁盘文件的名称时，系统一般不会显示具有隐藏属性的文件名，具有隐藏属性的文件不能被删除、复制和更名，以起到保护作用；对于具有只读属性的文件，可以查看和复制，不会影响它的正常使用，但不能修改和删除文件，以避免意外删除和修改；文件被创建之后，系统会自动将其设置成归档属性，即可以随时进行查看、编辑和保存。

【例4-5】更改"公司员工名单.xlsx"文件的属性。

（1）打开"计算机"窗口，再打开"G:\办公\表格"目录，在"公司员工名单.xlsx"文件上单击鼠标右键，在弹出的快捷菜单中选择"属性"命令，打开文件对应的"属性"对话框。

（2）在"常规"选项卡下的"属性"栏中单击选中"只读"复选框，如图4-15所示。

图4-15 文件属性设置对话框

微课：设置文件和
文件夹属性

（3）单击 应用(A) 按钮，再单击 确定 按钮，完成文件属性的设置。如果是修改文件夹的属性，应用设置后还将打开图4-16所示的"确认属性更改"对话框，根据需要选择应用方式后单击 确定 按钮，即可设置相应的文件夹属性。

图4-16 选择文件夹属性应用方式

提示：用户在图4-15所示的对话框中单击 高级(D)... 按钮可以打开"高级属性"对话框，在其中可以设置文件或文件夹的存档和加密属性。

（三）使用库

库是Windows 7操作系统中的一个新概念，其功能类似于文件夹，但它只是提供管理文件的索引，即用户可以通过库来直接访问，而不需要通过保存文件的位置去查找，所以文件并没有真正地被存放在库中。Windows 7系统中自带了视频、图片、音乐和文档4个库，以便将这类常用文件资源添加

微课：使用库

到库中，根据需要也可以新建库文件夹。

【例4-6】新建"办公"库，将"表格"文件夹添加到库中。

（1）打开"计算机"窗口，在导航窗格中单击"库"图标 ，打开"库"文件夹，此时在右侧窗口中将显示所有库，双击各个库文件夹便可打开进行查看。

（2）单击工具栏中的 新建库 按钮或选择【文件】/【新建】/【库】命令，输入库的名称"办公"，然后按【Enter】键，即可新建一个库，如图4-17所示。

（3）在导航窗格中选择"G:\办公"文件夹，选择要添加到库中的"表格"文件夹，然后选择【文件】/【包含到库中】/【办公】命令，即可将选择的文件夹中的文件添加到前面新建的"办公"库中，以后就可以通过"办公"库来查看文件了，效果如图4-18所示。用同样的方法还可将计算机中其他位置下的相关文件分别添加到库中。

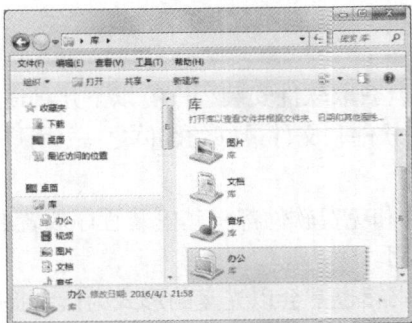

图4-17　新建库

图4-18　将文件添加到库中

提示：当用户不再需要使用库中的文件时，可以将其删除，其删除方法是在要删除的库文件夹上单击鼠标右键，在弹出的快捷菜单中选择"从库中删除位置"命令即可。

任务二　管理程序和硬件资源

任务要求

本任务要求掌握安装和卸载软件的方法，了解如何打开和关闭 Windows 功能，掌握如何安装打印机驱动程序，如何设置鼠标和键盘，以及使用 Windows 自带的画图、计算器和写字板等附件程序。

相关知识

（一）认识控制面板

控制面板中包含了不同的设置工具，用户可以通过控制面板对 Windows 7 系统进行设置，包括管理安装程序和打印机等硬件资源。

在"计算机"窗口中的工具栏中单击 打开控制面板 按钮或选择【开始】/【控制面板】命令即可启动控制面板，其默认以"类别"方式显示，如图4-19所示。在"控制面板"窗口中单击不同的超链接即可以进入相应的子分类设置窗口或打开参数设置对话框。单击 类别 按钮，在打开的下拉列表中选择"大图标"选项，查看设置查看方式后的效果，图4-20所示为"大图标"的查看方式。

图 4-19 "控制面板"窗口

图 4-20 "大图标"查看方式

（二）计算机软件的安装事项

用户要安装软件，首先应获取软件的安装程序，获取软件安装程序有以下几种途径。

① 从软件销售商处购买安装光盘。光盘是存储软件和文件最好的媒体之一，用户可以从软件销售商处购买所需的软件安装光盘。

② 从网上下载安装程序。目前，许多的共享软件和免费软件都将其安装程序放置在网络上，通过网络，用户可以将所需的软件程序下载进行使用。

③ 购买软件书时赠送。一些软件方面的杂志或书籍也常会以光盘的形式为读者提供一些小的软件程序，这些软件大都是免费的。

用户做好软件的安装准备工作后，即可开始安装软件。安装软件的一般方法及注意事项如下。

① 将安装光盘放入光驱，然后双击其中的"setup.exe"或"install.exe"文件（某些软件也可能是软件本身的名称），打开"安装向导"对话框，根据提示信息进行安装。某些安装光盘提供了智能化功能，只需将安装光盘放入光驱后，系统就会自动运行安装。

② 如果安装程序是从网上下载并存放在硬盘中，则可在资源管理器中找到该安装程序的存放位置，双击其中的"setup.exe"或"install.exe"文件安装可执行文件，再根据提示进行操作。

③ 软件一般安装在除系统盘的其他磁盘分区中，最好专门用一个磁盘分区来放置安装程序。杀毒软件和驱动程序等软件可安装在系统盘中。

④ 很多软件在安装时要注意取消其开机启动选项，否则它们会默认设置为开机启动软件，不但影响计算机启动的速度，还会占用系统资源。

⑤ 为确保安全，在网上下载的软件应事先进行查毒处理，然后再运行安装。

（三）计算机硬件的安装事项

硬件设备通常可分为即插即用型和非即插即用型两种。通常，将可以直接连接到计算机中使用的硬件设备称为即插即用型硬件，如 U 盘和移动硬盘等可移动存储设备，该类硬件不需要手动安装驱动程序，与计算机接口相连后系统可以自动识别，从而可以在系统中直接运行。

非即插即用硬件是指连接到计算机后，需要用户自行安装驱动程序的计算机硬件设备，如打印机、扫描仪和摄像头等。要安装这类硬件，还需要准备与之配套的驱动程序，一般在购买硬件设备时由厂商提供安装程序。

⊕ **任务实现**

（一）安装和卸载应用程序

获取或准备好软件的安装程序后便可以开始安装软件，安装后的软件将会显示在"开始"菜单中的"所有程序"列表中，部分软件还会自动在桌面上创建快捷启动图标。

【例4-7】 安装Office 2010，并卸载计算机中不需要的软件。

（1）将安装光盘放入光驱中，当光盘成功被读取后进入光盘中，找到并双击"setup.exe"文件，如图4-21所示。

（2）打开"输入您的产品密匙"对话框，在光盘包装盒中找到由25位字符组成的产品密匙（产品密匙也称安装序列号，免费或试用软件不需要输入），并将密匙输入到文本框中，单击 继续(C) 按钮，如图4-22所示。

（3）打开"许可证条款"对话框，对其中条款内容进行认真阅读，单击选中"我接受此协议的条款"复选框，单击 继续(C) 按钮，如图4-23所示。

（4）打开"选择所需的安装"对话框，单击 自定义(U) 按钮，如图4-24所示。若单击 立即安装(I) 按钮，可按默认设置快速安装软件。

图 4-21　双击安装文件

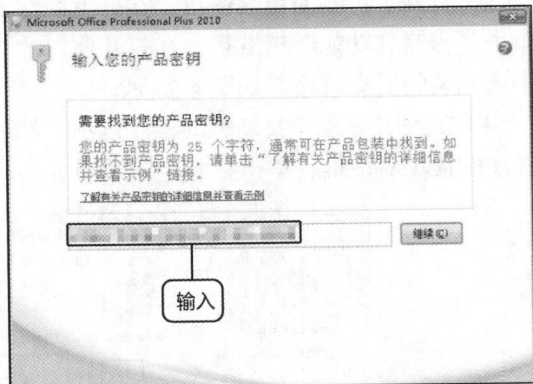

图 4-22　输入产品密匙

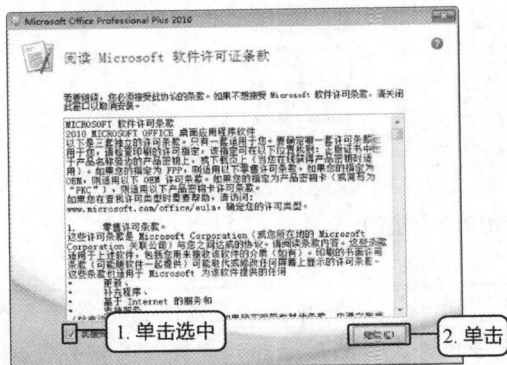

图 4-23　"许可证条款"对话框

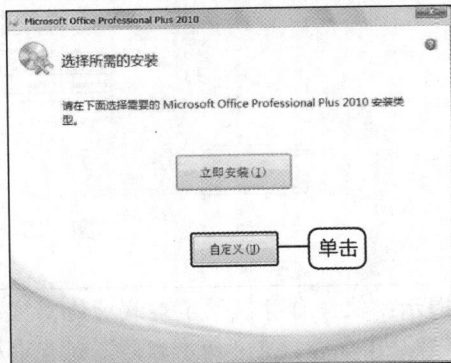

图 4-24　选择安装模式

（5）用户在打开的安装向导对话框中单击"安装选项"选项卡，单击任意组件名称前的 ⊟▾

按钮，在打开的下拉列表中便可以选择是否安装此组件，如图 4-25 所示。

（6）单击"文件位置"选项卡，单击 浏览⑥ 按钮，在打开的"浏览文件夹"对话框中选择安装 Office 2010 的目标位置，单击 确定 按钮，如图 4-26 所示。

图 4-25　选择安装组件

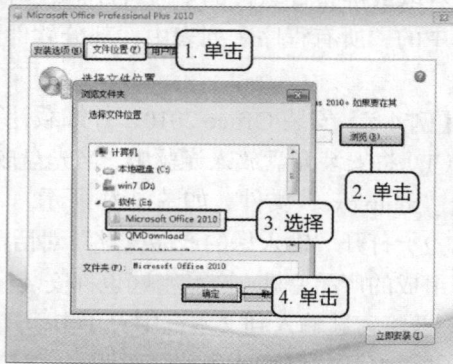

图 4-26　选择安装路径

（7）返回对话框，单击"用户信息"选项卡，在文本框中输入用户名和公司名称等信息，最后单击 立即安装⑴ 按钮进入"安装进度"界面中，静待数分钟后便会提示已安装完成。

（8）打开"控制面板"窗口，在分类视图下单击"程序"超链接，在打开的"程序"窗口中单击"程序和功能"超链接，在打开窗口的"卸载或更改程序"列表框中即可查看当前计算机中已安装的所有程序，如图 4-27 所示。

（9）在列表中选择要卸载的程序选项，然后单击工具栏中的 卸载 按钮，将打开确认是否卸载程序的提示对话框，单击 是(Y) 按钮即可确认并开始卸载程序。

图 4-27　"程序和功能"窗口

提示：软件自身提供了卸载功能，可以通过"开始"菜单卸载，其方法：选择【开始】/【所有程序】命令，在"所有程序"列表中展开程序文件夹，然后选择"卸载"等相关命令（若没有类似命令则通过控制面板进行卸载），再根据提示进行操作便可完成软件的卸载。有些软件在卸载后还会要求重启计算机以彻底删除该软件的安装文件。

（二）打开和关闭 Windows 功能

用户可根据需要通过打开和关闭操作来决定是否启用 Windows 功能。

【例 4-8】关闭 Windows 7 的"纸牌"游戏功能。

（1）选择【开始】/【控制面板】命令，打开"控制面板"窗口，在分类视图下单击"程序"超链接，在打开的"程序"窗口中单击"打开或关闭 Windows 功能"超链接。

微课：打开和关闭
Windows 功能

（2）系统检测 Windows 功能后，打开图 4-28 所示的"Windows 功能"窗口，在该窗口的列表框中显示了所有的 Windows 功能选项，如选项前的复选框显示为■，表示该功能中的某些子功能被打开；如该选项前的复选框显示为☑，则表示该功能中的所有子功能都被打开。

（3）单击某个功能选项前的⊞标记，即可在展开的列表中显示该功能中的所有子功能选项，这里展开"游戏"功能选项，撤销选中"纸牌"复选框，则可关闭该系统功能，如图 4-29 所示。

（4）单击 确定 按钮，系统将打开提示对话框显示该项功能的配置进度，完成后系统将自动关闭该对话框和"Windows 功能"窗口。

图 4-28 "Windows 功能"窗口

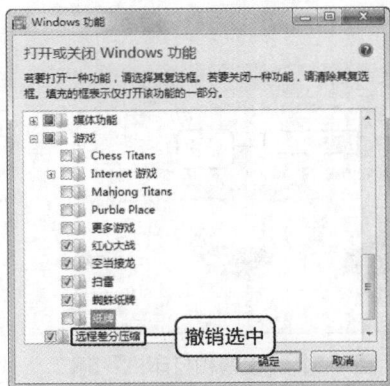

图 4-29 关闭"纸牌"游戏功能

（三）安装打印机硬件驱动程序

用户在安装打印机前应先将设备与计算机主机相连接，然后安装打印机的驱动程序。当安装其他外部计算机设备时也可参考与打印机类似的方法来进行安装。

【例 4-9】连接打印机，然后安装打印机的驱动程序。

（1）不同的打印机有不同类型的端口，常见的有 USB、LPT 和 COM 端口，可参见打印机的使用说明书，将数据线的一端插入机箱后面相应的插口中，再将另一端与打印机接口相连，如图 4-30 所示，然后接通打印机的电源。

（2）选择【开始】/【控制面板】命令，打开"控制面板"窗口，单击"硬件和声音""超链接"下方的"查看设备和打印机"超链接，打开"设备和打印机"窗口，在其中单击 添加打印机 按钮，如图 4-31 所示。

（3）在打开的"添加打印机"窗口中选择"添加本地打印机"选项，如图 4-32 所示。

连接到该位置

连接到该位置

微课：安装打印机
硬件驱动程序

图 4-30　连接打印机

（4）在打开的"选择打印机端口"对话框中单击选中"使用现有的端口"单选项，在其后面的下拉列表框中选择打印机连接的端口（一般使用默认端口设置），然后单击 下一步(N) 按钮，如图 4-33 所示。

（5）在打开的"安装打印机驱动程序"对话框的"厂商"列表框中选择打印机的生产厂商，在"打印机"列表框中选择安装打印机的型号，单击 下一步(N) 按钮，如图 4-34 所示。

图 4-31　"设备和打印机"窗口

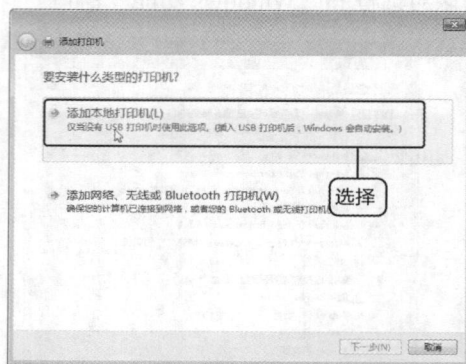

图 4-32　添加本地打印机

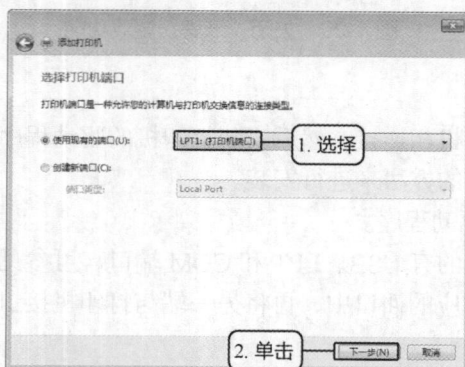

图 4-33　选择打印机端口

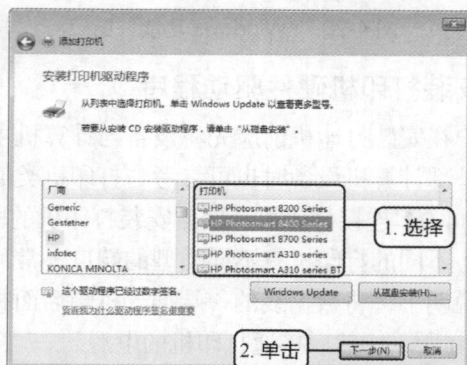

图 4-34　选择打印机型号

（6）打开"键入打印机名称"对话框，在"打印机名称"文本框中输入名称，这里使用默认名称，单击 下一步(N) 按钮，如图 4-35 所示。

（7）系统开始安装驱动程序，安装完成后打开"打印机共享"对话框，如果不需要共享打印机则单击选中"不共享这台打印机"单选项，单击 下一步(N) 按钮，如图 4-36 所示。

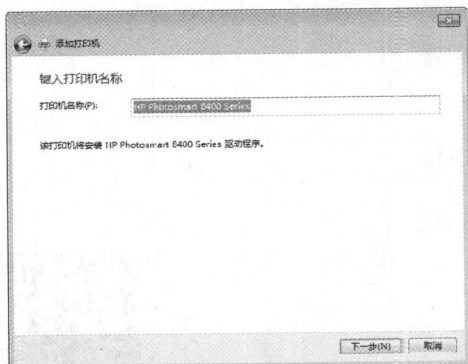

図 4-35　输入打印机名称

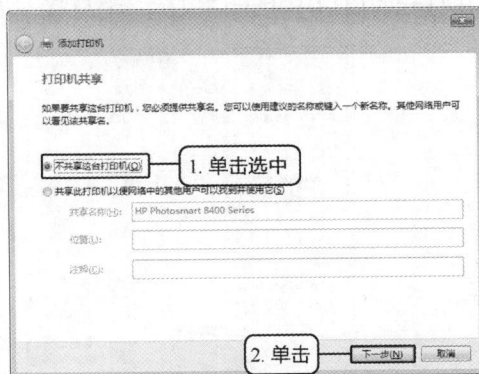

图 4-36　共享设置

（8）在打开的对话框中单击选中"设置为默认打印机"复选框可设置其为默认的打印机，单击 完成(F) 按钮完成打印机的添加，如图 4-37 所示。

（9）打印机安装完成后，在"控制面板"窗口中单击"查看设备和打印机"超链接，在打开的窗口中双击安装的打印机图标，即可根据打开的窗口查看打印机状态，包括查看当前打印内容、设置打印机属性和调整打印选项等，如图 4-38 所示。

图 4-37　完成打印机的添加

图 4-38　查看安装的打印机

提示： 如果要安装网络打印机，则不需将打印机与计算机进行硬件连接在图 4-32 所示的对话框中选择"添加网络、无线或 Bluetooth 打印机"选项即可，系统将自动搜索与本机联网的所有打印机设备，选择打印机型号后将自动安装驱动程序。

（四）设置鼠标和键盘

鼠标和键盘是计算机中重要的输入设备，用户可以根据需要对其参数进行设置。

1. 设置鼠标

设置鼠标主要包括调整双击鼠标的速度、更换鼠标指针样式以及设置鼠标指针选项等。

【例 4-10】设置鼠标指针样式方案为"Windows 黑色（系统方案）"，调节鼠标的双击速度和移动速度，并设置移动鼠标指针时会产生"移动轨迹"效果。

（1）选择【开始】/【控制面板】命令，打开"控制面板"窗口，单击"硬件和声音"超链接，在打开的窗口中单击"鼠标"超链接，如图 4-39 所示。

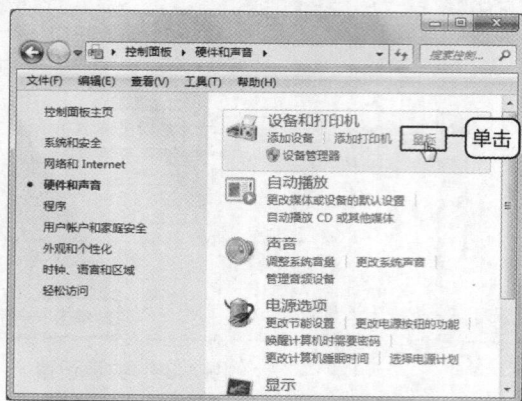

图 4-39　单击"鼠标"超链接

微课：设置鼠标

（2）用户在打开的"鼠标 属性"对话框中单击"鼠标键"选项卡，在"双击速度"栏中拖动"速度"滑动条中的滑动块可以调节双击速度，如图 4-40 所示。

（3）单击"指针"选项卡，然后单击"方案"栏中的下拉按钮▾，在打开的下拉列表中选择鼠标样式方案，这里选择"Windows 黑色（系统方案）"选项，如图 4-41 所示。

（4）单击 应用(A) 按钮，此时鼠标指针样式变为设置后的样式。如果要自定义某个鼠标状态下的指针样式，则在"自定义"列表框中选择需单独更改样式的鼠标状态选项，然后单击 浏览(B)... 按钮进行选择。

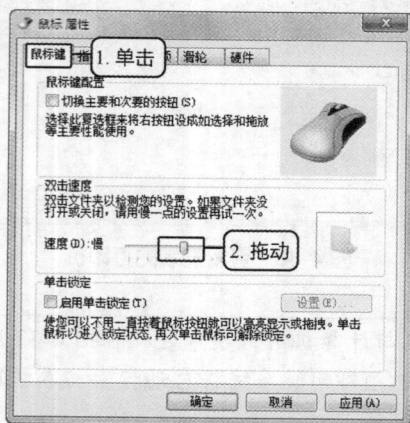

图 4-40　设置鼠标双击速度

图 4-41　选择鼠标指针样式

（5）单击"指针选项"选项卡，在"移动"栏中拖动滑动块可以调整鼠标指针的移动速度，单击选中"显示指针轨迹"复选框，移动鼠标指针时便会产生"移动轨迹"效果，如图 4-42 所示。

（6）单击 确定 按钮，完成对鼠标的设置。

提示：习惯用左手进行操作的用户，可以在"鼠标 属性"对话框的"鼠标键"选项卡中单击选中"切换主要和次要的按钮"复选框，在其中设置交换鼠标左右键的功能，从而方便用户使用左手进行操作。

图 4-42 设置指针选项

2. 设置键盘

用户在 Windows 7 中，设置键盘主要是调整键盘的响应速度以及光标的闪烁速度。

【例 4-11】通过设置降低键盘重复输入一个字符的延迟时间，使重复输入字符的速度最快，并适当调整光标的闪烁速度。

（1）选择【开始】/【控制面板】命令，打开"控制面板"窗口，在窗口右上角的"查看方式"下拉列表框中选择"小图标"选项，如图 4-43 所示，切换为"小图标"视图模式。

微课：设置键盘

（2）单击"键盘"超链接，打开图 4-44 所示的"键盘 属性"对话框，单击"速度"选项卡，向右拖曳"字符重复"栏中的"重复延迟"滑块，降低键盘重复输入一个字符的延迟时间，如向左拖曳，则增长延迟时间；向右拖曳"重复速度"滑块，则加快重复输入字符的速度。

（3）在"光标闪烁速度"栏中拖曳滑块可改变在文本编辑软件（如记事本）中插入点在编辑位置的闪烁速度，如向左拖曳滑块则设置为中等速度。

（4）单击 确定 按钮，完成设置。

图 4-43 设置"小图标"查看方式

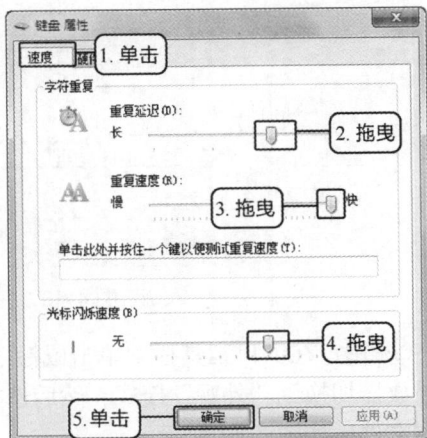

图 4-44 设置键盘属性

（五）使用附件程序

Windows 7 系统中提供了一系列的实用工具程序，包括媒体播放器、计算器和画图程序等。下面简单介绍它们的使用方法。

1. 使用 Windows Media Player

Windows Media Player 是 Windows 7 操作系统中自带的一款多媒体播放器，使用它可以播放各种格式的音频文件和视频文件，还可以播放 VCD 和 DVD 电影。只需选择【开始】/【所有程序】/【Windows Media Player】命令，即可启动媒体播放器，其界面如图 4-45 所示。

播放音乐或视频文件的方法主要有以下几种。

① 用户在工具栏上单击鼠标右键，在弹出的快捷菜单中选择【文件】/【打开】命令或按【Ctrl+O】组合键，在打开的"打开"对话框中选择需要播放的音乐或视频文件，然后单击 打开(O) ▼ 按钮，即可在 Windows Media Player 中播放这些文件，如图 4-46 所示。

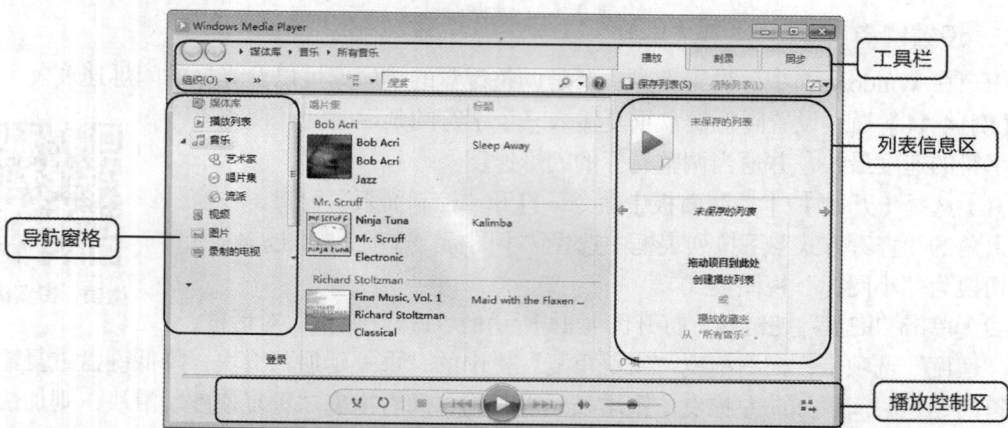

图 4-45　Windows Media Player 窗口界面

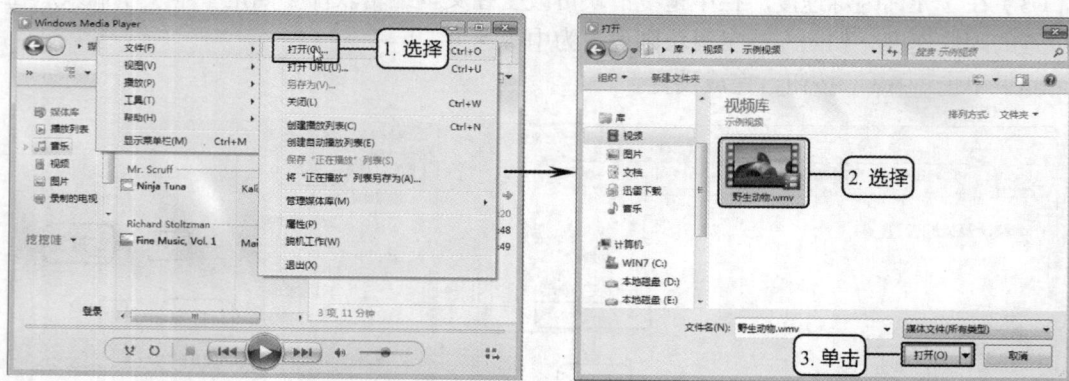

图 4-46　在默认的视频库下打开媒体文件

② 用户在窗口工具栏中单击鼠标右键，在弹出的快捷菜单中选择【视图】/【外观】命令，将播放器切换到"外观"模式，然后选择【文件】/【打开】命令，即可打开并播放计算机中的媒体文件，如图 4-47 所示。

③ Windows Media Player 可以直接播放光盘中的多媒体文件，其方法是：将光盘放入光驱中，然后在 Windows Media Player 窗口的工具栏上单击鼠标右键，在弹出的快捷菜单中选择【播

放】/【播放/DVD、VCD 或 CD 音频】命令，即可播放光盘中的多媒体文件。

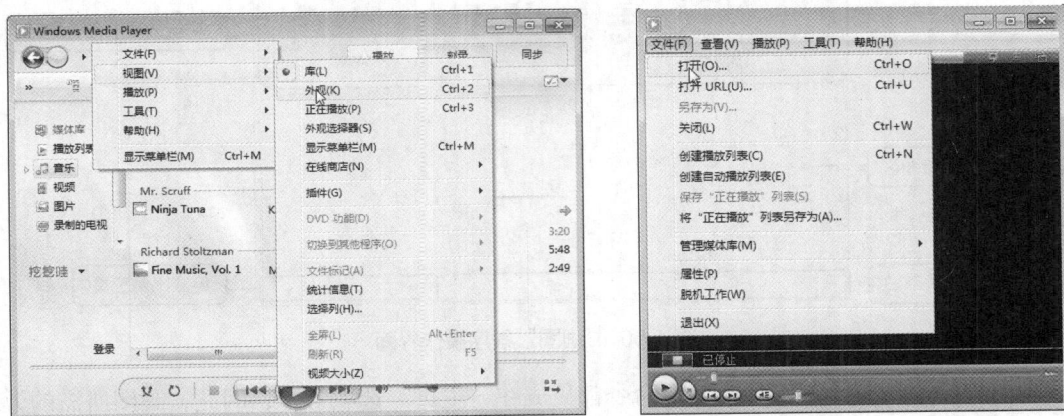

图 4-47　在外观视图下打开媒体文件

④ 媒体库可以将存放在计算机中不同位置的媒体文件统一集合在一起，通过媒体库，用户可以快速找到并播放相应的多媒体文件。其方法是：单击工具栏中的 创建播放列表(C) 按钮，在寻航窗格的"播放列表"目录下将新建一个播放列表，输入播放列表名称后按【Enter】键确认创建，创建后选择导航窗格中的"音乐"选项，在显示区的"所有音乐"列表中拖曳需要的音乐到新建的播放列表中，如图 4-48 所示，添加后双击该列表选项即可播放列表中的所有音乐，如图 4-49 所示。

图 4-48　将音乐添加到播放列表

图 4-49　播放列表中的音乐

注意：如果是播放视频或图片文件，Windows Media Player 将自动切换到"正在播放"视图模式，如果再切换到"媒体库"模式，将只能听见声音而无法显示视频和图片。

2. 使用画图程序

选择【开始】/【所有程序】/【附件】/【画图】命令，启动画图程序，画图程序的操作界面如图 4-50 所示。

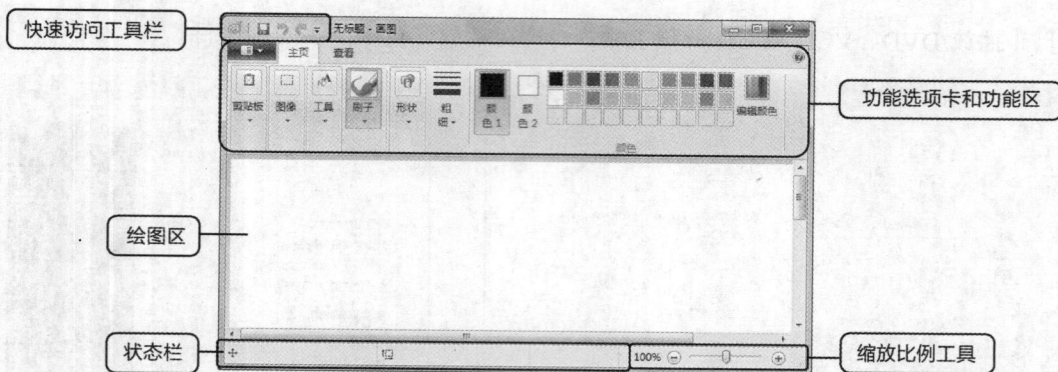

图 4-50 "画图"程序操作界面

画图程序中所有绘制工具及编辑命令都集成在"主页"选项卡中，因此，画图所需的大部分操作都可以在功能区中完成。利用画图程序可以绘制各种简单形状的图形，也可以打开计算机中已有的图像文件进行编辑，其方法如下。

① 绘制图形。单击"形状"工具栏中的各个按钮，然后在"颜色"工具栏中单击选择一种颜色，移动鼠标指针到绘图区，按住鼠标左键不放并拖动鼠标，便可以绘制出相应形状的图形；绘制图形后单击"工具"工具栏中的"用颜色填充"按钮 🎨，然后在"颜色"工具栏中选择一种颜色，单击绘制的图形，即可填充图形，如图 4-51 所示。

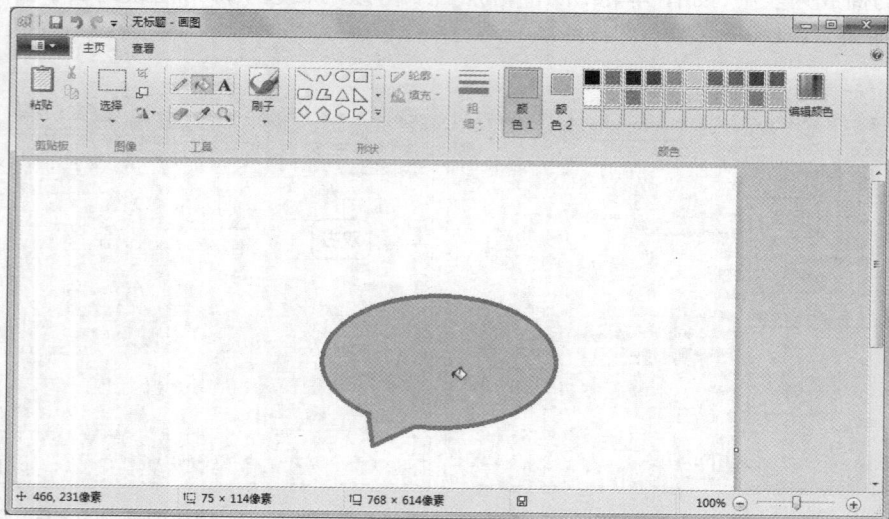

图 4-51 绘制和填充图形

② 打开和编辑图像文件。启动画图程序后单击 ■▼ 按钮，在打开的下拉列表中选择"打开"选项或按【Ctrl+O】组合键，在打开的"打开"对话框中找到并选择图像，单击 打开(O) 按钮打开图像。打开图像后单击"图像"工具栏中的 旋转▼ 按钮，在打开的下拉列表框中选择需要旋转的方向和角度，可以旋转图形，如图 4-52 所示；单击"图像"工具栏中的 按钮，在打开的下拉列表框中选择"矩形选择"选项，在图像中按住鼠标左键不放并拖动鼠标即可选择局部图像区域，选择图像后按住鼠标左键不放进行拖曳可以移动图像的位置，若单击"图像"工具栏中的 裁剪 按钮，将自动裁剪掉多余的部分，留下被框选中部分的图像。

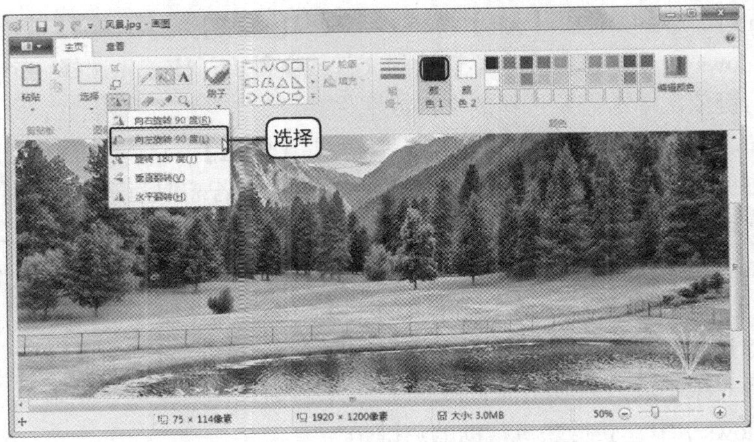

图 4-52　打开并旋转图像

3. 使用计算器

当需要计算大量数据，而周围又没有合适的计算工具时，可以使用Windows 7 自带的"计算器"程序。它除了有适合大多数人使用的标准计算模式以外，还有适合特殊情况使用的科学型，程序员和统计信息等模式。

选择【开始】/【所有程序】/【附件】/【计算器】命令，默认将启动标准型计算器，如图 4-53 所示。计算器的使用与现实中计算器的使用方法基本相同，只需使用鼠标指针单击操作界面中相应的按钮即可计算。标准型模式不能完成的计算任务可以选择"查看"菜单下其他类型的计算器命令，主要包括科学型，程序员和统计信息等几种，用于实现较复杂的数值计算。

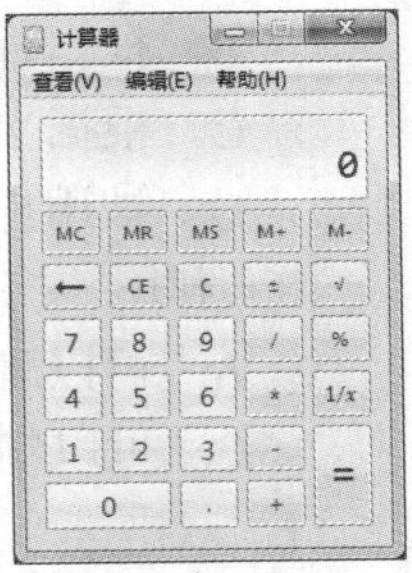

图 4-53　标准型计算器

课后作业

一、单选题

1. 改变 Windows 窗口中文件或文件夹的显示方式，应使用（　　　）。

　　A．"文件"菜单　　　B．"编辑"菜单　　　C．"查看"菜单　　　D．"帮助"菜单

2. 在 Windows 的"回收站"中，存放的是（　　　）。

　　A．硬盘上被删除的文件或文件夹

　　B．移动硬盘上被删除的文件或文件夹

　　C．硬盘或移动硬盘上被删除的文件或文件夹

　　D．所有外存储器中被删除的文件或文件夹

3. 在 Windows "开始"菜单下的"文档"选项存放的是（　　　）。

　　A．最近建立的文档　　　　　　　　　B．最近打开过的文档

　　C．最近打开过的文件夹　　　　　　　D．最近运行过的程序

4. 在 Windows 7 中，选择多个连续的文件或文件夹，可首先选择第一个文件或文件夹，然后按（　　　）键，单击最后一个文件或文件夹。

    A.【Tab】   B.【Alt】   C.【Shift】   D.【Ctrl】

5. 在 Windows 7 中，选择多个不连续的文件或文件夹，应首先选择一个文件或文件夹，然后按（　　　）键依次单击需要选择的文件或文件夹。

    A.【Tab】   B.【Esc】   C.【Shift】   D.【Ctrl】

6. 在 Windows 7 中，已经选择了若干文件和文件夹，若需取消选择的某个文件或文件夹，应按（　　　）键单击该文件或文件夹。

    A.【Esc】   B.【Alt】   C.【Shift】   D.【Ctrl】

7. 当选择文件或文件夹后，按【Shift+Delete】组合键可（　　　）。

    A. 删除选择对象并放入回收站   B. 不会删除选择对象

    C. 选择对象不放入回收站而直接删除   D. 为选择对象创建副本

8. 在 Windows 7 中，获得联机帮助的热键是（　　　）。

    A.【F1】键   B.【F2】键   C.【F3】键   D.【F4】键

9. 利用 Windows 7，"搜索"功能查找文件时，说法正确的是（　　　）。

    A. 要求被查找的文件必须是文本文件

    B. 根据日期查找时，必须输入文件的最后修改日期

    C. 根据文件名查找时，至少需要输入文件名的一部分或通配符

    D. 被用户设置为隐藏的文件，只要符合查找条件，在任何情况下都将被找出来

10. 利用"控制面板"的"程序和功能"（　　　）。

    A. 可以删除 Windows 组件   B. 可以删除 Windows 硬件驱动程序

    C. 可以删除 Word 文档模板   D. 可以删除程序的快捷方式

11. 双击某个文件夹图标，将（　　　）。

    A. 删除该文件夹   B. 打开该文件夹

    C. 删除该文件夹文件   D. 复制该文件夹文件

12. 在 Windows 资源管理器中，选择【编辑】/【剪切】命令（　　　）。

    A. 只能复制文件夹   B. 只能复制文件

    C. 可以复制文件或文件夹   D. 不能复制系统文件

13. 在 Windows 窗口中，创建新的子目录，应选择（　　　）菜单项中的"新建"下的"文件夹"命令。

    A. 文件   B. 编辑   C. 工具   D. 查看

14. 在 Windows 窗口中，按（　　　）可删除文件。

    A.【F7】键   B.【F8】键   C.【Backspace】键   D.【Delete】键

15. 在 Windows 窗口中，选择某一文件夹，选择【文件】/【删除】命令，则（　　　）。

    A. 只删除文件夹而不删除其包含的程序项

    B. 删除文件夹内的某一程序项

    C. 删除文件夹内的所有程序项而不删除文件夹

    D. 删除文件夹及其所有程序项

16. 在 Windows 7 中搜索文件或文件夹时，若用户输入"*.*"，则将搜索（　　　）。

    A. 将搜索所有文件含有*的文件   B. 所有扩展名中含有*的文件

    C. 所有文件   D. 所有文字中含有*的文件

17. Windows 的回收站可以恢复（　　　）。

　　A. 从硬盘中删除的文件或文件夹　　　　B. 从移动硬盘中删除的文件或文件夹

　　C. 剪切掉的文档　　　　　　　　　　　D. 从光盘中删除的文件或文件夹

18. 当打开一个子目录后，全部选中其中内容的是（　　　）组合键。

　　A.【Ctrl+C】　　　B.【Ctrl+V】　　　C.【Ctrl+X】　　　D.【Ctrl+A】

19. 在 Windows 中，按（　　　）键并拖曳某一文件夹到另一文件夹中，可完成对该程序项的复制操作。

　　A.【Alt】　　　　　B.【Shift】　　　　C. 空格　　　　　　D.【Ctrl】

20. 用户在 Windows 中，建立的文件默认具有的属性是（　　　）。

　　A. 隐藏　　　　　　B. 只读　　　　　　C. 存档　　　　　　D. 系统

21. 在 Windows 中，【Alt+Tab】组合键的作用是（　　　）。

　　A. 关闭应用程序　　　　　　　　　　　B. 打开应用程序的控制菜单

　　C. 应用程序之间相互切换　　　　　　　D. 打开"开始"菜单

22. 下列选项中，不属于 Windows 7 系统中自带的库的是（　　　）。

　　A. 视频　　　　　　B. 音乐　　　　　　C. 文件　　　　　　D. 图片

23. 在 Windows 中，若要恢复回收站中的文件，在选择待恢复的文件后应选择（　　　）命令。

　　A. 恢复此选项　　　B. 撤销此选项　　　C. 还原此选项　　　D. 后退此选项

24. 在 Windows 窗口中，选择（　　　）查看方式可显示文件的"大小"与"修改时间"。

　　A. 大图标　　　　　B. 小图标　　　　　C. 列表　　　　　　D. 详细资料

25. 在 Window 窗口左侧窗格中单击某个磁盘，则（　　　）。

　　A. 在左窗口中展开该磁盘内容

　　B. 在左窗口中显示其内容

　　C. 在右窗口中仅显示该磁盘中的文件夹

　　D. 在右窗口中显示该磁盘中的文件夹或文件

26. 在 Windows 的窗口中，"剪切"一个文件后，该文件被（　　　）。

　　A. 隐藏　　　　　　　　　　　　　　　B. 临时放到桌面上

　　C. 临时存放在"剪贴板"上　　　　　　D. 放到"回收站"

27. 要按文件字节的大小顺序显示文件夹中的文件，应在【查看】/【排列图标】命令中选择（　　　）命令。

　　A."名称"　　　　　B."修改时间"　　　C."类型"　　　　　D."大小"

28. 在 Windows 中，当一个文件被更名后，文件的内容（　　　）。

　　A. 完全消失　　　　B. 完全不变　　　　C. 发生损害　　　　D. 不会改变

29. 查看一个图标所表示的文件类型、位置和大小等，可使用右键菜单的（　　　）命令。

　　A."打开"　　　　　B."发送到"　　　　C."重命名"　　　　D."属性"

30. 文件路径包括相对路径和（　　　）两种。

　　A. 绝对路径　　　　B. 直接路径　　　　C. 间接路径　　　　D. 任意路径

31. 文件的扩展名主要是用于（　　　）。

　　A. 区别不同的文件　　B. 标识文件的类型　　C. 方便浏览　　　D. 标识文件的属性

32. 下面关于 Windows 文件名的叙述中错误的是（　　）。
    A. 文件名中允许使用汉字　　　　　　B. 文件名中允许使用多个圆点分隔符
    C. 文件名中允许使用空格　　　　　　D. 文件名中允许使用竖线"|"

33. 一个文件的扩展名通常表示（　　）。
    A. 文件大小　　　　B. 常见文件的日期　C. 文件版本　　　　D. 文件类型

34. 在 Windows 中，将某一个程序项移动到一个打开的文件夹中，应（　　）。
    A. 单击鼠标左键　　　　　　　　　　B. 双击鼠标左键
    C. 拖曳程序项到目标文件夹中　　　　D. 单击或双击鼠标右键

35. 在 Windows 中在"键盘属性"对话框的"速度"选项卡中可以进行的设置为（　　）。
    A. 重复延迟、重复率、光标闪烁频率
    B. 重复延迟、重复率、光标闪烁频率、击键频率
    C. 重复的延迟时间、重复速度、光标闪烁速度
    D. 延迟时间、重复率、光标闪烁频率

36. 在"控制面板"窗口中，"程序和功能"超链接可用于（　　）。
    A. 设置字体　　　B. 设置键盘与鼠标　C. 安装未知新设备　D. 卸装/安装程序

二、操作题

1. 用户在 D 盘建立一个文件管理体系，分别创建"工作""学习""娱乐""常用工具"等文件夹，并将各种文件资料放到不同的文件夹中。对某些文件或文件夹进行重命名，将不需要的文件删除。通过练习熟悉文件和文件夹的各种操作。

2. 通过控制面板设置适合自己的鼠标属性，利用拖曳鼠标的方式将桌面上打开的窗口中的 M 文件夹进行删除，按住鼠标左键拖曳"M"文件夹到回收站中。

3. 在"写字板"程序中插入一张图片并配上文字，然后调整其格式，完成效果如下左图所示。完成后将其保存到 D 盘目录下。

4. 在写字板中输入内容并应用格式，效果如下右图所示，完成后将其保存到 D 盘目录下。

5. 在"画图"程序中绘制人物效果，其中，人物使用"曲线"工具，花朵使用圆形工具勾画出一片花瓣，然后复制花瓣并使用旋转命令调整花瓣的角度后，依序放置，完成一朵花的花瓣的绘制。完成后命名为"人物"并以"PNG"格式保存到 D 盘目录下。

6. 安装 Office 2010 组件到系统盘，通过控制面板卸载不需要的软件。

项目五　编辑 Word 文档

Word 是 Microsoft 公司推出的 Office 办公软件的核心组件之一，它是一个功能强大的文字处理软件。Word 不仅可以进行简单的文字处理，还能制作出图文并茂的文档，以及进行长文档的排版和特殊版式的编排。本项目将通过 3 个典型任务，介绍 Word 2010 的基本操作，包括启动与退出 Word 2010、Word 2010 工作界面的组成、操作 Word 文档、设置文档格式和图文混排等内容。

学习目标

- 输入和编辑学习计划
- 编辑招聘启事
- 编辑公司简介

任务一　输入和编辑学习计划

任务要求

① 新建一个空白文档，并将其以"学习计划"为名称进行保存。

② 在文档中通过即点即输的方式输入图 5-1 左侧所示的文本。

③ 将"2016 年 3 月"文本移动到文档末尾右下角。

④ 查找全文中的"自已"并替换为"自己"。

⑤ 将文档标题"学习计划"修改为"计划"。

⑥ 撤销并恢复所做的修改，然后保存文档。

图 5-1　"学习计划"文档效果

🞤 相关知识

（一）启动和退出 Word 2010

计算机安装 Office 2010 后便可启动相应的组件，包括 Word 2010、Excel 2010 和 PowerPoint 2010，其中各个组件的启动方法相同。下面以启动 Word 2010 为例进行讲解。

1. 启动 Word 2010

Word 的启动很简单，与其他常见应用软件的启动方法相似，主要有以下 3 种。

① 选择【开始】/【所有程序】/【Microsoft Office】/【Microsoft Word 2010】命令。

② 创建了 Word 2010 的桌面快捷方式后，双击桌面上的快捷方式图标 W。

③ 在任务栏中的"快速启动区"单击 Word 2010 图标 W。

2. 退出 Word 2010

退出 Word 主要有以下 4 种方法。

① 选择【文件】/【退出】命令。

② 单击 Word 2010 窗口右上角的"关闭"按钮 ✕。

③ 按【Alt+F4】组合键。

④ 单击 Word 窗口左上角的控制菜单图标 W，在打开的下拉列表中选择"关闭"选项。

（二）熟悉 Word 2010 工作界面

用户启动 Word 2010 后将进入其操作界面，如图 5-2 所示，下面主要对 Word 2010 操作界面中主要组成部分进行介绍。

1. 标题栏

标题栏位于 Word 2010 操作界面的最顶端，用于显示程序名称和文档名称、右侧的"窗口控制"按钮组（包含"最小化"按钮 ▬、"最大化"按钮 ▢ 和"关闭"按钮 ✕，可最大化、最小化和关闭窗口）。

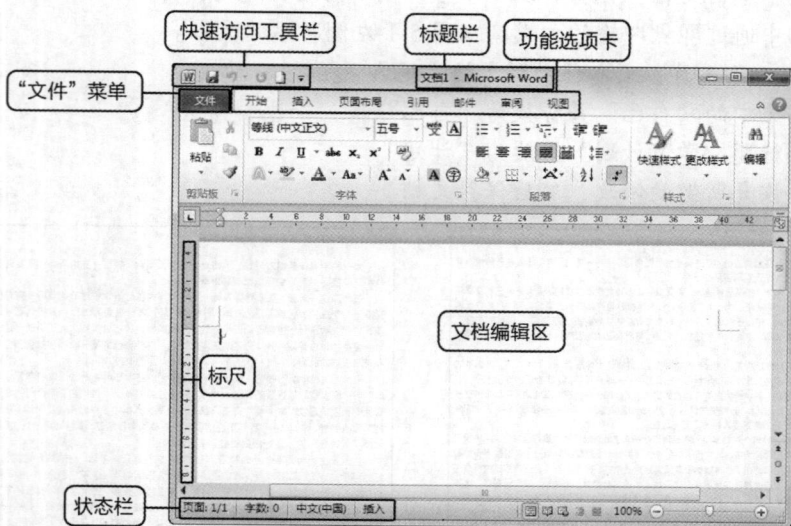

图 5-2　Word 2010 工作界面

2. 快速访问工具栏

快速访问工具栏中显示了一些常用的工具按钮，默认有"保存"按钮 ，、"撤销"按钮 ，和"恢复"按钮 。用户还可自定义按钮，只需单击该工具栏右侧的"下拉"按钮 ，在打开的下拉列表中选择相应选项即可。

3. "文件"菜单

该菜单中的内容与 Office 其他版本中的"文件"菜单类似，主要用于执行与该组件相关文档的新建、打开、保存等基本命令，菜单右侧列出了用户经常使用的文档名称，菜单下方的"选项"命令可打开"选项"对话框，在其中可对 Word 组件进行常规、显示、校对等多项设置。

4. 功能选项卡

Word 2010 默认包含了 7 个功能选项卡，用户单击任一选项卡可打开对应的功能区，单击其他选项卡可分别切换到相应的选项卡，每个选项卡中分别包含了相应的功能组集合。

5. 标尺

标尺主要用于对文档内容进行定位，文档编辑区上侧称为水平标尺，左侧的标尺称为垂直标尺，拖动水平标尺中的缩进按钮 不可快速调节段落的缩进和文档的边距。

6. 文档编辑区

文档编辑区指输入与编辑文本的区域，用户对文本进行的各种操作结果都显示在该区域中。新建一篇空白文档后，一个闪烁的光标将显示在文档编辑区的左上角，称为插入点，该鼠标光标所在位置便是文本的起始输入位置。

7. 状态栏

状态栏位于操作界面的最底端，主要用于显示当前文档的工作状态，包括当前页数、字数和输入状态等，右侧依次显示视图切换按钮和比例调节滑块。

提示： 单击"视图"选项卡，在"显示比例"组中单击"显示比例"按钮 ，可打开"显示比例"对话框，调整显示比例；单击"100%"按钮 ，可使文档的显示比例缩放 100%。

（三）自定义 Word 2010 工作界面

由于 Word 工作界面大部分是默认的，用户可根据使用习惯和操作需要，定义一个适合自己的工作界面，其中包括自定义快速访问工具栏、自定义功能区和视图模式等。

1. 自定义快速访问工具栏

为了操作方便，用户可以在快速访问工具栏中添加常用的命令按钮或删除不需要的命令按钮，也可以改变快速访问工具栏的位置或自定义快速访问工具栏。

① 添加常用命令按钮。在快速访问工具栏右侧单击 按钮，在打开的下拉列表中选择常用的选项，如选择"打开"选项，可将该命令按钮添加到快速访问工具栏中。

② 删除不需要的命令按钮。在快速访问工具栏的命令按钮上单击鼠标右键，在弹出的快捷菜单中选择"从快速访问工具栏删除"命令，可将相应的命令按钮从快速访问工具栏中删除。

③ 改变快速访问工具栏的位置。在快速访问工具栏右侧单击 按钮，在打开的下拉列表中选择"在功能区下方显示"选项，可将快速访问工具栏显示到功能区下方；再次在下拉列表中

选择"在功能区上方显示"选项，可将快速访问工具栏还原到默认位置。

> **提示：** 在 Word 2010 工作界面中选择【文件】/【选项】命令，在打开的"Word 选项"对话框中单击"快速访问工具栏"选项卡，在其中也可根据需要自定义快速访问工具栏。

2. 自定义功能区

在 Word 2010 工作界面中，用户可选择【文件】/【选项】命令，在打开的"Word 选项"对话框中单击"自定义功能区"选项卡，在其中根据需要显示或隐藏相应的功能选项卡、创建新的选项卡、在选项卡中创建组和命令等，如图 5-3 所示。

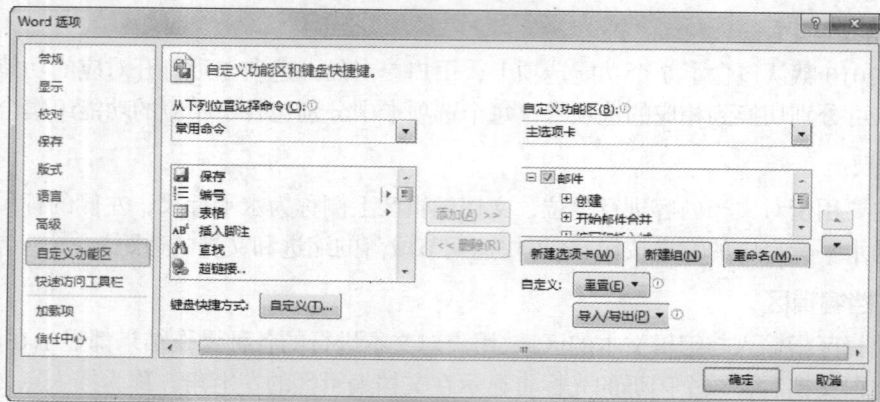

图 5-3　自定义功能区

① 显示或隐藏主选项卡。用户在"Word 选项"对话框的"自定义功能区"选项卡的"自定义功能区"列表框中单击选中或撤销选中主选项卡对应的复选框，即可在功能区中显示或隐藏该主选项卡。

② 创建新的选项卡。在"自定义功能区"选项卡中单击 新建选项卡(W) 按钮，在"主选项卡"列表框中可创建"新建选项卡（自定义）"复选框，然后选择创建的复选框，再单击 重命名(M)… 按钮，在打开的"重命名"对话框的"显示名称"文本框中输入名称，单击 确定 按钮，可为新建的选项卡重命名。

③ 创建组。选择新建的选项卡，在"自定义功能区"选项卡中单击 新建组(N) 按钮，在选项卡下创建组，然后单击选择创建的组，再单击 重命名(M)… 按钮，在打开的"重命名"对话框的"符号"列表框中选择一个图标，并在"显示名称"文本框中输入名称，单击 确定 按钮，可为新建的组重命名。

④ 添加命令。选择新建的组，在"自定义功能区"选项卡的"从下列位置选择命令"列表框中选择需要的命令选项，然后单击 添加(A) >> 按钮即可将命令添加到组中。

⑤ 删除自定义的功能区。在"自定义功能区"选项卡的"自定义功能区"列表框中单击选中相应的主选项卡的复选框，然后单击 << 删除(R) 按钮即可将自定义的选项卡或组删除。若要一次性删除所有自定义的功能区，可单击 重置(E) ▼ 按钮，在打开的下拉列表中选择"重置所有自定义项"选项，在打开的提示对话框中单击 是(Y) 按钮，可将所有自定义项删除，恢复 Word 2010 默认的功能区效果。

提示：双击某个功能选项卡，或单击功能选项卡右端的"功能区最小化"按钮 ⌃，可将功能区最小化显示；再次双击某个功能选项卡，或单击功能选项卡右侧的"功能区最小化"按钮 ⌃，可将其显示为默认状态。

3. 显示或隐藏文档中的元素

Word 的文本编辑区中包含多个元素，如标尺、网格线、导航窗格和滚动条等，编辑文本时可根据需要隐藏一些不需要的元素或将隐藏的元素显示出来。其显示或隐藏文档元素的方法有两种。

① 用户在【视图】/【显示】组中单击选中或撤销选中标尺、网格线和导航窗格元素对应的复选框，即可在文档中显示或隐藏相应的元素，如图 5-4 所示。

② 用户在"Word 选项"对话框中单击"高级"选项卡，向下拖曳对话框右侧的滚动条，在"显示"栏中单击选中或撤销选中"显示水平滚动条""显示垂直滚动条"或"在页面视图中显示垂直标尺"元素对应的复选框，也可在文档中显示或隐藏相应的元素，如图 5-5 所示。

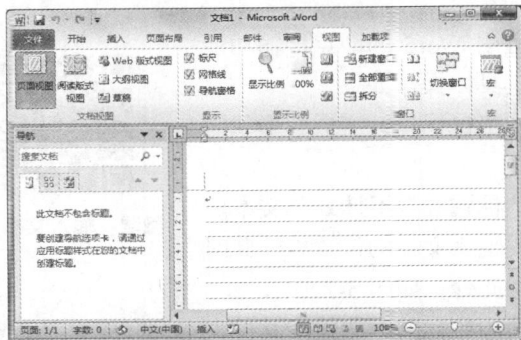

图 5-4　在"视图"选项卡中设置显示或隐藏	图 5-5　在"Word 选项"对话框中设置显示或
文档元素	隐藏文档元素

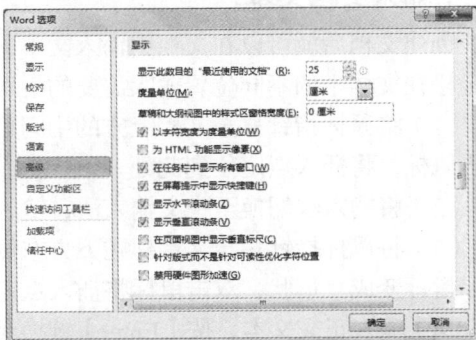

任务实现

（一）创建"学习计划"文档

启动 Word 2010 后将自动创建一个空白文档，用户可根据需要手动创建符合要求的文档，其具体操作如下。

（1）选择【开始】/【所有程序】/【Microsoft Office】/【Microsoft Word 2010】命令，启动 Word 2010。

（2）选择【文件】/【新建】命令，在打开的面板中选择"空白文档"选项，在面板右侧单击"新建"按钮 ，或在打开的任意文档中按【Ctrl+N】组合键也可新建文档，如图 5-6 所示。

微课：创建"学习计划"文档

提示：在窗口中间的"可用模板"列表框中还可选择更多的模板样式，如选择"样本模板"选项，在展开的列表框中选择所需的模板，并在右侧单击选中"模板"单选项，然后单击"创建"按钮 可新建名为"模板 1"的模板文档。系统将下载该模板并新建文档，在其中用户可根据提示在相应的位置单击并输入新的文档内容。

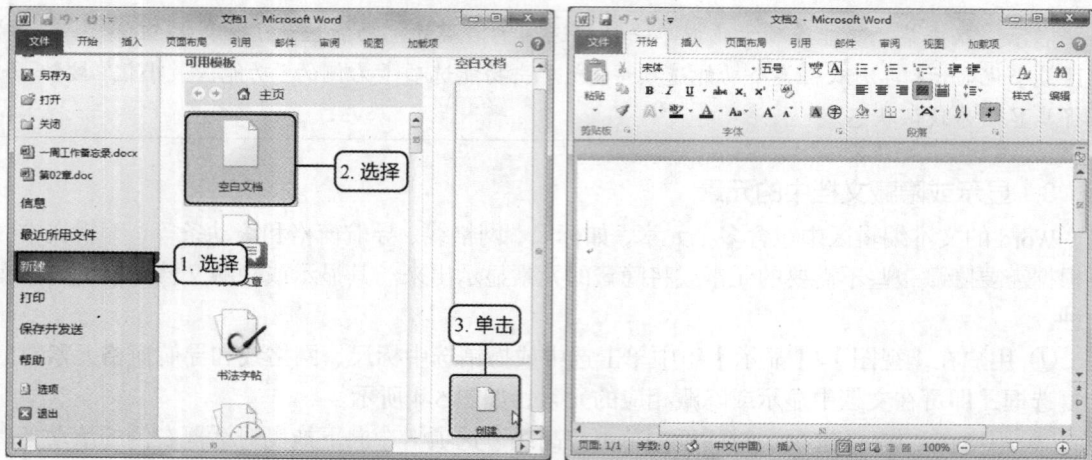

图 5-6 新建文档

（二）输入文档文本

创建文档后就可以在文档中输入文本，而运用 Word 的即点即输功能可轻松在文档中的不同位置输入需要的文本，其具体操作如下。

（1）将鼠标指针移至文档上方的中间位置，当鼠标指针变成$I^=$形状时双击鼠标，将插入点定位到此处。

（2）将输入法切换至中文输入法，输入文档标题"学习计划"文本。

（3）将鼠标指针移至文档标题下方左侧需要输入文本的位置处，此时鼠标指针变成$I^=$形状，双击鼠标将插入点定位到此处，如图 5-7 所示。

微课：输入文档文本

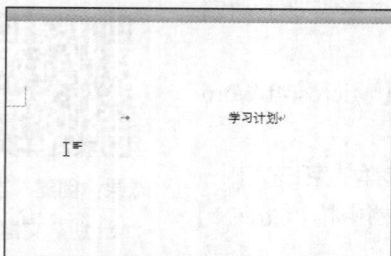

（4）输入正文文本，按【Enter】键换行，使用相同的方法输入其他文本，完成学习计划文档的输入，效果如图 5-8 所示。

图 5-7 定位插入点

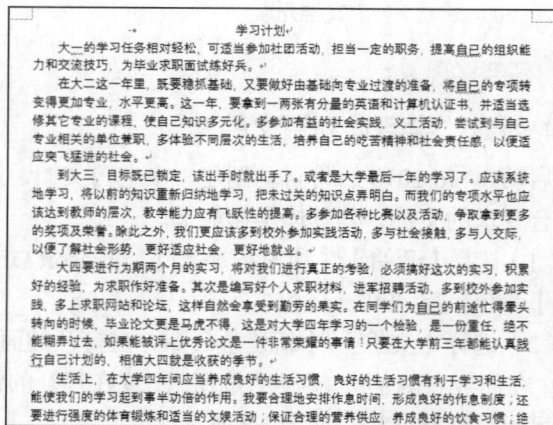

图 5-8 输入正文部分

（三）修改和编辑文本

若要输入与文档中已有内容相同的文本，可使用复制操作；若要将所需文本内容从一个位置移动到另一个位置，可使用移动操作；若发现文档中有错别字，可通过改写功能来修改，下面具体介绍。

1.　复制文本

复制文本是指在目标位置为原位置的文本创建一个副本，复制文本后，原位置和目标位置都将存在该文本。复制文本的方法有多种，下面分别进行介绍。

① 选择所需文本后，在【开始】/【剪贴板】组中单击"复制"按钮复制文本，定位到目标位置在【开始】/【剪贴板】组中单击"粘贴"按钮粘贴文本。

② 选择所需文本后，在其上单击鼠标右键，在弹出的快捷菜单中选择"复制"命令，定位到目标位置，单击鼠标右键，在弹出的快捷菜单中选择"粘贴"命令粘贴文本。

③ 选择所需文本后，按【Ctrl+C】组合键复制文本，定位到目标位置，按【Ctrl+V】组合键粘贴文本。

④ 选择所需文本后，按住【Ctrl】键不放，将其拖曳到目标位置即可。

2.　移动文本

移动文本是指将文本从原来的位置移动到文档中的其他位置，其具体操作如下。

（1）选择正文最后一段末的"2016 年 3 月"文本，在【开始】/【剪贴板】组中单击"剪切"按钮或按【Ctrl+X】组合键，如图 5-9 所示。

（2）在文档右下角双击定位插入点，在【开始】/【剪贴板】组中单击"粘贴"按钮，或按【Ctrl+V】组合键，如图 5-10 所示，即可移动文本。

微课：移动和粘贴文本

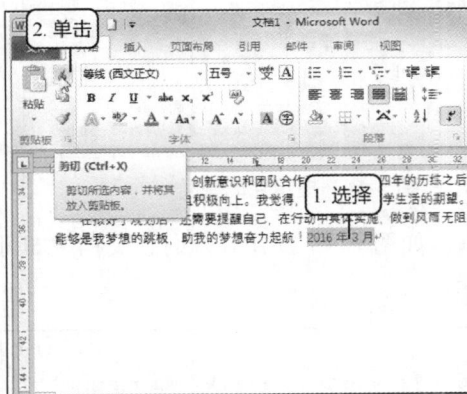

图 5-9　剪切文本

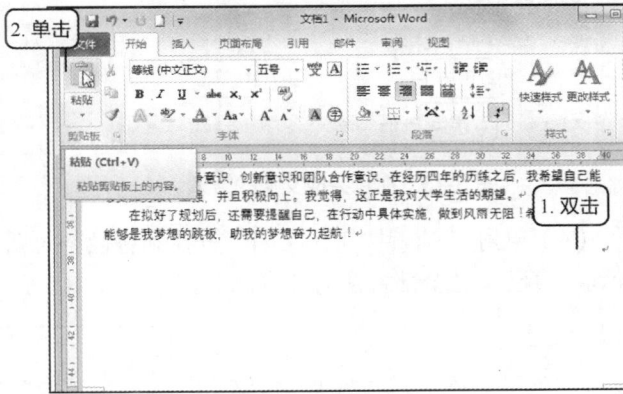

图 5-10　粘贴文本

提示： 选择所需文本，将鼠标指针移至选择的文本上，直接将其拖曳到目标位置，释放鼠标后，可将选择的文本移至该处。

（四）查找和替换文本

当文档中出现某个多次使用的文字或短句错误时，可使用查找与替换功能来检查和修改错误部分，以节省时间并避免遗漏，其具体操作如下。

（1）将插入点定位到文档开始处，在【开始】/【编辑】组中单击"替换"按钮，或按【Ctrl+H】组合键，如图 5-11 所示。

（2）打开"查找和替换"对话框，分别在"查找内容"和"替换为"

微课：查找和替换文本

文本框中输入"自已"和"自己"。

（3）单击 查找下一处(F) 按钮，即可看到文档中所查找到的第一个"自已"文本呈选中状态显示，如图 5-12 所示。

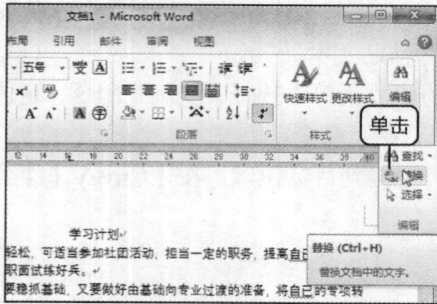

图 5-11 单击"替换"按钮

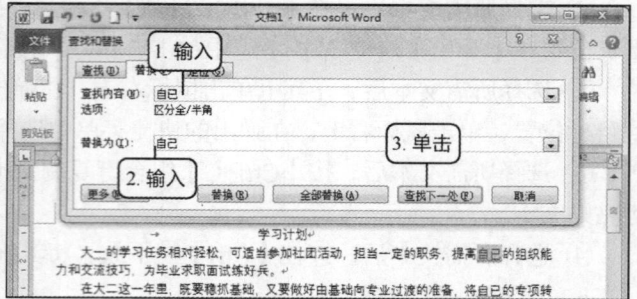

图 5-12 "查找与替换"对话框

（4）继续单击 查找下一处(F) 按钮，直至出现对话框提示已完成文档的搜索，单击 确定 按钮，返回"查找和替换"对话框，单击 全部替换(A) 按钮，如图 5-13 所示。

（5）打开提示对话框，提示完成替换的次数，直接单击 确定 按钮即可完成替换，如图 5-14 所示。

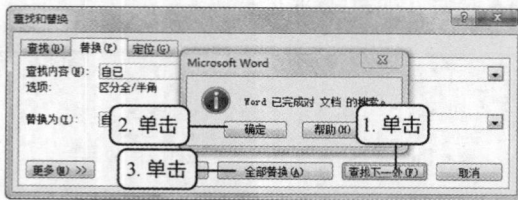

图 5-13 提示完成文档的搜索

图 5-14 提示完成替换

（6）单击 关闭 按钮，关闭"查找和替换"对话框，如图 5-15 所示，此时在文档中即可看到"自已"已全部替换为"自己"文本，如图 5-16 所示。

图 5-15 关闭对话框

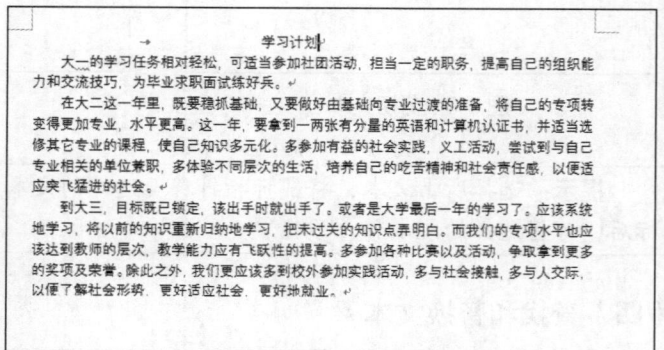

图 5-16 查看替换文本效果

（五）撤销与恢复操作

Word 2010 有自动记录功能，在编辑文档时执行了错误操作，可进行撤销，同时也可恢复被撤销的操作，其具体操作如下。

（1）将文档标题"学习计划"修改为"计划"。

（2）单击"快速访问栏"工具栏中的"撤销"按钮，或按【Ctrl+Z】组合键，如图 5-17 所示，即可恢复到将"学习计划"修改为"计划"前的文档效果。

（3）单击"恢复"按钮，或按【Ctrl+Y】组合键，如图 5-18 所示，便可以恢复到"撤销"操作前的文档效果。

微课：撤销与恢复操作

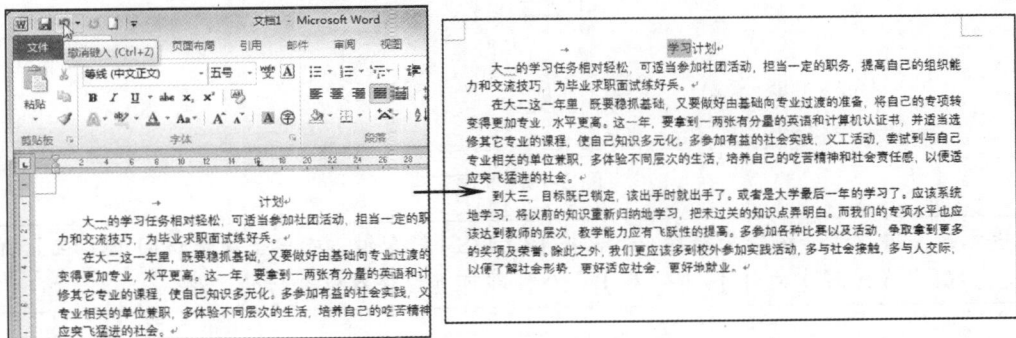

图 5-17　撤销操作

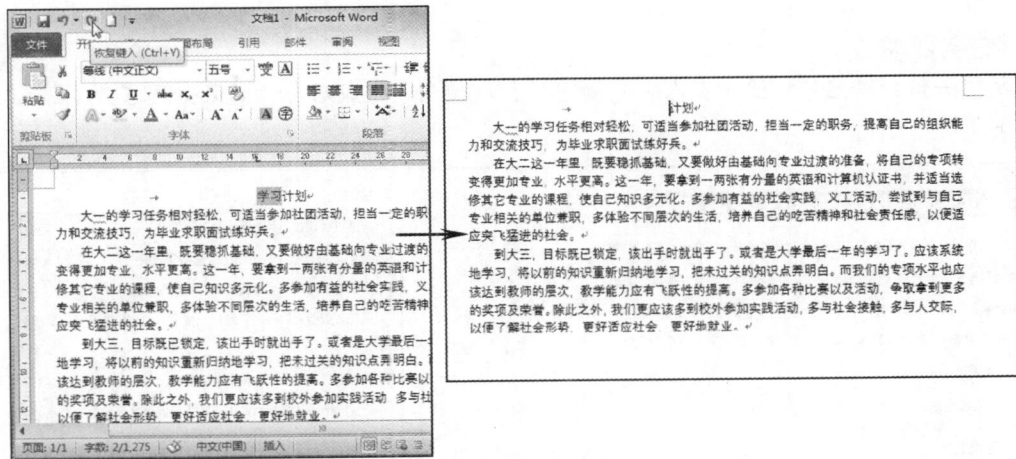

图 5-18　恢复操作

提示：单击按钮右侧的下拉按钮，在打开的下拉列表中选择与撤销步骤对应的选项，系统将根据选择的选项自动将文档还原为该步骤之前的状态。

（六）保存"学习计划"文档

用户完成文档的各种编辑操作后，必须将其保存在计算机中，使其以文件形式存在，便于对其进行查看和修改，其具体操作如下。

（1）选择【文件】/【保存】命令，打开"另存为"对话框。

（2）在"地址栏"列表框中选择文档的保存路径，在"文件名"文本框中设置文件的保存名称，完成后单击 保存(S) 按钮即可，如图 5-19 所示。

微课：保存"学习计划"文档

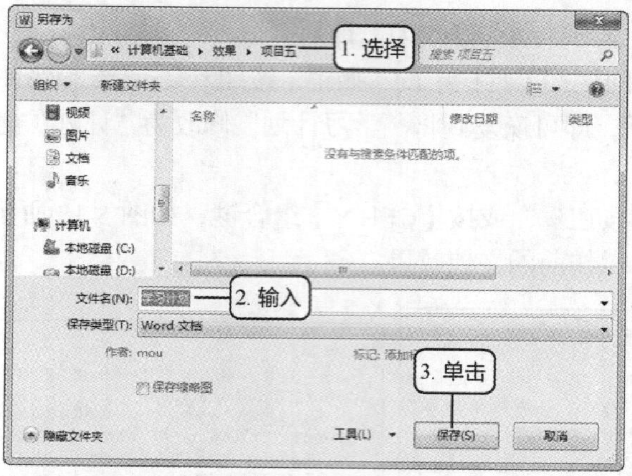

图 5-19 保存文档

提示：再次打开并编辑文档后，只需按【Ctrl+S】组合键，或单击快速访问工具栏上的“保存”按钮，或选择【文件】/【保存】命令，即可直接保存更改后的文档。

任务二 编辑招聘启事

任务要求

制作一份招聘启事，便于在人才市场现场招聘使用，完成后参考效果如图 5-20 所示，相关要求如下。

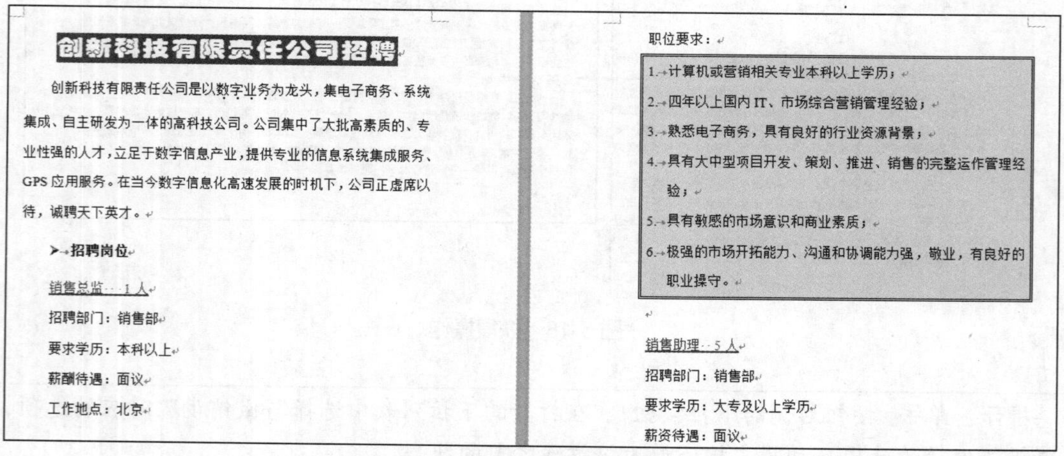

创新科技有限责任公司招聘

创新科技有限责任公司是以数字业务为龙头，集电子商务、系统集成、自主研发为一体的高科技公司。公司集中了大批高素质的、专业性强的人才，立足于数字信息产业，提供专业的信息系统集成服务、GPS 应用服务。在当今数字信息化高速发展的时机下，公司正虚席以待，诚聘天下英才。

➤ 招聘岗位

销售总监 1 人

招聘部门：销售部

要求学历：本科以上

薪酬待遇：面议

工作地点：北京

职位要求：

1. 计算机或营销相关专业本科以上学历；
2. 四年以上国内 IT、市场综合营销管理经验；
3. 熟悉电子商务，具有良好的行业资源背景；
4. 具有大中型项目开发、策划、推进、销售的完整运作管理经验；
5. 具有敏感的市场意识和商业素质；
6. 极强的市场开拓能力、沟通和协调能力强，敬业，有良好的职业操守。

销售助理 5 人

招聘部门：销售部

要求学历：大专及以上学历

薪资待遇：面议

图 5-20 “招聘启事”文档效果

① 选择【文件】/【打开】命令打开素材文档。

② 设置标题格式为“华文琥珀、二号、加宽”，正文字号为“四号”。

③ 设置二级标题格式为“四号、加粗”，两项招聘岗位及人数格式为“下画线-粗线、深红”，并为“数字业务”设置着重号。

④ 设置标题居中对齐，最后三行文本右对齐，正文需要首行缩进两个字符。

⑤ 设置标题段前和段后间距为“1 行”，设置二级标题的行间距为“多倍行距、3”。

⑥ 为二级标题统一设置项目符号“✧”。

⑦　为"岗位职责:"与"职位要求:"之间的文本内容添加"1.2.3……"样式的编号。

⑧　为邮寄地址和电子邮件地址设置字符边框。

⑨　为标题文本应用"深红"底纹。

⑩　为"岗位职责:"与"职位要求:"文本之间的段落应用"方框"边框样式,设置边框样式为双线样式,并设置底纹颜色为"白色,背景 1,深色 15%"。

⑪　设置完成后使用相同的方法为其他段落设置边框与底纹样式。

⑫　打开"加密文档"对话框,为文档加密,其密码为"123456"。

相关知识

（一）认识字符格式

字符和段落格式主要通过"字体"和"段落"组,以及"字体"和"段落"对话框进行设置。选择相应的字符或段落文本,然后在"字体"或"段落"组中单击相应按钮,便可快速设置常用字符或段落格式,如图 5-21 所示。

图 5-21　"字体"和"段落"组

其中,"字体"组和"段落"组右下角都有一个"对话框启动器"图标 ,单击该图标将打开对应的对话框,在其中可进行更为详细的设置。

（二）自定义编号起始值

在使用段落编号过程中,有时需要重新定义编号的起始值,此时,可先选择应用了编号的段落,在其上单击鼠标右键,在打开的快捷菜单中选择"设置编号值"命令,即可在打开的对话框中输入新编号列表的起始值或选择继续编号,如图 5-22 所示。

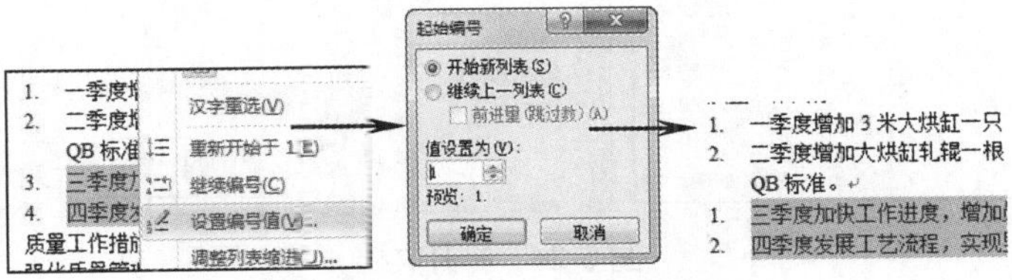

图 5-22　设置编号起始值

（三）自定义项目符号样式

Word 中默认提供了一些项目符号样式,若要使用其他符号或计算机中的图片文件作为项目符号,可在【开始】/【段落】组中单击"项目符号"按钮 右侧的 按钮,在打开的下拉列表中选择"定义新项目符号"选项,然后在打开的对话框中单击 符号(S)... 按钮,打开"符号"对话框,选择需要的符号进行设置即可;在"定义新项目符号"对话框中单击 图片(P)... 按钮,再在打开的对话框中选择计算机中的图片文件,单击 导入(I)... 按钮,则可选择计算机中的图片文件作为项目符号,如图 5-23 所示。

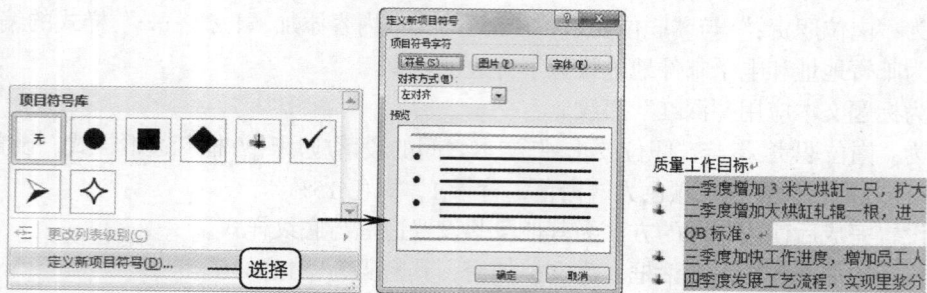

图 5-23　设置项目符号样式

任务实现

（一）打开文档

要查看或编辑保存在计算机中的文档，必须先打开该文档。下面打开"招聘启事"文档，其具体操作如下。

（1）选择【文件】/【打开】命令，或按【Ctrl+O】组合键。

（2）在打开的"打开"对话框的"地址栏"列表框中选择文件路径，在窗口工作区中选择"招聘启事"文档，单击 按钮打开该文档，如图 5-24 所示。

微课：打开文档

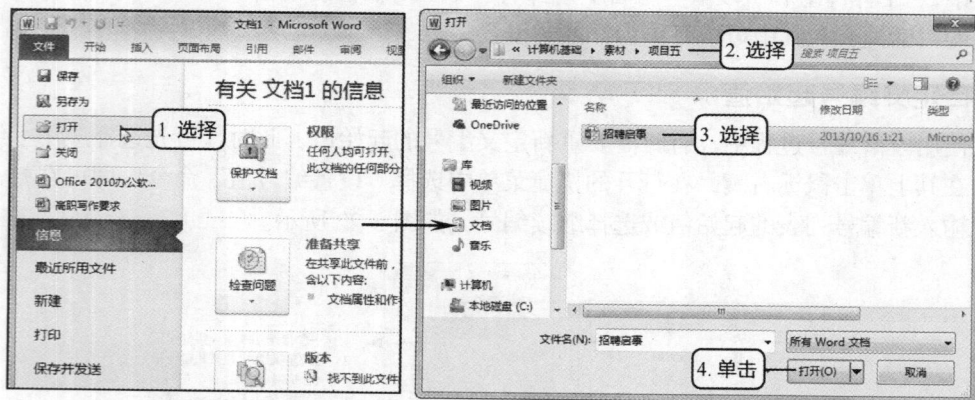

图 5-24　打开文档

（二）设置字体格式

Word 文档文本内容包括汉字、字母、数字和符号等。设置字体格式则包括更改文字的字体、字号和颜色等，通过这些设置可以使文字更加突出，文档更加美观。

1. 使用浮动工具栏设置

用户在 Word 中选择文本时，将出现一个半透明的工具栏，即浮动工具栏，在浮动工具栏中可快速设置字体、字号、字形、对齐方式、文本颜色和缩进级别等格式，其具体操作如下。

微课：设置字体格式

（1）打开"招聘启事.docx"文档，选择标题文本，将鼠标指针移动到浮动工具栏上，在"字体"下拉列表框中选择"华文琥珀"选项，如图 5-25 所示。

102

（2）在"字号"下拉列表框中选择"二号"选项，如图 5-26 所示。

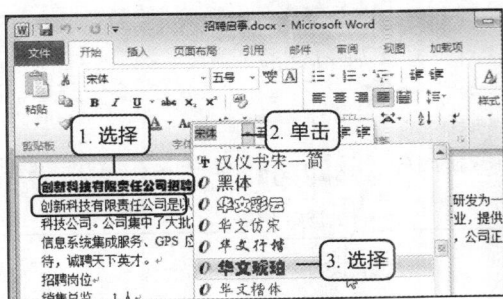

图 5-25　设置字体

图 5-26　设置字号

2. 使用"字体"组设置

"字体"组的使用方法与浮动工具栏相似，都是选择文本后在其中单击相应的按钮，或在相应的下拉列表框中选择所需的选项进行字体设置，其具体操作如下。

（1）选择除标题文本外的文本内容，在【开始】/【字体】组的"字号"下拉列表框中选择"四号"选项，如图 5-27 所示。

（2）选择"招聘岗位"文本，在按住【Ctrl】键的同时选择"应聘方式"文本，在【开始】/【字体】组中单击"加粗"按钮 B，如图 5-28 所示。

图 5-27　设置字号

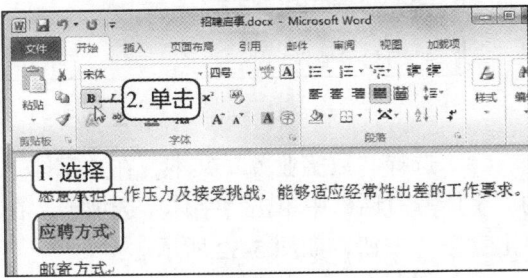

图 5-28　设置字形

（3）选择"销售总监 1 人"文本，在按住【Ctrl】键的同时选择"销售助理 5 人"文本，在"字体"组中单击"下画线"按钮 U 右侧的下拉按钮，在打开的下拉列表中选择"粗线"选项，如图 5-29 所示。

提示： 用户在"字体"组中单击"删除线"按钮 abc，可为选择的文字添加删除线效果；单击"下标"按钮 x₂ 或"上标"按钮 x²，可将选择的文字设置为下标或上标；单击"增大字体"按钮 A 或"缩小字体"按钮 A，可将选择的文字字号增大或缩小。

（4）用户在"字体"组中单击"字体颜色"按钮 A 右侧的下拉按钮，在打开的下拉列表中选择"深红"选项，如图 5-30 所示。

3. 使用"字体"对话框设置

在"字体"组的右下角有一个小图标，即"对话框启动器"图标，用户单击该图标可打开"字体"对话框，在其中提供了与该组相关的更多选项，如设置间距和添加着重号的操作等更多特殊的格式设置，其具体操作如下。

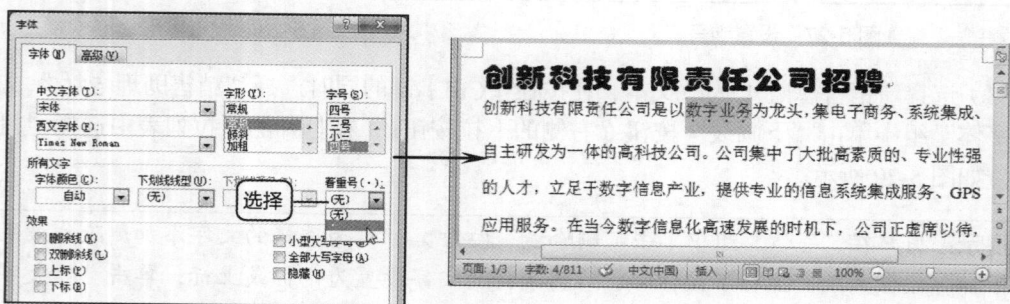

图 5-29 设置下画线

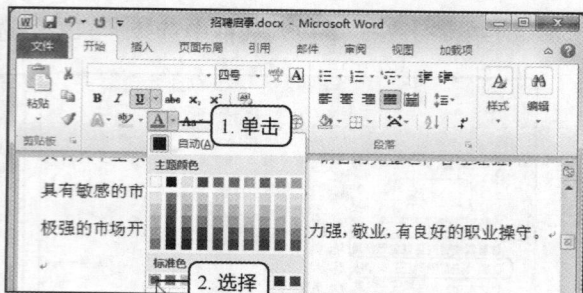

图 5-30 设置字体颜色

（1）选择标题文本，在"字体"组右下角单击"对话框启动器"图标 。

（2）在打开的"字体"对话框中单击"高级"选项卡，在"缩放"下拉列表框中输入数据"120%"，在"间距"下拉列表框中选择"加宽"选项，其后的"磅值"数值框将自动显示为"1磅"，如图 5-31 所示，完成后单击 确定 按钮。

图 5-31 设置字符间距

（3）选择"数字业务"文本，在"字体"组右下角单击"对话框启动器"图标 ，在打开的"字体"对话框中单击"字体"选项卡，在"着重号"下拉列表框中选择"."选项，完成后单击 确定 按钮，如图 5-32 所示。

图 5-32 设置着重号

（三）设置段落格式

段落是文字、图形和其他对象的集合。回车符"↵"是段落的结束标记。通过设置段落格式，如设置段落对齐方式、缩进、行间距和段间距等，可以使文档的结构更清晰、层次更分明。

微课：设置段落
对齐方式

1. 设置段落对齐方式

Word 中的段落对齐方式包括左对齐、居中对齐、右对齐、两端对齐（默认对齐方式）和分散对齐 5 种，在浮动工具栏和"段落"组中单击相应的对齐按钮，可设置不同的段落对齐方式，其具体操作如下。

（1）选择标题文本，在"段落"组中单击"居中"按钮≡，如图 5-33 所示。

（2）选择最后三行文本，在"段落"组中单击"右对齐"按钮≡，如图 5-34 所示。

图 5-33　设置居中对齐

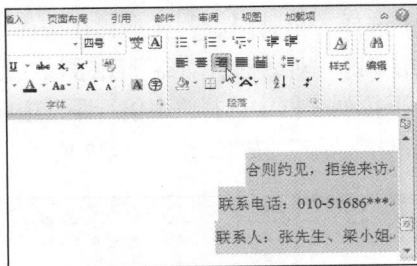

图 5-34　设置右对齐

2. 设置段落缩进

段落缩进是指段落左右两边文字与页边距之间的距离，包括左缩进、右缩进、首行缩进和悬挂缩进。为了更精确和详细地设置各种缩进量的值，可通过"段落"对话框进行设置，具体操作如下。

（1）选择除标题和最后三行外的文本内容，在"段落"组右下角单击"对话框启动器"图标。

微课：设置段落缩进

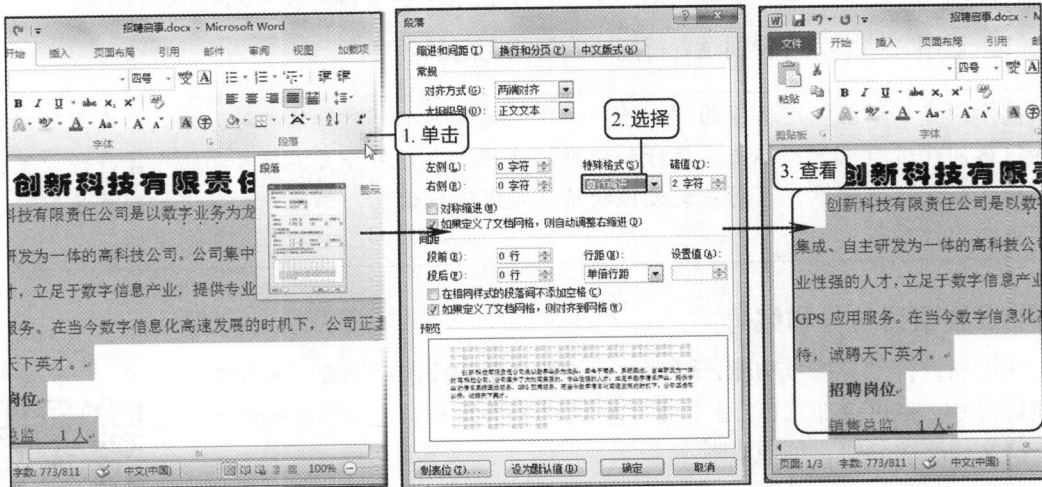

（2）在打开的"段落"对话框中单击"缩进和间距"选项卡，在"特殊格式"下拉列表框中选择"首行缩进"选项，其后的"磅值"数值框中将自动显示数值为"2字符"，完成后单击　确定　按钮，返回文档中，设置首行缩进后的效果如图 5-35 所示。

图 5-35　在"段落"对话框设置首行缩进

3. 设置行间距和段间距

行间距是指段落中一行文字底部到下一行文字底部的间距，而段间距是指相邻两段之间的距离，包括段前和段后的距离。Word 默认的行间距是单倍行距，用户可根据实际需要在"段落"对话框中设置 1.5 倍行距或 2 倍行距等，其具体操作如下。

（1）选择标题文本，在"段落"组右下角单击"对话框启动器"图标 ，打开"段落"对话框，单击"缩进和间距"选项卡，在"间距"栏的"段前"和"段后"数值框中分别输入"1 行"，完成后单击 确定 按钮，如图 5-36 所示。

微课：设置行间距和段间距

（2）选择"招聘岗位"文本，在按住【Ctrl】键的同时选择"应聘方式"文本，在"段落"组右下角单击"对话框启动器"图标 ，打开"段落"对话框，单击"缩进和间距"选项卡，在"行距"下拉列表框中选择"多倍行距"选项，其后的"设置值"数值框中将自动显示数值为"3"，完成后单击 确定 按钮，如图 5-37 所示。

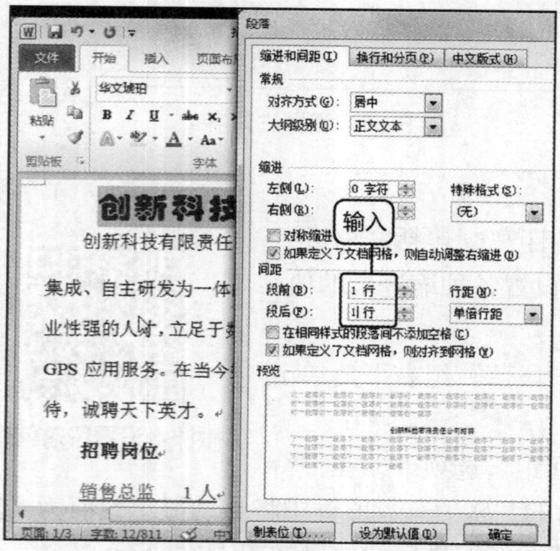

图 5-36　设置段间距

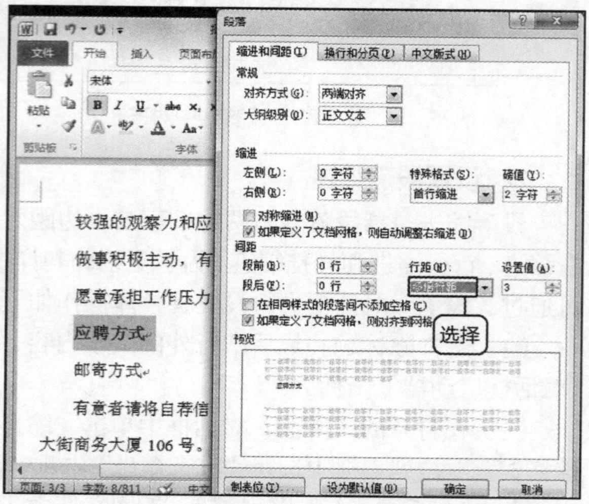

图 5-37　设置行间距

（3）返回文档中，可看到设置行间距和段间距后的效果。

提示：在"段落"对话框的"缩进和间距"选项卡中可对段落的对齐方式、左右边距缩进量和段落间距进行设置；单击"换行和分页"选项卡，可对分页、行号和断字等进行设置；单击"中文版式"选项卡，可对中文文稿的特殊版式进行设置，如按中文习惯控制首尾字符、允许标点溢出边界等。

（四）设置项目符号和编号

使用项目符号与编号功能，可为属于并列关系的段落添加●、★和◆等项目符号，也可添加"1. 2. 3."或"A. B. C."等编号，还可组成多级列表，使文档层次分明、条理清晰。

1. 设置项目符号

在"段落"组中单击"项目符号"按钮 ，可添加默认样式的项目符号；若单击"项目符号"按钮 右侧的下拉按钮 ，在打开的下拉列表的"项

微课：设置项目符号

目符号库"栏中可选择更多的项目符号样式，其具体操作如下。

（1）选择"招聘岗位"文本，按住【Ctrl】键的同时选择"应聘方式"文本。

（2）在"段落"组中单击"项目符号"按钮 ≡ 右侧的下拉按钮 ▾，在打开的下拉列表的"项目符号库"栏中选择"◇"选项，返回文档，设置项目符号后的效果如图 5-38 所示。

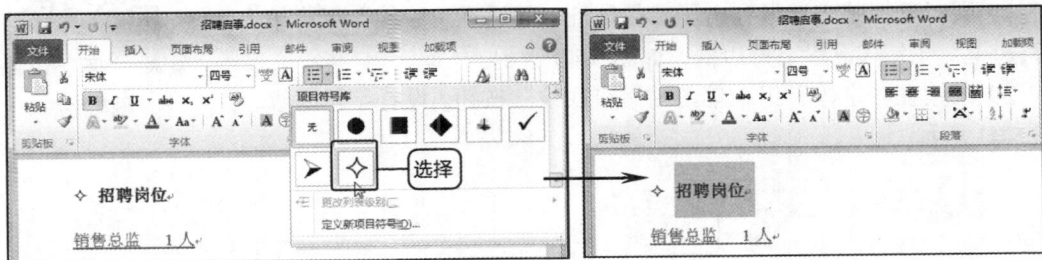

图 5-38　设置项目符号

提示： 添加项目符号后，"项目符号库"栏下的"更改列表级别"选项将呈可编辑状态，在其子菜单中可调整当前项目符号的级别。

2. 设置编号

编号主要用于设置一些按一定顺序排列的项目，如操作步骤或合同条款等。设置编号的方法与设置项目符号相似，即在"段落"组中单击"编号"按钮 ≡ 或单击该按钮右侧的下拉按钮 ▾，在打开的下拉列表中选择所需的编号样式，其具体操作如下。

微课：设置编号

（1）选择第一个"岗位职责："与"职位要求："之间的文本内容，在"段落"组中单击"编号"按钮 ≡ 右侧的下拉按钮 ▾，在打开的下拉列表的"编号库"栏中选择"1.2.3."选项。

（2）使用相同的方法在文档中依次设置其他位置的编号样式，其效果如图 5-39 所示。

图 5-39　设置编号

提示： 多级列表在展示同级文档内容时，还可显示下一级文档内容。它常用于长文档中。设置多级列表的方法为选择要应用多级列表的文本，在"段落"组中单击"多级列表"按钮 ⯆，在打开的下拉列表的"列表库"栏中选择多级列表样式。

（五）设置边框与底纹

用户在 Word 文档中不仅可以为字符设置默认的边框和底纹，还可以为段落设置更漂亮的边框与底纹。

1. 为字符设置边框与底纹

用户在"字体"组中单击"字符边框"按钮 Ａ 或"字符底纹"按钮 Ａ，可为字符设置相应的边框与底纹效果，其具体操作如下。

（1）同时选择邮寄地址和电子邮件地址，然后在"字体"组中单击"字符边框"按钮 Ａ 设置字符边框，如图 5-40 所示。

（2）继续在"字体"组中单击"字符底纹"按钮 Ａ 设置字符底纹，如图 5-41 所示。

微课：为字符设置边框与底纹

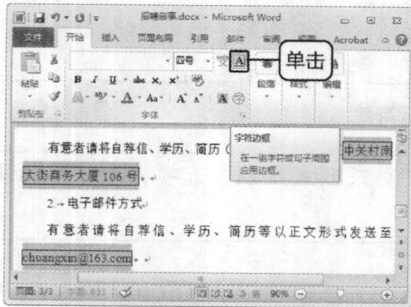

图 5-40　为字符设置边框

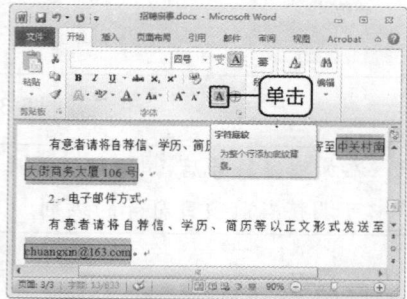

图 5-41　为字符设置底纹

2. 为段落设置边框与底纹

用户在"段落"组中单击"底纹"按钮 右侧的下拉按钮，在打开的下拉列表中可设置不同颜色的底纹样式；单击"下框线"按钮 右侧的下拉按钮，在打开的下拉列表中可设置不同类型的框线，若选择"边框与底纹"选项，可在打开的"边框与底纹"对话框中详细设置边框与底纹样式，其具体操作如下。

（1）选择标题行，在"段落"组中单击"底纹"按钮 右侧的下拉按钮，在打开的下拉列表中选择"深红"选项，如图 5-42 所示。

（2）选择第一个"岗位职责:"与"职位要求:"文本之间的段落，在"段落"组中单击"下框线"按钮 右侧的下拉按钮，在打开的下拉列表中选择"边框与底纹"选项，如图 5-43 所示。

微课：为段落设置边框与底纹

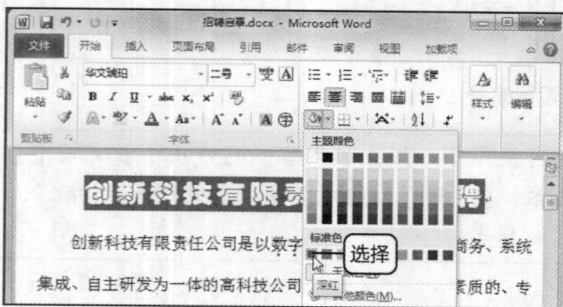

（3）在打开的"边框和底纹"对话框中单击"边框"选项卡，在"设置"栏中选择"方框"选项，在"样式"列表框中选择"━━━━━"选项，如图 5-44 所示。

图 5-42　在"段落"组中设置底纹

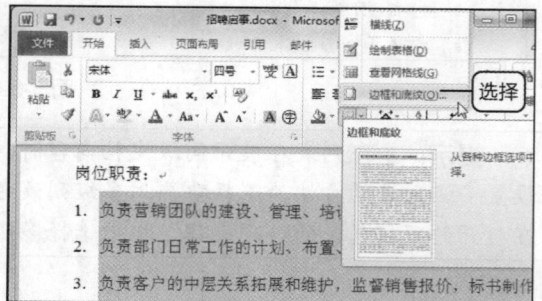

图 5-43　选择"边框和底纹"选项

（4）单击"底纹"选项卡，在"填充"下拉列表框中选择"白色，背景 1，深色 15%"选项，单击 确定 按钮，在文档中设置边框与底纹后的效果，如图 5-44 所示，完成后用相同的方法为其他段落设置边框与底纹样式。

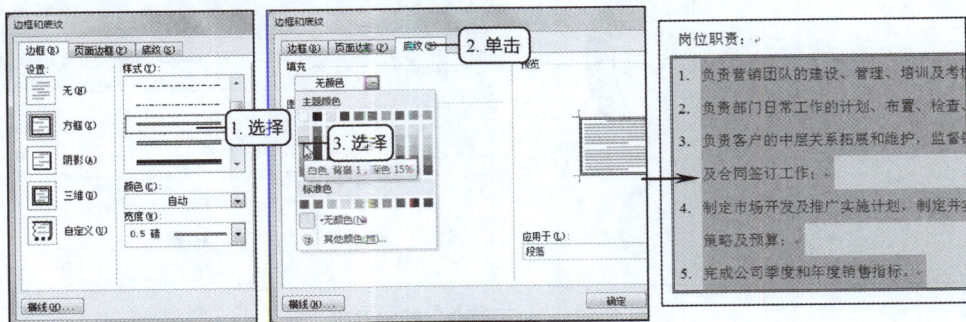

图 5-44　通过对话框设置边框与底纹

（六）保护文档

在 Word 文档中为了防止他人随意查看文档信息，可通过对文档进行加密来保护整个文档，其具体操作如下。

（1）选择【文件】/【信息】命令，在窗口中间位置单击"保护文档"按钮 ，在打开的下拉列表中选择"用密码进行加密"选项。

微课：保护文档

（2）在打开的"加密文档"对话框的文本框中输入密码"123456"，然后单击 确定 按钮，在打开的"确认密码"对话框的文本框中重复输入密码"123456"，然后单击 确定 按钮，完成后的效果如图 5-45 所示。

（3）单击任意选项卡返回工作界面，在快速访问工具栏中单击"保存"按钮 保存设置。关闭该文档，再次打开该文档时将打开"密码"对话框，在文本框中输入密码，然后单击 确定 按钮即可打开。

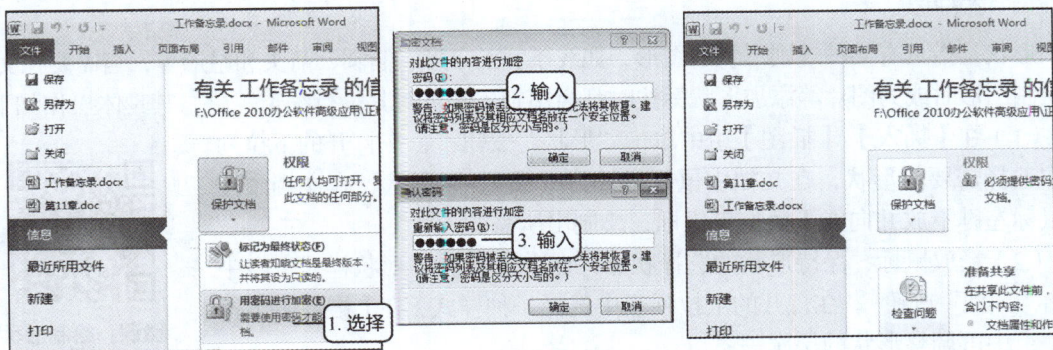

图 5-45　加密文档

任务三　编辑公司简介

任务要求

整理一份公司简介，作为公司内部刊物使用，要求通过简介能使员工了解公司的企业理念、结构组织和经营项目等，利用 Word 2010 的相关功能进行设计制作，完成后的参考效果如图 5-46 所示，相关要求如下。

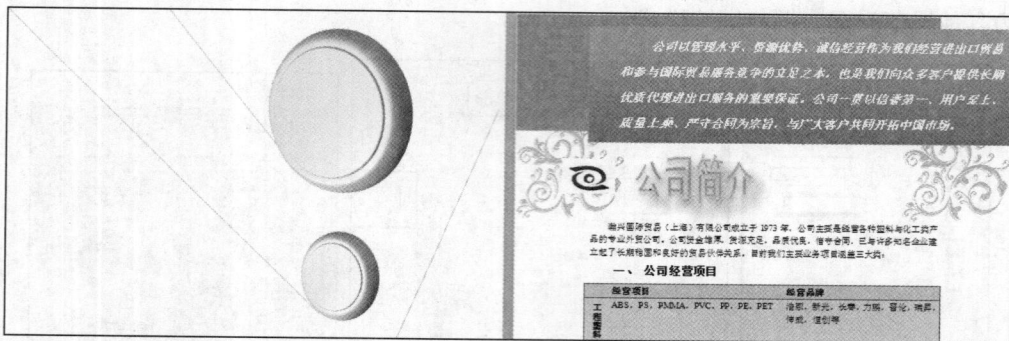

图 5-46 "公司简介"最终效果

① 打开"公司简介.docx"文档，在文档右上角插入"瓷砖型提要栏"文本框，然后在其中输入文本，并将文本格式设置为"宋体、小三、白色"。

② 将插入点定位到标题左侧，插入提供的公司标志素材图片，设置图片的显示方式为"四周型环绕"，然后将其移动到"公司简介"左侧，最后为其应用"影印"艺术效果。

③ 在标题两侧插入"花边"剪贴画，并将其位置设置为"衬于文字下方"，删除标题文本"公司简介"，然后插入艺术字，输入"公司简介"。

④ 设置形状效果为"预设4"，文字效果为"停止"。

⑤ 在"二、公司组织结构"的第 2 行插入一个组织结构图，并在对应的位置输入文本。

⑥ 更改组织结构图的布局类型为"标准"，然后更改颜色为"橘黄"和"蓝色"，并将形状的"宽度"设置为"2.5 厘米"。

⑦ 插入一个"现代型"封面，然后在"键入文档标题"处输入"公司简介"文本，在"键入文档副标题"处输入"瀚兴国际贸易（上海）有限公司"文本，删除多余的部分。

相关知识

形状是指具有某种规则形状的图形，如线条、正方形、椭圆、箭头和星形等，当需要在文档中绘制图形时或为图片等添加形状标注时都会用到，并可对其进行编辑美化，其具体操作如下。

（1）在【插入】/【插图】组中单击"形状"按钮，在打开的下拉列表中选择需要的形状，在文档中鼠标指针将变成"+"形状，在文档中按住鼠标左键不放并向右下角拖曳鼠标，绘制出所需的形状。

（2）释放鼠标，保持形状的选择状态，在【格式】/【形状样式】组中单击"其他"按钮，在打开的下拉列表中选择一种样式，在【格式】/【排列】组中可调整形状的层次关系。

微课：绘制形状

（3）将鼠标指针移动到形状边框的控制点上，此时鼠标指针变成形状，然后按住鼠标左键不放并向左拖曳鼠标调整形状。

任务实现

（一）插入并编辑文本框

利用文本框可以制作出特殊的文档版式，在文本框中可以输入文本，也可插入图片。在文

档中插入的文本框可以是 Word 自带样式的文本框，也可以是手动绘制的横排或竖排文本框，其具体操作如下。

（1）打开"公司简介.docx"文档，在【插入】/【文本】组中单击"文本框"按钮，在打开的下拉列表中选择"瓷砖型提要栏"选项，如图 5-47 所示。

（2）在文本框中直接输入需要的文本内容，如图 5-48 所示。

（3）全选文本框中的文本内容，在【开始】/【字体】组中将文本格式设置为"宋体、小三、白色"。

微课：插入并编辑
文本框

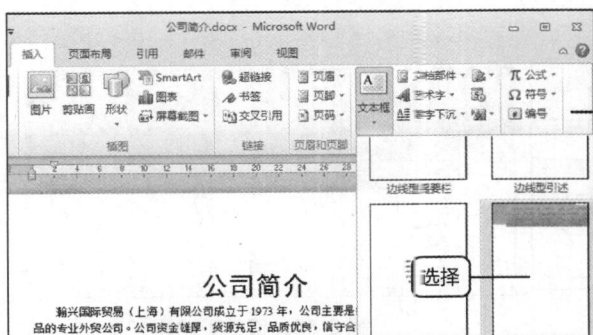

图 5-47　选择插入的文本框类型

图 5-48　输入文本

（二）插入图片和剪贴画

用户在 Word 中可根据需要将图片和剪贴画插入文档中，使文档更加美观。下面在"公司简介"文档中插入图片和剪贴画，其具体操作如下。

（1）将插入点定位到标题左侧，在【插入】/【插图】组中单击"图片"按钮。

（2）在打开的"插入图片"对话框的"地址栏"列表框中选择图片的路径，在窗口工作区中选择要插入的图片，这里选择"公司标志.jpg"图片，单击 插入(S) 按钮，如图 5-49 所示。

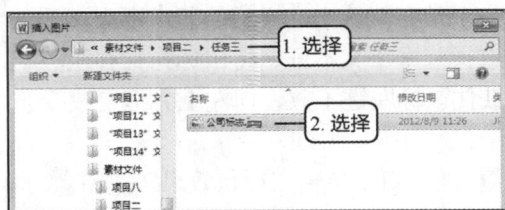

微课：插入图片和
剪贴画

图 5-49　插入图片

（3）用户在图片上单击鼠标右键，在弹出的快捷菜单中选择【自动换行】/【四周型环绕】命令。拖曳图片四周的控制点调整图片大小，在图片上按住鼠标左键不放向左侧拖曳至适当位置释放鼠标，如图 5-50 所示。

（4）选择插入的图片，在【图片工具-格式】/【调整】组中单击 艺术效果 按钮，在打开的下拉列表中选择"影印"选项，效果如图 5-51 所示。

（5）将插入点定位到"公司简介"左侧，在【插入】/【插图】组中单击"剪贴画"按钮，打开"剪贴画"任务窗格，在"搜索文字"文本框中输入"花边"，单击 搜索 按钮，在下侧列表框中双击图 5-52 所示的剪贴画。

图 5-50　移动图片

图 5-51　查看调整图片效果

（6）选择插入的剪贴画，在【图片工具-格式】/【排列】组中单击"自动换行"按钮 ，在打开的下拉列表中选择"衬于文字下方"选项。拖曳剪贴画四周的控制点调整剪贴画大小，并将其移至左上角，效果如图 5-53 所示。

图 5-52　插入剪贴画

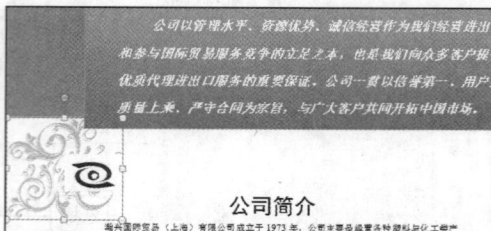

图 5-53　移动剪贴画

（7）按【Ctrl+C】组合键复制剪贴画，按【Ctrl+V】组合键粘贴，将复制的剪贴画移动至文档右侧与左侧平行的位置。

（三）插入艺术字

在文档中插入艺术字，可呈现出不同的效果，达到增强文字观赏性的目的。下面在"公司简介"文档中插入艺术字美化标题样式，其具体操作如下。

（1）删除标题文本"公司简介"，在【插入】/【文本】组中单击 艺术字 按钮，在打开的下拉列表框中选择图 5-54 所示的选项。

（2）此时将在插入点处自动添加一个带有默认文本样式的艺术字文本框，在其中输入"公司简介"文本，选择艺术字文本框，将鼠标指针移至边框上，当鼠标指针变为 形状时，按住鼠标左键不放，向左上方拖曳改变艺术字位置，如图 5-55 所示。

微课：插入艺术字

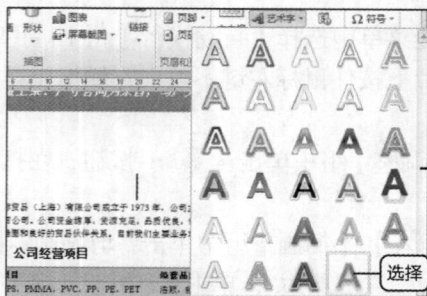

（3）在【绘制工具-格式】/【形状样式】组中单击"形状效果"按钮 形状效果 ，在打开的下拉列表中选择【绘制工具-预设】/【预设 4】选项，如图 5-56 所示。

图 5-54　选择艺术字样式

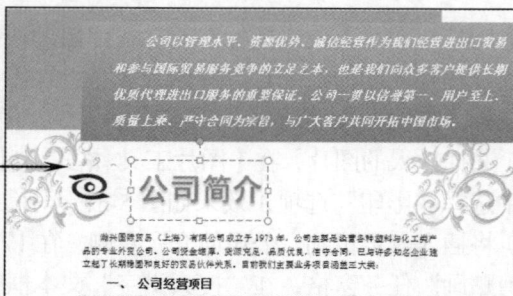

图 5-55　移动艺术字

（4）在【绘制工具-格式】/【艺术字样式】组中单击 文本效果·按钮，在打开的下拉列表中选择【转换】/【停止】选项，如图 5-57 所示。返回文档查看设置后的艺术字效果，如图 5-58 所示。

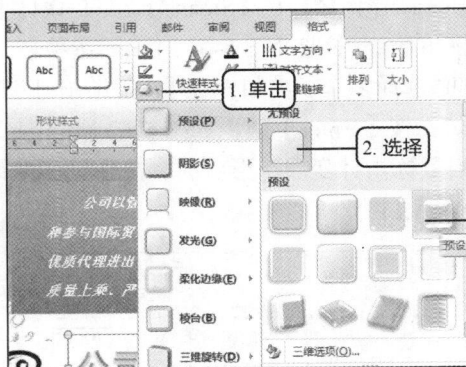

图 5-56　添加形状效果　　　　图 5-57　更改艺术字效果　　图 5-58　查看艺术字效果

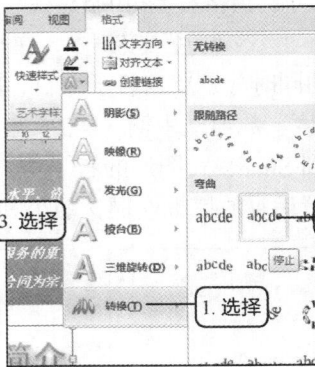

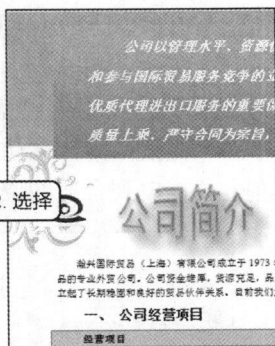

（四）插入 SmartArt 图形

SmartArt 图形用于在文档中展示流程图、结构图或关系图等图示内容，具有结构清晰、样式美观等特点。下面在"公司简介"文档中插入 SmartArt 图形，其具体操作如下。

（1）将插入点定位到"二、公司组织结构"下第 2 行末尾处，按【Enter】键换行，在【插入】/【插图】组中单击 SmartArt 按钮，在打开的"选择 SmartArt 图形"对话框中单击"层次结构"选项卡，在右侧选择"组织结构图"样式，单击 确定 按钮，如图 5-59 所示。

微课：插入 SmartArt 图形

（2）插入 SmartArt 图形后，单击 SmartArt 图形外框左侧的 按钮，打开"在此处键入文字"窗格，在项目符号后输入文本，将插入点定位到第 4 行项目符号中，然后在【SmartArt 工具-设计】/【创建图形】组中单击"降级"按钮 ⇒ 降级。

（3）在降级后的项目符号后输入"贸易部"文本，然后按【Enter】键添加子项目，并输入对应的文本，添加两个子项目后按【Delete】键删除多余的文本项目。

（4）将插入点定位到"总经理"文本后，在【SmartArt 工具-设计】/【创建图形】组中单击 布局·按钮，在打开的下拉列表中选择"标准"选项，如图 5-60 所示。

图 5-59　选择 SmartArt 图形样式　　　　图 5-60　更改组织结构图布局

（5）将插入点定位到"贸易部"文本后，按【Enter】键添加子项目，并对子项目降级，在其中输入"大宗原料处"文本，继续按【Enter】键添加子项目，并输入对应的文本。

（6）使用相同方法在"战略发展部"和"综合管理部"文本后添加子项目，并将插入点定位到"贸易部"文本后，在【SmartArt 工具】/【创建图形】组中单击 布局 按钮，在打开的下拉列表中选择"两者"选项。

（7）在"在此处键入文字"窗格右上角单击 X 按钮关闭该窗格，在【SmartArt 工具-设计】/【SmartArt 样式】组中单击"更改颜色"按钮，在打开的列表中选择图 5-61 所示的选项。

（8）按住【Shift】键的同时分别单击各子项目，同时选择多个子项目。在【SmartArt 工具-格式】/【大小】组的"宽度"数值框中输入"2.5 厘米"，按【Enter】键，如图 5-62 所示。

（9）将鼠标指针移动到 SmartArt 图形的右下角，当鼠标指针变成 形状时，按住鼠标左键向左上角拖曳到合适的位置后释放鼠标左键，缩小 SmartArt 图形。

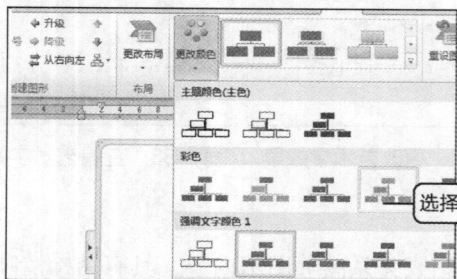

图 5-61　更改 SmartArt 图形颜色

图 5-62　调整分支项目框大小

（五）添加封面

公司简介通常会设置封面，在 Word 中设置封面的具体操作如下。

（1）在【插入】/【页】组中单击 封面 按钮，在打开的下拉列表框中选择"现代型"选项，如图 5-63 所示。

（2）在"输入文档标题"文本处单击，输入"公司简介"文本，在"键入文档副标题"处输入"瀚兴国际贸易（上海）有限公司"文本，如图 5-64 所示。

微课：添加封面

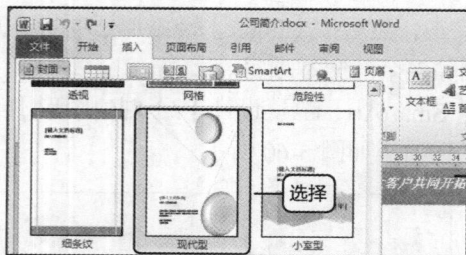

图 5-63　选择封面样式

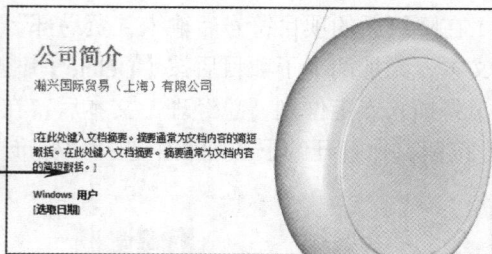

图 5-64　输入标题和副标题

（3）选择"摘要"文本框，单击鼠标右键，在弹出的快捷菜单中选择"删除行"命令，使用相同方法删除"作者"和"日期"文本框。

课后作业

单选题

1. 在 Word 窗口中编辑文档时，单击文档窗口标题栏右侧的 按钮后，会（　　　）。

A. 关闭窗口　　　　　　　　　　　　B. 最小化窗口

C. 使文档窗口独占屏幕　　　　　　　D. 使当前窗口缩小

2. 在 Word 主窗口的右上角，可以同时显示的按钮是（　　　　）。

A. "最小化/还原"和"最大化"　　　B. "还原/最大化"和"关闭"

C. "最小化/还原"和"关闭"　　　　D. "还原"和"最大化"

3. 文档窗口利用水平标尺设置段落缩进，需要切换到（　　　　）视图方式。

A. 页面　　　　　　B. Web 版式　　　　C. 阅读版式　　　　D. 大纲

4. 在 Word 编辑状态下，打开计算机的"日记.docx"文档，若要把编辑后的文档以文件名"旅行日记.htm"存盘，可以执行"文件"菜单中的（　　　　）命令。

A. "保存"　　　　B. "另存为"　　　　C. "全部保存"　　　　D. "保存并发送"

5. 快速访问工具栏中，按钮的功能是（　　　　）。

A. 撤销上次操作　　B. 恢复上次操作　　C. 设置下画线　　　D. 插入链接

6. 在 Word 中更改文字方向菜单命令的作用范围是（　　　　）。

A. 光标所在处　　　B. 整篇文档　　　　C. 所选文字　　　　D. 整段文章

7. 在 Word 中按（　　　　）可将光标快速移至文档的开端。

A.【Ctrl+Home】组合键　　　　　　B.【Ctrl+Shift+End】组合键

C.【Ctrl+ End】组合键　　　　　　　D.【Ctrl+Shift+Home】组合键

8. 在 Word 2010 中输入文字时，在（　　　　）模式下，输入新的文字时，后面原有的文字将会被覆盖。

A. 插入　　　　　　B. 改写　　　　　　C. 更正　　　　　　D. 输入

9. Word 2010 中按住（　　　　）的司时拖动选定的内容到新位置可以快速完成复制操作。

A.【Ctrl】键　　　B.【Alt】键　　　　C.【Shift】键　　　D. 空格键

10. 在 Word 中不能实现选中整篇文档的操作是（　　　　）。

A. 按【Ctrl+A】组合键

B. 在【开始】/【编辑】组单击"选择"按钮，在打开的下拉列表中选择"全选"选项

C. 在选定区域按住【Ctrl】键，然后单击

D. 在选定区域三击鼠标左键

11. 在 Word 2010 中，要一次全部保存正在编辑的多个文档，需执行的操作的是（　　　　）。

A. 按住【Ctrl】键，并选择【文件】/【全部保存】命令

B. 按住【Shift】键，并选择【文件】/【全部保存】命令

C. 选择【文件】/【另存为】命令

D. 按住【Alt】键，并选择【文件】/【全部保存】命令

12. 默认情况下，Word 2010 文档文件的扩展名为（　　　　）。

A. .txt　　　　　　B. .docx　　　　　　C. .xlsx　　　　　　D. .doc

13. 在 Word 窗口的编辑区，闪烁的一条竖线表示（　　　　）。

A. 鼠标位置　　　　B. 光标位置　　　　C. 拼写错误　　　　D. 文本位置

14. 在 Word 中选取某一个自然段落时，可将鼠标指针移到该段落区域内（　　　　）。

A. 单击鼠标左键　　B. 双击鼠标左键　　C. 单击鼠标右键　　D. 三击鼠标左键

15. 在 Word 操作时，需要删除一个字，当光标在该字的前面时，应按（　　　　）。

  A. 删除键   B. 空格键   C. 退格键   D. 回车键

16. 在 Word 操作过程中能够显示总页数、页号等信息的是（ ）。

  A. 状态栏   B. 菜单栏   C. 快速访问工具栏   D. 标题栏

17. 需在文档中选定文档中的一个矩形区域时，应在拖曳鼠标前按下（ ）。

  A.【Ctrl】键   B.【Alt】键   C.【Shift】键   D. 空格键

18. 在 Word 2010 中选定一行文本的方法是（ ）。

  A. 将鼠标箭头置于目标处并单击

  B. 将鼠标箭头置于此行左侧的选定栏，出现箭头形状的选定光标时单击

  C. 用鼠标在此行的选定栏三击

  D. 将鼠标箭头定位到该行中，当出现闪烁的光标时，连续三次单击

19. 将插入点定位于句子"风吹草低见牛羊"中的"草"与"低"之间，按【Delete】键，则该句子为（ ）。

  A. 风吹草见牛羊   B. 风吹见牛羊   C. 整句被删除   D. 风吹低见牛羊

20. Word 2010 中，不属于"开始"功能区的是（ ）。

  A. 文本   B. 字体   C. 段落   D. 样式

21. 如果要隐藏文档中的标尺，可以通过（ ）选项卡来实现。

  A."插入"   B."编辑"   C."视图"   D."开始"

22. Word 2010 中，要将"中文"文本复制到插入点，应先将"中文"选中，再（ ）。

  A. 直接拖曳文本到插入点

  B. 在【开始】/【剪贴板】组单击"剪切"按钮✄，再在插入点单击"粘贴"按钮📋

  C. 在【开始】/【剪贴板】组单击"复制"按钮📑，再在插入点单击"粘贴"按钮📋

  D. 先按【Ctrl+V】组合键，再按【Ctrl+C】组合键

23. 单击"格式刷"按钮✍可以进行（ ）操作。

  A. 复制文本的格式   B. 保存文本   C. 复制文本   D. 清除文本格式

24. 选择文本，在"字体"组中单击"字符边框"按钮Ⓐ，可（ ）。

  A. 为所选文本添加默认边框样式

  B. 为当前段落添加默认边框样式

  C. 为所选文本所在的行添加边框样式

  D. 自定义所选文本的边框样式

25. 为文本添加项目符号后，"项目符号库"栏下的"更改列表级别"选项将呈可用状态，此时，（ ）。

  A. 在其子菜单中可调整当前项目符号的级别

  B. 在其子菜单中可更改当前项目符号的样式

  C. 在其子菜单中可自定义当前项目符号的级别

  D. 在其子菜单中可自定义当前项目符号的样式

26. Word 中的格式刷可用于复制文本或段落的格式，若要将选中的文本或段落格式重复应用多次，应（ ）。

  A. 单击格式刷   B. 双击格式刷   C. 右击格式刷   D. 拖曳格式刷

27. 在 Word 2010 中，输入的文字默认的对齐方式是（ ）。

A. 左对齐　　　　　B. 右对齐　　　　　C. 居中对齐　　　　D. 两端对齐

28. "左缩进"和"右缩进"调整的是（　　　　）。

A. 非首行　　　　　B. 首行　　　　　C. 整个段落　　　　D. 段前距离

29. 修改字符间距的位置是（　　　　）。

A. "段落"对话框中的"缩进与间距"选项卡

B. 两端对齐

C. "字体"对话框中的"高级"选项卡

D. 分散对齐

30. 给文字加上着重符号，可通过（　　　　）实现。

A. "字体"对话框　B. "段落"对话框　C. "字符"对话框　D. "符号"对话框

31. 用户在 Word 2010 中，同时按住（　　　）和【Enter】键可以不产生新的段落。

A.【Alt】键　　　B.【Shift】键　　　C.【Ctrl】键　　　　D.【Ctrl+Shift】组合键

32. Word 根据字符的大小自动调整行距，此行距称为（　　　）行距。

A. 5 倍行距　　　B. 单倍行距　　　C. 固定值　　　　D. 最小值

33. Word 中插入图片的默认版式为（　　　　）。

A. 嵌入型　　　　B. 紧密型　　　　C. 浮于文字上方　D. 四周型

34. 下列不属于 Word 2010 的文本效果的是（　　　　）。

A. 轮廓　　　　　B. 阴影　　　　　C. 发光　　　　　D. 三维

35. 在 Word 2010 中使用标尺可以直接设置段落缩进，标尺顶部的三角形标记用于设置（　　　）。

A. 首行缩进　　　B. 悬挂缩进　　　C. 左缩进　　　　　D. 右缩进

36. 选择文本，按【Ctrl+B】组合键后，字体会（　　　　）。

A. 加粗　　　　　B. 倾斜　　　　　C. 加下画线　　　　D. 设置成上标

37. 在 Word 中进行"段落设置"，如果设置"右缩进 2 厘米"，则其含义是（　　　）。

A. 对应段落的首行右缩进 2 厘米

B. 对应段落除首行外，其余行都右缩进 2 厘米

C. 对应段落的所有行在右页边距 2 厘米处对齐

D. 对应段落的所有行都右缩进 2 厘米

38. Word 中，为文字设置上标和下标效果应在（　　　）功能区中。

A. 字体　　　　　B. 格式　　　　　C. 插入　　　　　D. 开始

39. 使图片按比例缩放的方法为（　　　　）。

A. 拖动中间的控制点　　　　　B. 拖动四角的控制点

C. 拖动图片边框线　　　　　　D. 拖动边框线的控制点

40. 为了防止他人随意查看 Word 文档信息，可为文档添加密码保护，一般可通过（　　　）实现。

A. 选择【文件】/【信息】命令中的"保护文档"选项

B. 将文档设置为只读文件

C. 将文档设置为禁止编辑状态

D. 为文档添加数字签名

项目六 排版文档

Word 不仅可以实现简单的图文编辑，还能实现长文档的编辑和版式设计。本项目将通过 3 个典型任务，介绍文档的排版方法，包括在文档中插入和编辑表格、使用样式控制文档格式、页面设置和打印设置等。

学习目标

- 制作图书采购单
- 排版考勤管理规范
- 排版和打印毕业论文

任务一 制作图书采购单

任务要求

学校图书馆需要扩充藏书量，新增多个科目的新书。为此，需要制作一份图书采购清单作为采购部门采购的凭据。通过市场调查和市场分析后，完成了图书采购单的制作，参考效果如图 6-1 所示，相关要求如下。

图书采购单

序号	书名	类别	原价（元）	折扣率	折后价（元）	入库日期
1	父与子全集	少儿	35		21	2015 年 12 月 31 日
2	古代汉语词典	工具	119.9		95.9	2015 年 12 月 31 日
3	世界很大，幸好有你	传记	39		29	2015 年 12 月 31 日
4	Photoshop CS5 图像处理	计算机	48		39	2015 年 12 月 31 日
5	疯狂英语 90 句	外语	19.8		17.8	2015 年 12 月 31 日
6	窗边的小豆豆	少儿	25		28.8	2015 年 12 月 31 日
7	只属于我的视界：手机摄影自白书	摄影	58		34.8	2015 年 12 月 31 日
8	黑白花意：笔尖下的 87 朵花之绘	绘画	29.8		20.5	2015 年 12 月 31 日
9	小王子	少儿	20		10	2015 年 12 月 31 日
10	配色设计原理	设计	59		41	2015 年 12 月 31 日
11	基本乐理	音乐	38		31.9	2015 年 12 月 31 日
13	总和		¥491.50		¥369.70	

图 6-1 "图书采购单"文档效果

① 输入标题文本"图书采购单"，设置字体格式为"黑体、加粗、小一、居中对齐"。

② 创建一个7列13行的表格，将鼠标指针移动到表格右下角的控制点上，拖曳鼠标调整表格高度。

③ 合并第12行、第13行的第2列、第3列单元格，拖动鼠标调整表格第2列的列宽。

④ 平均分配第2列到第7列的宽度。在表格第1行下方插入一行单元格。

⑤ 将倒数两行最后两个单元格拆分为两列，并平均分布各列单元格列宽。

⑥ 在表格对应的位置输入图6-1所示的文本，然后设置字体格式为"黑体、五号、加粗"，对齐方式为"居中对齐"。

⑦ 选择整个表格，设置表格宽度为"根据内容自动调整表格"，对齐方式为"水平居中"。

⑧ 设置表格外边框样式为"双画线"，底纹为"白色、背景1、深色25%"。

⑨ 最后使用"=SUM(ABOVE)"计算总和。

相关知识

（一）插入表格的几种方式

用户在 Word 2010 中插入的表格类型主要有自动表格、指定行列表格和手动绘制的表格3种，下面进行具体介绍。

1. 插入自动表格

插入自动表格的具体操作如下。

（1）将插入点定位到需插入表格的位置，在【插入】/【表格】组中单击"表格"按钮。

（2）在打开的下拉列表中按住鼠标左键不放并拖曳，直到达到需要的表格行列数，如图6-2所示。

（3）释放鼠标即可在插入点位置插入表格。

微课：插入自动表格

微课：插入指定
行列表格

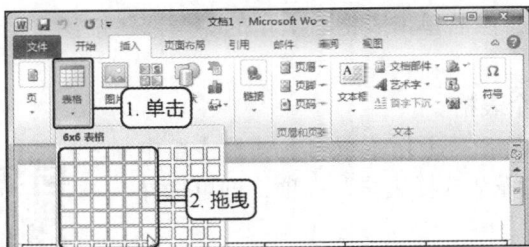

2. 插入指定行列表格

插入指定行列表格的具体操作如下。

（1）在【插入】/【表格】组中单击"表格"按钮，在打开的下拉列表中选择"插入表格"选项，打开"插入表格"对话框。

（2）在该对话框中可以自定义表格的行列数和列宽，如图6-3所示，然后单击 确定 按钮也可创建表格。

图6-2　插入自动表格　　　　　图6-3　插入指定行列表格

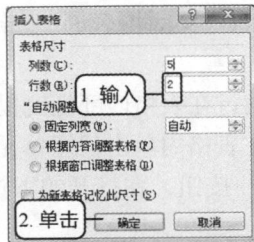

3. 绘制表格

通过自动插入只能插入比较规则的表格，对于一些较复杂的表格，可以手动绘制，其具体操作如下。

（1）在【插入】/【表格】组中单击"表格"按钮▦，在打开的下拉列表中选择"绘制表格"选项。

（2）此时鼠标指针变成∅形状，在需要插入表格处按住鼠标左键不放进行拖曳，此时，出现一个虚线框显示的表格，拖曳鼠标调整虚线框到适当大小后释放鼠标，绘制出表格的边框。

微课：绘制表格

（3）按住鼠标左键不放从一条线的起点拖曳至终点，释放鼠标左键，即可在表格中画出横线、竖线和斜线，从而将绘制的边框分成若干单元格，并形成各种样式的表格。

> 提示：若文档中已插入了表格，在【设计】/【绘图边框】组中单击"绘制表格"按钮▨，在表格中拖曳鼠标绘制横线或竖线，可添加表格的行列数，若绘制斜线，可用于制作斜线表头。

（二）选择表格

在文档中可对插入的表格进行调整，调整表格前需先选择表格，在 Word 中选择表格有以下 3 种情况。

1. 选择整行表格

选择整行表格主要有以下两种方法。

① 将鼠标指针移至表格左侧，当鼠标指针呈⏴形状时，单击可以选择整行。如果按住鼠标左键不放向上或向下拖曳，则可以选择多行。

② 在需要选择的行列中单击任意单元格，在【表格工具】/【布局】/【表】组中单击 ▨ 选择▾ 按钮，在打开的下拉列表中选择"选择行"选项即可选择该行。

2. 选择整列表格

选择整列表格主要有以下两种方法。

① 将鼠标指针移动到表格顶端，当鼠标指针呈⬇形状时，单击可选择整列。如果按住鼠标左键不放向左或向右拖曳，则可选择多列。

② 在需要选择的行列中单击任意单元格，在【表格工具】/【布局】/【表】组中单击 ▨ 选择▾ 按钮，在打开的下拉列表中选择"选择列"选项即可选择该列。

3. 选择整个表格

选择整个表格主要有以下 3 种方法。

① 将鼠标指针移动到表格边框线上，然后单击表格左上角的"全选"按钮⊞，即可选择整个表格。

② 通过在表格内部拖曳鼠标选择整个表格。

③ 在表格内单击任意单元格，在【表格工具】/【布局】/【表】组中单击 ▨ 选择▾ 按钮，在打开的下拉列表中选择"选择表格"选项，即可选择整个表格。

（三）将表格转换为文本

将表格转换为文本的具体操作如下。

微课：将表格转换
为文本

（1）单击表格左上角的"全选"按钮⊞选择整个表格，然后在【表格工具–布局】/【数据】组中单击"转换为文本"按钮 。

（2）打开"表格转换为文本"对话框，如图 6-4 所示，在其中选择合适的文字分隔符，单击 确定 按钮，即可将表格转换为文本。

（四）将文本转换为表格

将文本转换为表格的具体操作如下。

（1）拖曳鼠标选择需要转换为表格的文本，然后在【插入】/【表格】组中单击"表格"按钮 ，在打开的下拉列表中选择"将文本转换成表格"选项。

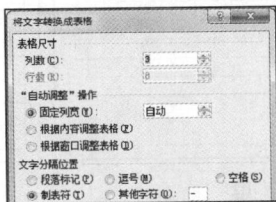

（2）在打开的"将文本转换成表格"对话框中根据需要设置表格尺寸和文本分隔符，如图 6-5 所示，完成后单击 确定 按钮，即可将文本转换为表格。

图 6-4　"表格转换成文本"对话框　　图 6-5　"将文本转换成表格"对话框

微课：将文本转换
为表格

任务实现

（一）绘制图书采购单表格框架

在使用 Word 制作表格时，最好事先在纸上绘制表格的大致草图，规划行列数，然后再在 Word 中创建并编辑表格，以便快速创建表格，其具体操作如下。

（1）打开 Word 2010，在文档的开始位置输入标题文本"图书采购单"，然后按【Enter】键。

（2）在【插入】/【表格】组中单击"表格"按钮 ，在打开的下拉列表中选择"插入表格"选项，打开"插入表格"对话框。

（3）在该对话框中分别将"列数"和"行数"设置为"7"和"13"，如图 6-6 所示。

（4）单击 确定 按钮即可创建表格，选择标题文本，在【开始】/【字体】组中设置字体格式为"黑体、加粗"，字号为"小一'，并设置对齐方式为"居中对齐"，效果如图 6-7 所示。

图 6-6　插入表格　　　　　图 6-7　设置标题字体格式

微课：绘制图书采购
单表格框架

（5）将鼠标指针移动到表格右下角的控制点上，向下拖曳鼠标调整表格的高度，如图 6-8 所示。

（6）选择第 12 行第 2 列、第 3 列单元格，单击鼠标右键，在弹出的快捷菜单中选择"合并单元格"命令。

（7）选择表格第 13 行第 2 列、第 3 列单元格，在【表格工具-布局】/【合并】组中单击"合并单元格"按钮▦，然后使用相同的方法合并其他单元格，完成后效果如图 6-9 所示。

（8）将鼠标指针移至第 2 列表格左侧边框上，当鼠标指针变为↔形状后，按住鼠标左键向左拖曳以调整列宽。

图 6-8　调整表格高度

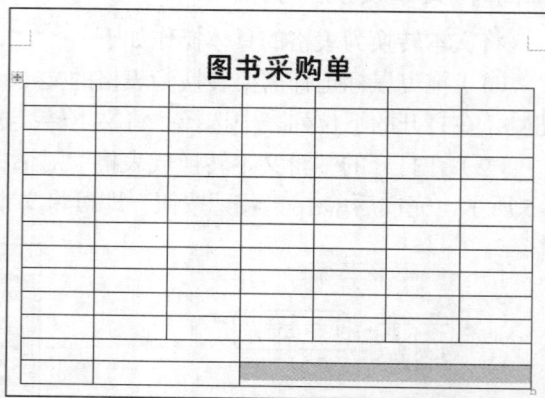

图 6-9　合并单元格

（9）选择表格第 2 列至第 7 列单元格，在【表格工具-布局】/【单元格大小】组中单击"分布列"按钮▦，平均分配各列的宽度。

（二）编辑图书采购单表格

在制作表格过程中，通常需要在指定位置插入一些行列单元格，或将多余的表格合并或拆分等，以满足实际需要，其具体操作如下。

（1）将鼠标指针移动到第 1 行左侧，当其变为↗形状时，单击选择该行单元格，在【表格工具-布局】/【行和列】组单击"在下方插入"按钮▦，在表格第 1 行下方插入一行单元格。

（2）选择倒数两行最后两个单元格，在【表格工具-布局】/【合并】组中单击"拆分单元格"按钮▦。

微课：编辑图书采购单表格

（3）打开"拆分单元格"对话框，在其中设置列数为"2"，如图 6-10 所示，单击 确定 按钮即可。

（4）选择倒数两行除第 1 列外的所有单元格，在【表格工具-布局】/【单元格大小】组中单击"分布列"按钮▦，平均分配各列的宽度，效果如图 6-11 所示。

（5）选择第 12 行单元格，单击鼠标右键，在弹出的快捷菜单中选择【删除】/【删除行】命令。

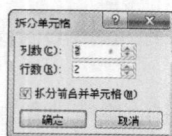

图 6-10　拆分单元格

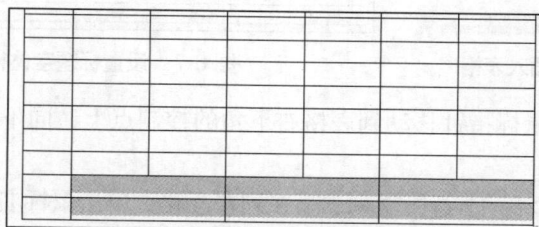

图 6-11　平均分布列

提示：用户在选择整行或整列单元格后，单击鼠标右键，在弹出的快捷菜单中选择相应的命令，也可实现单元格的插入，删除和合并等操作，如选择"在左侧插入列"命令，也可在选择列的左侧插入一列空白单元格。

（三）输入与编辑表格内容

表格外形编辑好后，就可以向表格中输入相关的表格内容，并设置对应的格式，其具体操作如下。

（1）在表格对应的位置输入相关的文本，如图6-12所示。

（2）选择第一行单元格中的内容，设置字体格式为"黑体、五号、加粗"，对齐方式为"居中对齐"。

（3）选择表格中剩余的文本，设置对齐方式为"居中对齐"。

（4）保持表格的选中状态，在【表格工具-布局】/【单元格大小】组中单击"自动调整"按钮，在打开的下拉列表中选择"根据内容自动调整表格"选项，完成后的效果如图6-13所示。

（5）在表格上单击"全选"按钮选择表格，在【表格工具-布局】/【对齐方式】组中单击"水平居中"按钮，设置文本对齐方式为"水平居中对齐"。

（6）将"平均值"和"总和"单元格右侧的两列单元格分别拆分为4列单元格。

微课：输入与编辑表格内容

图书采购单

序号	书名	类别	原价（元）	折扣率%	折后价（元）	入库日期
1	父与子全集	少儿	35		21	2015年12月31日
2	古代汉语词典	工具	119.9		95.9	2015年12月31日
3	世界很大，幸好有你	传记	39		29	2015年12月31日
4	Photoshop CS5 图像处理	计算机	48		39	2015年12月31日
5	疯狂英语90句	外语	19.8		17.8	2015年12月31日
6	蜜边的小豆豆	少儿	25		28.8	2015年12月31日
7	只属于我的视界：手机摄影自白书	摄影	58		34.8	2015年12月31日
8	黑白花意：笔尖下的87朵花之绘	绘画	29.8		20.5	2015年12月31日
9	小王子	少儿	20		10	2015年12月31日
10	配色设计原理	设计	59		41	2015年12月31日

图6-12　输入文本

图书采购单

序号	书名	类别	原价（元）	折扣率%	折后价（元）	入库日期
1	父与子全集	少儿	35		21	2015年12月31日
2	古代汉语词典	工具	119.9		95.9	2015年12月31日
3	世界很大，幸好有你	传记	39		29	2015年12月31日
4	Photoshop CS5 图像处理	计算机	48		39	2015年12月31日
5	疯狂英语90句	外语	19.8		17.8	2015年12月31日
6	蜜边的小豆豆	少儿	25		28.8	2015年12月31日
7	只属于我的视界：手机摄影自白书	摄影	58		34.8	2015年12月31日
8	黑白花意：笔尖下的87朵花之绘	绘画	29.8		20.5	2015年12月31日
9	小王子	少儿	20		10	2015年12月31日
10	配色设计原理	设计	59		41	2015年12月31日
11	基本乐理	音乐	28		31.9	2015年12月31日

图6-13　调整表格列宽

（四）设置与美化表格

完成表格内容的编辑后，还可以对表格的边框和填充颜色进行设置，以美化表格，其具体操作如下。

（1）在表格中单击鼠标右键，在弹出的快捷菜单中选择"边框和底纹"命令。

（2）打开"边框和底纹"对话框，在"设置"栏中选择"虚框"选项，在"样式"列表框中选择"双画线"选项，如图6-14所示。

（3）单击 确定 按钮，完成表格外框线设置，效果如图6-15所示。

微课：设置与美化表格

（4）选择"总和"文本所在的单元格，设置字体格式为"黑体、加粗"，然后按住【Ctrl】键依次选择表格表头所在的单元格。

（5）在【开始】/【段落】组中单击"边框和底纹"按钮，在打开的下拉列表中选择"边框和底纹"选项，打开"边框和底纹"对话框。

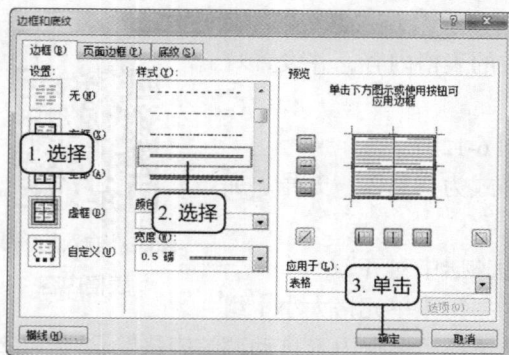

图 6-14　设置外边框

图 6-15　设置外边框后的效果

（6）单击"底纹"选项卡，在"填充"下拉列表中选择"白色，背景1，深色25%"选项，如图 6-16 所示。

（7）单击 确定 按钮，完成单元格底纹的设置，效果如图 6-17 所示。

图 6-16　设置底纹

图 6-17　添加底纹后的效果

（五）计算表格中的数据

在表格中可能会涉及数据计算，使用 Word 制作的表格也可以实现简单的计算，其具体操作如下。

（1）将插入点定位到"总和"右侧的单元格中，在【布局】/【数据】组中单击"公式"按钮 f_x。

（2）打开"公式"对话框，在"公式"文本框中输入"=SUM(ABOVE)"，在"编号格式"下拉列表中选择"¥#,##0.00;(¥#,##0.00)"选项，如图 6-18 所示。

（3）单击 确定 按钮，使用相同的方法计算折后价的总和，完成后的效果如图 6-19 所示。

微课：计算表格中
的数据

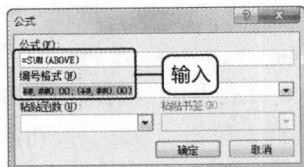

图 6-18　设置公式与编号格式

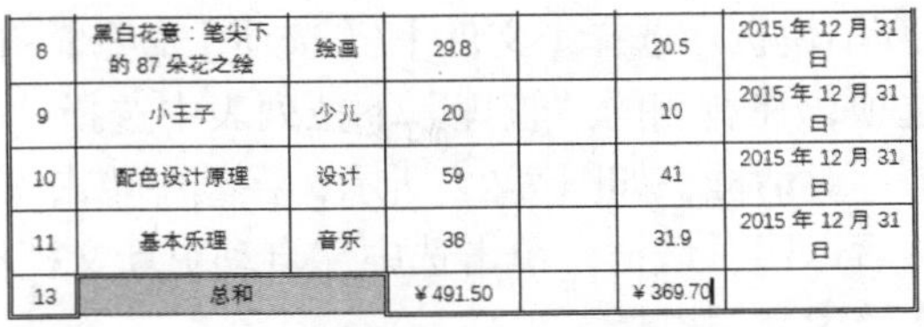

8	黑白花意：笔尖下的 87 朵花之绘	绘画	29.8		20.5	2015 年 12 月 31 日
9	小王子	少儿	20		10	2015 年 12 月 31 日
10	配色设计原理	设计	59		41	2015 年 12 月 31 日
11	基本乐理	音乐	38		31.9	2015 年 12 月 31 日
13	总和		¥491.50		¥369.70	

图 6-19　使用公式计算后的结果

任务二　排版考勤管理规范

任务要求

制作一份考勤管理规范，便于内部员工使用，利用 Word 2010 的相关功能进行设计制作，完成后参考效果如图 6-20 所示，相关要求如下。

① 打开文档，自定义纸张的“宽度”和“高度”分别为“20 厘米”和“28 厘米”。

② 设置页边距“上”“下”分别为“1 厘米”，设置页边距“左”“右”分别为“1.5 厘米”。

③ 为标题应用内置的“标题”样式，新建“小项目”样式，设置格式为“汉仪长艺体简、五号、1.5 倍行距”，底纹为“白色，背景 1，深色 50%”。

④ 修改“小项目”样式，设置字体格式为“小三、‘茶色，背景 2，深色 50%’”，设置底纹为“白色，背景 1，深色 15%”。

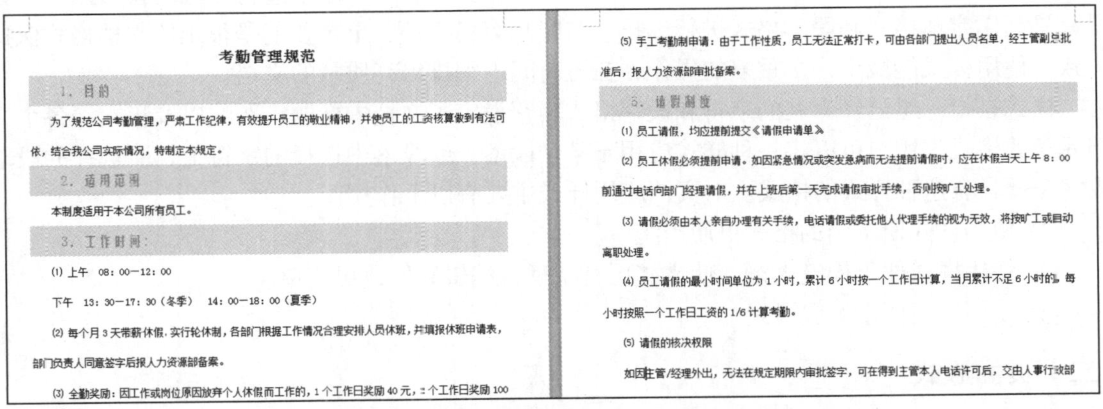

考勤管理规范

1. 目的

为了规范公司考勤管理，严肃工作纪律，有效提升员工的敬业精神，并使员工的工资核算做到有法可依，结合我公司实际情况，特制定本规定。

2. 适用范围

本制度适用于本公司所有员工。

3. 工作时间：

(1) 上午　08：00—12：00

下午　13：30—17：30（冬季）　14：00—18：00（夏季）

(2) 每个月 3 天带薪休假. 实行轮休制，各部门根据工作情况合理安排人员休班，并填报休班申请表，部门负责人同意签字后报人力资源部备案。

(3) 全勤奖励：因工作或岗位原因放弃个人休假而工作的，1 个工作日奖励 40 元，2 个工作日奖励 100

(5) 手工考勤制申请：由于工作性质，员工无法正常打卡，可由各部门提出人员名单，经主管副总批准后，报人力资源部审批备案。

5. 请假制度

(1) 员工请假，均应提前提交《请假申请单》

(2) 员工休假必须提前申请。如因紧急情况或突发急病而无法提前请假时，应在休假当天上午 8：00 前通过电话向部门经理请假，并在上班后第一天完成请假审批手续，否则按旷工处理。

(3) 请假必须由本人亲自办理有关手续，电话请假或委托他人代理手续的视为无效，将按旷工或自动离职处理。

(4) 员工请假的最小时间单位为 1 小时，累计 6 小时按一个工作日计算，当月累计不足 6 小时的，每小时按照一个工作日工资的 1/6 计算考勤。

(5) 请假的核决权限

如因主管/经理外出，无法在规定期限内审批签字，可在得到主管本人电话许可后，交由人事行政部

图 6-20　排版“考勤管理规范”文档后的效果

相关知识

（一）模板与样式

模板和样式是 Word 中常用的排版工具，下面分别介绍模板与样式的相关知识。

1. 模板

Word 2010 的模板是一种固定样式的框架，包含了相应的文字和样式，下面分别介绍新建模板、使用已有的模板的方法。

① 新建模板。选择【文件】/【新建】命令，在中间的“可用模板”栏中选择“我的模板”选项，打开“新建”对话框，在“新建”栏单击选中“模板”单选项，如图 6-21 所示，单击 确定 按钮即可新建一个名称为“模板 1”的空白文档窗口，保存文档后其后缀名为.dotx。

② 套用模板。选择【文件】/【选项】命令，打开"Word 选项"对话框，选择左侧的"加载项"选项，在右侧的"管理"下拉列表中选择"模板"选项，单击 转到(G)... 按钮，打开"模板和加载项"对话框，如图 6-22 所示，在其中单击 选用(A)... 按钮，在打开的对话框中选择需要的模板，然后返回对话框，单击选中"自动更新文档样式"复选框，单击 确定 按钮即可在已存在的文档中套用模板。

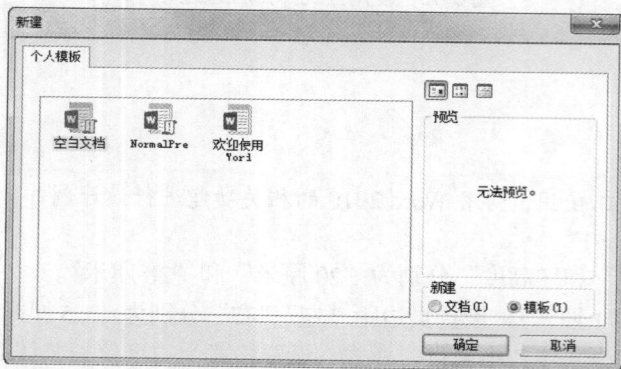

| 图 6-21 新建模板 | 图 6-22 套用模板 |

2. 样式

用户在编排一篇长文档或是一本书时，需要对许多的文字和段落进行相同的排版工作，如果只是利用字体格式和段落格式进行编排，费时且容易厌烦，更重要的是很难使文档格式保持一致。使用样式能减少许多重复的操作，在短时间内编排出高质量的文档。

样式是指一组已经命名的字符和段落格式。它设定了文档中标题、题注以及正文等各个文档元素的格式。用户可以将一种样式应用于某个段落，或段落中选择的字符上，所选择的段落或字符便具有这种样式的格式。对文档应用样式主要有以下作用。

① 使用样式使文档的格式更便于统一。

② 使用样式便于构筑大纲，使文档更有条理，编辑和修改更简单。

③ 使用样式便于生成目录。

（二）页面版式

设置文档页面版式包括设置页面大小、页边距和页面背景，以及添加水印、封面等，这些设置将应用于文档的所有页面。

1. 设置页面大小、页面方向和页边距

默认的 Word 页面大小为 A4（21 厘米×29.7 厘米），页面方向为纵向，页边距为普通，在【页面布局】/【页面设置】组中单击相应的按钮便可进行修改，相关介绍如下。

① 单击"纸张大小"按钮 右侧的 按钮，在打开的下拉列表框中选择一种页面大小选项；或选择"其他页面大小"选项，在打开的"页面设置"对话框中输入文档宽度值和高度值。

② 单击"页面方向"按钮 右侧的 按钮，在打开的下拉列表中选择"横向"选项，可以将页面设置为横向。

③ 单击"页边距"按钮 下方的 按钮，在打开的下拉列表框中选择一种页边距选项；或选择"自定义页边距"选项，在打开的"页面设置"对话框中输入上、下、左、右页边

距值。

2. 设置页面背景

Word 页面背景可以是纯色背景、渐变色背景和图片背景。设置页面背景的方法：在【页面布局】/【页面背景】组中单击"页面颜色"按钮，在打开的下拉列表中选择一种页面背景颜色，如图 6-23 所示。若选择"填充效果"选项，在打开的对话框中单击"渐变""图片"等选项卡，便可设置渐变色背景和图片背景等。

3. 添加封面

在制作某些办公文档时，用户可通过添加封面表现文档的主题，封面内容一般包含标题、副标题、文档摘要、编写时间、作者和公司名称等。添加封面的方法：在【插入】/【页】组中单击封面按钮，在打开的下拉列表中选择一种封面样式，如图 6-24 所示，为文档添加该类型的封面，然后输入相应的封面内容。

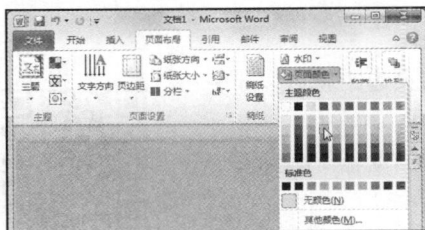

图 6-23　设置页面背景

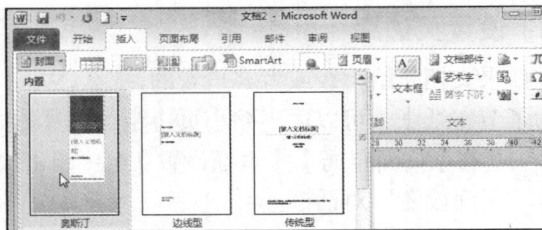

图 6-24　设置封面

4. 添加水印

制作办公文档时，为表明公司文档的所有权和出处，可为文档添加水印背景，如添加"机密"水印等。添加水印的方法：在【页面布局】/【页面背景】组中单击水印按钮，在打开的下拉列表中选择一种水印效果。

5. 设置主题

Word 2010 提供了各种主题，通过应用这些主题可快速更改文档的整体效果，统一文档的整体风格。设置主题的方法：在【页面布局】/【主题】组中单击"主题"按钮，在打开的下拉列表中选择一种主题样式，文档的颜色和字体等效果将发生变化。

任务实现

（一）设置页面大小

日常应用中可根据文档内容自定义页面大小，其具体操作如下。

（1）打开"考勤管理规范.docx"文档，在【页面布局】/【页面设置】组中单击"对话框启动器"图标，打开"页面设置"对话框。

（2）单击"纸张"选项卡，在"纸张大小"下拉列表框中选择"自定义大小"选项，打开"页面设置"对话框，分别在"宽度"和"高度"数值框中输入"20"和"28"，如图 6-25 所示。

微课：设置页面大小

（3）单击确定按钮，返回文档编辑区，即可查看设置页面大小后的文档效果，如图 6-26所示。

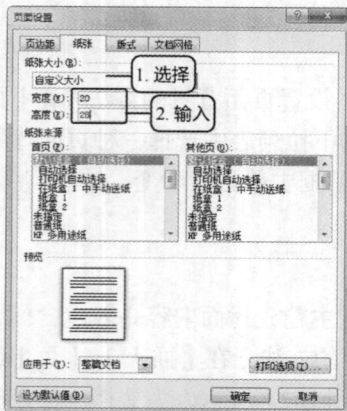

图 6-25　设置页面大小

图 6-26　查看效果

（二）设置页边距

如果文档是给上级或者客户看的，那么，Word 默认的页边距就可以了。若为了节省纸张，可以适当缩小页边距，其具体操作如下。

（1）在【页面布局】/【页面设置】组中单击"对话框启动器"图标，打开"页面设置"对话框。

（2）单击"页边距"选项卡，在"页边距"栏中的"上""下"数值框中分别输入"1 厘米"，在"左""右"数值框中分别输入"1.5 厘米"，如图 6-27 所示。

（3）单击 确定 按钮，返回文档编辑区，即可查看设置页边距后的文档页面版式，如图 6-28 所示。

微课：设置页边距

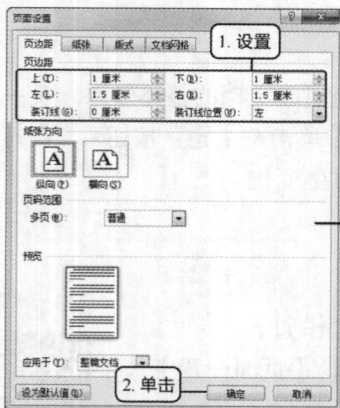

图 6-27　设置页边距

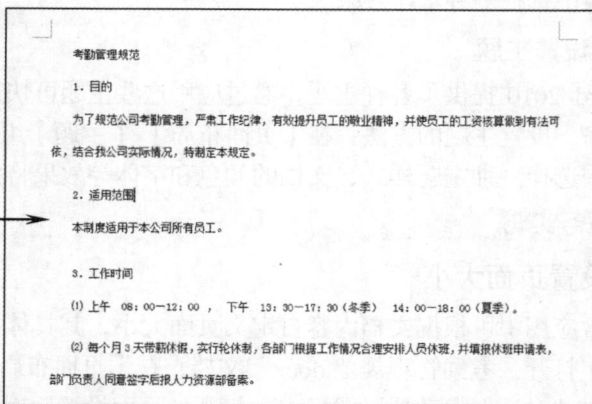

图 6-28　查看设置页边距后的效果

（三）套用内置样式

内置样式是指 Word 2010 自带的样式，下面为"考勤管理规范.docx"文档套用内置样式，其具体操作如下。

（1）将插入点定位列标题"考勤管理规范"文本右侧，在【开始】/

微课：套用内置样式

【快速样式】组的列表框中选择"标题"选项，如图 6-29 所示。

（2）返回文档编辑区，即可查看设置标题样式后的文档效果，如图 6-30 所示。

图 6-29 套用内置样式

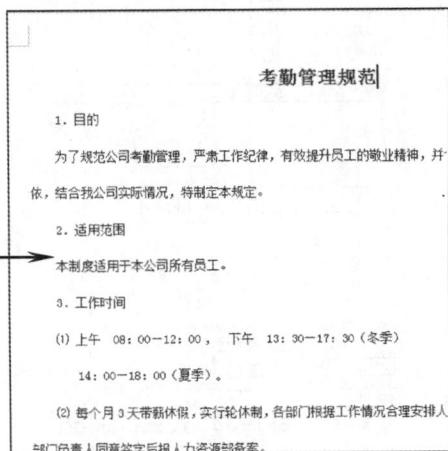

图 6-30 查看设置标题样式后的效果

（四）创建样式

Word 2010 中内置样式是有限的，当用户需要使用的样式在 Word 中并没有内置样式时，可创建样式，其具体操作如下。

（1）将插入点定位到第一段"1. 目的"文本右侧，在【开始】/【样式】组中单击"对话框启动器"图标，如图 6-31 所示。

（2）打开"样式"任务窗格，单击"新建样式"按钮，如图 6-32 所示。

微课：创建样式

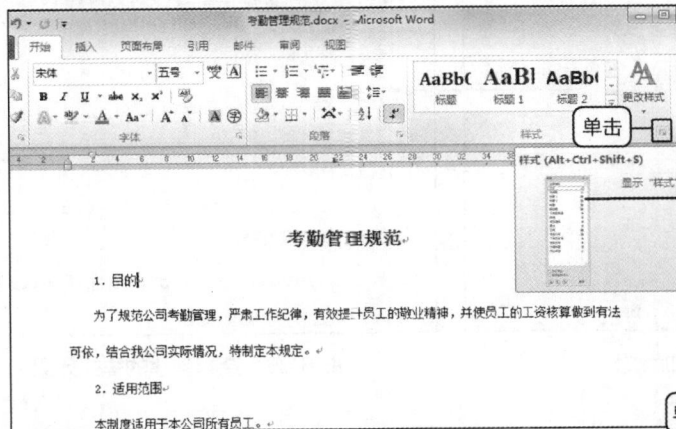

图 6-31 打开"样式"任务窗格

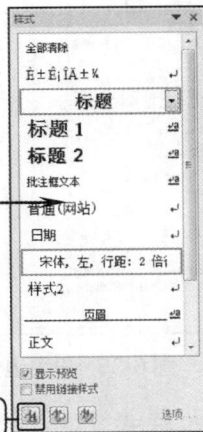

图 6-32 单击"新建样式"按钮

（3）在打开的对话框的"名称"文本框中输入"小项目"，在格式栏中将格式设置为"汉仪长艺体简、五号"，单击 格式⑩ 按钮，在打开的下拉列表中选择"段落"选项，如图 6-33 所示。

（4）打开"段落"对话框，在间距栏的"行距"下拉列表中选择"1.5 倍行距"选项，单击 确定 按钮，如图 6-34 所示。

图 6-33　设置名称与格式

图 6-34　设置"段落"格式

（5）返回到"根据格式设置创建新样式"对话框，再次单击 格式(0)▼ 按钮，在打开的下拉列表中选择"边框"选项。

（6）打开"边框和底纹"对话框，单击"底纹"选项卡，在"填充"栏的下拉列表中选择"白色，背景 1，深色 50%"选项，依次单击 确定 按钮，如图 6-35 所示。

（7）返回文档编辑区，即可查看创建样式后的文档效果，如图 6-36 所示。

图 6-35　设置边框和底纹

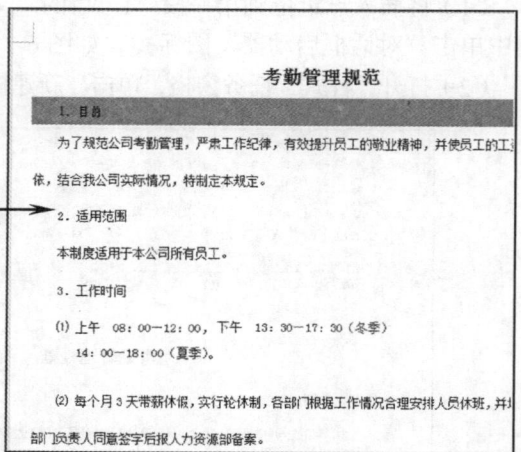

图 6-36　查看创建的样式效果

（五）修改样式

创建新样式时，如果用户对创建后的样式有不满意的地方，可通过"修改"样式功能对其进行修改，其具体操作如下。

（1）在"样式"任务窗格中选择创建的"小项目"样式，单击右侧的 ▼ 按钮，在打开的下拉列表中选择"修改"选项，如图 6-37 所示。

（2）在打开对话框的"格式"栏中将字体格式设置为"小三、'茶色，背景 2，深色 50%'"，单击 格式(0)▼ 按钮，在打开的下拉列表中选择"边框"选项，如图 6-38 所示。

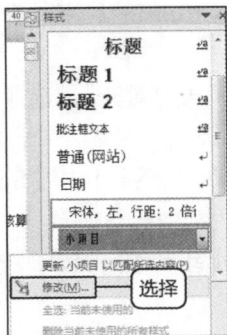

图 6-37 选择"修改"选项

图 6-38 修改字体和颜色

微课：修改样式

（3）打开"边框和底纹"对话框，单击"底纹"选项卡，在"填充"下拉列表中选择"白色，背景 1，深色 15%"选项，单击 确定 按钮，如图 6-39 所示，即可修改样式。

（4）将插入点定位到其他同级别文本上，在"样式"窗格中选择"小项目"选项为其应用样式，如图 6-40 所示。

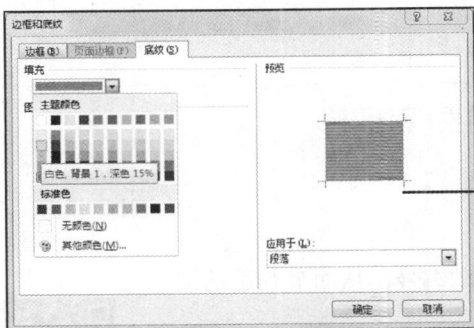

图 6-39 修改底纹样式

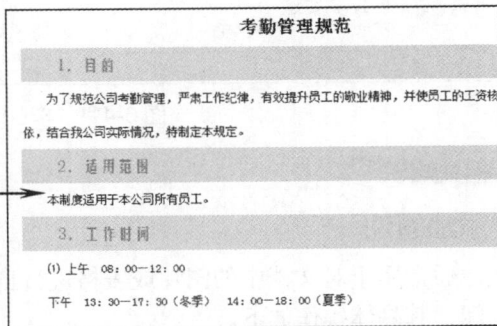

图 6-40 查看修改样式后的效果

任务三　排版和打印毕业论文

任务要求

使用 Word 2010 对毕业设计任务书论文的格式进行排版，完成后参考效果如图 6-41 所示，相关要求如下。

① 新建样式，设置正文字体，中文为"宋体"、西文为"Times New Roman"，字号为"五号"，首行统一缩进 2 个字符。

② 设置一级标题字体格式为"黑体、三号、加粗"，段落格式为"居中对齐、段前段后均为 0 行、2 倍行距"。

③ 设置二级标题字体格式为"微软雅黑、四号、加粗"，段落格式为"左对齐、1.5 倍行距"。

④ 设置"关键字："文本字符格式为"微软雅黑、四号、加粗"，后面的关键字格式与正文相同。

⑤ 使用大纲视图查看文档结构，然后分别在每个部分的前面插入分页符。

⑥ 添加"反差型（奇数页）"样式的页眉，格式分别是中文为"宋体"，西文为"Times New Roman"，字号为"五号"，行距为"单倍行距"，对齐方式为"居中对齐"。

⑦ 添加"边线型"页脚，设置中文为"宋体"，西文为"Times New Roman"，字号为"五号"，段落样式为"单倍行距，居中对齐"，页脚显示当前页码。

⑧ 选择"毕业论文"文本，设置格式为"方正大标宋简体、小初、居中对齐"，选择"降低企业成本途径分析"文本，设置格式为"黑体、小二、加粗、居中对齐"。

⑨ 分别选择"姓名""学号""专业"文本，设置格式为"黑体、小四"，然后利用【Space】键使其居中对齐。同样利用【Space】键使论文标题上下居中对齐。

⑩ 提取目录。设置"制表符前导符"为第一个选项，"格式"为"正式"，撤销选中"使用超链接而不使用页码"复选框。

⑪ 选择【文件】/【打印】命令，预览并打印文档。

图 6-41 "毕业论文"文档效果

相关知识

（一）添加题注

题注通常用于对文档中的图片或表格进行自动编号，从而节约手动编号的时间，其具体操作如下。

（1）在【引用】/【题注】组中单击"插入题注"按钮，打开"题注"对话框，如图 6-42 所示。

（2）在"标签"下拉列表框中选择需要设置的标签，也可以单击 新建标签(N)... 按钮，打开"新建标签"对话框，在"标签"文本框中输入自定义的标签名称。

微课：添加题注

（3）单击 确定 按钮返回对话框，即可查看添加的新标签，单击 确定 按钮即可返回文档。

（二）创建交叉引用

交叉引用可以将文档中的图片、表格与正文相关的说明文字创建对应的关系，从而为作者提供自动更新功能，其具体操作如下。

（1）将插入点定位到需要使用交叉引用的位置，在【引用】/【题注】组中单击"交叉引用"按钮，打开"交叉引用"对话框，如图 6-43 所示。

（2）在"引用类型"下拉列表框中选择需要引用的类型，然后在"引用哪一个书签"列表框中选择需要引用的选项，这里没有创建书签，故没有选项。单击 插入(I) 按钮即可创建交叉引用。在选择插入的文本范围时，插入的交叉引用的内容将显示为灰色底纹，若修改被引用的内容，返回引用时按【F9】键即可更新。

图 6-42　添加题注

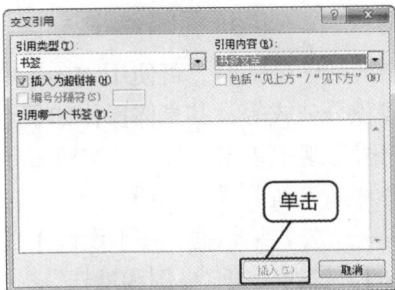

图 6-43　创建交叉引用

微课：创建交叉引用

（三）插入批注

批注用于在阅读时对文中的内容添加评语和注解，其具体操作如下。

（1）选择要插入批注的文本，在【审阅】/【批注】组中单击"新建批注"按钮　，此时选择的文本处将出现一条引至文档右侧的引线。

（2）批注中"[M 用 1]"表示由姓名简写为"M"的用户添加的第一条批注，在批注文本框中输入文本内容。

微课：插入批注

（3）使用相同的方法可以为文档添加多个批注，并且批注会自动编号排列，单击"上一页"按钮　或"下一页"按钮　，可查看添加的批注。

（4）为文档添加批注后，若要删除，可在要删除的批注上单击鼠标右键，在弹出的快捷菜单中选择"删除批注"命令。

（四）添加修订

对错误的内容添加修订，并将文档发送给制作人员予以确认，可减少文档出错率，其具体操作如下。

（1）在【审阅】/【修订】组中单击"修订"按钮　，进入修订状态，此时对文档的任何操作都将被记录下来。

（2）对文档内容进行修改，在修改后原位置会显示修订的结果，并在左侧出现一条竖线，表示该处进行了修订。

微课：添加修订

（3）在【审阅】/【修订】组中单击　显示标记　按钮右侧下拉按钮　，在打开的下拉列表中选择【批注框】/【在批注框中显示修订】选项。

（4）对文档修订结束后，必须再次单击"修订"按钮　退出修订状态，否则文档中任何操作都会被作为修订操作。

（五）接受与拒绝修订

对于文档中的修订，用户可根据需要选择接受或拒绝修订的内容，其具体操作如下。

（1）在【审阅】/【更改】组中单击"接受"按钮　接受修订，或单击"拒绝"按钮　拒绝修订。

（2）单击"接受"按钮　下方的　按钮，在打开的下拉列表中选择"接受对文档的所有修订"选项，可一次性接受对文档的所有修订。

微课：接受与
拒绝修订

133

（六）插入并编辑公式

当需要使用一些复杂的数学公式时，可使用 Word 中提供的公式编辑器快速、方便地编写数学公式，如根式公式或积分公式等，其具体操作如下。

（1）在【插入】/【符号】组中单击"公式"按钮π下方的下拉按钮 ，在打开的下拉列表中选择"插入新公式"选项。

（2）在文档中将出现一个公式编辑框，在【设计】/【结构】组中单击"括号"按钮{0}，在打开的下拉列表的"事例和堆栈"栏中选择"事例（两条件）"选项。

（3）单击括号上方的条件框，将插入点定位到其中，并输入数据，然后在"符号"组中单击"大于"按钮 。

微课：插入并编辑公式

（4）单击括号下方的条件框，选择该条件框，然后在【设计】/【结构】组中单击"分数"按钮 ，在打开的下拉列表的"分数"栏中选择"分数（竖式）"选项。

（5）在插入的公式编辑框中输入数据，完成后在文档的任意处单击退出公式编辑框。

任务实现

（一）设置文档格式

毕业论文在初步完成后需要为其设置相关的文本格式，使其结构分明，其具体操作如下。

（1）将插入点定位到"提纲"文本中，打开"样式"任务窗格，单击"新建样式"按钮 。

（2）打开"新建样式"对话框，通过前面讲解的方法在对话框中设置样式，其中设置字体格式为"黑体、三号、加粗"，设置段落样式为"居中对齐、段前段后均为0行，2倍行距"，如图 6-44 所示。

微课：设置文档格式

（3）通过应用样式的方法为其他一级标题应用样式，效果如图 6-45 所示。

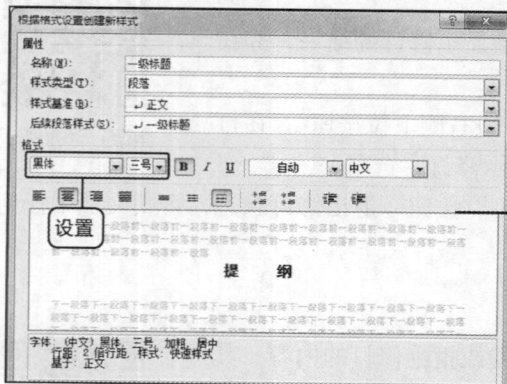

图 6-44　创建样式

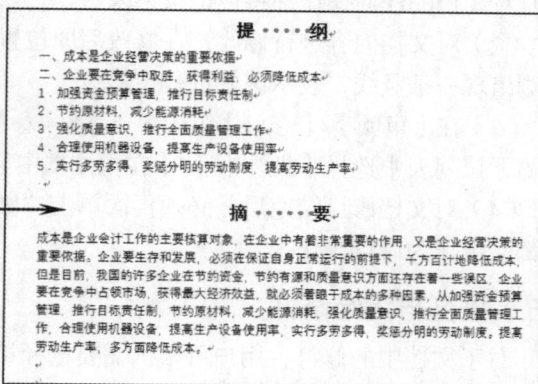

图 6-45　应用样式

（4）使用相同的方法设置二级标题格式，其中，设置字体格式为"微软雅黑、四号、加粗"，设置段落格式为"左对齐、1.5 倍行距"，大纲级别为"一级"。

（5）设置正文格式，中文为"宋体"，西文为"Times New Roman"，字号为"五号"，首行统一缩进"2 个字符"，设置正文行距为"1.2 倍行间距"，大纲级别为"二级"。完成后为文档应用相关的样式即可。

（二）使用大纲视图

大纲视图适用于长文档中文本级别较多的情况，以便查看和调整文档结构，其具体操作如下。

（1）在【视图】/【文档视图】组中单击 大纲视图 按钮，将视图模式切换到大纲视图，在【大纲】/【大纲工具】组中的"显示级别"下拉列表中选择"2级"选项。

（2）查看所有2级标题文本后，双击"降低企业成本途径分析"文本段落左侧的 标记，可展开下面的内容，如图6-46所示。

（3）设置完成后，在【大纲】/【关闭】组中单击"关闭大纲视图"按钮 或在【视图】/【文档视图】组中单击"页面视图"按钮，返回页面视图模式。

图6-46　使用大纲视图

微课：使用大纲视图

（三）插入分隔符

分隔符主要用于标识文字分隔的位置，其具体操作如下。

（1）将插入点定位到文本"提纲"之前，在【页面布局】/【页面设置】组中单击"分隔符"按钮，在打开的下拉列表中的"分页符"栏中选择"分页符"选项。

（2）在插入点所在位置插入分页符，此时，"序言"的内容将从下一页开始，如图6-47所示。

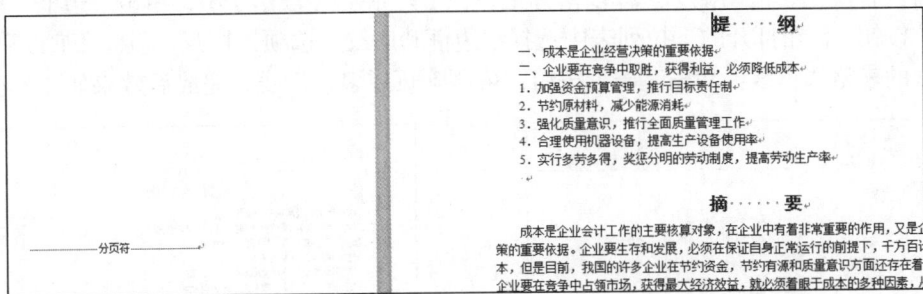

微课：插入分隔符

图6-47　插入分页符后效果

（3）将插入点定位到文本"摘要"之前，在【页面布局】/【页面设置】组中单击"分隔符"按钮，在打开的下拉列表中的"分节符"栏中选择"下一页"选项。

（4）此时，在"提纲"的结尾部分插入分隔符，"摘要"的内容将从下一页开始，如图6-48所示。

（5）使用相同的方法为"降低企业成本途径分析"设置分节符。

提·····纲

一、成本是企业经营决策的重要依据
二、企业要在竞争中取胜，获得利润，必须降低成本
1．加强资金预算管理，推行目标责任制
2．节约原材料，减少能源消耗
3．强化质量意识，推行全面质量管理工作
4．合理使用机器设备，提高生产设备使用率
5．实行多劳多得，奖惩分明的劳动制度，提高劳动生产率

————分节符(下一页)————

图 6-48　插入分节符后的效果

提示：如果文档中的编辑标记并未显示，可在【开始】/【段落】组中单击"显示/隐藏编辑标记"按钮，使该按钮呈选中状态，此时隐藏的编辑标记将显示出来。

（四）设置页眉和页脚

为了使页面更美观，便于阅读，许多文档都添加了页眉和页脚。在编辑文档时，可在页眉和页脚中插入文本或图形，如页码、公司徽标、日期和作者名等，其具体操作如下。

微课：设置页眉页脚

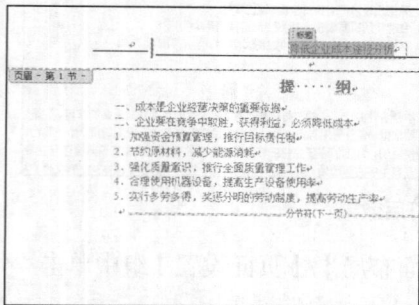

（1）在【插入】/【页眉和页脚】组中单击 页眉 -按钮，在打开的下拉列表中选择"反差型（奇数页）"选项，然后在其中输入"降低企业成本途径分析"文本，并设置格式为"宋体、五号"，单击选中"首页不同"复选框，效果如图6-49所示。

（2）插入点自动插入到页眉区，且自动输入公司名称和文档标题，然后在【页眉页脚工具-设计】/【关闭】组中单击 页脚 -按钮，在打开的下拉列表中选择"边线型"选项。

（3）插入点自动插入到页脚区，且自动插入居中页码，然后在【页眉页脚工具-设计】/【关闭】组中单击"关闭页眉和页脚"按钮退出页眉和页脚视图。

（4）返回文档中，可看到设置页眉和页脚后的效果，此时发现页眉中多了一条横线，双击进入页眉页脚视图，拖动鼠标选择段落标记，在【开始】/【段落】组，单击"边框"按钮右侧的下拉按钮，在打开的下拉列表中选择"边框和底纹"选项，打开"边框和底纹"对话框，撤销其中的表格边框线，单击 确定 按钮，可删除页眉多余横线，完成后效果如图6-50所示。

图 6-49　设置页眉

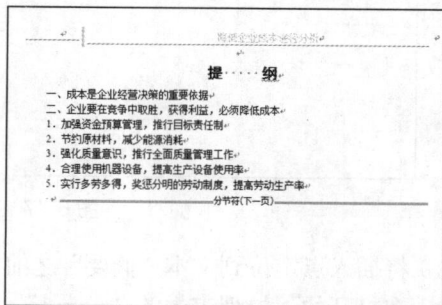

图 6-50　删除页眉多余横线

（5）使用相同的方法删除首页中的横线，完成页眉页脚的设置。

（五）创建目录

对于设置了多级标题样式的文档，可通过索引和目录功能提取目录，其具体操作如下。

（1）在文档开始处选择"毕业论文"文本，设置格式为"方正大标宋简体、小初、居中对齐"，选择"降低企业成本途径分析"文本，设置格式为"黑体、小二、加粗、居中对齐"。

（2）分别选择"姓名""学号""专业"文本，设置格式为"黑体、小四"，然后利用【Space】键使其居中对齐。同样利用【Backspace】键使论文标题上下居中对齐，参考效果如图 6-51 所示。

图 6-51　设置封面格式

微课：创建目录

（3）选择摘要中的"关键字："文本，设置字符格式为"微软雅黑、四号、加粗"。

（4）在"提纲"页的末尾定位插入点，在【插入】/【页】组中单击 分页 按钮，插入分页符并创建新的空白页，按【Enter】键换行，在新页面第一行输入"目　录"，并应用一级标题格式。

（5）将插入点定位于第二行左侧，在【引用】/【目录】组中单击"目录"按钮，在打开的下拉列表中选择"插入目录"选项，打开"目录"对话框，单击"目录"选项卡，在"制表符前导符"下拉列表中选择第一个选项，在"格式"下拉列表框中选择"正式"选项，在"显示级别"数值框中输入"2"，撤销选中"使用超链接而不使用页码"复选框，单击 确定 按钮，如图 6-52 所示。

（6）返回文档编辑区即可查看插入的目录，效果如图 6-53 所示。

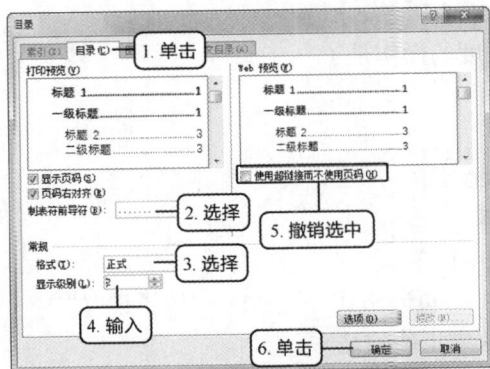

图 6-52　"目录"对话框

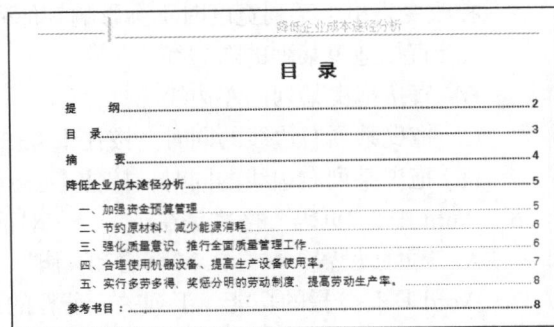

图 6-53　插入目录效果

（六）预览并打印文档

在文档中对文本内容编辑完成后可将其打印出来，即把制作的文档内容输出到纸张上。但是为了使输出的文档内容效果更佳，及时发现文档中隐藏的错误排版样式，可在打印文档之前预览打印效果，其具体操作如下。

（1）选择【文件】/【打印】命令，在窗口右侧预览打印效果。

微课：预览并
打印文档

（2）对预览效果满意后，在"打印"栏的"份数"数值框中设置打印份数，这里设置为"2"，然后单击"打印"按钮 📇 开始打印。

> 提示：选择【文件】/【打印】命令，在窗口中间的"设置"栏中的第一个下拉列表框中选择"打印当前页面"选项，将只打印插入点所指定的页；若选择"打印自定义范围"选项，在其下的"页数"文本框中输入起始页码或页面范围（连续页码可以使用英文半角连字符"—"分隔，不连续的页码可以使用英文半角逗号"，"分隔），则可只打印指定范围内的页面。

课后作业

一、单选题

1. 在 Word 中若要删除表格中的某单元格所在行，则应选择"删除单元格"对话框中（　　）。
   - A. "右侧单元格左移"
   - B. "下方单元格上移"
   - C. "删除整行"
   - D. "删除整列"

2. 下列关于在 Word 中拆分单元格的说法正确的是（　　）。
   - A. 只能把表格拆分为多行
   - B. 只能把表格拆分为多列
   - C. 可以拆分成设置的行列数
   - D. 拆分的单元格必须是合并后的单元格

查看答案与解析

3. Word 表格功能相当强大，当把插入点定位在表的最后一行的最后一个单元格时，按【Tab】键，将（　　）。
   - A. 增加一个制表符空格
   - B. 增加新列
   - C. 增加新行
   - D. 插入点移到第一行的第一个单元格

4. 在选定了整个表格之后，若要删除整个表格中的内容，可执行（　　）操作。
   - A. 在右键菜单中选择"删除表格"命令
   - B. 按【Delete】键
   - C. 按【Space】键
   - D. 按【Esc】键

5. 在改变表格中某列宽度时不会影响其他列宽度的操作是（　　）。
   - A. 直接拖曳某列的右边线
   - B. 直接拖曳某列的左边线
   - C. 拖曳某列右边线的同时，按住【Shift】键
   - D. 拖曳某列右边线的同时，按住【Ctrl】键

6. Word 中，"页码"格式是在（　　）对话框中设置。
   - A. "页面设置"　　B. "页眉和页脚"　　C. "页码格式"　　D. "稿子设置"

7. Word 具有分栏的功能，下列关于分栏的说法中正确的是（　　）。
   - A. 最多可以设置 3 栏
   - B. 各栏的栏宽度可以设置

C. 各栏的宽度是固定的　　　　　　　　　D. 各栏之间的间距是固定的

8. 下面关于 Word "首字下沉"的说法正确的是（　　）。

   A. 可设置两个字符的下层　　　　　　　B. 可以下沉三行字的位置

   C. 最多只能下沉三行　　　　　　　　　D. 可设置下层字符与正文的颜色

9. Word 2010 的模板文件的后缀名是（　　）。

   A. .dot　　　　　　B. .xlsx　　　　　　C. .dotx　　　　　　D. .docx

10. 在 Word 中进行文字校对时，正确的操作是（　　）。

   A. 选择【文件】/【选项】命令

   B. 在【审阅】/【校对】组单击"信息检索"按钮

   C. 在【审阅】/【校对】组单击"修订"按钮

   D. 在【审阅】/【校对】组单击"拼写和语法"按钮

11. Word 使用模板创建文档的过程是（　　），然后选择模板名。

   A. 选择【文件】/【打开】菜单命令

   B. 选择【文件】/【选项】菜单命令

   C. 选择【文件】/【新建模板文档】菜单命令

   D. 选择【文件】/【新建】菜单命令

12. 有关样式的说法正确的是（　　）。

   A. 用户可以使用样式，但必须先创建样式

   B. 用户可以使用 Word 预设的样式，也可以自己自定义样式

   C. Word 没有预设的样式，用户只能先建立后再去使用

   D. 用户可以使用 Word 预设的样式，但不能自定义样式

13. 在 Word 窗口中，若光标停在某个字符之前，当选择某样式时，对当前起作用的是（　　）。

   A. 字段　　　　　　B. 行　　　　　　C. 段落　　　　　　D. 文档中的全部段落

14. 当用户输入错误的或系统不能识别的文字时，Word 会在文字下面以（　　）标注。

   A. 红色直线　　　　B. 红色波浪线　　　C. 绿色直线　　　　D. 绿色波浪线

15. 在 Word 的编辑状态，为文档设置页码，可以使用（　　）。

   A.【引用】/【目录】组　　　　　　　　B.【开始】/【样式】组

   C.【插入】/【页】组　　　　　　　　　D.【插入】/【页眉页脚】组

16. Word 的页边距可以通过（　　）设置。

   A.【插入】/【插图】组　　　　　　　　B.【开始】/【段落】组

   C.【页面布局】/【页面设置】组　　　　D.【文件】/【选项】菜单命令

17. 在 Word 中要为段落插入书签应在（　　）设置。

   A.【页面布局】/【段落】组　　　　　　B.【开始】/【段落】组

   C.【页面布局】/【页面设置】组　　　　D.【插入】/【链接】组

18. 在 Word 中预览文档打印后的效果，需要使用（　　）功能。

   A. 打印预览　　　　B. 虚拟打印　　　　C. 提前打印　　　　D. 屏幕打印

19. 以下关于 Word 2010 页面布局的功能，说法错误的是（　　）。

   A. 页面布局功能可以为文档设置首字下沉

   B. 页面布局功能可以设置文档分隔符

    C. 页面布局功能可以设置稿纸效果

    D. 页面布局功能可以为段落设置缩进与间距

20. 打印一个文件的第 7 页和第 12 页，页码范围设定正确的是（   ）。

    A. 7-12   B. 7/12   C. 7,12   D. 7～12

21. 在 Word 2010 中，要想对文档进行翻译，需执行（   ）操作。

    A. 在【审阅】/【校对】组单击"信息检索"按钮

    B. 在【审阅】/【语言】组单击"翻译"按钮

    C. 在【审阅】/【校对】组单击"语言"按钮

    D. 在【审阅】/【语言】组单击"语言"按钮

22. 下面有关 Word 2010 校对功能的叙述，正确的是（   ）。

    A. 可以查出文档中的拼写和语法错误，但不能提供改错功能

    B. 可以查出文档中的拼写和语法错误，并能给出相应的修改意见

    C. 不能查出文档中的拼写和语法错误，也不具有改错功能

    D. 不能查出文档中的拼写和语法错误，但可以就文档中的错误给出相应的修改意见

23. 下面关于 Word 页码与页眉页脚的描述，正确的是（   ）。

    A. 页眉页脚就是页码

    B. 页眉页脚与页码分别设定，所以二者毫无关系

    C. 页码只能设置在页眉页脚

    D. 页码可以插入到页眉页脚中

24. 在 Word 中打印文档时，取消打印应该（   ）。

    A. 选择【文件】/【取消打印】菜单命令

    B. 关闭正在打印的文档

    C. 按【Esc】键取消打印操作

    D. 在"开始"菜单中选择"设备和打印机"菜单命令。在打印机图标上单击鼠标右键，在弹出的快捷菜单中选择"查看正在打印什么"命令，然后在打开的窗口中选择取消打印的文件，选择【文档】/【取消】菜单命令

25. 在 Word 的编辑状态下，设置纸张大小时，应当（   ）。

    A. 选择【文件】/【页面设置】菜单命令

    B. 在快速访问工具栏单击"纸张大小"按钮

    C. 在【视图】/【页面设置】组单击"纸张大小"按钮

    D. 在【页面布局】/【页面设置】组单击"纸张大小"按钮

26. 目前在打印预览状态，若需打印文件，则（   ）。

    A. 只能在打印预览状态打印   B. 在打印预览状态不能打印

    C. 在打印预览状态也可以直接打印   D. 必须退出打印预览状态后才可以打印

27. 完成"修订"操作必须通过（   ）功能区进行。

    A. 页面布局   B. 开始   C. 引用   D. 审阅

28. 选择（   ）选项卡可以实现简体中文与繁体中文的转换。

    A. 开始   B. 视图   C. 审阅   D. 引用

29. 对于 Word 2010 中表格的叙述，正确的是（   ）。

A. 表格中的数据可以进行公式计算 　　B. 表格中的文本只能垂直居中

C. 表格中的数据不能排序 　　D. 只能在表格的外框画粗线

二、操作题

1. 打开"报到通知书.docx"文档，做如下操作。

（1）将文本插入点定位到标题文本处或选择标题文本，选择【开始】/【样式】组，单击"快速样式"列表框右侧的下拉按钮，在打开的列表框中选择"标题"选项，为其应用标题样式。

（2）选择所有正文文本，在"快速样式"列表框中选择"列出段落"选项，为正文文本应用该样式。

（3）选择"注意事项"栏下的两段文本，然后为其应用"明显参考"样式。

"报到通知书.docx"文档效果如图 6-54 所示。

2. 在"推广方案.docx"文档中插入艺术字、SmartArt 图形以及表格，并对艺术字、SmartArt 图形以及表格的样式和颜色等进行设置，其操作如下。

（1）打开"推广方案.docx"文档，插入和编辑艺术字。

（2）添加、编辑和美化 SmartArt 图形。

（3）添加表格和输入表格内容。

（4）编辑和美化表格，完成后保存文档。

"推广方案.docx"文档效果如图 6-55 所示。

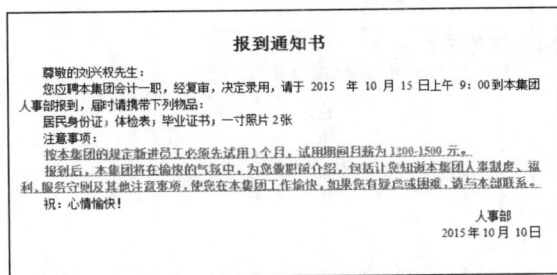

图 6-54 "报到通知书.docx"文档效果

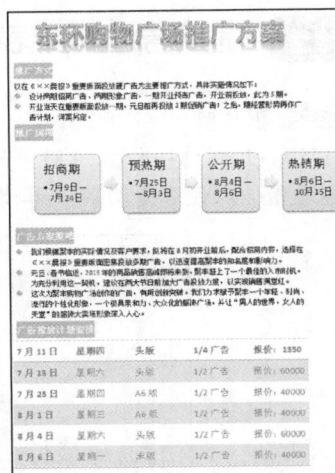

图 6-55 "推广方案.docx"文档效果

3. 对"市场分析报告.docx"文档进行设置并打印，其操作如下。

（1）打开"市场分析报告.docx"文档，通过创建和修改样式等操作设置文档格式。

（2）在文档中插入饼图图表，然后对图表的标题和图表布局进行设置。

（3）通过插入图片和输入文字来设置文档页眉，通过插入页脚样式来设置文档页脚。

"市场分析报告.docx"文档效果如图 6-56 所示。

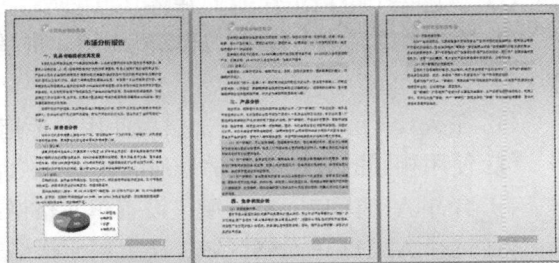

图 6-56 "市场分析报告.docx"文档效果

项目七 制作 Excel 表格

Excel 2010 是一款功能强大的电子表格处理软件，主要用于将庞大的数据转换为比较直观的表格或图表。本项目将通过 2 个任务，介绍 Excel 2010 的使用方法，包括基本操作、编辑数据、设置格式和打印表格等。

学习目标

- 制作学生成绩表
- 编辑产品价格表

任务一 制作学生成绩表

任务要求

利用 Excel 制作一份本班同学的成绩表，并以"学生成绩表"为名进行保存，利用 Excel 进行表格设置，以便查看数据，参考效果如图 7-1 所示，相关要求如下。

序号	学号	姓名	英语	高数	计算机基础	大学语文	上机实训
			计算机应用4班学生成绩表				
1	20150901401	张琴	90	80	74	89	优
2	20150901402	赵赤	55	65	87	75	优
3	20150901403	章熊	65	75	63	78	良
4	20150901404	王费	87	86	74	72	及格
5	20150901405	李艳	68	90	91	98	优
6	20150901406	熊思思	69	66	72	61	良
7	20150901407	李莉	89	75	83	68	优
8	20150901408	何梦	72	68	63	65	不及格
9	20150901409	于梦溪	78	61	81	81	优
10	20150901410	张潇	64	42	81	60	良
11	20150901411	程桥	59	55	78	82	及格

图 7-1 "学生成绩表"工作簿最终效果

① 新建一个空白工作簿，并将其以"学生成绩表"为名进行保存。

② 在 A1 单元格中输入"计算机应用 4 班学生成绩表"文本，然后在 A2:H2 单元格中输入相关科目。

③ 在 A3 单元格中输入 1，然后使用鼠标拖曳进行序列填充。

④ 使用相同的方法输入学号列的数据，然后依次输入姓名，以及各科的成绩。

⑤ 合并 A1:H1 单元格区域，设置单元格格式为"方正兰亭粗黑简体、18 号"。

⑥ 选择 A2:H2 单元格区域，设置单元格格式为"方正中等线简体、12、居中对齐"，设置底纹为"茶色，背景 2，深色 25%"。

⑦ 选择 D3:G13 单元格区域，为其设置条件格式为"加粗倾斜、红色"。

⑧ 自动调整 F 列的列宽，手动设置第 2～第 13 行的行高为"15"。

⑨ 为工作表设置一个背景，背景图片为提供的"背景.jpg"素材。

相关知识

（一）熟悉 Excel 2010 工作界面

Excel 2010 工作界面与 Word 2010 的工作界面基本相似，由快速访问工具栏、标题栏、文件选项卡、功能选项卡、功能区、编辑栏和工作表编辑区等部分组成，如图 7-2 所示。下面介绍编辑栏和工作表编辑区的作用。

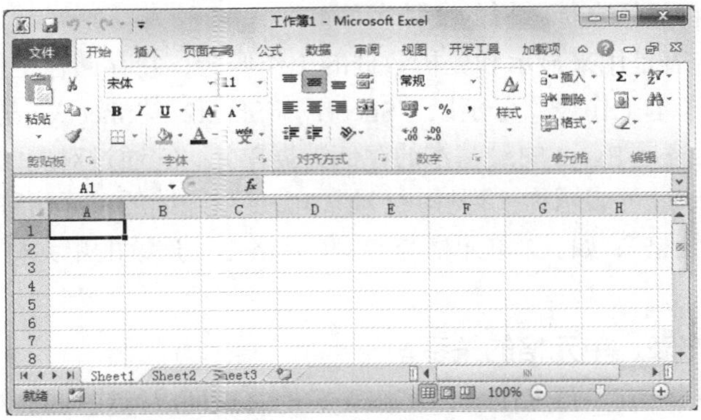

图 7-2　Excel 2010 工作界面

1. 编辑栏

编辑栏用来显示和编辑当前活动单元格中的数据或公式。默认情况下，编辑栏中包括名称框、"插入函数"按钮 *fx* 和编辑框，但在单元格中输入数据或插入公式与函数时，编辑栏中的"取消"按钮 × 和"输入"按钮 ✓ 也将显示出来。

① 名称框。名称框用来显示当前单元格的地址或函数名称，如在名称框中输入"A3"后，按【Enter】键表示选择 A3 单元格。

② "取消"按钮 ×。单击该按钮表示取消输入的内容。

③ "输入"按钮 ✓。单击该按钮表示确定并完成输入。

④ "插入函数"按钮 *fx*。单击该按钮，将快速打开"插入函数"对话框，在其中可选择相应的函数插入到表格中。

⑤ 编辑框。编辑框用于显示在单元格中输入或编辑的内容，并在其中直接输入和编辑。

2. 工作表编辑区

工作表编辑区是 Excel 编辑数据的主要场所，它包括行号与列标、单元格和工作表标签等。

① 行号与列标。行号用"1，2，3，…"等阿拉伯数字标识，列标用"A，B，C，…"等大写英文字母标识。一般情况下，单元格地址表示为"列标+行号"，如位于 A 列 1 行的单元格可表示为 A1 单元格。

② 工作表标签。工作表标签用于显示工作表的名称，如"Sheet1""Sheet2""Sheet3"等。在工作表标签左侧单击 ◄ 按钮或 ► 按钮，当前工作表标签将返回到最左侧或最右侧的工作表标签，单击 ◄ 按钮或 ► 按钮将向前或向后切换一个工作表标签。若在工作表标签左侧的任意一个

滚动显示按钮上单击鼠标右键，在弹出的快捷菜单中选择任意一个工作表也可切换工作表。

（二）认识工作簿、工作表、单元格

Excel 中的工作簿、工作表和单元格是构成 Excel 的框架，同时它们之间存在着包含与被包含的关系。了解其概念和相互之间的关系，有助于在 Excel 中执行相应的操作。

1. 工作簿、工作表和单元格的概念

下面首先了解工作簿、工作表和单元格的概念。

① 工作簿。工作簿即 Excel 文件，是用来存储和处理数据的主要文档，也称电子表格。默认情况下，新建的工作簿以"工作簿 1"命名，若继续新建工作簿将以"工作簿 2""工作簿 3"……命名，且工作簿名称将显示在标题栏的文档名处。

② 工作表。工作表是用来显示和分析数据的工作场所，它存储在工作簿中。默认情况下，一张工作簿中只包含 3 个工作表，分别以"Sheet1""Sheet2""Sheet3"进行命名。

③ 单元格。单元格是 Excel 中最基本的存储数据单元，它通过对应的行号和列标进行命名和引用。单个单元格地址可表示为"列标+行号"，而多个连续的单元格称为单元格区域，其地址表示为"单元格:单元格"，如 A2 单元格与 C5 单元格之间连续的单元格可表示为 A2:C5 单元格区域。

2. 工作簿、工作表、单元格的关系

工作簿中包含了一张或多张工作表，工作表又是由排列成行或列的单元格组成。在计算机中工作簿以文件的形式独立存在，Excel 2010 创建的文件扩展名为".xlsx"，而工作表依附在工作簿中，单元格则依附在工作表中，因此它们 3 者之间的关系是包含与被包含的关系。

（三）切换工作簿视图

在 Excel 中，也可根据需要在视图栏中单击视图按钮组▦▢▤中的相应按钮，或在【视图】/【工作簿视图】组中单击相应的按钮来切换工作簿视图。下面分别介绍各工作簿视图的作用。

① 普通视图。普通视图是 Excel 中的默认视图，用于正常显示工作表，在其中可以执行数据输入、数据计算和图表制作等操作。

② 页面布局视图。在页面布局视图中，每一页都会同时显示页边距、页眉和页脚，用户可以在此视图模式下编辑数据、添加页眉和页脚，并可以通过拖动标尺上边或左边的滑块设置页面边距。

③ 分页预览视图。分页预览视图可以显示蓝色的分页符，用户可以用鼠标拖动分页符以改变显示的页数和每页的显示比例。

④ 全屏显示视图。要在屏幕上尽可能多地显示文档内容，用户可以切换为全屏显示视图，单击【视图】/【工作簿视图】组中的"全屏显示"按钮▦，即可切换到全屏显示视图。在该模式下，Excel 将不显示功能区和状态栏等部分。

（四）选择单元格

用户要在表格中输入数据，首先应选择输入数据的单元格。在工作表中选择单元格的方法有以下 6 种。

① 选择单个单元格。单击单元格，或在名称框中输入单元格的行号和列号后按【Enter】键即可选择所需的单元格。

② 选择所有单元格。单击行号和列标左上角交叉处的"全选"按钮，或按【Ctrl+A】组合键即可选择工作表中所有单元格。

③ 选择相邻的多个单元格。选择起始单元格后，按住鼠标左键不放拖曳鼠标到目标单元格，或按住【Shift】键的同时选择目标单元格，即可选择相邻的多个单元格。

④ 选择不相邻的多个单元格。按住【Ctrl】键的同时依次单击需要选择的单元格，即可选择不相邻的多个单元格。

⑤ 选择整行。将鼠标移动到需选择行的行号上，当鼠标光标变成➡形状时，单击即可选择该行。

⑥ 选择整列。将鼠标移动到需选择列的列标上，当鼠标光标变成⬇形状时，单击即可选择该列。

（五）合并与拆分单元格

当默认的单元格样式不能满足实际需要时，可通过合并与拆分单元格的方法来设置表格。

1. 合并单元格

在编辑表格的过程中，为了使表格结构看起来更美观、层次更清晰，有时需要对某些单元格区域进行合并操作。选择需要合并的多个单元格，然后在【开始】/【对齐方式】组中单击"合并后居中"按钮。单击合并后居中按钮右侧的下拉按钮，在打开的下拉列表中可以选择"跨越合并""合并单元格""取消单元格合并"等选项。

2. 拆分单元格

拆分单元格的方法与合并单元格的方法完全相反，在拆分时选择合并的单元格，然后单击合并后居中按钮，或打开"设置单元格格式"对话框，在"对齐方式"选项卡下撤销选中"合并单元格"复选框即可。

（六）插入与删除单元格

在表格中可插入和删除单个单元格，也可插入或删除一行或一列单元格。

1. 插入单元格

插入单元格的具体操作如下。

（1）选择单元格，在【开始】/【单元格】组中单击"插入"按钮右侧的下拉按钮，在打开的下拉列表中选择"插入工作表行"或"插入工作表列"选项，即可插入整行或整列单元格。此处选择"插入单元格"选项。

微课：插入单元格

（2）打开"插入"对话框，单击选中对应的单选项后，单击确定按钮即可。

2. 删除单元格

删除单元格的具体操作如下。

（1）选择要删除的单元格，单击【开始】/【单元格】组中的"删除"按钮右侧的下拉按钮，在打开的下拉列表中选择"删除工作表行"或"删除工作表列"选项，即可删除整行或整列单元格。此处选择"删除单元格"选项。

微课：删除单元格

（2）打开"删除"对话框，单击选中对应单选项后，单击确定按钮即可删除所选单元格。

（七）查找与替换数据

在 Excel 表格中手动查找与替换某个数据将会非常麻烦，且容易出错，此时可利用查找与替换功能快速定位到满足查找条件的单元格，并将单元格中的数据替换为需要的数据。

1. 查找数据

利用 Excel 提供的查找功能查找数据的具体操作如下。

（1）在【开始】/【编辑】组中单击"查找和选择"按钮 ，在打开的下拉列表中选择"查找"选项，打开"查找和替换"对话框，单击"查找"选项卡。

（2）在"查找内容"下拉列表框中输入要查找的数据，单击 查找下一个(F) 按钮，便能快速查找到匹配条件的单元格。

微课：查找数据

（3）单击 查找全部(I) 按钮，可以在"查找和替换"对话框下方列表中显示所有包含需要查找数据的单元格位置。单击 关闭 按钮关闭"查找和替换"对话框。

2. 替换数据

替换数据的具体操作如下。

（1）在【开始】/【编辑】组中单击"查找和选择"按钮 ，在打开的下拉列表中选择"替换"选项，打开"查找和替换"对话框，单击"替换"选项卡。

微课：替换数据

（2）在"查找内容"下拉列表框中输入要查找的数据，在"替换为"下拉列表框中输入需替换的内容。

（3）单击 查找下一个(F) 按钮，查找符合条件的数据，然后单击 替换(R) 按钮进行替换，或单击 全部替换(A) 按钮，将所有符合条件的数据一次性全部替换。

⊕ 任务实现

（一）新建并保存工作簿

启动 Excel 后，系统将自动新建名为"工作簿 1"的空白工作簿。为了满足需要，用户还可新建更多的空白工作簿，其具体操作如下。

（1）选择【开始】/【所有程序】/【Microsoft Office】/【Microsoft Excel 2010】命令，启动 Excel 2010，然后选择【文件】/【新建】命令，在窗口中间的"可用模板"列表框中选择"空白工作簿"选项，在右下角单击"创建"按钮 。

微课：新建并保存
工作簿

（2）系统将新建名为"工作簿 2"的空白工作簿。

（3）选择【文件】/【保存】命令，在打开的"另存为"对话框的"地址栏"下拉列表框中选择文件保存路径，在"文件名"后的文本框中输入"学生成绩表.xlsx"，然后单击 保存(S) 按钮。

提示：按【Ctrl+N】组合键可快速新建空白工作簿，在桌面或文件夹的空白位置处单击鼠标右键，在弹出的快捷菜单中选择【新建】/【Microsoft Excel 工作表】命令也可新建空白工作簿。

（二）输入工作表数据

输入数据是制作表格的基础，Excel 支持各种类型数据的输入，如文本和数字等，其具体操作如下。

（1）选择 A1 单元格，在其中输入"计算机应用 4 班学生成绩表"文本，然后按【Enter】键切换到 A2 单元格，在其中输入"序号"文本。

微课：输入工作表数据

（2）按【Tab】键或【→】键切换到 B2 单元格，在其中输入"学号"文本，再使用相同的方法依次在后面单元格输入"姓名""英语""高数""计算机基础""大学语文""上机实训"等文本。

（3）选择 A3 单元格，在其中输入"1"，将鼠标指针移动到单元格右下角，出现＋形状的控制柄，按住【Ctrl】键的同时在控制柄上按住鼠标左键不放拖曳鼠标至 A13 单元格，此时 A4:A13 单元格区域将自动生成序号。

（4）拖曳鼠标选择 B3:B13 单元格区域，在【开始】/【数字】组中的"数字格式"下拉列表中选择"文本"选项，然后在 B3 单元格中输入学号"20150901401"，并拖曳控制柄为 B4:B13 单元格区域创建自动填充，完成后效果如图 7-3 所示。

图 7-3　自动填充数据

（三）设置数据有效性

为单元格设置数据有效性后，可保证输入的数据在指定的范围内，从而减少出错率，其具体操作如下。

微课：设置数据有效性

（1）在 C3:C13 单元格区域中输入学生名字，然后选择 D3:G13 单元格区域。

（2）在【数据】/【数据工具】组中单击"数据有效性"按钮，打开"数据有效性"对话框，在"允许"下拉列表中选择"整数"选项，在"数据"下拉列表中选择"介于"选项，在"最大值"和"最小值"文本框中分别输入 100 和 0。

（3）单击"输入信息"选项卡，在"标题"文本框中输入"注意"文本，在"输入信息"文本框中输入"请输入 0-100 之间的整数"文本。

（4）单击"出错警告"选项卡，在"标题"文本框中输入"出错"文本，在"错误信息"文本框中输入"输入的数据不在正确范围内，请重新输入"文本，完成后单击　确定　按钮，如图 7-4 所示。

（5）在单元格中依次输入相关课程的学生成绩，选择 H3:H13 单元格区域，打开"数据有效性"对话框，在"设置"选项卡的"允许"下拉列表中选择"序列"选项，在来源文本框中输入"优,良,及格,不及格"文本。

（6）选择 H3:H13 单元格区域任意单元格，然后单击单元格右侧的下拉按钮，在打开的下拉列表中选择需要的选项即可，如图 7-5 所示。

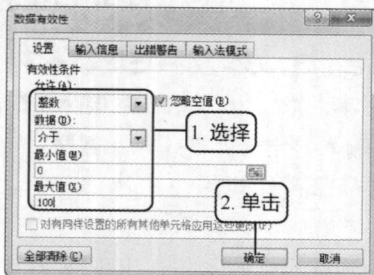

图 7-4   设置数据有效性

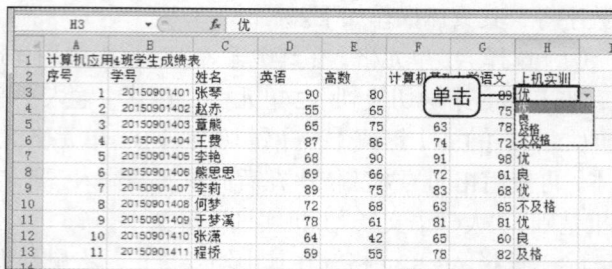

图 7-5   选择输入的数据

（四）设置单元格格式

输入数据后通常还需要对单元格设置相关的格式，美化表格，其具体操作如下。

（1）选择 A1:H1 单元格区域，在【开始】/【对齐方式】组中单击"合并后居中"按钮或单击该按钮右侧的下拉按钮，在打开的下拉列表中选择"合并后居中"选项。

微课：设置单元格格式

（2）返回工作表中可看到所选的单元格区域合并为一个单元格，且其中的数据自动居中显示。

（3）保持选择状态，在【开始】/【字体】组的"字体"下拉列表框中选择"方正兰亭粗黑简体"选项，在"字号"下拉列表框中选择"18"选项。选择 A2:H2 单元格区域，设置其字体为"方正中等线简体"，字号为"12"，在【开始】/【对齐方式】组中单击"居中对齐"按钮。

（4）在【开始】/【字体】组中单击"填充颜色"按钮右侧的下拉按钮，在打开的下拉列表中选择"茶色，背景2，深色25%"选项，选择剩余的数据，设置对齐方式为"居中对齐"，完成后的效果如图 7-6 所示。

图 7-6   设置单元格格式

（五）设置条件格式

通过设置条件格式，用户可以将不满足或满足条件的数据单独显示出来，其具体操作如下。

（1）选择 D3:G13 单元格区域，在【开始】/【样式】组中单击"条件格式"按钮，在打开的下拉列表中选择"新建规则"选项，打开"新建格式规则"对话框。

微课：设置条件格式

（2）在"选择规则类型"列表框中选择"只为包含以下内容的单元格设置格式"选项，在"编辑规则说明"栏中的条件格式下拉列表选择"小于"选项，并在右侧的数据框中输入"60"，如图 7-7 所示。

（3）单击 [格式(F)...] 按钮，打开"设置单元格格式"对话框，在"字体"选项卡中设置字型为"加粗倾斜"，将颜色设置为标准色中的"红色"，如图 7-8 所示。

（4）依次单击 [确定] 按钮返回工作界面，使用相同的方法为 H3:H13 单元格区域设置条件格式。

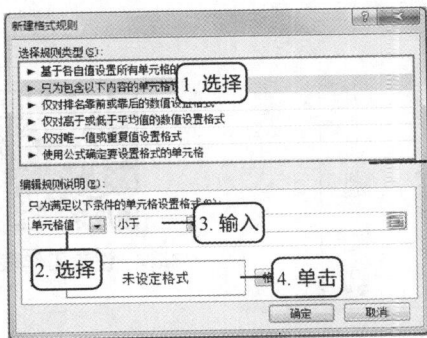

图 7-7 新建格式规则

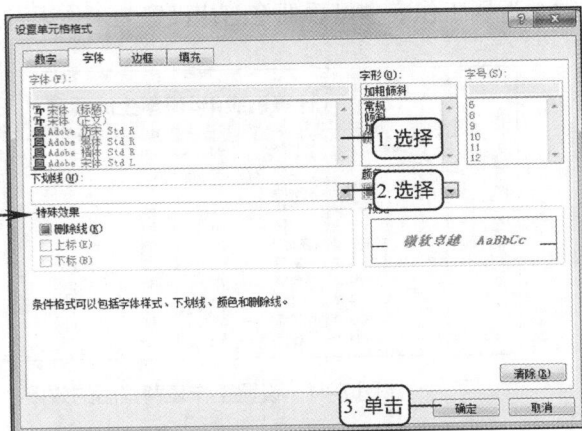

图 7-8 设置条件格式

（六）调整行高与列宽

默认状态下，单元格的行高和列宽是固定不变的，但是当单元格中的数据太多不能完全显示其内容时，则需要调整单元格的行高或列宽使其符合单元格大小，其具体操作如下。

微课：调整行高和列宽

（1）选择 F 列，在【开始】/【单元格】组中单击"格式"按钮 ，在打开的下拉列表中选择"自动调整列宽"选项，返回工作表中可看到 F 列变宽且其中的数据完整显示出来，如图 7-9 所示。

（2）将鼠标指针移到第 1 行行号间的间隔线上时，当鼠标指针变为+形状时，按住鼠标左键不放向下拖曳，此时鼠标指针右侧将显示具体的数据，待拖曳至适合的距离后释放鼠标。

（3）选择第 2～第 13 行，在【开始】/【单元格】组中单击"格式"按钮 ，在打开的下拉列表中选择"行高"选项，在打开的"行高"对话框的数值框中默认显示为"13.5"，这里输入"15"，单击 [确定] 按钮，此时，在工作表中可看到第 2～第 13 行的行高增大，如图 7-10 所示。

图 7-9 自动调整列宽

图 7-10 设置行高后的效果

（七）设置工作表背景

默认情况下，Excel 工作表中的数据呈白底黑字显示。为使工作表更美观，除了为其填充颜色外，还可插入喜欢的图片作为背景，其具体操作如下。

（1）在【页面布局】/【页面设置】组中单击 背景 按钮，打开“工作表背景”对话框，在“地址栏”下拉列表框中选择背景图片的保存路径，在工作区选择“背景.jpg”图片，单击“插入”按钮。

（2）返回工作表中可看到将图片设置为工作表背景后的效果，如图 7-11 所示。

	A	B	C	D	E	F	G	H
1	计算机应用4班学生成绩表							
2	序号	学号	姓名	英语	高数	计算机基础	大学语文	上机实训
3	1	20150901401	张琴	90	80	74	89	优
4	2	20150901402	赵赤	*55*	65	87	75	优
5	3	20150901403	章熊	65	75	63	78	良
6	4	20150901404	王费	87	86	74	72	及格
7	5	20150901405	李艳	68	90	91	98	优
8	6	20150901406	熊思思	69	66	72	61	良
9	7	20150901407	李莉	89	75	83	68	优
10	8	20150901408	何梦	72	68	63	65	*不及格*
11	9	20150901409	于梦溪	78	61	81	81	优
12	10	20150901410	张潇	64	*42*	65	60	良
13	11	20150901411	程桥	*59*	*55*	78	82	及格

图 7-11　设置工作表背景后的效果

微课：设置工作表背景

任务二　编辑产品价格表

任务要求

制作一份产品价格表，用于比对产品成本，利用 Excel 2010 的功能制作，完成后的参考效果如图 7-12 所示，相关要求如下。

① 打开素材工作簿，并先插入一个工作表，然后再删除“Sheet2”“Sheet3”“Sheet4”工作表。

② 复制两次“Sheet1”工作表，并分别将所有工作表重命名“BS 系列”“MB 系列”和“RF 系列”。

③ 通过双击工作表标签的方法重命名工作表。

④ 将“BS 系列”工作表以 C4 单元格为中心拆分为 4 个窗格，将“MB 系列”工作表 B3 单元格作为冻结中心冻结表格。

⑤ 分别将 3 个工作表依次设置为“红色、黄色、深蓝”。

⑥ 将工作表的对齐方式设置为“垂直居中”横向打印 5 份。

⑦ 选择“RF 系列”的 E3:E20 单元格区域，为其设置保护，最后为工作表和工作簿分别设置保护密码，其密码为“123”。

B3　　fx　美白洁面乳

	A	B	C	D	E	F
1	LR-MB系列产品价格表					
2	货号	产品名称	净含量	包装规格	价格（元）	备注
12	MB010	美白精华霜	30ml	48瓶/箱	128	
13	MB011	美白去黑头	105g	48支/箱	110	
14	MB012	美白深层去	105ml	48支/箱	99	
15	MB013	美白还原面	1片装	288片/箱	15	
16	MB014	美白晶莹眼	25ml	72支/箱	128	
17	MB015	美白再生青	2片装	1152袋/箱	10	
18	MB016	美白祛皱眼	35g	48支/箱	135	
19	MB017	美白黑眼圈	35g	48支/箱	138	
20	MB018	美白焕采面	1片装	288片/箱	20	
21						

图 7-12　“产品价格表”工作簿最终效果

+ 相关知识

（一）选择工作表

选择工作表的实质是选择工作表标签，主要有以下 4 种方法。

① 选择单张工作表。单击工作表标签，可选择对应的工作表。

② 选择连续多张工作表。单击选择第一张工作表，按住【Shift】键不放的同时选择其他工作表。

③ 选择不连续的多张工作表。单击选择第一张工作表，按住【Ctrl】键不放的同时选择其他工作表。

④ 选择全部工作表。在任意工作表上单击鼠标右键，在弹出的快捷菜单中选择"选定全部工作表"命令。

（二）隐藏与显示工作表

在工作簿中当不需要显示某个工作表时，可将其隐藏，当需要时再将其重新显示出来，其具体操作如下。

（1）选择需要隐藏的工作表，在其上单击鼠标右键，在弹出的快捷菜单中选择"隐藏"命令，即可隐藏所选的工作表。

（2）在工作簿的任意工作表上单击鼠标右键，在弹出的快捷菜单中选择"取消隐藏"命令。

（3）在打开的"取消隐藏"对话框的列表框中选择需显示的工作表，然后单击　确定　按钮即可将隐藏的工作表显示出来，如图 7-13 所示。

微课：隐藏与显示
工作表

（三）设置超链接

在制作电子表格时，可根据需要为相关的单元格设置超链接，其具体操作如下。

（1）单击选择需要设置超链接的单元格，在【插入】/【超链接】组中单击"超链接"按钮，打开"插入超链接"对话框。

图 7-13 "取消隐藏"对话框

（2）在打开的对话框中可根据需要设置链接对象的位置等，如图 7-14 所示，完成后单击　确定　按钮。

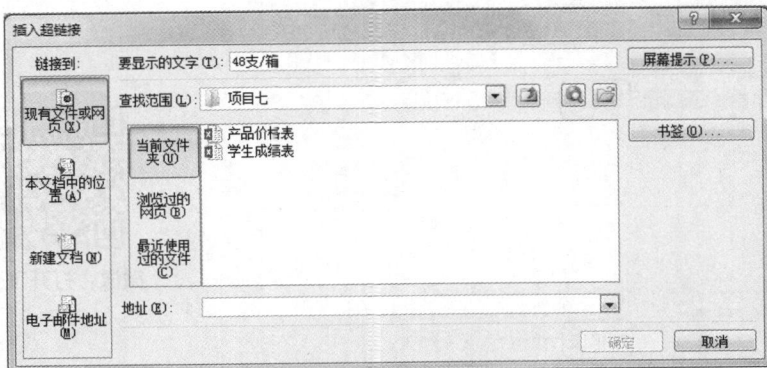

微课：设置超链接

图 7-14 "插入超链接"对话框

（四）套用表格格式

如果用户希望工作表更美观，但又不想浪费太多的时间设置工作表格式时，可利用套用工作表格式功能直接调用系统中已设置好的表格格式，这样不仅可提高工作效率，还可保证表格格式的美观，其具体操作如下。

（1）选择需要套用表格格式的单元格区域，在【开始】/【样式】组中单击"套用表格格式"按钮，在打开的下拉列表中选择一种表格样式选项。

（2）由于已选择了套用范围的单元格区域，这里只需在打开的"套用表格式"对话框中单击 确定 按钮即可，如图 7-15 所示。

（3）套用表格格式后，将激活"表格工具–设计"选项卡，在其中可重新设置表格样式和表格样式选项。另外，在【表格工具–设计】/【工具】组中单击 转换为区域 按钮，可将套用的表格格式转换为区域，即转换为普通的单元格区域。

图 7-15　套用表格格式

任务实现

（一）打开工作簿

要查看或编辑保存在计算机中的工作簿，首先要打开该工作簿，其具体操作如下。

（1）启动 Excel 2010 程序，选择【文件】/【打开】命令。

（2）打开"打开"对话框，在"地址栏"下拉列表框中选择文件路径，在工作区选择"产品价格表.xlsx"工作簿，单击 打开(O) 按钮即可打开选择的工作簿，如图 7-16 所示。

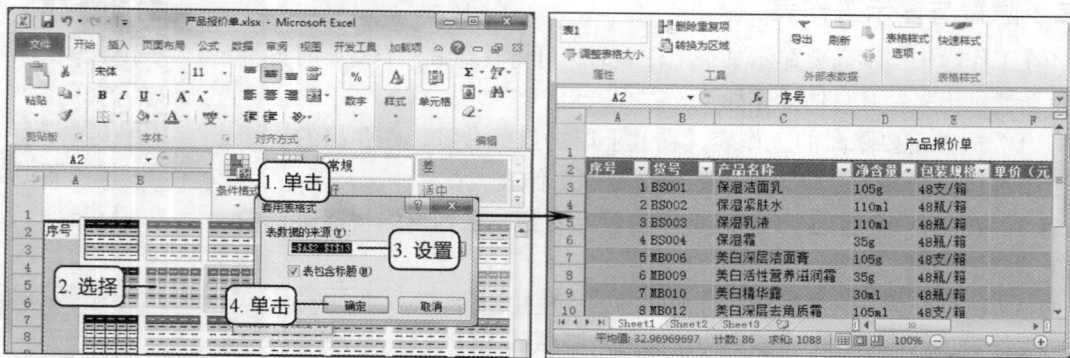

图 7-16　"打开"对话框

提示：按【Ctrl+O】组合键，也可打开"打开"对话框，在其中选择文件路径和所需的文件；另外，在计算机中双击需打开的 Excel 文件也可打开所需的工作簿。

（二）插入与删除工作表

在 Excel 中当工作表的数量不够使用时，可通过插入工作表来增加工作表的数量，若插入了多余的工作表，则可将其删除，以节省系统资源。

1. 插入工作表

默认情况下，Excel 工作簿中提供了 3 张工作表，但用户可以根据需要插入更多工作表。下面在"产品价格表.xlsx"工作簿中通过"插入"对话框插入空白工作表，其具体操作如下。

微课：插入工作表

（1）在"Sheet1"工作表标签上单击鼠标右键，在弹出的快捷菜单中选择"插入"命令。

（2）在打开的"插入"对话框的"常用"选项卡的列表框中选择"工作表"选项，然后单击 确定 按钮，即可插入新的空白工作表，如图 7-17 所示。

图 7-17　插入工作表

提示：在"插入"对话框中单击"电子表格方案"选项卡，在其中可以插入基于模板的工作表。另外，在工作表标签后单击"插入工作表"按钮 ，或在【开始】/【单元格】组中单击"插入"按钮 下方的 按钮，在打开的下拉列表中选择"插入工作表"选项，都可快速插入空白工作表。

2. 删除工作表

当工作簿中存在多余的工作表或不需要的工作表时，可以将其删除。下面将删除"产品价格表.xlsx"工作簿中的"Sheet2""Sheet3"和"Sheet4"工作表，其具体操作如下。

微课：删除工作表

（1）按住【Ctrl】键不放，同时选择"Sheet2""Sheet3"和"Sheet4"工作表，在其上单击鼠标右键，在弹出的快捷菜单中选择"删除"命令。

（2）返回工作簿中可看到"Sheet2""Sheet3"和"Sheet4"工作表已被删除，如图 7-18 所示。

提示：若要删除有数据的工作表，则在删除时系统将弹出是否永久删除这些数据的提示对话框，单击 删除 按钮将删除工作表和工作表中的数据，单击 取消 按钮将取消删除工作表的操作。

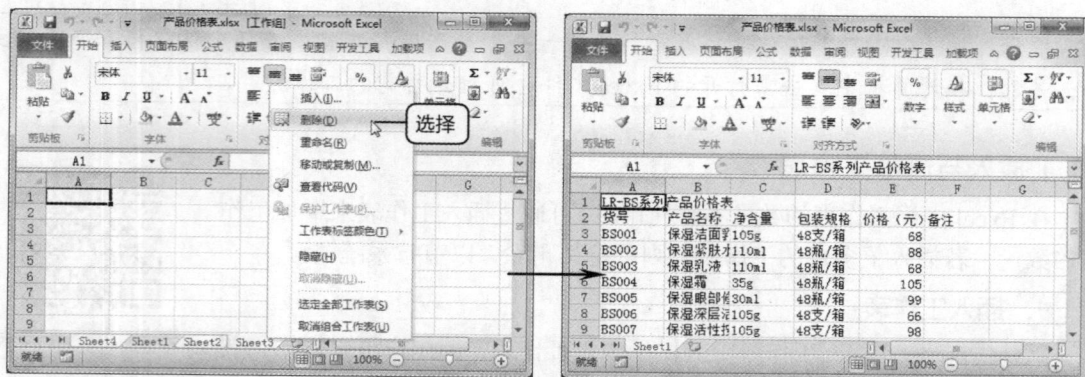

图 7-18　删除工作表

（三）移动与复制工作表

Excel 中工作表的位置并不是固定不变的，为了避免重复制作相同的工作表，用户可根据需要移动或复制工作表，即在原表格的基础上改变表格位置或快速添加多个相同的表格。下面将在"产品价格表.xlsx"工作簿中移动并复制工作表，其具体操作如下。

微课：移动与复制
工作表

（1）在"Sheet1"工作表上单击鼠标右键，在弹出的快捷菜单中选择"移动或复制"命令。

（2）在打开的"移动或复制工作表"对话框的"下列选定工作表之前"列表框中选择移动工作表的位置，这里选择"移至最后"选项，然后单击选中"建立副本"复选框复制工作表，完成后单击 确定 按钮即可移动并复制"Sheet1"工作表，如图 7-19 所示。

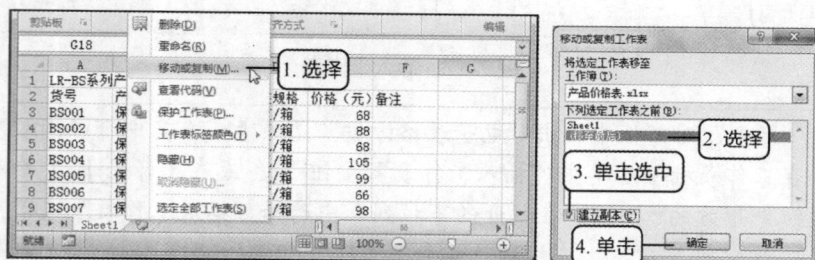

图 7-19　设置移动位置并复制工作表

提示： 将鼠标指针移动到需移动或复制的工作表标签上，按住【Ctrl】键不放时，同时按住鼠标左键进行拖曳，此时鼠标指针变成 或 形状，将其拖曳到目标工作表之后释放鼠标，此时工作表标签上有一个 符号将随鼠标指针移动，释放鼠标后在目标工作表中可看到移动或复制的工作表。

（3）用相同方法在"Sheet1 (2)"工作表后继续移动并复制工作表，如图 7-20 所示。

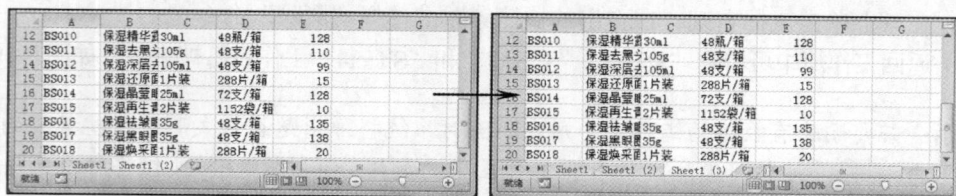

图 7-20　移动并复制工作表

（四）重命名工作表

工作表的名称默认为"Sheet1""Sheet2"等，为了便于查询，可重命名工作表名称。下面在"产品价格表.xlsx"工作簿中重命名工作表，其具体操作如下。

微课：重命名工作表

（1）双击"Sheet1"工作表标签，或在"Sheet1"工作表标签上单击鼠标右键，在弹出的快捷菜单中选择"重命名"命令，此时选择的工作表标签呈可编辑状态，且该工作表的名称自动呈黑底白字显示。

（2）直接输入文本"BS 系列"，然后按【Enter】键或在工作表的任意位置单击退出编辑状态。

（3）使用相同的方法将 Sheet1（2）和 Sheet1（3）工作表标签重命名为"MB 系列"和"RF 系列"，完成后再在相应的工作表中双击单元格修改其中的数据，如图 7-21 所示。

图 7-21　重命名工作表

（五）拆分工作表

用户在 Excel 中可以使用拆分工作表的方法将工作表拆分为多个窗格，每个窗格中都可进行单独的操作，这样有利于在数据量比较大的工作表中查看数据的前后对照关系。要拆分工作表，首先应选择作为拆分中心的单元格，然后执行拆分命令即可。下面在"产品价格表.xlsx"工作簿的"BS 系列"工作表中以 C4 单元格为中心拆分工作表，其具体操作如下。

微课：拆分工作表

（1）在"BS 系列"工作表中选择 C4 单元格，然后在【视图】/【窗口】组中单击 拆分按钮。

（2）此时工作簿将以 C4 单元格为中心拆分为 4 个窗格，在任意一个窗口中选择单元格，然后滚动鼠标滚轴即可显示出工作表中的其他数据，如图 7-22 所示。

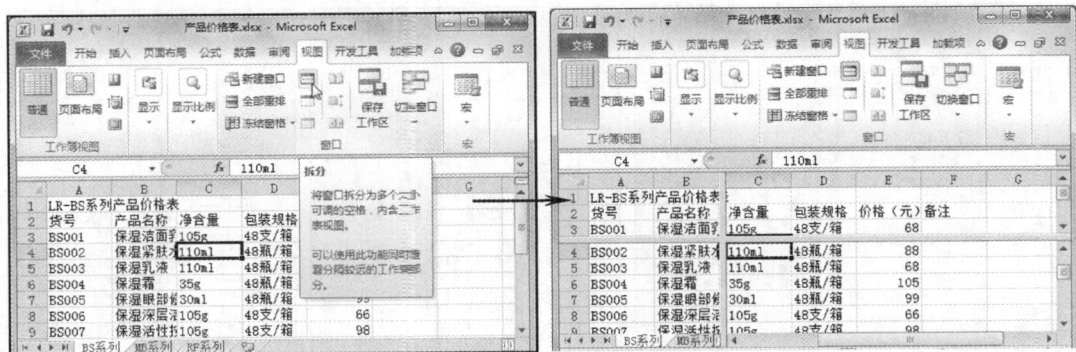

图 7-22　拆分工作表

（六）冻结窗格

在数据量比较大的工作表中为了方便查看表头与数据的对应关系，可通过冻结工作表窗格随意查看工作表的其他部分而不移动表头所在的行或列。下面在"产品价格表.xlsx"工作簿的"MB系列"工作表中以B3单元格为冻结中心冻结窗格，其具体操作如下。

微课：冻结窗格

（1）选择"MB系列"工作表，在其中选择B3单元格作为冻结中心，然后在【视图】/【窗口】组中单击 冻结窗格 按钮，在打开的下拉列表中选择"冻结拆分窗格"选项。

（2）返回工作表中，保持B3单元格上方和左侧的行和列位置不变，然后拖动水平滚动条或垂直滚动条，即可查看工作表其他部分的行或列，如图7-23所示。

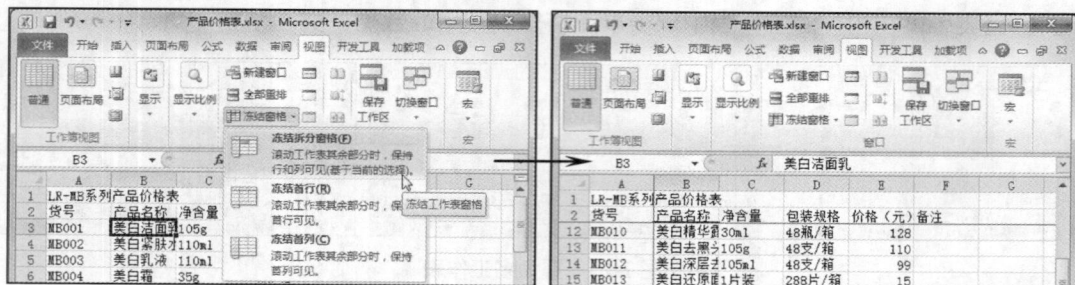

图7-23 冻结拆分窗格

（七）设置工作表标签颜色

默认状态下，工作表标签的颜色呈白底黑字显示，为了让工作表标签更美观醒目，可设置工作表标签的颜色。下面在"产品价格表.xlsx"工作簿中分别设置工作表标签颜色，其具体操作如下。

微课：设置工作表
标签颜色

（1）用户在工作簿的工作表标签滚动显示按钮上单击 ◀ 按钮，显示出"BS系列"工作表，然后在其上单击鼠标右键，在弹出的快捷菜单中选择【工作表标签颜色】/【红色，强调文字颜色2】命令。

（2）返回工作表中可查看设置的工作表标签颜色，单击其他工作表标签，然后使用相同的方法分别为"MB系列"和"RF系列"工作表设置工作表标签颜色为"黄色"和"深蓝"，如图7-24所示。

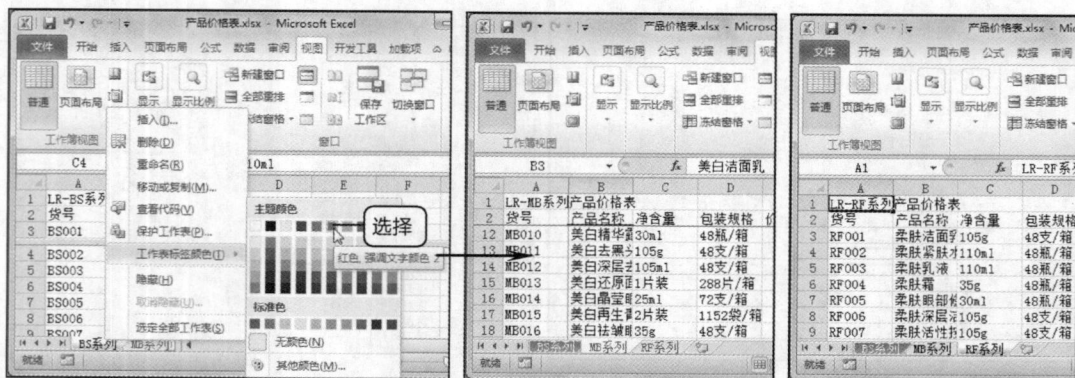

图7-24 设置工作表标签颜色

（八）预览并打印表格数据

用户在打印表格之前需先预览打印效果，当对表格内容的设置满意后再开始打印。在 Excel 中根据打印内容的不同，可分为两种情况：一是打印整个工作表；二是打印区域数据。

1. 设置打印参数

选择需打印的工作表，预览其打印效果后，若对表格内容和页面设置不满意，可重新进行设置，如设置纸张方向和纸张页边距等，直至设置满意后再打印。下面介绍在"产品价格表.xlsx"工作簿中预览并打印工作表，其具体操作如下。

微课：打印整个工作表

（1）选择【文件】/【打印】命令，在窗口右侧预览工作表的打印效果，在窗口中间列表框的"设置"栏的"纵向"下拉列表框中选择"横向"选项，再在窗口中间列表框的下方单击 页面设置 按钮，如图 7-25 所示。

（2）在打开的"页面设置"对话框中单击"页边距"选项卡，在"居中方式"栏中单击选中"水平"和"垂直"复选框，然后单击 确定 按钮，如图 7-26 所示。

图 7-25　预览打印效果并设置纸张方向　　　　图 7-26　设置居中方式

> **提示：** 用户在"页面设置"对话框中单击"工作表"选项卡，在其中可设置打印区域或打印标题等内容，然后单击 确定 按钮，返回工作簿的打印窗口，单击"打印"按钮🖨可只打印设置的区域数据。

（3）返回打印窗口，在窗口中间的"打印"栏的"份数"数值框中可设置打印份数，这里输入"5"，设置完成后单击"打印"按钮🖨打印表格。

2. 设置打印区域数据

当只需打印表格中的部分数据时，可通过设置工作表的打印区域打印表格数据。下面在"产品价格表.xlsx"工作簿中设置打印的区域为 A1:F4 单元格区域，其具体操作如下。

微课：打印区域数据

（1）选择 A1:F4 单元格区域，在【页面布局】/【页面设置】组中单击打印区域-按钮，在打开的下拉列表中选择"设置打印区域"选项，所选区域四周将出现虚线框，表示该区域将被打印。

（2）选择【文件】/【打印】命令，单击"打印"按钮 🖶 即可，如图7-27所示。

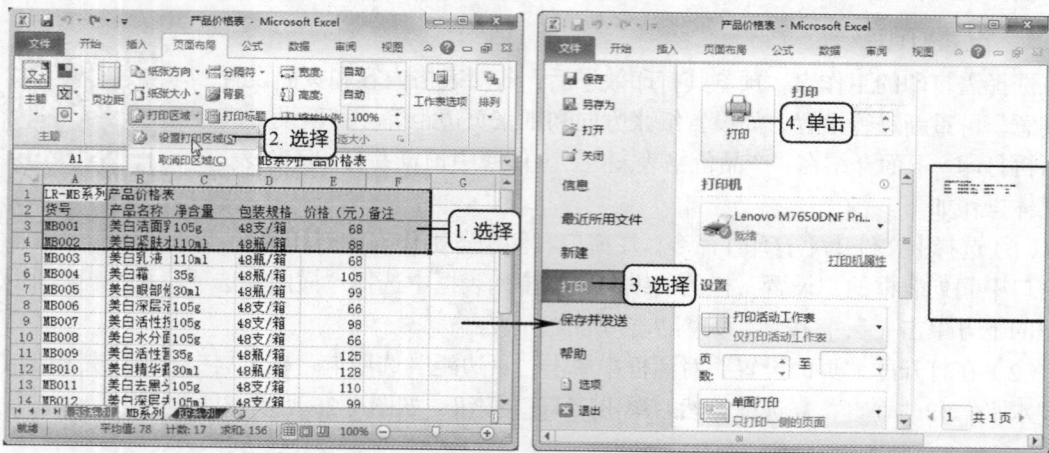

图7-27　设置打印区域数据

（九）保护表格数据

用户在Excel表格中可能会存放一些重要的数据，因此，利用Excel提供的保护单元格、保护工作表和保护工作簿等功能对表格数据进行保护，能够有效地避免他人查看或恶意更改表格数据。

1. 保护单元格

为防止他人更改单元格中的数据，用户可锁定一些重要的单元格，或隐藏单元格中包含的计算公式。设置锁定单元格或隐藏公式后，还需设置保护工作表功能。下面为"产品价格表.xlsx"工作簿中"RF系列"工作表的E3:E20单元格区域设置保护功能，其具体操作如下。

微课：保护单元格

（1）选择"RF系列"工作表，选择E3:E20单元格区域，在其上单击鼠标右键，在弹出的快捷菜单中选择"设置单元格格式"命令。

（2）在打开的"设置单元格格式"对话框中单击"保护"选项卡，单击选中"锁定"和"隐藏"复选框，然后单击 确定 按钮完成单元格的保护设置，如图7-28所示。

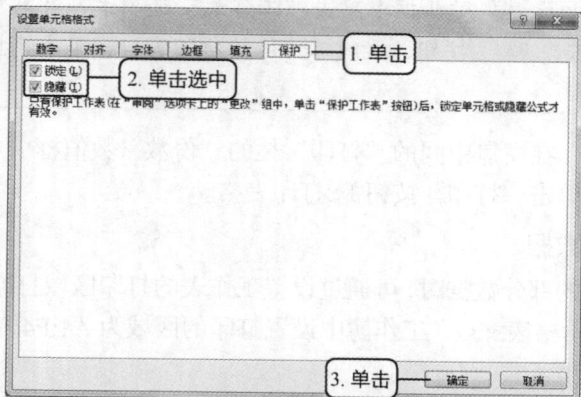

图7-28　保护单元格

2. 保护工作表

设置保护工作表功能后，其他用户只能查看表格数据，不能修改工作表中数据，这样可避免他人恶意更改表格数据。下面在"产品价格表.xlsx"工作簿中设置工作表的保护功能，其具体操作如下。

（1）在【审阅】/【更改】组中单击 保护工作表 按钮。

微课：保护工作表

（2）在打开的"保护工作表"对话框的"取消工作表保护时使用的密码"文本框中输入取消保护工作表的密码，这里输入密码"123"，然后单击 确定 按钮。

（3）在打开的"确认密码"对话框的"重新输入密码"文本框中输入与前面相同的密码，然后单击 确定 按钮，如图 7-29 所示，返回工作簿中可发现相应选项卡中的按钮或命令呈灰色状态显示。

图 7-29　保护工作表

提示： 设置工作表或工作簿的保护密码时，应设置容易记忆的密码，且不能过长，可以设置数字和字母组合的密码，这样不易丢失或忘记，且安全性较高。

---

3. 保护工作簿

若不希望工作簿中的重要数据被他人使用或查看，可使用工作簿的保护功能保证工作簿的结构和窗口不被他人修改。下面在"产品价格表.xlsx"工作簿中设置工作簿的保护功能，其具体操作如下。

微课：保护工作簿

（1）在【审阅】/【更改】组中单击 保护工作簿 按钮。

（2）在打开的"保护结构和窗口"对话框中单击选中"结构"和"窗口"复选框，表示在每次打开工作簿时工作簿窗口大小和位置都相同，然后在"密码"文本框中输入密码"123"，单击 确定 按钮。

（3）在打开的"确认密码"对话框的"重新输入密码"文本框中，输入与前面相同的密码，单击 确定 按钮，如图 7-30 所示，返回工作簿中，完成后再保存并关闭工作簿。

提示： 要撤销工作表或工作簿的保护功能，可在【审阅】/【更改】组中单击 撤消工作表保护 按钮，或单击 保护工作簿 按钮，在打开的对话框中输入撤销工作表或工作簿的保护密码，完成后单击 确定 按钮即可。

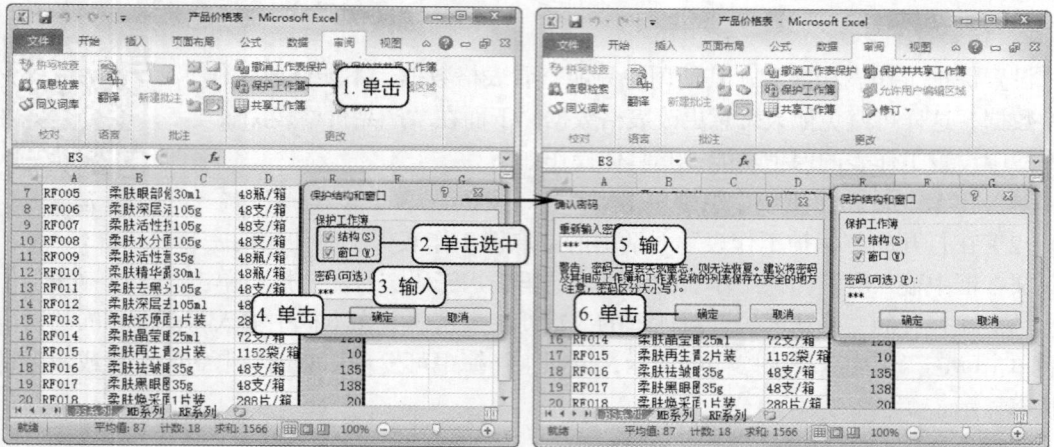

图 7-30　保护工作簿

课后作业

一、单选题

1. Excel 的主要功能是（　　　）。

    A. 表格处理、文字处理、文件管理　　　　B. 表格处理、网络通信、图形处理

    C. 表格处理、数据库处理、图形处理　　　D. 表格处理、数据处理、网络通信

2. Excel 是一种常用的（　　　）软件。

    A. 文字处理　　　　　B. 电子表格　　　　C. 打印印刷　　　　D. 办公应用

3. 默认情况下 Excel 工作簿文件的扩展名为（　　　）。

    A. .xlsx　　　　　　　B. .docx　　　　　　C. .pptx　　　　　　D. .xls

4. 按（　　　），可执行保存 Excel 工作簿的操作。

    A.【Ctrl+C】组合键　　　　　　　　　　B.【Ctrl+E】组合键

    C.【Ctrl+S】组合键　　　　　　　　　　D.【Esc】键

5. 在 Excel 中，Sheet1、Sheet2 等表示（　　　）。

    A. 工作簿名　　　　　B. 工作表名　　　　C. 文件名　　　　　D. 数据

6. 在 Excel 中，组成电子表格的最基本单位是（　　　）。

    A. 数字　　　　　　　B. 文本　　　　　　C. 单元格　　　　　D. 公式

7. 工作表是用行和列组成的表格，其行、列分别用（　　　）表示。

    A. 数字和数字　　　　B. 数字和字母　　　C. 字母和字母　　　D. 字母和数字

8. 工作表标签显示的内容是（　　　）。

    A. 工作表的大小　　　B. 工作表的属性　　C. 工作表的内容　　D. 工作表名称

9. 在 Excel 中存储和处理数据的文件是（　　　）。

    A. 工作簿　　　　　　B. 工作表　　　　　C. 单元格　　　　　D. 活动单元格

10. 在 Excel 中打开"打开"对话框，可按快捷键（　　　）。

    A.【Ctrl+N】　　　　　B.【Ctrl+S】　　　　C.【Ctrl+O】　　　　D.【Ctrl+Z】

11. 一个 Excel 工作簿中含有（　　　）个默认工作表。

　　　A. 1　　　　　　　　B. 3　　　　　　　　C. 16　　　　　　　　D. 256

12. Excel 文档包括（　　　　）。

　　A. 工作表　　　　　　B. 工作簿　　　　　　C. 编辑区域　　　　　　D. 以上都是

13. 下列关于工作表的描述，正确的是（　　　　）。

　　A. 工作表主要用于存取数据　　　　　　B. 工作表的名称显示在工作簿顶部

　　C. 工作表无法修改名称　　　　　　　　D. 工作表的默认名称为"sheet1，sheet2，…"

14. Excel 中第二列第三行单元格使用标号表示为（　　　　）。

　　A. C2　　　　　　　　B. B3　　　　　　　　C. C3　　　　　　　　D. B2

15. 在 Excel 工作表中，　按钮的功能为（　　　　）。

　　A. 复制文字　　　　　B. 复制格式　　　　　C. 重复打开文件　　　D. 删除当前所选内容

16. 在 Excel 工作表中，如果要同时选取若干个连续的单元格，可以（　　　　）。

　　A. 按住【Shift】键，依次单击所选单元格

　　B. 按住【Ctrl】键，依次单击所选单元格

　　C. 按住【Alt】键，依次单击所选单元格

　　D. 按住【Tab】键，依次单击所选单元格

17. 在默认情况下，Excel 工作表中的数据呈白底黑字显示。为了使工作表更加美观，可以为工作表填充颜色，此时一般可通过（　　　　）进行操作。

　　A.【页面布局】/【背景设置】组　　　　　　B.【页面布局】/【主题】组

　　C.【页面布局】/【页面设置】组　　　　　　D.【页面布局】/【排列】组

18. 快速新建新的工作簿，可使用的组合键是（　　　　）。

　　A.【Shift+O】　　　　B.【Ctrl+O】　　　　C.【Ctrl+N】　　　　D.【Alt+O】

19. 在 Excel 中，A1 单元格设定其数字格式为整数，当输入"11.15"时，显示为（　　　　）。

　　A. 11.11　　　　　　B. 11　　　　　　　　C. 12　　　　　　　　D. 11.2

20. 当输入的数据位数太长，一个单元格放不下时，数据将自动改为（　　　　）。

　　A. 科学记数　　　　　B. 文本数据　　　　　C. 备注类型　　　　　D. 特殊数据

21. 在 Excel 2010 中，输入"（2）"，单元格将显示（　　　　）。

　　A.（2）　　　　　　　B. 2　　　　　　　　C. −2　　　　　　　　D. 0、2

22. 在默认状态下，单元格中数字的对齐方式是（　　　　）。

　　A. 左对齐　　　　　　B. 右对齐　　　　　　C. 居中　　　　　　　D. 两边对齐

23. Excel 中默认的单元格宽度是（　　　　）。

　　A. 9.38　　　　　　　B. 8.38　　　　　　　C. 7.38　　　　　　　D. 6.38

24. 在 Excel 中，单元格中的换行可以按（　　　　）。

　　A.【Ctrl+Enter】组合键　　　　　　　　B.【Alt+Enter】组合键

　　C.【Shift+Enter】组合键　　　　　　　　D.【Enter】键

25. 在 Excel 中，不可以通过"清除"命令清除的是（　　　　）。

　　A. 表格批注　　　　　B. 拼写错误　　　　　C. 表格内容　　　　　D. 表格样式

26. 在 Excel 中，先选择 A1 单元格，然后按住【Shift】键，并单击 B4 单元格，此时所选单元格区域为（　　　　）。

　　A. A1:B4　　　　　　B. A1:E5　　　　　　C. B1:C4　　　　　　D. B1:C5

27. 将所选的多列单元格按指定数字调整为等列宽，最快捷的方法为（   ）。

    A. 直接在列标处拖动到等列宽

    B. 选择多列单元格拖动

    C. 选择【开始】→【单元格】→【格式】→【列】→【列宽】命令

    D. 选择【开始】→【单元格】→【格式】→【列】→【最合适列宽】命令

28. 在 Excel 中，删除单元格与清除单元格的操作（   ）。

    A. 不一样　　　　　B. 一样　　　　　C. 不确定　　　　　D. 确定

29. 在输入邮政编码、电话号码和产品代号等文本时，只要在输入时加上一个（   ），Excel 就会把该数字作为文本处理，使其沿单元格左边对齐。

    A. 双撇号　　　　　B. 单撇号　　　　　C. 分号　　　　　D. 逗号

30. 在单元格中输入公式时，完成输入后单击编辑栏上的✔按钮，该操作表示（   ）。

    A. 取消　　　　　B. 确认　　　　　C. 函数向导　　　　　D. 拼写检查

31. 在 Excel 中，编辑栏中的×按钮相当于（   ）键。

    A.【Enter】　　　　　B.【Esc】　　　　　C.【Tab】　　　　　D.【Alt】

32. 当 Excel 单元格中的数值长度超出单元格长度时，将显示为（   ）。

    A. 普通计数法　　　　　B. 分数计数法　　　　　C. 科学技术法　　　　　D. ########

33. 在编辑工作表时，隐藏的行或列在打印时将（   ）。

    A. 被打印出来　　　　　B. 不被打印出来　　　　　C. 不确定　　　　　D. 以上都不正确

34. 在 Excel 中移动或复制公式单元格时，以下说法正确的是（   ）。

    A. 公式中的绝对地址和相对地址都不变

    B. 公式中的绝对地址和相对地址都会自动调整

    C. 公式中的绝对地址不变，相对地址自动调整

    D. 公式中的绝对地址自动调整，相对地址不变

35. 下列属于 Excel 2010 提供的主题样式的是（   ）。

    A. 字体　　　　　B. 颜色　　　　　C. 效果　　　　　D. 以上都正确

36. Excel 图表中的水平 x 轴通常用来作为（   ）。

    A. 排序轴　　　　　B. 分类轴　　　　　C. 数值轴　　　　　D. 时间轴

37. 对数据表进行自动筛选后，所选数据表的每个字段名旁都对应着一个（   ）。

    A. 下拉按钮　　　　　B. 对话框　　　　　C. 窗口　　　　　D. 工具栏

38. 在对数据进行分类汇总之前，必须先对数据（   ）。

    A. 按分类汇总的字段排序，使相同的数据集中在一起

    B. 自动筛选

    C. 按任何一字段排序

    D. 格式化

39. 单元格中计算"2789+12345"的和时，应该输入（   ）。

    A. "2789+12345"　　B. "=2789+12345"　　C. "278912345"　　D. "2789，1234"

40. 在 Excel 2010 中，除了可以直接在单元格中输入函数外，还可以单击编辑栏上的（   ）按钮来输入函数。

    A. Σ　　　　　B. fx　　　　　C. SUM　　　　　D. 查找与引用

41. 单元格引用随公式所在单元格位置的变化而变化，这属于（　　）。

A. 相对引用　　B. 绝对引用　　C. 混合引用　　D. 直接引用

42. 在下列选项中，不属于 Excel 视图模式的是（　　）。

A. 普通视图　　B. 页面布局视图　　C. 分页预览视图　　D. 演示视图

43. Excel 日期格式默认为“年/月/日”，若要将日期格式改为“x 年 x 月 x 日”，可通过选择（　　）功能组，打开“设置单元格格式”对话框进行选择。

A.【开始】/【数字】　　B.【开始】/【样式】

C.【开始】/【编辑】　　D.【开始】/【单元格】

44. 下列操作中，可以在选定的单元格区域输入相同数据的是（　　）。

A. 在输入数据后按【Ctrl】+空格键　　B. 在输入数据后按回车键

C. 在输入数据后按【Ctrl】+回车键　　D. 在输入数据后按【Shift】+回车键

45. 如果要在 B2:B11 区域中输入数字序号 1，2，3，…，10，可先在 B2 单元格中输入数字 1，再选择单元格 B2，按住（　　）键不放，用鼠标拖曳填充柄至 B11。

A.【Alt】　　B.【Ctrl】　　C.【Shift】　　D.【Insert】

46. 合并单元格是指将选定的连续单元区域合并为（　　）。

A. 1 个单元格　　B. 1 行 2 列　　C. 2 行 2 列　　D. 任意行和列

47. 如果将选定单元格（或区域）的内容消除，单元格依然保留，称为（　　）。

A. 重写　　B. 删除　　C. 改变　　D. 清除

48. 为所选单元格区域快速套用表格样式，应通过（　　）。

A. 选择【开始】/【编辑】组　　B. 选择【开始】/【样式】组

C. 选择【开始】/【单元格】组　　D. 选择【页面布局】/【页面样式】组

49. Excel 中插入超链接时，下列方法错误的是（　　）。

A. 可以通过现有文件或网页插入超链接　　B. 可以在本文档的位置中插入超链接

C. 可以插入电子邮件　　D. 可以插入本地任意文件

50. 工作表被保护后，该工作表中的单元格的内容、格式（　　）。

A. 可以修改　　B. 不可修改、删除

C. 可以被复制、填充　　D. 可移动

二、操作题

1. “员工信息”工作表内容如图 7-31 所示，按以下要求进行操作。

2	员工编号	姓名	性别	部门	职务	联系电话
3	20014001	黄飞龙	男	销售部	业务员	1342569****
4		李梅	女	财务部	会计	1390246****
5		张广仁	男	销售部	业务员	1350570****
6		王璐璐	女	销售部	业务员	1365410****
7		张静	女	设计部	设计师	1392020****
8		赵巧	女	设计部	设计师	1385615****
9		李杰	男	销售部	业务员	1376767****
10		张全	男	财务部	会计	1394170****
11		徐飞	男	销售部	业务员	1592745****
12		于能	男	财务部	会计	1374108****
13		张亚明	男	设计部	普通员工	1593376****
14		周华	男	销售部	业务员	1332341****
15		李洁	女	策划部	普通员工	1351514****
16		王红霞	女	设计部	普通员工	1342676****
17		周莉莉	女	财务部	会计	1391098****
18		张家徽	男	销售部	业务员	1342569****
19		李菲菲	女	财务部	会计	1390246****

图 7-31 “员工信息”工作表

（1）为 A4:A19 区域自动填充编号。

（2）为 A2:F19 单元格区域快速应用“表样式浅色 8”表格样式。

（3）将所有文本和数据的对齐方式设置为“居中”。

（4）将工作表名称更改为“员工信息”。

（5）将工作簿标记为最终状态。

（6）将 A2:F19 单元格区域的列宽调整为“10”。

（7）保存工作簿。

2. “部门工资表”工作簿的内容如图 7-32 所示，按以下要求进行操作。

	A	B	C	D	E	F	G
1	部门工资表						
2	学号	姓名	职务	基本工资	提成	奖/惩	实得工资
3	20091249	胡倩	业务员	800	400	100	1300
4	20091258	肖亮	业务员	800	700	-50	1450
5	20091240	李志霞	经理	2000	3000	500	5500
6	20091231	谢明	文员	900	500	150	1550
7	20091256	徐江东	业务员	800	500	50	1350
8	20091234	罗兴	财务	1000	900	200	2100
9	20091247	罗维维	业务员	800	800	100	1700
10	20091233	屈燕	业务员	800	900	200	1900
11	20091250	尹惠	文员	900	500	100	1500
12	20091251	向东	财务	1000	1200	100	2300
13	20091252	秦万怀	业务员	800	900	0	1700
14							

Sheet1 Sheet2 Sheet3

图 7-32 “部门工资表”工作簿

（1）将 Sheet1 工作表中的内容复制到 Sheet2 工作表中，并将 Sheet2 工作表的名称更改为“1 月工资表”。

（2）依次在“1 月工资表”中填写“基本工资”“提成”“奖/惩”“实得工资”等数据。

（3）将“基本工资”“提成”“奖/惩”“实得工资”等数据的数字格式更改为“会计专用”。

（4）将 A3:G13 单元格区域的列宽调整为“15”。

（5）将“学号”“姓名”“职务”的对齐方式设置为居中对齐，将 A2:G2 单元格区域的对齐方式设置为居中对齐。

（6）将 A1:G1 设置为“合并后居中”。

（7）保存工作簿。

项目八　计算和分析 Excel 数据

　　Excel 2010 具有强大的数据处理功能，主要体现在计算数据和分析数据上。本项目将通过 3 个典型任务，介绍 Excel 2010 中计算和分析数据的方法，包括公式与函数的使用、排序数据、筛选数据、分类汇总数据、创建图表分析数据，以及使用数据透视图和数据透视表分析数据等。

学习目标

- 制作产品销售测评表
- 统计分析员工绩效表
- 制作销售分析表

任务一　制作产品销售测评表

任务要求

　　制作一份"产品销售测评表"，以便了解各门店的营业情况，并评出优秀门店予以奖励，利用 Excel 制作上半年产品销售测评表，参考效果如图 8-1 所示，相关操作如下。

图 8-1　"产品销售测评表"工作簿效果

① 使用求和函数 SUM 计算各门店月营业总额。
② 使用平均值函数 AVERAGE 计算月平均营业额。

③ 使用最大值函数 MAX 和最小值函数 MIN 计算各门店的月最高和最低营业额。

④ 使用排名函数 RANK 计算各个门店的销售排名情况。

⑤ 使用 IF 嵌套函数计算各个门店的月营业总额是否达到评定优秀门店的要求。

⑥ 使用 INDEX 函数查询"产品销售测评表"中"B 店二月营业额"和"D 店五月营业额"。

相关知识

（一）公式运算符和语法

用户在 Excel 中使用公式前，首先需要对公式中的运算符和公式的语法有大致的了解，下面分别对其进行简单介绍。

1. 运算符

运算符即公式中的运算符号，用于对公式中的元素进行特定计算。运算符主要用于连接数字并产生相应的计算结果。运算符有算术运算符（如加、减、乘、除）、比较运算符（如逻辑值 FALSE 与 TRUE）、文本运算符（如&）、引用运算符（如冒号与空格）和括号运算符（如()）5 种。当一个公式中包含了这 5 种运算符时，应遵循从高到低的优先级进行计算，如负号（-）、百分比（%）、求幂（^）、乘和除（*和/）、加和减（+和-）、文本连接符（&）、比较运算符（=,<,>,<=,>=,<>）；若公式中还包含括号运算符，一定要注意每个左括号必须配一个右括号。

2. 语法

Excel 中的公式是按照特定的顺序进行数值运算的，这一特定顺序即为语法。Excel 中的公式遵循一个特定的语法，最前面是等号，后面是参与计算的元素和运算符。如果公式中同时用到了多个运算符，则需按照运算符的优先级别进行运算；如果公式中包含了相同优先级别的运算符，则先进行括号里面的运算，再从左到右依次计算。

（二）单元格引用和单元格引用分类

在使用公式计算数据前要了解单元格引用和单元格引用分类的基础知识。

1. 单元格引用

在 Excel 中是通过单元格的地址来引用单元格的，单元格地址指单元格的行号与列标的组合。如"=193800+123140+146520+152300"，数据"193800"位于 B3 单元格，其他数据依次位于 C3、D3 和 E3 单元格中，通过单元格引用，可以将公式输入为"=B3+C3+D3+E3"，同样可以获得相同的计算结果。

2. 单元格引用分类

在计算数据表中的数据时，通常会通过复制或移动公式来实现快速计算，因此会涉及不同的单元格引用方式。Excel 中包括相对引用、绝对引用和混合引用 3 种引用方法，不同的引用方式，得到的计算结果也不相同。

① 相对引用。相对引用是指输入公式时直接通过单元格地址来引用单元格。相对引用单元格后，如果复制或剪切公式到其他单元格，那么公式中引用的单元格地址会根据复制或剪切的位置而发生相应改变。

② 绝对引用。绝对引用是指无论引用单元格的公式的位置如何改变，所引用的单元格均不会发生变化。绝对引用的形式是在单元格的行列号前加上符号"$"。

③ 混合引用。混合引用包含了相对引用和绝对引用。混合引用有两种形式，一种是行绝对、

列相对，如 "B$2" 表示行不发生变化，但是列会随着新的位置发生变化；另一种是行相对、列绝对，如 "$B2" 表示列保持不变，但是行会随着新的位置而发生变化。

（三）使用公式计算数据

Excel 中的公式是对工作表中的数据进行计算的等式，它以 "=（等号）" 开始，其后是公式的表达式。公式表达式指的是只包含运算符、常量数值、单元格引用和单元格区域引用。

1. 输入公式

在 Excel 中输入公式的方法与输入数据的方法类似，只需将公式输入到相应的单元格中，即可计算出数据结果。输入公式的方法：选择要输入公式的单元格，在单元格或编辑栏中输入 "="，接着输入公式内容，完成后按【Enter】键或单击编辑栏上的 "输入" 按钮 即可。

在单元格中输入公式后，按【Enter】键可在计算出公式结果的同时选择同列的下一个单元格；按【Tab】键可在计算出公式结果的同时选择同行的下一个单元格；按【Ctrl+Enter】组合键则在计算出公式结果后，仍保持当前单元格的选择状态。

2. 编辑公式

编辑公式与编辑数据的方法相同。选择含有公式的单元格，将插入点定位在编辑栏或单元格中需要修改的位置，按【Backspace】键删除多余或错误的内容，再输入正确的内容，完成后按【Enter】键即可完成公式的编辑，Excel 自动对新公式进行计算。

3. 复制公式

Excel 中复制公式是快速计算数据的最佳方法，因为在复制公式的过程中，Excel 会自动改变引用单元格的地址，可避免手动输入公式的麻烦，提高工作效率。通常使用 "常用" 工具栏或菜单进行复制粘贴；也可通过拖动控制柄进行复制；还可选择添加了公式的单元格，按【Ctrl+C】组合键进行复制，然后将插入点定位到要复制到的单元格，按【Ctrl+V】组合键进行粘贴以完成公式的复制。

（四）Excel 中的常用函数

Excel 2010 中提供了多种函数，每个函数的功能、语法结构及其参数的含义各不相同，除 SUM 函数和 AVERAGE 函数外，常用的函数还有 IF 函数、MAX/MIN 函数、COUNT 函数、SIN 函数和 PMT 函数等。

① SUM 函数。SUM 函数的功能是对选择的单元格或单元格区域进行求和计算，其语法结构为 SUM（number1,number2,...），其中，number1,number2,...表示若干个需要求和的参数。填写参数时，可以使用单元格地址（如 E6,E7,E8），也使用单元格区域（如 E6:E8），甚至混合输入（如 E6,E7:E8）。

② AVERAGE 函数。AVERAGE 函数的功能是求平均值，计算方法是将选择的单元格或单元格区域中的数据先相加，再除以单元格个数，其语法结构为 AVERAGE(number1,number2,...)，其中，number1,number2,...表示需要计算的若干个参数的平均值。

③ IF 函数。IF 函数是一种常用的条件函数，它能执行真假值判断，并根据逻辑计算的真假值返回不同结果，其语法结构为 IF（logical_test,value_if_true,value_if_false），其中，logical_test 表示计算结果为 true 或 false 的任意值或表达式；value_if_true 表示 logical_test 为 true 时要返回的值，可以是任意数据；value_if_false 表示 logical_test 为 false 时要返回的值，

也可以是任意数据。

④ COUNT 函数。COUNT 函数的功能是返回包含数字及包含参数列表中的数字的单元格的个数，通常利用它来计算单元格区域或数字数组中数字字段的输入项个数，其语法结构为 COUNT（value1,value2,...），其中，value1, value2, ...为包含或引用各种类型数据的参数（1~30个），但只有数字类型的数据才被计算。

⑤ MAX/MIN 函数。MAX 函数的功能是返回所选单元格区域中所有数值的最大值，MIN 函数则用来返回所选单元格区域中所有数值的最小值。其语法结构为 MAX/MIN（number1,number2,...），其中，number1,number2,...表示要筛选的若干个数值或引用。

⑥ SIN 函数。SIN 函数的功能是返回给定角度的正弦值，其语法结构为 SIN(number)，其中，number 为需要求正弦值的角度，以弧度表示。

⑦ PMT 函数。PMT 函数的功能是基于固定利率及等额分期付款方式，返回贷款的每期付款额，其语法结构为 SUM（rate,nper,pv,fv,type），其中，rate 为贷款利率；nper 为该项贷款的付款总数；pv 为现值，或一系列未来付款的当前值的累积和，也称为本金；fv 为未来值，或在最后一次付款后希望得到的现金余额，如果省略 fv，则假设其值为零，也就是一笔贷款的未来值为零；type 为数字 0 或 1，用以指定各期的付款时间是在期初还是期末。

⑧ SUMIF 函数。SUMIF 函数的功能是根据指定条件对若干单元格求和，其语法结构为 SUMIF（range,criteria,sum_range），其中，range 为用于条件判断的单元格区域；criteria 为确定哪些单元格将被作为相加求和的条件，其形式可以为数字、表达式或文本；sum_range 为需要求和的实际单元格。

任务实现

（一）使用求和函数 SUM

求和函数主要用于计算某一单元格区域中所有数字之和，其具体操作如下。

（1）打开"产品销售测评表.xlsx"工作簿，选择 H4 单元格，在【公式】/【函数库】组中单击 Σ 自动求和 ▪ 按钮。

（2）此时，便在 H4 单元格中插入求和函数"SUM"，同时 Excel 将自动识别函数参数"B4:G4"，如图 8-2 所示。

（3）单击编辑区中的"输入"按钮 ✓，完成求和的计算，将鼠标指针移动到 H4 单元格右下角，当其变为 ✚ 形状时，按住鼠标左键不放向下拖曳，至 H15 单元格释放鼠标左键，系统将自动填充各店月营业总额，如图 8-3 所示。

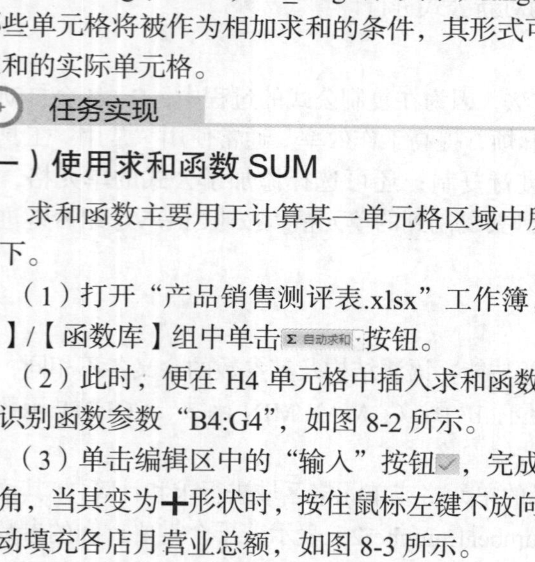

图 8-2　插入求和函数

图 8-3　自动填充月营业总额

（二）使用平均值函数 AVERAGE

AVERAGE 函数用来计算某一单元格区域中的数据平均值，即先将单元格区域中的数据相加再除以单元格个数，其具体操作如下。

（1）选择 I4 单元格，在【公式】/【函数库】组中单击 Σ 自动求和 按钮右侧的下拉按钮 ，在打开的下拉列表中选择"平均值"选项。

（2）此时，系统将自动在 I4 单元格中插入平均值函数"AVERAGE"，同时 Excel 将自动识别函数参数"B4:H4"，再将自动识别的函数参数手动更改为"B4:G4"，如图 8-4 所示。

（3）单击编辑区中的"输入"按钮 ，应用函数的计算结果。

（4）将鼠标指针移动到 I4 单元格右下角，当其变为 形状时，按住鼠标左键不放向下拖曳，至 I15 单元格释放鼠标左键，系统将自动填充各店月平均营业额，如图 8-5 所示。

微课：使用平均值
函数 AVERAGE

图 8-4 更改函数参数

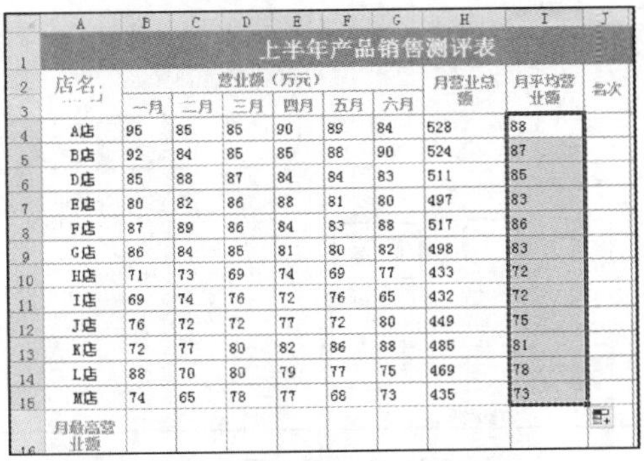

图 8-5 自动填充月平均营业额

（三）使用最大值函数 MAX 和最小值函数 MIN

MAX 函数和 MIN 函数用于返回一组数据中的最大值或最小值，其具体操作如下。

（1）选择 B16 单元格，在【公式】/【函数库】组中单击 Σ 自动求和 按钮右侧的下拉按钮 ，在打开的下拉列表中选择"最大值"选项，如图 8-6 所示。

（2）此时，系统将自动在 B16 单元格中插入最大值函数"MAX"，同时 Excel 将自动识别函数参数"B4:B15"，如图 8-7 所示。

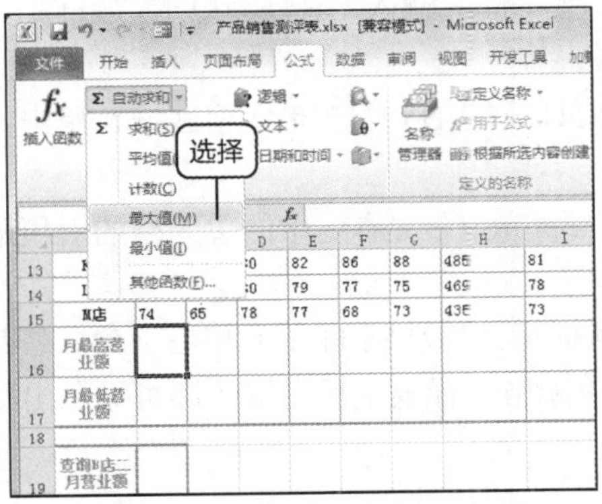

微课：使用最大值
函数 MAX 和最小值
函数 MIN

图 8-6 选择"最大值"选项

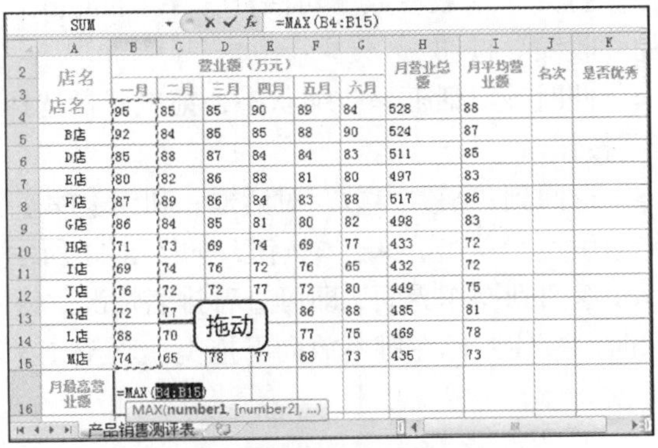

图 8-7 插入最大值函数

（3）单击编辑区中的"输入"按钮✓，确认函数的应用计算结果，将鼠标指针移动到 B16 单元格右下角，当其变为＋形状时，按住鼠标左键不放向右拖曳。直至 I16 单元格，释放鼠标，将自动计算出各门店月最高营业额、月最高营业总额和月最高平均营业额。

（4）选择 B17 单元格，在【公式】/【函数库】组中单击 Σ 自动求和 按钮右侧的下拉按钮，在打开的下拉列表中选择"最小值"选项。

（5）此时，系统自动在 B17 单元格中插入最小值函数"MIN"，同时 Excel 将自动识别函数参数"B4:B16"，手动将其更改为"B4:B15"。

（6）单击编辑区中的"输入"按钮✓，应用函数的计算结果，如图 8-8 所示。

（7）将鼠标指针移动到 B17 单元格右下角，当其变为＋形状时，按住鼠标左键不放向右拖曳，至 I17 单元格，释放鼠标左键，将自动计算出各门店月最低营业额和月最低营业总额、月最低平均营业额，如图 8-9 所示。

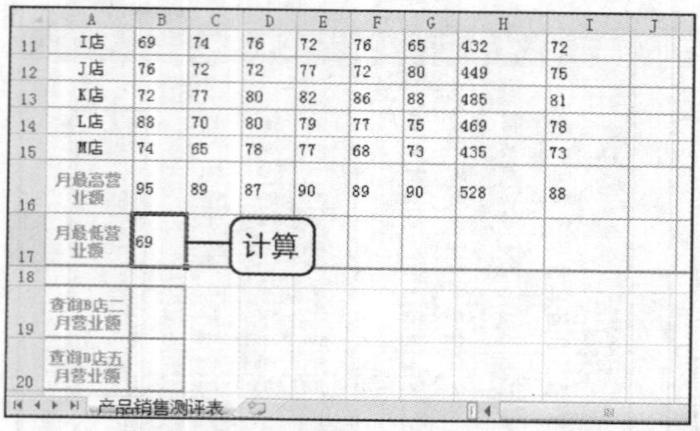

图 8-8　插入最小值

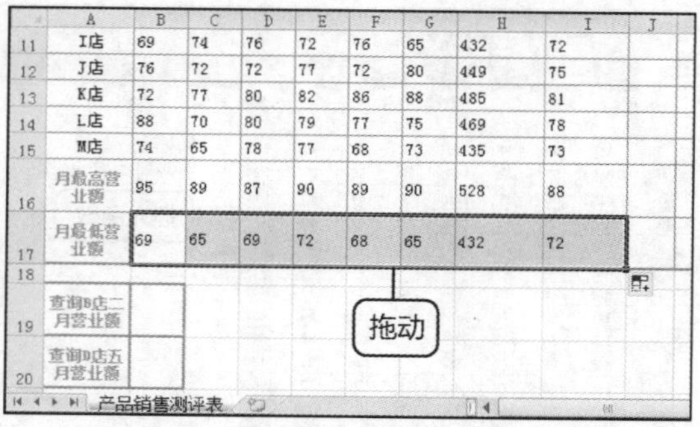

图 8-9　自动填充月最低营业额

（四）使用排名函数 RANK

RANK 函数用来返回某个数字在数字列表中的排位，其具体操作如下。

（1）选择 J4 单元格，在【公式】/【函数库】组中单击"插入函数"按钮 fx 或按【Shift+F3】组合键，打开"插入函数"对话框。

（2）在"或选择类别"下拉列表框中选择"常用函数"选项，在"选择函数"列表框中选择"RANK"选项，单击 确定 按钮，如图 8-10 所示。

微课：使用排名函数 RANK

（3）打开"函数参数"对话框，在"Number"文本框中输入"H4"，单击"Ref"文本框右侧的"收缩"按钮。

（4）此时该对话框呈收缩状态，拖曳鼠标选择要计算的 H4:H15 单元格区域，单击右侧的"拓展"按钮。

（5）返回到"函数参数"对话框，利用【F4】键将"Ref"文本框中的单元格的引用地址转换为绝对引用，单击 确定 按钮，如图 8-11 所示。

（6）返回到操作界面，即可查看排名情况，将鼠标指针移动到 J4 单元格右下角。当其变为＋形状时，按住鼠标左键不放向下拖曳，直至 J15 单元格，释放鼠标左键，即可显示出每个门店的名次。

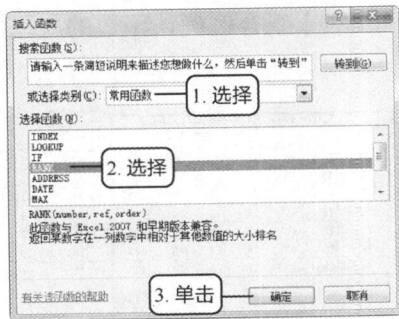

图 8-10　选择需要插入的函数

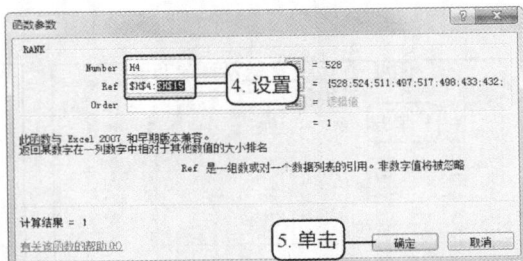

图 8-11　设置函数参数

（五）使用 IF 嵌套函数

嵌套函数 IF 用于判断数据表中的某个数据是否满足指定条件，如果满足则返回特定值，不满足则返回其他值，其具体操作如下。

（1）选择 K4 单元格，单击编辑栏中的"插入函数"按钮 f_x 或按【Shift+F3】组合键，打开"插入函数"对话框。

微课：使用 IF 嵌套函数

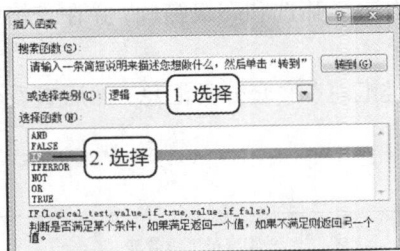

（2）在"或选择类别"下拉列表框中选择"逻辑"选项，在"选择函数"列表框中选择"IF"选项，单击 确定 按钮，如图 8-12 所示。

（3）打开"函数参数"对话框，分别在 3 个文本框中输入判断条件和返回逻辑值，单击 确定 按钮，如图 8-13 所示。

图 8-12　选择需要插入的函数

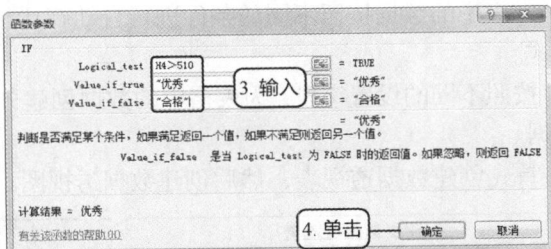

图 8-13　设置判断条件和返回逻辑值

（4）返回到操作界面，由于 H4 单元格中的值大于"510"，因此 K4 单元格显示为"优秀"，将鼠标指针移动到 K4 单元格右下角，当其变为+形状时，按住鼠标左键不放向下拖曳，直至 K15 单元格处释放鼠标，分析其他门店是否满足优秀门店条件，若低于"510"则返回"合格"。

（六）使用 INDEX 函数

INDEX 函数用于返回表或区域中的值或对值的引用，其具体操作如下。

（1）选择 B19 单元格，在编辑栏中输入"=INDEX("，编辑栏下方将自动提示 INDEX 函数的参数输入规则，拖曳鼠标选择 A4:G15 单元格区域，编辑栏中将自动录入"A4:G15"。

微课：使用 INDEX 函数

（2）继续在编辑栏中输入参数"，2,3)"，单击编辑栏中的"输入"按钮，如图 8-14 所示，确认函数的计算结果。

（3）选择 B20 单元格，编辑栏中输入"=INDEX("，拖曳鼠标选择 A4:G15 单元格区域，编辑栏中将自动录入"A4:G15"，如图 8-15 所示。

（4）继续在编辑栏中输入参数“,3,6)”，按【Ctrl+Enter】组合键确认函数的应用并计算结果。

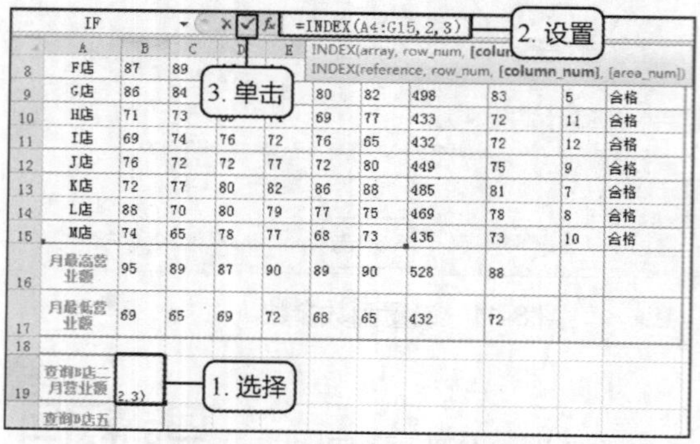

图 8-14　确认函数的应用

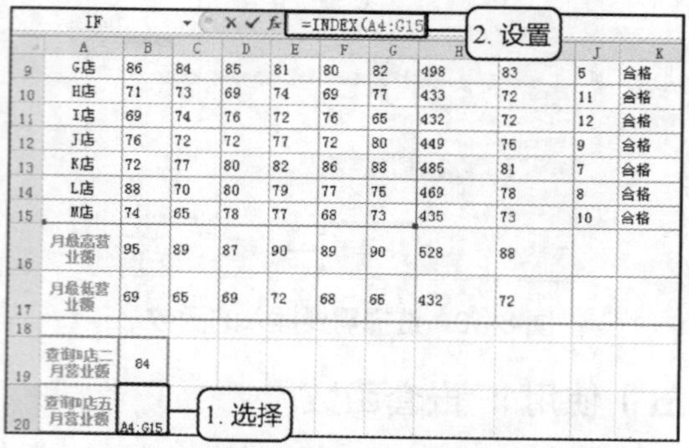

图 8-15　选择参数

任务二　统计分析员工绩效表

任务要求

对一季度的员工绩效表进行统计分析，效果如图 8-16 所示，相关表要求如下。

① 打开已经创建并编辑完成的员工绩效表，对其中的数据分别进行快速排序、组合排序和自定义排序。

② 对表中的数据按照不同的条件进行自动筛选、自定义筛选和高级筛选，并在表格中使用条件格式。

③ 按照不同的设置字段，为表格中的数据创建分类汇总、嵌套分类汇总，然后查看分类汇总的数据。

④ 首先创建数据透视表，然后创建数据透视图。

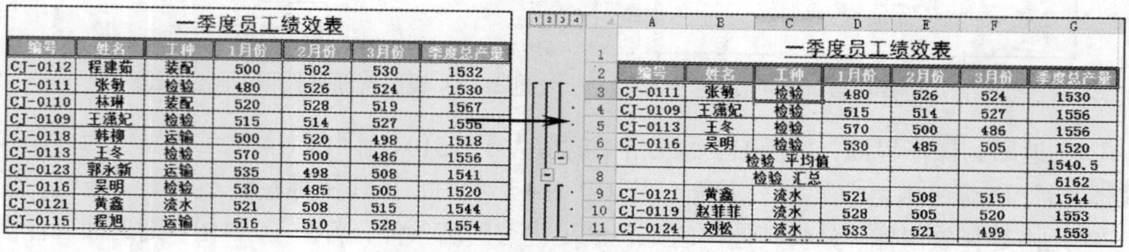

图 8-16　“员工绩效表”工作簿最终效果

相关知识

（一）数据排序

数据排序是统计工作中的一项重要内容，Excel 中可将数据按照指定的顺序规律进行排序。一般情况下，数据排序分为以下 3 种情况。

① 单列数据排序。单列数据排序是指在工作表中以一列单元格中的数据为依据，对工作表中的所有数据进行排序。

② 多列数据排序。在对多列数据进行排序时，需要按某个数据进行排列，该数据则称为“关键字”。以关键字进行排序，其他列中的单元格数据将随之发生变化。对多列数据进行排序时，

首先需要选择多列数据对应的单元格区域，然后选择关键字，排序时就会自动以该关键字进行排序，未选择的单元格区域将不参与排序。

③ 自定义排序。使用自定义排序可以通过设置多个关键字对数据进行排序，并可以通过其他关键字对相同的数据进行排序。

（二）数据筛选

数据筛选功能是对数据进行分析时常用的操作之一。数据排序分为以下 3 种情况。

① 自动筛选。自动筛选数据即根据用户设定的筛选条件，自动将表格中符合条件的数据显示出来，而表格中的其他数据将隐藏。

② 自定义筛选。自定义筛选是在自动筛选的基础上进行操作的，即单击自动筛选后需自定义的字段名称右侧的下拉按钮，在打开的下拉列表中选择相应的选项确定筛选条件，然后在打开的"自定义筛选方式"对话框中进行相应的设置。

③ 高级筛选。若需要根据自己设置的筛选条件对数据进行筛选，则需要使用高级筛选功能。高级筛选功能可以筛选出同时满足两个或两个以上约束条件的记录。

任务实现

（一）排序员工绩效表数据

使用 Excel 中的数据排序功能对数据进行排序，有助于快速直观地显示并理解、组织和查找所需的数据，其具体操作如下。

（1）打开"员工绩效表.xlsx"工作簿，选择 G 列任意单元格，在【数据】/【排序和筛选】组中单击"升序"按钮，即可将选择的数据表按照"季度总产量"由低到高进行排序。

微课：排序员工
绩效表数据

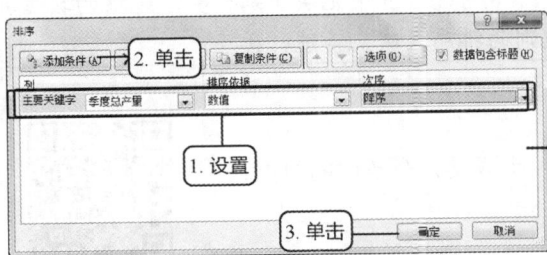

（2）选择 A2:G14 单元格区域，在"排序和筛选"组中单击"排序"按钮。

（3）打开"排序"对话框，在"主要关键字"下拉列表框中选择"季度总产量"选项，在"排序依据"下拉列表框中选择"数值"选项，在"次序"下拉列表框中选择"降序"选项，如图 8-17 所示。

（4）单击"添加条件(A)"按钮，在"次要关键字"下拉列表框中选择"3 月份"选项，在"排序依据"下拉列表框中选择"数值"选项，在"次序"下拉列表框中选择"降序"选项，单击"确定"按钮。

（5）此时即可对数据表先按照"季度总产量"序列降序排列，对于"季度总产量"列中相同的数据，则按照"3 月份"序列进行降序排列，效果如图 8-18 所示。

图 8-17 设置主要排序条件 图 8-18 查看排序结果

提示：数据表中的数据较多，很可能出现数据相同的情况，此时可以单击 添加条件(A) 按钮，添加更多排序条件，这样就能解决相同数据排序的问题。另外，在 Excel 2010 中，除了可以对数字进行排序外，还可以对字母或日期进行排序。对于字母而言，升序是从 A 到 Z 排列；对于日期来说，降序是日期按最早的日期到最晚的日期进行排序，升序则相反。

（6）选择【文件】/【选项】命令，打开"Excel 选项"对话框，在左侧的列表中单击"高级"选项卡，在右侧列表框的"常规"栏中单击 编辑自定义列表(O)... 按钮。

（7）打开"自定义序列"对话框，在"输入序列"列表框中输入序列字段"流水,装配,检验,运输"，单击 添加(A) 按钮，将自定义字段添加到左侧的"自定义序列"列表框中。

提示：用户在 Excel 2010 中，必须先建立自定义字段，然后才能进行自定义排序。输入自定义序列时，各个字段之间必须使用逗号或分号隔开（英文符号），也可换行输入。自定义序列时，首先须确定排序依据，即存在多个重复项时如何排序，如果序列中无重复项，则排序的意义不大。

（8）单击 确定 按钮，关闭"Excel 选项"对话框，返回到数据表，选择任意一个单元格，在"排序和筛选"组中单击"排序"按钮 ，打开"排序"对话框。

（9）在"主要关键字"下拉列表框中选择"工种"选项，在"次序"下拉列表框中选择"自定义序列"选项，打开"自定义序列"对话框，在"自定义序列"列表框中选择前面创建的序列，单击 确定 按钮。

（10）返回到"排序"对话框，在"次序"下拉列表中即显示设置的自定义序列，单击 确定 按钮，如图 8-19 所示。

（11）此时即可将数据表按照"工种"序列中的自定义序列进行排序，效果如图 8-20 所示。

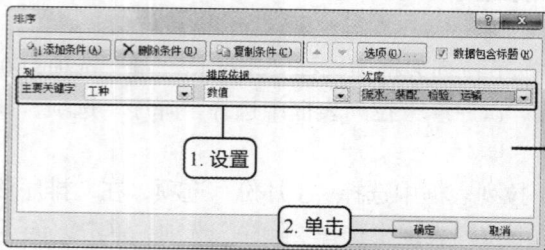

图 8-19　设置自定义序列

图 8-20　查看自定义序列排序的效果

提示：对数据进行排序时，如果打开提示对话框，显示"此操作要求合并单元格都具有相同大小"，则表示当前数据表中包含合并的单元格，由于 Excel 中无法识别合并单元格的数据并对其进行正确排序，因此，需要用户手动选择规则的排序区域，再进行排序。

（二）筛选员工绩效表数据

Excel 筛选数据功能可根据需要显示满足某一个或某几个条件的数据，而隐藏其他的数据。

1. 自动筛选

自动筛选可以快速在数据表中显示指定字段的记录并隐藏其他记

微课：自动筛选

录。下面在"员工绩效表.xlsx"工作簿中筛选出工种为"装配"的员工绩效数据，其具体操作如下。

（1）打开表格，选择工作表中的任意单元格，在【数据】/【排序和筛选】组中单击"筛选"按钮▼，进入筛选状态，列标题单元格右侧显示出"筛选"按钮▼。

（2）在 C2 单元格中单击"筛选"下拉列表框右侧的下拉按钮▼，在打开的下拉列表框中撤销选中"检验""流水"和"运输"复选框，仅单击选中"装配"复选框，单击 确定 按钮。

（3）此时将在数据表中显示工种为"装配"的员工数据，而将其他员工数据全部隐藏。

提示：通过选择字段，Excel 可以同时筛选多个字段的数据。用户单击"筛选"按钮▼后，将打开设置筛选条件的下拉列表框，只需在其中单击选中对应的复选框即可。在 Excel 2010 中还能通过颜色、数字和文本进行筛选，但是这类筛选方式都需要提前对表格中的数据进行设置。

---

2. 自定义筛选

自定义筛选多用于筛选数值数据，通过设定筛选条件可以将满足指定条件的数据筛选出来，而将其他数据隐藏。下面在"员工绩效表.xlsx"工作簿中筛选出季度总产量大于"1540"的相关信息，其具体操作如下。

（1）打开"员工绩效表.xlsx"工作簿，单击"筛选"按钮▼进入筛选状态，在"季度总产量"单元格中单击▼按钮，在打开的下拉列表框中选择【数字筛选】/【大于】选项。

微课：自定义筛选

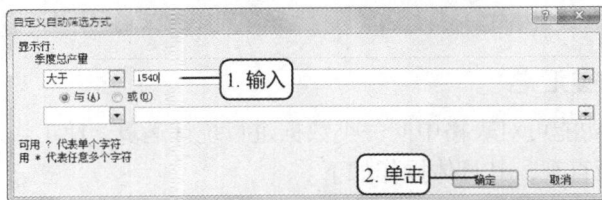

（2）打开"自定义自动筛选方式"对话框，在"季度总产量"栏的"大于"下拉列表框右侧的下拉列表框中输入"1540"，单击 确定 按钮，如图 8-21 所示。

图 8-21　自定义筛选

提示：筛选并查看数据后，在"排序和筛选"组中单击 ▼清除 按钮，可清除筛选结果，但仍保持筛选状态；单击"筛选"按钮▼，可直接退出筛选状态，返回到筛选前的数据表状态。

---

3. 高级筛选

用户通过高级筛选功能，可以自定义筛选条件，在不影响当前数据表的情况下显示出筛选结果。对于较复杂的筛选，可以使用高级筛选来进行。下面在"员工绩效表.xlsx"工作簿中筛选出 1 月份产量大于"510"、季度总产量大于"1556"的数据，其具体操作如下。

微课：高级筛选

（1）打开"员工绩效表.xlsx"工作簿，在 C16 单元格中输入筛选序列"1 月份"，在 C17 单元格中输入条件">510"，在 D16 单元格中输入筛选序列"季度总产量"，

在 D17 单元格中输入条件 ">1556"，在表格中选择任意的单元格，在【数据】/【排序和筛选】组中单击 ✅ 高级按钮。

（2）打开"高级筛选"对话框，单击选中"将筛选结果复制到其他位置"单选项，将"列表区域"设置为"$A$2:$G$14"，在"条件区域"文本框中输入"$C$16:$D$17"，在"复制到"文本框中输入"$A$18:$G$25"，单击 确定 按钮。

（3）此时即可在原数据表下方的 A18:G19 单元格区域中单独显示出筛选结果。

4. 使用条件格式

条件格式用于将数据表中满足指定条件的数据以特定的格式显示出来，从而便于直观查看与区分数据。下面在"员工绩效表.xlsx"工作簿中将月产量大于"500"的数据以浅红色填充显示，其具体操作如下。

微课：使用条件格式

（1）选择 D3:G14 单元格区域，在【开始】/【样式】组中单击"条件格式"按钮 📊，在打开的下拉列表中选择【突出显示单元格规则】/【大于】选项。

（2）打开"大于"对话框，在数值框中输入"500"，在"设置为"下拉列表框中选择"浅红色填充"选项，单击 确定 按钮，如图 8-22 所示。

（3）此时即可将 D3:G14 单元格区域中所有数据大于"500"的单元格以浅红色填充显示，如图 8-23 所示。

图 8-22　设置格式　　　　　　　图 8-23　应用条件格式

（三）对数据进行分类汇总

Excel 的分类汇总功能可对表格中同一类数据进行统计运算，使工作表中的数据变得更加清晰直观，其具体操作如下。

微课：对数据进行
分类汇总

（1）打开表格，选择 C 列的任意一个单元格，在【数据】/【排序和筛选】组中单击"升序"按钮 ⬇️，对数据进行排序。

（2）单击"分级显示"按钮 ▼，在【数据】/【分级显示】组中单击"分类汇总"按钮 📋，打开"分类汇总"对话框，在"分类字段"下拉列表框中选择"工种"选项，在"汇总方式"下拉列表框中选择"求和"选项，在"选定汇总项"列表框中单击选中"季度总产量"复选框，单击 确定 按钮，如图 8-24 所示。

（3）此时即可对数据表进行分类汇总，同时直接在表格中显示汇总结果。

（4）在 C 列中选择任意单元格，使用相同的方法打开"分类汇总"对话框，在"汇总方式"下拉列表框中选择"平均值"选项，在"选定汇总项"列表框中单击选中"季度总产量"复选框，撤销选中"替换当前分类汇总"复选框，单击 确定 按钮。

（5）在汇总数据表的基础上继续添加分类汇总，即可同时查看不同工种每季度的平均产量，效果如图 8-25 所示。

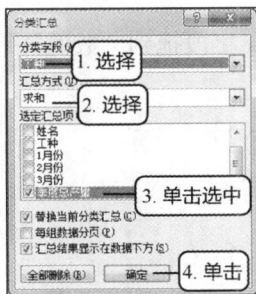

图 8-24　设置分类汇总

图 8-25　查看嵌套分类汇总结果

提示：分类汇总实际上就是分类加汇总，其操作过程首先是通过排序功能对数据进行分类排序，然后按照分类进行汇总。如果没有进行排序，汇总的结果就没有意义。所以，在分类汇总之前，必须先将数据表进行排序，再进行汇总操作，且排序的条件最好是需要分类汇总的相关字段，这样汇总的结果将更加清晰。

提示：并不是所有数据表都能够进行分类汇总，只有保证数据表中具有可以分类的序列，才能进行分类汇总。另外，打开已经进行了分类汇总的工作表，在表中选择任意单元格，然后在"分级显示"组中单击"分类汇总"按钮，打开"分类汇总"对话框，直接单击 全部删除(R) 按钮即可删除创建的分类汇总。

（四）创建并编辑数据透视表

数据透视表是一种交互式的数据报表，可以快速汇总大量的数据，同时对汇总结果进行各种筛选以查看源数据的不同统计结果。下面为"员工绩效表.xlsx"工作簿创建数据透视表，其具体操作如下。

（1）打开"员工绩效表.xlsx"工作簿，选择 A2:G14 单元格区域，在【插入】/【表格】组中单击"数据透视表"按钮，打开"创建数据透视表"对话框。

（2）由于已经选定了数据区域，因此只需设置放置数据透视表的位置，这里单击选中"新工作表"单选项，单击 确定 按钮，如图 8-26 所示。

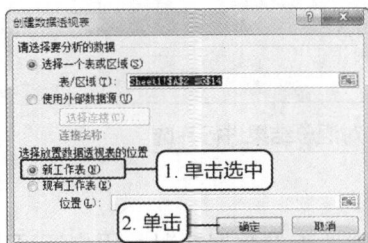

图 8-26　设置数据透视表的放置位置

微课：创建并编辑
数据透视表

（3）此时将新建一张工作表，并在其中显示空白数据透视表，右侧显示出"数据透视表字段列表"窗格。

（4）在"数据透视表字段列表"窗格中将"工种"字段拖动到"报表筛选"下拉列表框中，

数据表中将自动添加筛选字段。然后用同样的方法将"姓名"和"编号"字段拖动到"报表筛选"下拉列表框中。

（5）使用同样的方法按顺序将"1月份"至"季度总产量"字段拖到"数值"下拉列表框中，如图 8-27 所示。

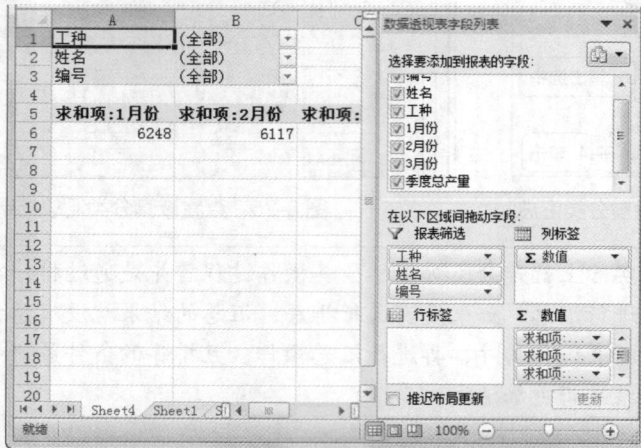

图 8-27　添加字段

（6）在创建好的数据透视表中单击"工种"字段后的▼按钮，在打开的下拉列表框中选择"流水"选项，如图 8-28 所示，单击 确定 按钮，即可在表格中显示该工种下所有员工的汇总数据。

图 8-28　对汇总结果进行筛选

（五）创建数据透视图

通过数据透视表分析数据后，为了直观地查看数据情况，用户还可以根据数据透视表制作数据透视图。下面根据"员工绩效表.xlsx"工作簿中的数据透视表创建数据透视图，其具体操作如下。

（1）在"员工绩效表.xlsx"工作簿中创建数据透视表后，在【数据透视表工具–选项】/【工具】组中单击"数据透视图"按钮，打开"插入图

微课：创建数据
透视图

表"对话框。

（2）在左侧的列表中单击"柱形图"选项卡，在右侧列表框的"柱形图"栏中选择"三维
簇状柱形图"选项，单击 确定 按钮，即可在数据透视表的工作表中添加数据透视图，如图 8-29
所示。

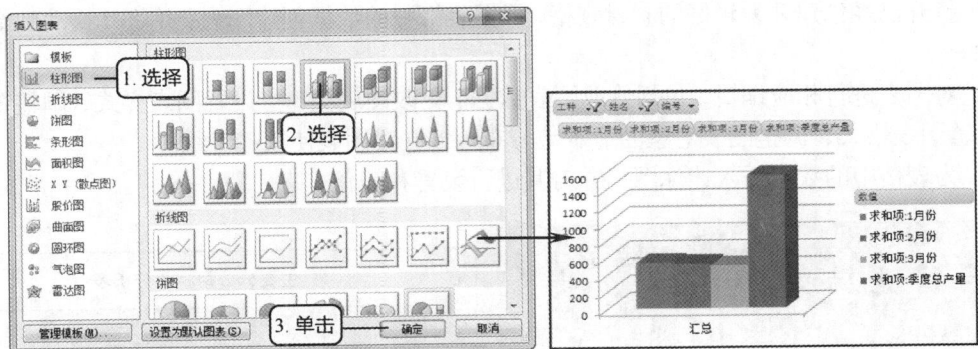

图 8-29　创建数据透视图

提示： 数据透视图和数据透视表是相互联系的，即改变数据透视表，则数据透视图将发生
相应的变化；反之若改变数据透视图，则数据透视表也会发生相应变化。另外，数据透视表中
的字段可拖动到 4 个区域，各区域作用介绍如下：报表筛选区域，作用类似于自动筛选，是所
在数据透视表的条件区域，在该区域内的所有字段都将作为筛选数据区域内容的条件；行标签
和列标签两个区域用于将数据横向或纵向显示，与分类汇总选项的分类字段作用相同；数值区
域的内容主要是数据。

（3）在创建好的数据透视图中单击 姓名 按钮，在打开的下拉列表框中单击选中"全部"
复选框，单击 确定 按钮，即可在数据透视图中看到所有流水工种员工的数据求和项，如图 8-30
所示。

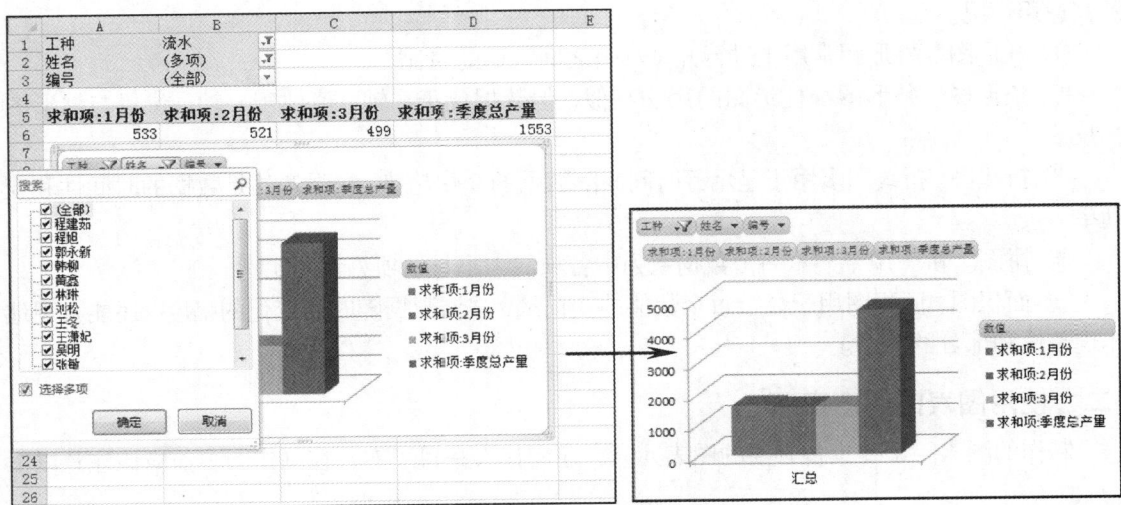

图 8-30　创建数据透视图

任务三　制作销售分析表

任务要求

制作一份销售分析图表，制作完成后的效果如图 8-31 所示，相关操作如下。

① 打开已经创建并编辑好的素材表格，根据表格中的数据创建图表，并将其移动到新的工作表中。

② 对图表进行相应编辑，包括修改图表数据、更改图表类型、设置图表样式、调整图表布局、设置图表格式、调整图表对象的显示与分布等，并对图表使用趋势线。

③ 为表格中的数据插入迷你图，并对其进行设置和美化。

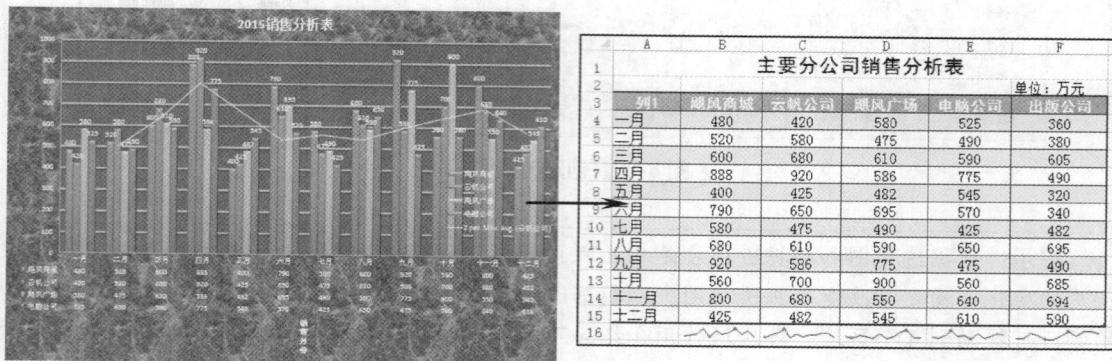

图 8-31　"销售分析表"工作簿最终效果

相关知识

（一）图表的类型

图表是 Excel 中重要的数据分析工具，Excel 提供了多种图表类型，包括柱形图、条形图、折线图和饼图等，用户可根据不同的情况选用不同类型的图表。下面介绍 5 个常用图表的类型及其适用情况。

① 柱形图。柱形图常用于进行几个项目之间数据的对比。

② 条形图。条形图与柱形图的用法相似，但数据位于 y 轴，值位于 x 轴，位置与柱形图相反。

③ 折线图。折线图多用于显示等时间间隔数据的变化趋势，它强调的是数据的时间性和变动率。

④ 饼图。饼图用于显示一个数据系列中各项的大小与各项总和的比例。

⑤ 面积图。面积图用于显示每个数值的变化量，强调数据随时间变化的幅度，还能直观地体现整体和部分的关系。

（二）使用图表的注意事项

制作的图表除了要具备必要的图表元素，还需让人一目了然，在制作图表前应该注意以下6 点。

① 在制作图表前如需先制作表格，应根据前期收集的数据制作出相应的电子表格，并对表格进行一定的美化。

② 根据表格中某些数据项或所有数据项创建相应形式的图表。选择电子表格中的数据时，可根据图表的需要视情况而定。

③ 检查创建的图表中的数据有无遗漏，及时对数据进行添加或删除。然后对图表形状样式和布局等内容进行相应的设置，完成图表的创建与修改。

④ 不同的图表类型能够进行的操作可能不同，如二维图表和三维图表就具有不同的格式设置。

⑤ 图表中的数据较多时，应该尽量将所有数据都显示出来，至于一些非重点的部分，如图表标题、坐标轴标题和数据表格等都可以省略。

⑥ 办公文件讲究简单明了，对于图表的格式和布局等，最好使用 Excel 自带的格式，除非有特定的要求，否则没有必要设置复杂的格式影响图表的阅读。

任务实现

（一）创建图表

图表可以将数据表以图例的方式展现出来。创建图表时，首先需要创建或打开数据表，然后根据数据表创建图表。下面为"销售分析表.xlsx"工作簿创建图表，其具体操作如下。

微课：创建图表

（1）打开"销售分析表.xlsx"工作簿，选择 A3:F15 单元格区域，在【插入】/【图表】组中单击"柱形图"按钮，在打开的下拉列表的"二维柱形图"栏中选择"簇状柱形图"选项。

（2）此时即可在当前工作表中创建一个柱形图，图表中显示了各公司每月的销售情况。将鼠标指针移动到图表中的某一系列，即可查看该系列对应的分公司在该月的销售数据，如图 8-32 所示。

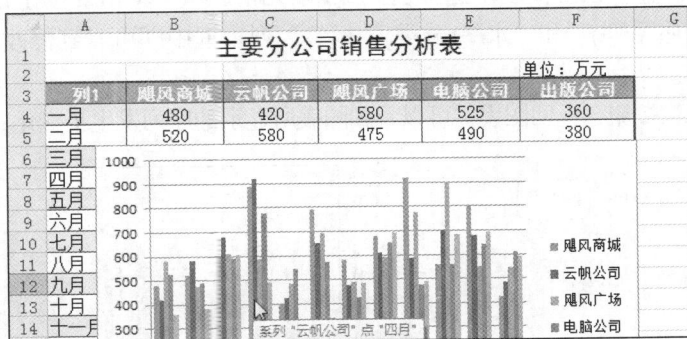

图 8-32 插入图表效果

提示：在 Excel 2010 中，如果不选择数据而直接插入图表，则图表中将显示空白。这时可以在【图表工具-设计】/【数据】组中单击"选择数据"按钮，打开"选择数据源"对话框，在其中设置图表数据对应的单元格区域，即可在图表中添加数据。

（3）在【设计】/【位置】组中单击"移动图表"按钮，打开"移动图表"对话框，单击选中"新工作表"单选项，在后面的文本框中输入工作表的名称，这里输入"销售分析图表"，单击 确定 按钮。

（4）此时图表将移动到新工作表中，同时图表将自动调整为适合工作表区域的大小，如图 8-33 所示。

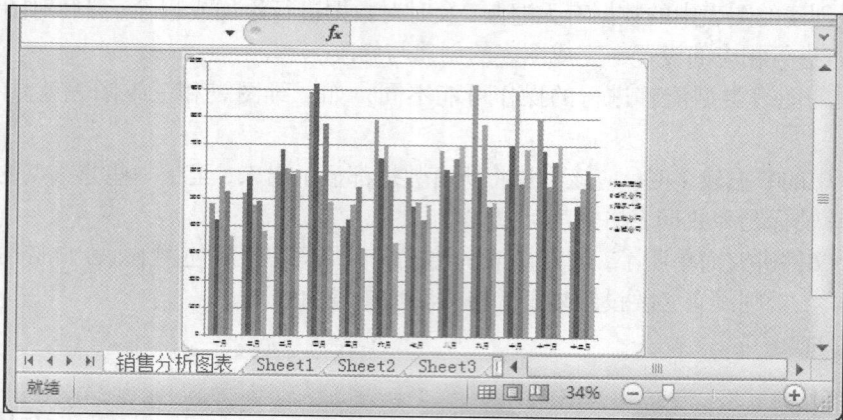

图 8-33　移动图表效果

（二）编辑图表

编辑图表包括修改图表数据、修改图表类型、设置图表样式、调整图表布局、设置图表格式、调整图表对象的显示与分布等操作，其具体操作如下。

微课：编辑图表

（1）选择创建好的图表，在【数据透视图工具-设计】/【数据】组中单击"选择数据"按钮，打开"选择数据源"对话框，单击"图表数据区域"文本框右侧的按钮。

（2）对话框将折叠，在工作表中选择 A3:E15 单元格区域，单击按钮打开"选择数据源"对话框，在"图例项(系列)"和"水平(分类)轴标签"列表框中即可看到修改的数据区域，如图 8-34 所示。

（3）单击　确定　按钮，返回图表，可以看到图表所显示的序列发生了变化，如图 8-35 所示。

图 8-34　选择数据源

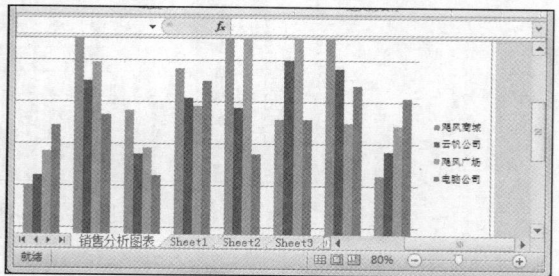

图 8-35　修改图表数据后的效果

（4）在【设计】/【类型】组中单击"更改图表类型"按钮，打开"更改图表类型"对话框，在左侧的列表框中单击"条形图"选项卡，在右侧列表框的"条形图"栏中选择"三维簇状条形图"选项，如图 8-36 所示，单击　确定　按钮。

（5）更改所选图表的类型与样式，更换后，图表中展现的数据并不会发生变化，如图 8-37 所示。

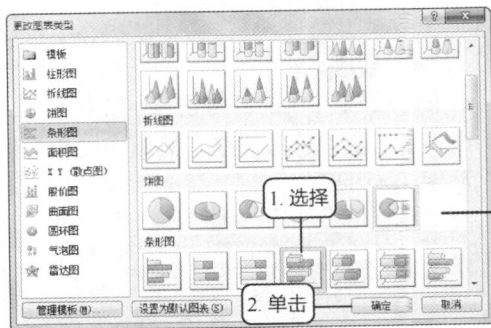

图 8-36 选择图表类型

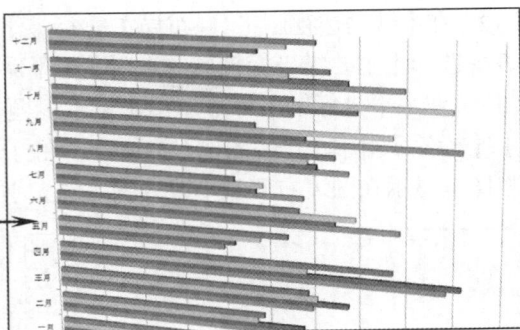

图 8-37 修改图表类型后的效果

（6）在【设计】/【图表样式】组中单击"快速样式"按钮，在打开的下拉列表框中选择"样式 42"选项，此时即可更改所选图表样式。

（7）在【设计】/【图表布局】组中单击"快速布局"按钮，在打开的列表框中选择"布局 5"选项。此时即可更改所选图表的布局为同时显示数据表与图表，效果如图 8-38 所示。

（8）在图表区中单击任意一条绿色数据条（"飓风广场"系列），Excel 将自动选择图表中所有该数据系列，在【格式】/【图表样式】组中单击"其他"按钮，在打开的下拉列表框中选择"强烈效果-橙色，强调颜色 6"选项，图表中该序列的样式亦随之变化。

（9）在【数据透视图工具-格式】/【当前所选内容】组中的下拉列表框中选择"水平（值）轴主要网格线"选项，在【数据透视图工具-格式】/【形状样式】组的列表框中选择一种网格线的样式，这里选择"粗线-强调颜色 3"选项。

（10）在图表空白处单击选择整个图表，在【数据透视图工具-格式】/【形状样式】组中单击"形状填充"按钮，在打开的下拉列表中选择【纹理】/【绿色大理石】选项，完成图表样式的设置，效果如图 8-39 所示。

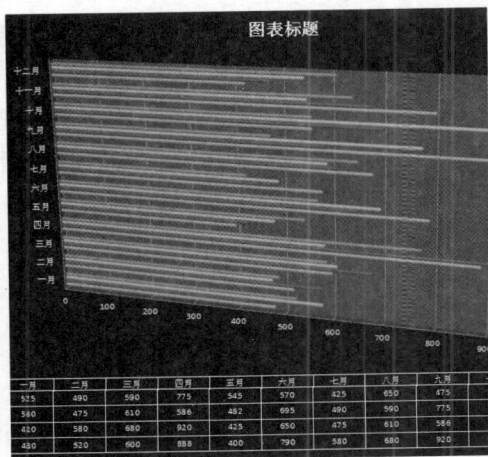

图 8-38 更改图表布局

图 8-39 设置图表格式

（11）在【数据透视图工具-布局】/【标签】组中单击"图表标题"按钮，在打开的下拉列表中选择"图表上方"选项，此时在图表上方显示图表标题文本框，单击后输入图表标题内容，这里输入"2015 销售分析表"。

（12）在【数据透视图工具–布局】/【标签】组中单击"坐标轴标题"按钮，在打开的下拉列表中选择【主要纵坐标轴标题】/【竖排标题】选项，如图 8-40 所示。

（13）在水平坐标轴下方显示出坐标轴标题框，单击后输入"销售月份"，在【图表工具–布局】/【标签】组中单击"图例"按钮，在打开的下拉列表中选择"在右侧覆盖图例"选项，即可将图例显示在图表右侧且不改变图表的大小，如图 8-41 所示。

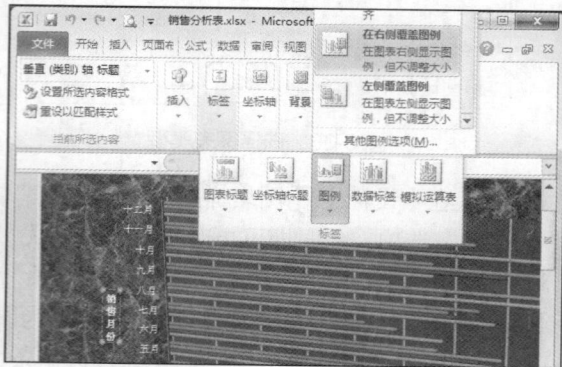

图 8-40　选择坐标轴标题的显示位置

图 8-41　设置图例的显示位置

（14）在【数据透视图工具–布局】/【标签】组中单击"数据标签"按钮，在打开的下拉列表中选择"显示"选项，即可在图表的数据序列上显示数据标签。

（三）使用趋势线

趋势线用于对图表数据的分布与规律进行标识，从而使用户能够直观地了解数据的变化趋势，或对数据进行预测分析。下面为"销售分析表.xlsx"工作簿中的图表添加趋势线，其具体操作如下。

微课：使用趋势线

（1）在【设计】/【类型】组中单击"更改图表类型"按钮，打开"更改图表类型"对话框，在左侧的列表框中单击"柱形图"选项卡，在右侧列表框的"柱形图"栏中选择"簇状柱形图"选项，单击　确定　按钮，如图 8-42 所示。

（2）在图表中单击需要设置趋势线的数据系列，这里单击"云帆公司"系列；在【数据透视图工具–布局】/【分析】组中单击"趋势线"按钮，在打开的下拉列表中选择"双周期移动平均"选项，此时即可为图表中的"云帆公司"数据系列添加趋势线，右侧图例下方将显示出趋势线信息，效果如图 8-43 所示。

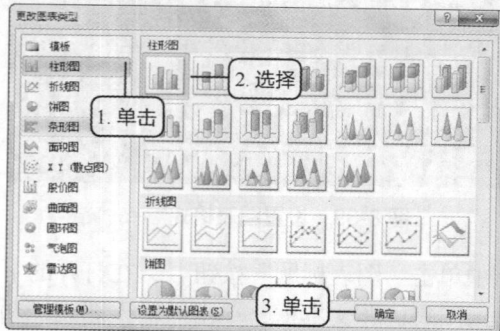

图 8-42　更改图表类型

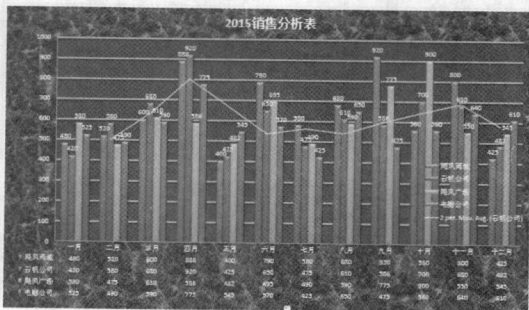

图 8-43　添加趋势线后的效果

提示：这里再次对图表类型进行了更改，是因为更改前的图表类型不支持设置趋势线。要查看图表是否支持趋势线，只需单击图表，在【数据透视图工具-布局】/【分析】组中查看"趋势线"按钮█是否可用。

（四）插入迷你图

迷你图不但简洁美观，而且可以清晰展现数据的变化趋势，并且占用空间也很小，因此为数据分析工作提供了极大的便利，插入迷你图的具体操作如下。

微课：插入迷你图

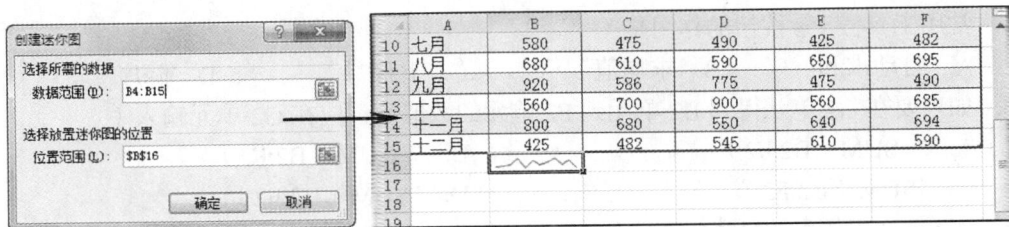

（1）选择 B16 单元格，在【插入】/【迷你图】组中单击"折线图"按钮█，打开"创建迷你图"对话框，在"选择所需的数据"栏的"数据范围"文本框中输入飓风商城的数据区域"B4:B15"，单击　确定　按钮即可看到插入的迷你图，如图 8-44 所示。

图 8-44　创建迷你图

（2）选择 B16 单元格，在【迷你图工具-设计】/【显示】组中单击选中"高点"和"低点"复选框，在"样式"组中单击"标记颜色"按钮█，在打开的下拉列表中选择【高点】/【红色】选项，如图 8-45 所示。

（3）用同样的方法将低点设置为"绿色"，拖曳单元格控制柄为其他数据序列快速创建迷你图，如图 8-46 所示。

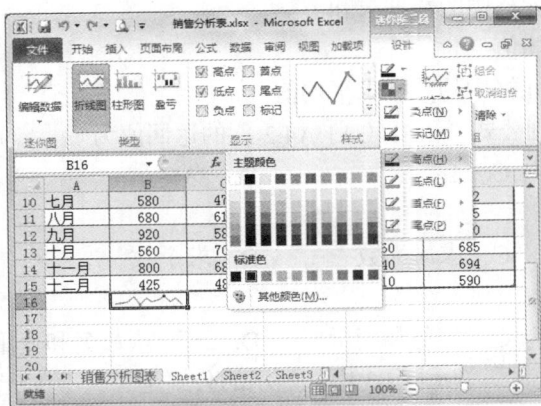

图 8-45　设置高点和低点

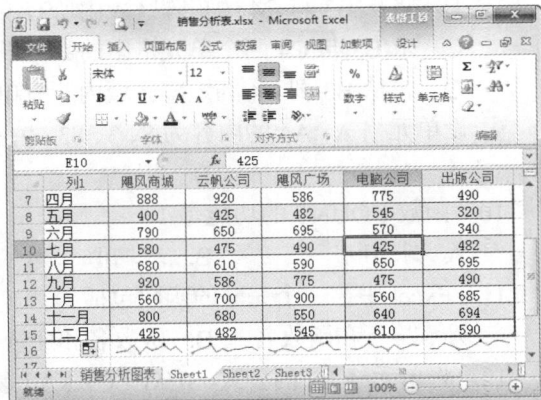

图 8-46　快速创建迷你图

提示：迷你图无法使用【Delete】键删除，正确的删除方法是：在【迷你图工具-设计】/【分组】组中单击"清除"按钮█。

课后作业

一、单选题

1. Excel 工作表中第 D 列第 4 行处的单元格，其绝对单元格名为（　　）。

    A. D4   B. $D4   C. $D$4   D. D$4

2. 在 Excel 工作表中，单元格 C4 中的公式"=A3+$C$5"，在第 3 行之前插入一行之后，单元格 C5 中的公式为（　　）。

    A. "=A4+$C$6"   B. "=A4+$C35"   C. "=A3+$C$6"   D. "=A3+$C35"

3. 下列 Excel 的表示中，属于相对引用的是（　　）。

    A. $D$3   B. $D3   C. D$3   D. D3

4. （　　）公式时，公式中引用的单元格是不会随着目标单元格与原单元格相对位置的不同而发生变化的。

    A. 移动   B. 复制   C. 修改   D. 删除

5. 常用工具栏上Σ按钮的作用是（　　）。

    A. 自动求和   B. 求均值   C. 升序   D. 降序

6. 如果要在 G2 单元得到 B2 单元到 F2 单元的数值和，应在 G2 单元输入（　　）。

    A. "=SUM（B2,F2）"   B. "=SUM（B2:F2）"

    C. "SUM（B2,F2）"   D. "SUM（B2:F2）"

7. 在 Excel 工作表的公式中，"SUM（B3:C4）"的含义是（　　）。

    A. 将 B3 与 C4 两个单元格中的数据求和

    B. 将从 B3 到 C4 的矩阵区域内所有单元格中的数据求和

    C. 将 B3 与 C4 两个单元格中的数据求平均值

    D. 将从 B3 到 C4 的矩阵区域内所有单元格中的数据求平均值

8. 在 Excel 工作表的公式中，"AVERAGE（B3:C4）"的含义是（　　）。

    A. 将 B3 与 C4 两个单元格中的数据求和

    B. 将从 B3 与 C4 的矩阵区域内所有单元格中的数据求和

    C. 求 B3 与 C4 两个单元格中的数据平均值

    D. 将从 B3 到 C4 的矩阵区域内所有单元格中的数据求平均值

9. 设单元格 A1:A4 的内容为 8、3、83、9，则公式"=MIN（A1:A4,2）"的返回值为（　　）。

    A. 2   B. 3   C. 4   D. 83

10. 函数 COUNT 的功能是（　　）。

    A. 求和   B. 求均值   C. 求最大数   D. 求个数

11. Excel 中，一个完整的函数包括（　　）。

    A. "="和函数名   B. 函数名和变量   C. "="和变量   D. "="、函数名和变量

12. 将单元格 L2 的公式=SUM（C2:K3）复制到单元格 L3 中，显示的公式是（　　）。

    A. =SUM（C2:K2）B. =SUM（C3:K4）C. =SUM（C2:K3）D. =SUM（C3:K2）

13. 当移动公式时，公式中的单元格的引用将（　　）。

    A. 视情况而定   B. 改变   C. 不改变   D. 不存在了

14. 在 Excel 中，要统计一行数值的总和，可以用（　　）函数。

A．COUNT　　　　B．AVERAGE　　　　C．MAX　　　　　D．SUM

15．Excel 工作表中，求单元格 B5～D12 中的最大值，用函数表示的公式为（　　　）。

A．"=MIN（B5:D12）"　　　　　　　　B．"=MAX（B5:D12）"

C．"=SUM（B5:D12）"　　　　　　　　D．"=SIN（B5:D12）"

16．G3 单元格的公式是"=E3*F3"如将 G3 单元格中的公式复制到 G5，则 G5 中的公式为（　　　）。

A．"=E3*F3"　　　B．"=E5*F5"　　　C．"$E$5*$F$5"　　D．"E5*F5"

17．删除工作表中与图表链接的数据时，图表将（　　　）。

A．被复制　　　　　　　　　　　B．必须用编辑的方式删除相应的数据点

C．不会发生变化　　　　　　　　D．自动删除相应的数据点

18．在 Excel 中，图表是数据的一种图像表示形式，图表是动态的，改变了图表（　　　）后，Excel 会自动更改图表。

A．x 轴数据　　　　B．y 轴数据　　　　C．数据　　　　　D．表标题

19．若要修改图表背景色，可双击（　　　），在弹出的对话框中进行修改。

A．图表区　　　　B．绘图区　　　　C．分类轴　　　　D．数值轴

20．若要修改 Y 轴刻度的最大值，可双击（　　　），在弹出的对话框中进行修改。

A．分类轴　　　B．数值轴　　　　C．绘图区　　　　D．图例

21．在 Excel 中，最适合反映单个数据在所有数据构成的总和中所占比例的一种图表类型是（　　　）。

A．散点图　　　　B．折线图　　　　C．柱形图　　　　D．饼图

22．在 Excel 中，最适合反映数据的发展趋势的一种图表类型是（　　　）。

A．散点图　　　　B．折线图　　　　C．柱形图　　　　D．饼图

23．假设有几组数据，要分析各组中每个数据在总数中所占的百分比，则应选择的图表类型为（　　　）。

A．饼图　　　　　B．圆环图　　　　C．雷达图　　　　D．柱形图

24．（　　　）函数用于判断数据表中的某个数据是否满足指定条件。

A．SUM　　　　B．IF　　　　　C．MAX　　　　D．MIN

25．（　　　）函数用来返回某个数字在数字列表中的排位。

A．SUM　　　　B．RANK　　　　C．COUNT　　　　D．AVERAGE

26．要在一张工作表中迅速地找出性别为"男"且总分大于 350 的所有记录，可在性别和总分字段后输入（　　　）。

A．男　　>350　　B．"男"　　>350　　C．=男　　>350　　D．="男"　　>350

27．下列选项中，（　　　）不能用于对数据表进行排序。

A．单击数据区中任一单元格，然后单击工具栏的"升序"或"降序"按钮

B．选择要排序的数据区域，然后单击工具栏中的"升序"或"降序"按钮

C．选择要排序的数据区域，然后使用"编辑"栏的"排序"命令

D．选择要排序的数据区域，然后使用"数据"栏的"排序"命令

28．Excel 排序操作中，若想按姓名的拼音来排序，则在排序方法中应选择（　　　）。

A．读音排序　　　B．笔画排序　　　C．字母排序　　　D．以上均错

29. 以下各项中，对 Excel 中的筛选功能描述正确的是（　　　）。

    A. 可按要求对工作表数据进行排序

    B. 可隐藏符合条件的数据

    C. 只显示符合设定条件的数据，而隐藏其他

    D. 可按要求对工作表数据进行分类

30. Excel 在打印学生成绩单时，对不及格的成绩用醒目的方式表示（如用红色表示等），当要处理大量的学生成绩时，利用（　　　）命令最为方便。

    A. 查找　　　　　　　B. 条件格式　　　　C. 数据筛选　　　　D. 定位

31. 关于分类汇总，叙述正确的是（　　　）。

    A. 分类汇总前首先应按分类字段值对记录排序

    B. 分类汇总只能按一个字段分类

    C. 只能对数值型字段进行汇总统计

    D. 汇总方式只能求和

32. 对于 Excel 数据库，排序是按照（　　　）来进行的。

    A. 记录　　　　　　　B. 工作表　　　　　C. 字段　　　　　　D. 单元格

33. 下列选项中，关于表格排序的说法错误的是（　　　）。

    A. 拼音不能作为排序的依据　　　　　B. 排序规则有递增和递减

    C. 可按日期进行排序　　　　　　　　D. 可按数字进行排序

34. 以下主要显示数据变化趋势的图是（　　　）。

    A. 柱形图　　　　　　B. 圆锥图　　　　　C. 折线图　　　　　D. 饼图

35. 图表中包含数据系列的区域叫（　　　）。

    A. 绘图区　　　　　　B. 图表区　　　　　C. 标题区　　　　　D. 状态区

36. 用【Delete】键不能直接删除（　　　）。

    A. 嵌入式图表　　　　B. 独立图表　　　　C. 饼图　　　　　　D. 折线图

37. （　　　）函数用于返回表或区域中的值或对值的引用。

    A. INDEX　　　　　　B. RANK　　　　　　C. COUNT　　　　　D. AVERAGE

38. （　　　）可以快速汇总大量的数据，同时对汇总结果进行各种筛选以查看源数据的不同统计结果。

    A. 数据透视表　　　B. SmartArt 图形　　C. 图表　　　　　　D. 表格

39. 在排序时，将工作表的第一行设置为标题行，若选择标题行一起参与排序，则排序后标题行（　　　）。

    A. 总出现在第一行　　　　　　　　　B. 总出现在最后一行

    C. 依指定的排序顺序而定其出现位置　D. 总不显示

40. 在 Excel 数据清单中，按某一字段内容进行归类，并对每一类做出统计的操作是（　　　）。

    A. 排序　　　　　　　B. 分类汇总　　　　C. 筛选　　　　　　D. 记录处理

二、操作题

1. "日常费用统计表.xlsx"工作簿内容如图 8-47 所示，按以下要求进行操作。

日常费用记录表			
日期	费用项目	说明	金额（元）
2013/11/3	办公费	购买打印纸、订书针	¥ 100.00
2013/11/3	招待费		¥ 3,500.00
2013/11/6	运输费	运输材料	¥ 300.00
2013/11/7	办公费	购买电脑2台	¥ 9,000.00
2013/11/8	运输费	为郊区客户送货	¥ 500.00
2013/11/10	交通费	出差	¥ 600.00
2013/11/10	宣传费	制作宣传单	¥ 520.00
2013/11/12	办公费	购买饮水机1台	¥ 420.00
2013/11/16	宣传费	制作灯箱布	¥ 600.00
2013/11/18	运输费	运输材料	¥ 200.00
2013/11/19	交通费	出差	¥ 680.00
2013/11/22	办公费	购买文件夹、签字笔	¥ 50.00
2013/11/22	招待费		¥ 2,000.00
2013/11/25	交通费	出差	¥ 1,800.00
2013/11/28	宣传费	制作宣传册	¥ 850.00

日常费用记录表　日常费用统计表　Sheet3

图 8-47 “日常费用记录表.xlsx”工作簿

（1）启动 Excel 2010，打开提供的“日常费用统计表.xls”，删除 E2:E17 单元格区域。

（2）为 C3:D17 数据区域制作图表，图表类型为饼图。

（3）对“金额”列进行降序排序查看。

（4）使用自动筛选工具，筛选表中大于 5 000 的金额记录，并查看图表的变化。

（5）将工作簿另存为“日常费用记录表.xlsx”。

2. “员工工资表.xls”工作簿内容如图 8-48 所示，按以下要求进行操作。

员工6月份工资统计表					
姓名	基本工资（元）	绩效工资（元）	提成（元）	工龄工资（元）	工资汇总（元）
张晓霞	1252.8	1368	1238.4	921.6	
杨茂	1123.2	820.8	734.4	936	
郭晓诗	979.2	907.2	1310.4	1324.8	
黄寒冰	763.2	1036.8	892.8	921.6	
张红丽	1339.2	1310.4	1296	1281.6	
李珊	763.2	907.2	792	1252.8	
刘金华	763.2	979.2	1310.4	720	
刘瑾	806.4	921.6	1425.6	878.4	
张跃进	1108.8	777.6	1094.4	892.8	
石磊	1296	892.8	936	748.8	
张军军	936	835.2	1310.4	1195.2	
王浩	1008	907.2	1353.6	1180.8	
彭念念	1008	734.4	734.4	1123.2	
黄益达	1000.5	1100.5	984.2	720.2	
景佳人	980.2	994.2	1320.2	1540.2	
韩素	1430	1560.2	1654.5	1260.2	

Sheet1　Sheet2　Sheet3

图 8-48 “员工工资表.xlsx”工作簿

（1）使用自动求和公式计算“工资汇总”列数值，其数值等于基本工资+绩效工资+提成+工龄工资。

（2）对表格进行美化，设置其对齐方式为“居中”。

（3）将基本工资、绩效工资、提成、工龄工资和工资汇总的数据格式设置为会计专用。

（4）使用降序排列的方式对工资汇总进行排序，并将大于 4 000 的数据设置为红色。

3. “产品销售测评表.xls”工作簿内容如图 8-49 所示，按以下要求进行操作。

上半年产品销售测评表									
姓名	营业额（万元）						月营业总额	月平均营业额	名次
	一月	二月	三月	四月	五月	六月			
A店	95	85	85	90	89	84	528	88	
B店	92	84	85	85	88	90	524	87	
D店	85	88	87	84	84	83	511	85	
E店	80	82	86	88	81	80	497	83	
F店	87	89	86	84	83	88	517	86	
G店	86	84	85	81	80	82	498	83	
H店	71	73	69	74	69	77	433	72	
I店	69	74	76	72	76	65	432	72	
J店	76	72	72	77	72	80	449	75	
K店	72	77	80	82	86	88	485	81	
L店	88	70	80	79	77	75	469	78	
M店	74	65	78	77	68	73	435	73	

产品销售测评表

图 8-49 “产品销售测评表.xlsx”工作簿

（1）筛选“月营业总额”小于 450 的，将其单元格填充为浅蓝色。

（2）筛选“月营业总额”大于 450 的，小于 500 的，将其填充为紫色。

（3）筛选“月营业总额”大于 500 的，将其单元格填充为绿色。

（4）将“月平均营业额”由低到高进行排序。

项目九　制作幻灯片

PowerPoint 作为 Office 的三大核心组件之一，主要用于幻灯片的制作与播放，该软件在各种需要演讲、演示的场合都可见到其踪迹。它帮助用户以简单的操作，快速制作出图文并茂、富有感染力的演示文稿，并且还可通过图示、视频和动画等多媒体形式表现复杂的内容，从而使听众更容易理解。本项目将通过两个典型任务，介绍制作 PowerPoint 演示文稿的基本操作，包括文件操作、文本输入与美化，以及插入图片、图示、艺术字、表格和视频等演示文稿必备要素的方法。

学习目标

- 制作工作总结演示文稿
- 编辑产品上市策划演示文稿

任务一　制作工作总结演示文稿

任务要求

用 PPT 制作一份工作总结，最终演示文稿效果如图 9-1 所示，具体要求如下。

图 9-1　"工作总结"演示文稿

① 启动 PowerPoint 2010，新建一个以"聚合"为主题的演示文稿，然后以"工作总结.pptx"为名保存在桌面上。

② 在标题幻灯片中输入演示文稿标题和副标题。

③ 新建一张"内容与标题"版式的幻灯片，作为演示文稿的目录，再在占位符中输入文本。

④ 新建一张"标题和内容"版式的幻灯片，在占位符中输入文本后，添加一个文本框，再在文本框中输入文本。

⑤ 新建 8 张"标题和内容"版式幻灯片，然后分别在其中输入需要的内容。

⑥ 复制第 1 张幻灯片到最后，然后调整第 4 张幻灯片的位置到第 6 张幻灯片后面。

⑦ 在第 10 张幻灯片中移动文本的位置。

⑧ 在第 10 张幻灯片中复制文本，再对复制后的文本进行修改。

⑨ 在第 12 张幻灯片中修改标题文本，删除副标题文本。

相关知识

（一）熟悉 PowerPoint 2010 工作界面

选择【开始】/【所有程序】/【Microsoft Office】/【Microsoft PowerPoint 2010】命令或双击计算机磁盘中保存的 PowerPoint 2010 演示文稿（其扩展名为.pptx）即可启动 PowerPoint 2010，并打开 PowerPoint 2010 工作界面，如图 9-2 所示。

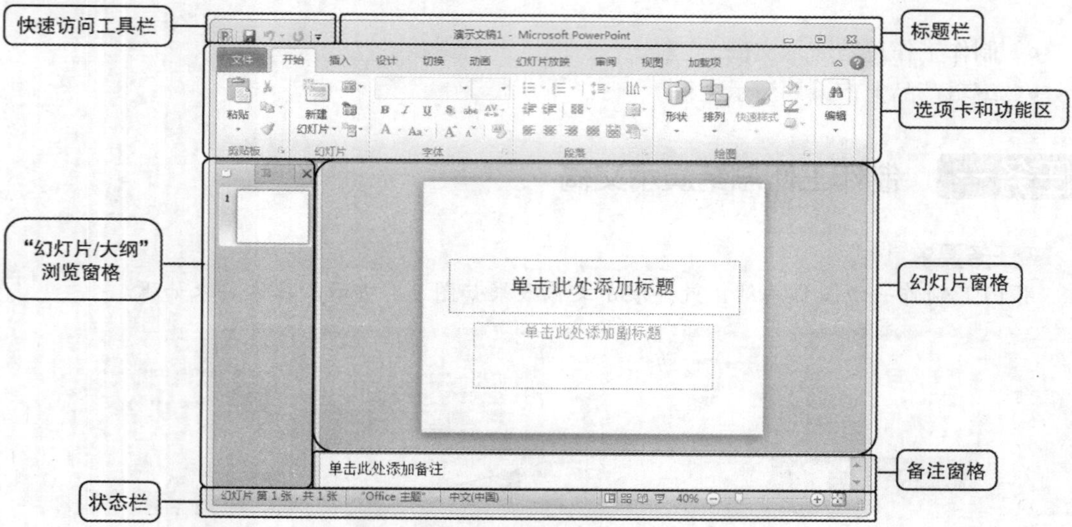

图 9-2　PowerPoint 2010 工作界面

提示：以双击演示文稿的形式启动 PowerPoint 2010，将在启动的同时打开该演示文稿；以选择命令的方式启动 PowerPoint 2010，将在启动的同时自动生成一个名为"演示文稿 1"的空白演示文稿。Microsoft Office 的几个软件启动方法类似，用户可触类旁通。

从图 9-2 可以看出，PowerPoint 2010 的工作界面与 Word 2010 和 Excel 2010 的工作界面基本类似，其中快速访问工具栏、标题栏、选项卡和功能区等的结构及作用更是基本相同（选项卡的名称以及功能区的按钮会因为软件的不同而不同），下面将对 PowerPoint 2010 特有部分的作用进行介绍。

① 幻灯片窗格。幻灯片窗格位于演示文稿编辑区的右侧，用于显示和编辑幻灯片的内容，其功能与 Word 的文档编辑区类似。

② "幻灯片/大纲"浏览窗格。"幻灯片/大纲"浏览窗格位于演示文稿编辑区的左侧，其上方有两个选项卡，单击不同的选项卡，可在"幻灯片"浏览窗格和"大纲"浏览窗格两个窗格之间切换。其中，在"幻灯片"浏览窗格中将显示当前演示文稿的所有幻灯片的缩略图，单击某个幻灯片缩略图，将在右侧的幻灯片窗格中显示该幻灯片的内容，如图 9-3 所示；在"大纲"浏览窗格中可以显示当前演示文稿中所有幻灯片的标题与正文内容，用户在"大纲"浏览窗格或幻灯片窗格中编辑文本内容时，将同步在另一个窗格中产生变化，如图 9-4 所示。

图 9-3 "幻灯片"浏览窗格

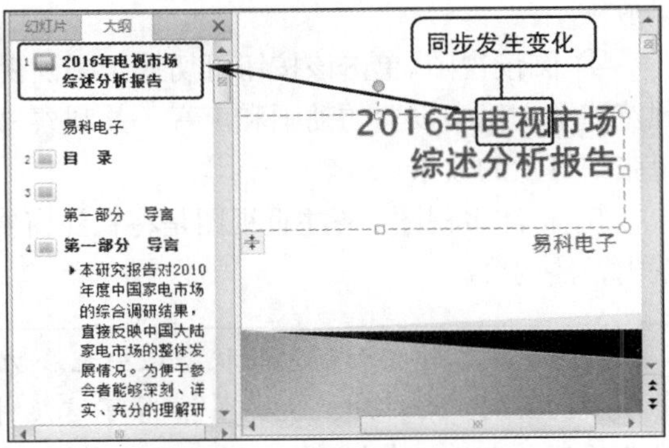

图 9-4 "大纲"浏览窗格

③ 备注窗格。用户可以在该窗格中输入当前幻灯片的解释和说明等信息，以方便演讲者在正式演讲时参考。

④ 状态栏。状态栏位于工作界面的下方，如图 9-5 所示，它主要由状态提示栏、视图切换按钮和显示比例栏组成。其中，状态提示栏用于显示幻灯片的数量、序列信息，以及当前演示文稿使用的主题；视图切换按钮用于在演示文稿的不同视图之间进行切换，单击相应的视图切换按钮即可切换到对应的视图中，从左到右依次是"普通视图"按钮回、"幻灯片浏览"按钮囲、"阅读视图"按钮囲、"幻灯片放映"按钮🖵；显示比例栏用于设置幻灯片窗格中幻灯片的显示比例，单击⊖按钮或⊕按钮，将以 10%的比例缩小或放大幻灯片，拖动两个按钮之间的▯图标，将适时放大或缩小幻灯片，单击右侧的◈按钮，将根据当前幻灯片窗格的大小显示幻灯片。

图 9-5 状态栏

（二）认识演示文稿与幻灯片

演示文稿和幻灯片是相辅相成的两个部分，演示文稿由幻灯片组成，两者是包含与被包含的关系，每张幻灯片又有自己独立表达的主题，是构成演示文稿的每一页。

演示文稿由"演示"和"文稿"两个词语组成，这说明它是用于演示某种效果而制作的文档，主要用于会议、产品展示和教学课件等领域。

（三）认识 PowerPoint 视图

PowerPoint 2010 提供了 5 种视图模式：普通视图、幻灯片浏览视图、幻灯片放映视图、阅读视图、备注页视图，在工作界面下方的状态栏中单击相应的视图切换按钮或在【视图】/【演示文稿视图】组中单击相应的视图切换按钮都可进行切换。5 种视图的功能介绍分别如下。

① 普通视图。单击该按钮可切换至普通视图，此视图模式下可对幻灯片整体结构和单张幻灯片进行编辑，这种视图模式也是 PowerPoint 默认的视图模式。

② 幻灯片浏览视图。单击该按钮可切换至幻灯片浏览视图，在该视图模式下不能对幻灯片进行编辑，但可同时预览多张幻灯片中的内容。

③ 幻灯片放映视图。单击该按钮可切换至幻灯片放映视图，此时幻灯片将按设定的效果放映。

④ 阅读视图。单击该按钮可切换至阅读视图，在阅读视图中可以查看演示文稿的放映效果，预览演示文稿中设置的动画和声音，并观察每张幻灯片的切换效果，它将以全屏动态方式显示每张幻灯片的效果。

⑤ 备注页视图。备注页视图是将备注窗格以整页格式进行显示，制作者可以方便地在其中编辑备注内容。

提示： 在工作界面下方的状态栏中无法切换到 "备注页视图"，在 "演示文稿视图" 功能区中无法切换到 "幻灯片放映视图"。除了这几种视图之外，还有母版视图，关于母版视图的应用将在项目十中详细介绍。

（四）演示文稿的基本操作

启动 PowerPoint 2010 后，就可以对 PowerPoint 文件（即演示文稿）进行操作了，由于 Office 软件的共通性，因此演示文稿的操作与 Word 文档的操作也有一定的相似之处。

1. 新建演示文稿

启动 PowerPoint 2010 后，选择【文件】/【新建】命令，将在工作界面右侧显示所有与演示文稿新建相关的选项，如图 9-6 所示。

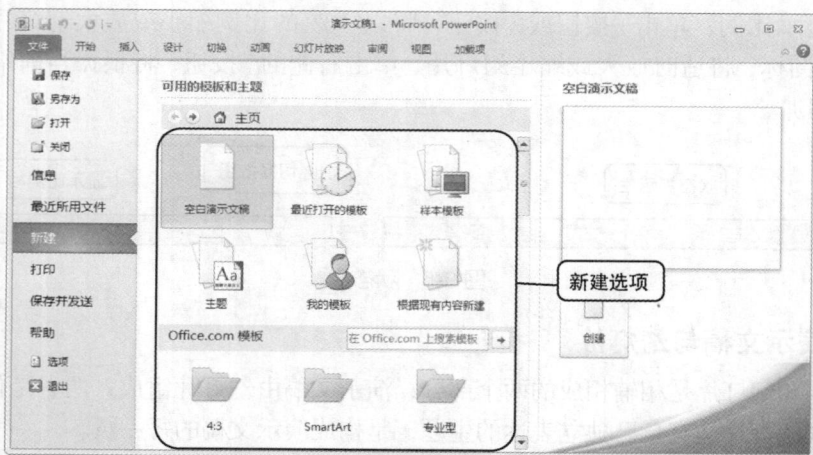

图 9-6　新建相关的选项

用户在工作界面右侧的"可用的模板和主题"栏和"Office.com 模板"栏中可选择不同的演示文稿的新建模式，选择一种需要新建的演示文稿类型后，单击右侧的"创建"按钮□，可新建该演示文稿。

下面分别介绍工作界面右侧各选项的作用。

① 空白演示文稿。选择该选项后，将新建一个没有内容，只有一张标题幻灯片的演示文稿。此外，启动 PowerPoint 2010 后，系统会自动新建一个空白演示文稿，或在 PowerPoint 2010 界面按【Ctrl+N】组合键快速新建一个空白演示文稿。

② 最近打开的模板。选择该选项后，将在打开的窗格中显示用户最近使用过的演示文稿模板，选择其中的一个，将以该模板为基础新建一个演示文稿。

③ 样本模板。选择该选项后，将在右侧显示 PowerPoint 2010 提供的所有样本模板，选择一个后单击"创建"按钮□，将新建一个以选择的样式模板为基础的演示文稿。此时演示文稿中已有多张幻灯片，并有设计的背景、文本等内容，可方便用户依据该样本模板，快速制作出类似的演示文稿效果，如图 9-7 所示。

④ 主题。选择该选项后，将在右侧显示提供的主题选项，用户可选择其中的一个选项进行演示文稿的新建。通过"主题"新建的演示文稿只有一张标题幻灯片，但其中已有设置好的背景及文本效果，因此同样可以简化用户的设置操作。

⑤ 我的模板。选择该选项后，将打开"新建演示文稿"对话框，在其中选择用户以前保存为 PowerPoint 模板文件的选项（关于保存为 PowerPoint 模板文件的方法将在后面详细讲解），单击　确定　按钮，完成演示文稿的新建，如图 9-8 所示。

⑥ 根据现有内容新建。选择该选项后，将打开 "根据现有演示文稿新建"对话框，选择以前保存在计算机中的任意一个演示文稿，单击　新建(C)　按钮，将打开该演示文稿，用户可在此基础上修改制作成自己想要的演示文稿效果。

⑦ "Office.com 模板"栏。该栏下列出了多个文件夹，每个文件夹是一类模板，选择一个文件夹，将显示该文件夹下的 Office 网站上提供的所有该类演示文稿模板，选择一个需要的模板类型后，单击"下载"按钮□，将自动下载该模板，然后以该模板为基础新建一个演示文稿。需注意的是，要使用"Office.com 模板"栏中的功能需要计算机连接网络后才能实现，否则无法下载模板并进行演示文稿的新建。

图 9-7　样本模板　　　　　　　　图 9-8　我的模板

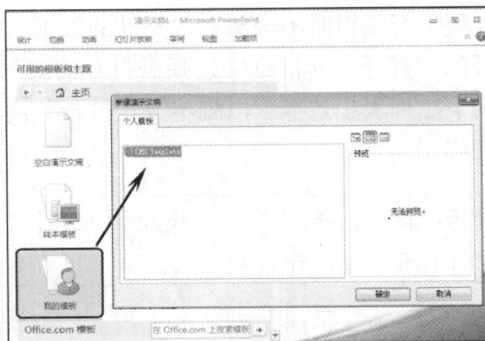

2. 打开演示文稿

当用户需要对已有的演示文稿进行编辑、查看或放映时，需将其打开。打开演示文稿的方式有多种，如果未启动 PowerPoint 2010，可直接双击需打开的演示文稿的图标。在启动 PowerPoint 2010 后，可分为以下 4 种情况来打开演示文稿。

① 打开演示文稿的一般方法。启动 PowerPoint 2010 后，选择【文件】/【打开】命令或按【Ctrl+O】组合键，打开"打开"对话框，在其中选择需要打开的演示文稿，单击 打开(O) 按钮，即可打开选择的演示文稿。

② 打开最近使用的演示文稿。PowerPoint 2010 提供了记录最近打开过的演示文稿保存路径的功能，如果想打开刚关闭的演示文稿，可选择【文件】/【最近所用文件】命令，在打开的页面中将显示最近使用的演示文稿名称和保存路径，然后选择需打开的演示文稿即可。

③ 以只读方式打开演示文稿。以只读方式打开的演示文稿只能进行浏览，不能更改演示文稿中的内容。其打开方法是选择【文件】/【打开】命令，打开"打开"对话框，在其中选择需要打开的演示文稿，单击 打开(O) 按钮右侧的下拉按钮，在打开的下拉列表中选择"以只读方式打开"选项，如图 9-9 所示。此时，打开的演示文稿"标题"栏中将显示"只读"字样。

图 9-9　以只读的方式打开

④ 以副本方式打开演示文稿。以副本方式打开演示文稿是指将演示文稿作为副本打开，对演示文稿进行编辑时不会影响源文件的效果。其打开方法和以只读方式打开演示文稿方法类似，在打开的"打开"对话框中选择需打开的演示文稿后，单击 打开(O) 按钮右侧的下拉按钮，在打开的下拉列表中选择"以副本方式打开"选项，在打开的演示文稿"标题"栏中将显示"副本"字样。

提示： 在"打开"对话框中按住【Ctrl】键的同时选择多个演示文稿选项，单击 打开(O) 按钮，可一次性打开多个演示文稿。

---

3. 保存演示文稿

制作好的演示文稿应及时保存在计算机中，同时用户应根据需要选择不同的保存方式，以满足实际的需求。保存演示文稿的方法有很多，下面将分别进行介绍。

① 直接保存演示文稿。直接保存演示文稿是最常用的保存方法，其方法是选择【文件】/

【保存】命令或单击快速访问工具栏中的"保存"按钮，打开"另存为"对话框，选择保存位置并输入文件名后，单击 保存(S) 按钮。当执行过一次保存操作后，再次选择【文件】/【保存】命令或单击"保存"按钮，可将两次保存操作之间所编辑的内容再次进行保存，而不会打开"打开"对话框。

② 另存为演示文稿。若不想改变原有演示文稿中的内容，可通过"另存为"命令将演示文稿保存在其他位置或更改其名称。选择【文件】/【另存为】命令，打开"另存为"对话框，重新设置保存的位置或文件名，单击 保存(S) 按钮，如图 9-10 所示。

③ 将演示文稿保存为模板。将制作好的演示文稿保存为模板，可提高制作同类演示文稿的速度。选择【文件】/【保存】命令，打开"另存为"对话框，在"保存类型"下拉列表框中选择"PowerPoint 模板"选项，单击 保存(S) 按钮。

④ 保存为低版本演示文稿。如果希望保存的演示文稿可以在 PowerPoint 97 或 PowerPoint 2003 软件中打开或编辑，应将其保存为低版本。在"另存为"对话框的"保存类型"下拉列表中选择"PowerPoint 97–2003 演示文稿"选项，其余操作与直接保存演示文稿操作相同。

⑤ 自动保存演示文稿。在制作演示文稿的过程中，为了减少不必要的损失，可设置演示文稿定时保存，即到达指定时间后，无需用户执行保存操作，系统将自动对其进行保存。选择【文件】/【选项】命令，打开"PowerPoint 选项"对话框，单击"保存"选项卡，在"保存演示文稿"栏中单击选中两个复选框，然后在"保存自动恢复信息时间间隔"复选框后面的数值框中输入自动保存的时间间隔，在"自动恢复文件位置"文本框中输入文件未保存就关闭时的临时保存位置，单击 确定 按钮，如图 9-11 所示。

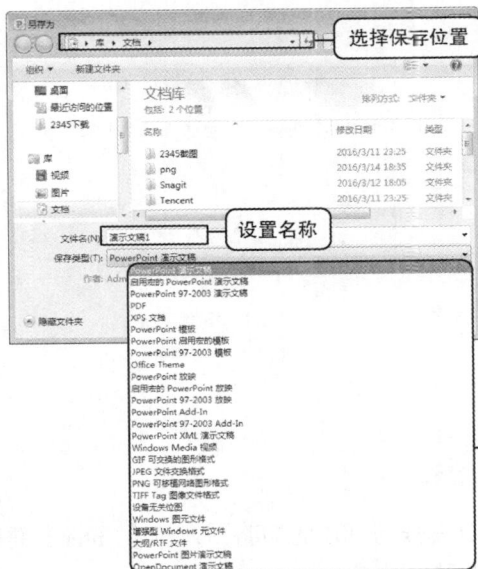

图 9-10 "另存为"对话框

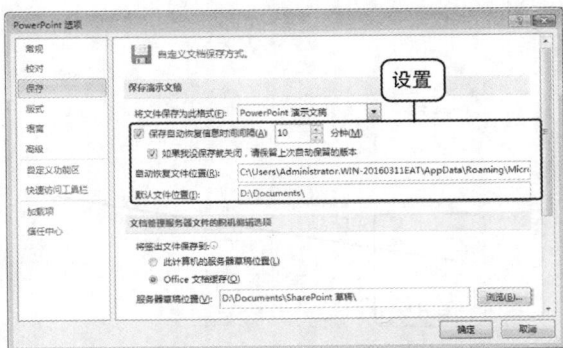

图 9-11 自动保存演示文稿

4. 关闭演示文稿

完成演示文稿的编辑或结束放映操作后，若不再需要对演示文稿进行其他操作，可将其关闭。关闭演示文稿的常用方法有以下 3 种。

① 通过单击按钮关闭。单击 PowerPoint 2010 工作界面标题栏右上角的 ✕ 按钮，关闭演示文稿并退出 PowerPoint 程序。

② 通过快捷菜单关闭。在 PowerPoint 2010 工作界面标题栏上单击鼠标右键，在弹出的快捷菜单中选择"关闭"命令。

③ 通过命令关闭。选择【文件】/【关闭】命令，关闭当前演示文稿。

（五）幻灯片的基本操作

幻灯片是演示文稿的组成部分，一个演示文稿一般由多张幻灯片组成，所以操作幻灯片就成了在 PowerPoint 2010 中编辑演示文稿最主要的操作之一。

1. 新建幻灯片

创建的空白演示文稿默认只有一张幻灯片，当一张幻灯片编辑完成后，就需要新建其他幻灯片。用户可以根据需要在演示文稿的任意位置新建幻灯片。常用的新建幻灯片的方法主要有如下 3 种。

① 通过快捷菜单新建。在工作界面左侧的"幻灯片"浏览窗格中需要新建幻灯片的位置处单击鼠标右键，在弹出的快捷菜单中选择"新建幻灯片"命令。

② 通过选项卡新建。版式用于定义幻灯片中内容的显示位置，用户可根据需要向里面放置文本、图片以及表格等内容。选择【开始】/【幻灯片】组，单击"新建幻灯片"按钮 下方的下拉按钮 ，在打开的下拉列表框中选择新建幻灯片的版式，将新建一张带有版式的幻灯片，如图 9-12 所示。

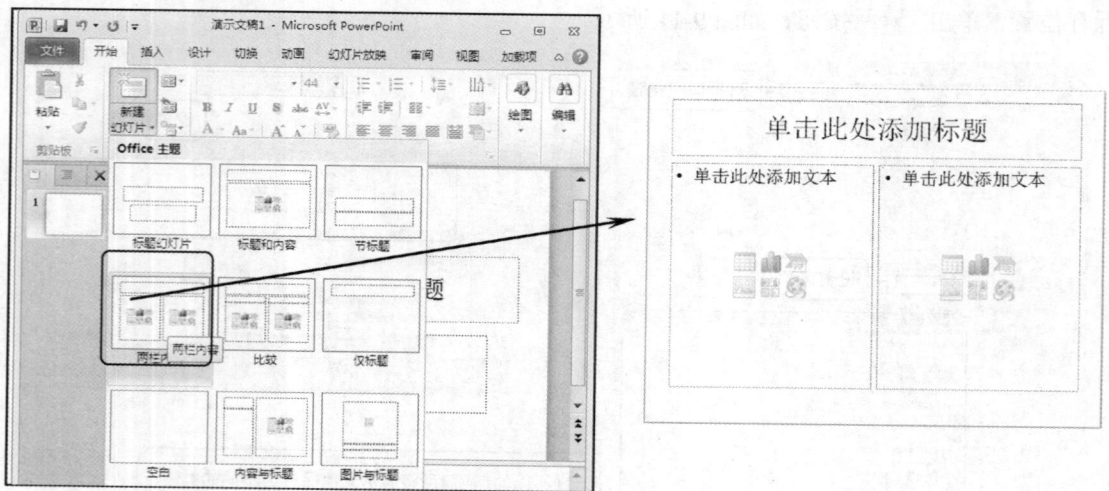

图 9-12 选择幻灯片版式

③ 通过快捷键新建。在幻灯片窗格中，选择任意一张幻灯片的缩略图，按【Enter】键将在选择的幻灯片后新建一张与所选幻灯片版式相同的幻灯片。

2. 选择幻灯片

先选择后操作是计算机操作过程中的默认规律，在 PowerPoint 2010 中也不例外，用户要操作幻灯片，必须要先进行选择操作。需要选择的幻灯片的张数不同，其方法也有所区别，主要有以下 4 种。

① 选择单张幻灯片。在"幻灯片/大纲"浏览窗格或"幻灯片浏览"视图中单击幻灯片缩略图，可选择该幻灯片。

② 选择多张相邻的幻灯片。在"幻灯片/大纲"浏览窗格或"幻灯片浏览"视图中，单击要连续选择的第 1 张幻灯片，按住【Shift】键不放，再单击需选择的最后一张幻灯片，释放【Shift】键后，两张幻灯片之间的所有幻灯片均被选择。

③ 选择多张不相邻的幻灯片。在"幻灯片/大纲"浏览窗格或"幻灯片浏览"视图中，单击要选择的第 1 张幻灯片，按住【Ctrl】键不放，再依次单击需选择的幻灯片。

④ 选择全部幻灯片。在"幻灯片/大纲"浏览窗格或"幻灯片浏览"视图中，按【Ctrl+A】组合键，可选择当前演示文稿中所有的幻灯片。

3. 移动和复制幻灯片

在制作演示文稿的过程中，用户可能需要对各幻灯片的顺序进行调整，或者需要在某张已完成的幻灯片上修改信息，将其制作成新的幻灯片，此时就需要移动和复制幻灯片，其方法分别如下。

① 通过拖曳鼠标移动或复制。选择需移动的幻灯片，按住鼠标左键不放拖曳到目标位置后释放鼠标完成移动操作；选择幻灯片后，按住【Ctrl】键的同时将其拖曳到目标位置可实现幻灯片的复制。

② 通过菜单命令移动或复制。选择需移动或复制的幻灯片，在其上单击鼠标右键，在弹出的快捷菜单中选择"剪切"或"复制"命令。将鼠标定位到目标位置，单击鼠标右键，在弹出的快捷菜单中选择"粘贴"命令，完成幻灯片的移动或复制。

③ 通过快捷键移动或复制。选择需移动或复制的幻灯片，按【Ctrl+X】组合键（剪切）或【Ctrl+C】组合键（复制），然后在目标位置按【Ctrl+V】组合键（粘贴），完成移动或复制操作。

4. 删除幻灯片

在"幻灯片/大纲"浏览窗格和"幻灯片浏览"视图中可删除演示文稿中多余的幻灯片，其方法是选择需删除的一张或多张幻灯片后，按【Delete】键或单击鼠标右键，在弹出的快捷菜单中选择"删除幻灯片"命令。

任务实现

（一）新建并保存演示文稿

下面将新建一个主题为"聚合"的演示文稿，然后以"工作总结.pptx"为名保存在计算机桌面上，其具体操作如下。

（1）选择【开始】/【所有程序】/【Microsoft Office】/【Microsoft PowerPoint 2010】命令，启动 PowerPoint 2010。

微课：新建并保存
演示文稿

（2）选择【文件】/【新建】命令，在"可用的模板和主题"栏中选择"聚合"选项，单击右侧的"创建"按钮，如图 9-13 所示。

（3）在快速访问工具栏中单击"保存"按钮，打开"另存为"对话框，在"地址栏"下拉列表中选择"桌面"选项，在"文件名"文本框中输入"工作总结"，在"保存类型"下拉列表框中选择"PowerPoint 演示文稿"选项，单击 保存(S) 按钮，如图 9-14 所示。

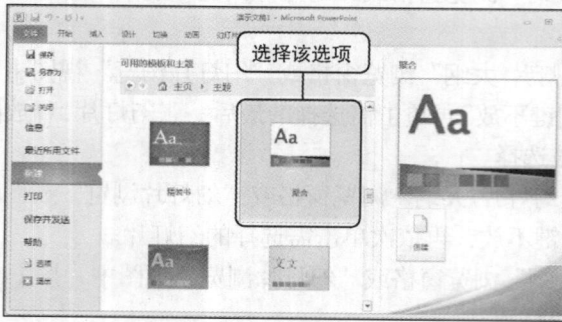

图 9-13　选择主题

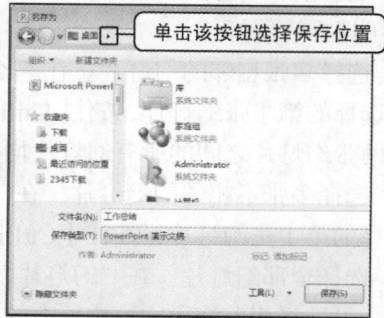

图 9-14　设置保存参数

（二）新建幻灯片并输入文本

下面将制作前两张幻灯片，首先在标题幻灯片中输入主标题和副标题文本，然后新建第 2 张幻灯片，其版式为"内容与标题"，再在各占位符中输入演示文稿的目录内容，其具体操作如下。

（1）新建的演示文稿有一张标题幻灯片，在"单击此处添加标题"占位符中单击，其中的文字将自动消失，切换到中文输入法输入"工作总结"。

微课：新建幻灯片并输入文本

（2）在副标题占位符中单击，然后输入"2015 年度　技术部王林"，如图 9-15 所示。

（3）在"幻灯片"浏览窗格中将鼠标指针定位到标题幻灯片后，选择【开始】/【幻灯片】组，单击"新建幻灯片"按钮 下方的下拉按钮，在打开的下拉列表中选择"内容与标题"选项，如图 9-16 所示。

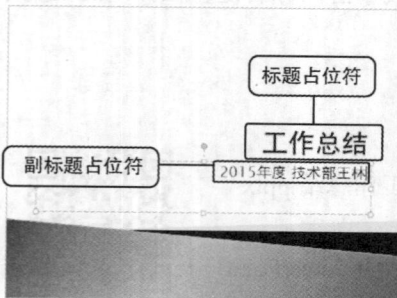

图 9-15　制作标题幻灯片

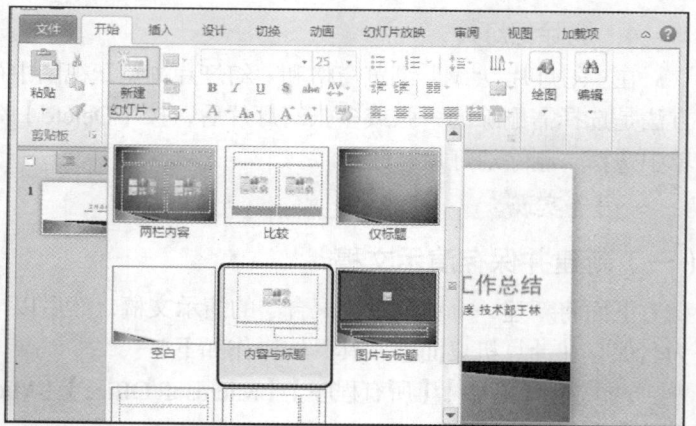

图 9-16　选择幻灯片版式

（4）在标题幻灯片后新建一张"内容与标题"版式的幻灯片，如图 9-17 所示。然后在各占位符中输入图 9-18 所示的文本，在上方的内容占位符中输入文本时，系统默认在文本前添加项目符号，用户无需手动完成，按【Enter】键对文本进行分段，完成第 2 张幻灯片的制作。

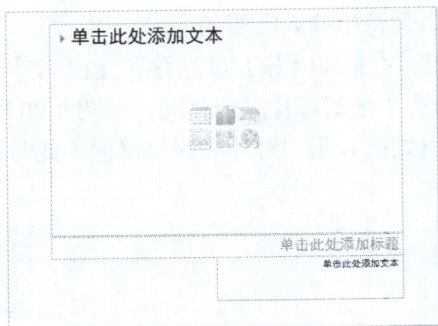

图 9-17　新建的幻灯片版式

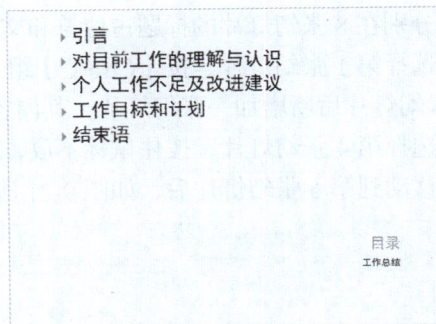

图 9-18　输入文本

（三）文本框的使用

　　下面将制作第 3 张幻灯片，首先新建一张版式为"标题和内容"的幻灯片，然后在占位符中输入内容，并删除文本占位符前的项目符号，再在幻灯片右上角插入一个横排文本框，在其中输入文本内容，其具体操作如下。

　　（1）在"幻灯片"浏览窗格中将鼠标指针定位到第 2 张幻灯片后，选择【开始】/【幻灯片】组，单击"新建幻灯片"按钮下方的下拉按钮，在打开的下拉列表中选择"标题和内容"选项，新建一张幻灯片。

　　（2）在标题占位符中输入文本"引言"，将鼠标指针定位到文本占位符中，按【Backspace】键，删除文本插入点前的项目符号。

　　（3）输入引言下的所有文本。

　　（4）选择【插入】/【文本】组，单击"文本框"按钮下方的下拉按钮，在打开的下拉列表中选择"横排文本框"选项。

　　（5）此时光标呈↓形状，移动光标到幻灯片右上角单击定位文本插入点，输入文本"帮助、感恩、成长"，效果如图 9-19 所示。

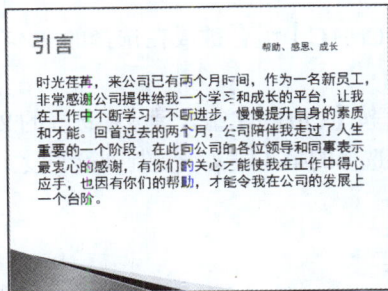

图 9-19　第 3 张幻灯片效果

微课：文本框的使用

（四）复制并移动幻灯片

　　下面将制作第 4 张～第 12 张幻灯片，用户首先新建 8 张幻灯片，然后分别在其中输入需要的内容，再复制第 1 张幻灯片放置在最后，调整第 4 张幻灯片的位置到第 6 张后面，其具体操作如下。

　　（1）在"幻灯片"浏览窗格中选择第 3 张幻灯片，按 8 次【Enter】键，新建 8 张幻灯片。

微课：复制并移动
幻灯片

（2）分别在 8 张幻灯片的标题占位符和文本占位符中输入需要的内容。

（3）选择第 1 张幻灯片，按【Ctrl+C】组合键，在第 11 张幻灯片后按【Ctrl+V】组合键，在第 11 张幻灯片后新增加一张幻灯片，其内容与第 1 张幻灯片完全相同，如图 9-20 所示。

（4）选择第 4 张幻灯片，按住鼠标不放，拖曳到第 6 张幻灯片后释放鼠标，此时第 4 张幻灯片将被移动到第 6 张幻灯片后，如图 9-21 所示。

图 9-20　复制幻灯片

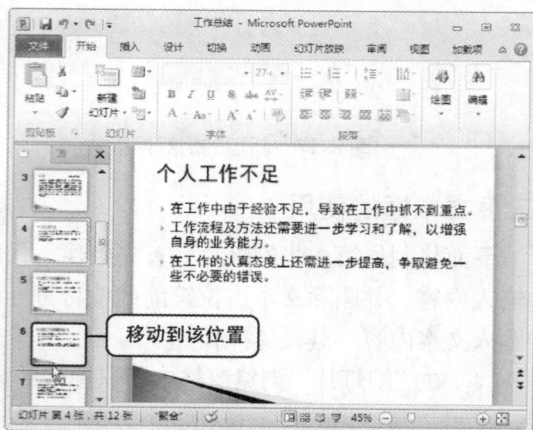

图 9-21　移动幻灯片

（五）编辑文本

下面将编辑第 10 张幻灯片和第 12 张幻灯片，首先在第 10 张幻灯片中移动文本的位置，然后复制文本并对其内容进行修改；在第 12 张幻灯片中对标题文本进行修改，再删除副标题文本，其具体操作如下。

微课：编辑文本

（1）选择第 10 张幻灯片，在右侧幻灯片窗格中拖动鼠标选择第 1 段和第 2 段文本，按住鼠标不放，此时鼠标指针变为 形状，拖曳鼠标到第四段文本前，如图 9-22 所示。

（2）选择调整后的第四段文本，按【Ctrl+C】组合键或在选择的文本上单击鼠标右键，在弹出的快捷菜单中选择"复制"命令。

（3）在原始的第 5 段文本前单击鼠标，按【Ctrl+V】组合键或在选择的文本上单击鼠标右键，在弹出的快捷菜单中选择"粘贴"命令，将选择的第 4 段文本复制到第 5 段，效果如图 9-23 所示。

图 9-22　移动文本

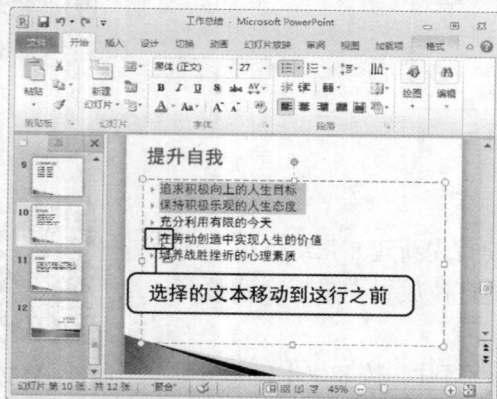

图 9-23　复制文本

（4）将鼠标指针定位到复制后的第 5 段文本的"中"字后，输入"找到工作的乐趣"，然后多次按【Delete】键，删除多余的文字，最终效果如图 9-24 所示。

（5）选择第 12 张幻灯片，在幻灯片窗格中选择原来的标题"工作总结"，然后输入文本"谢谢"，将删除原有文本并修改成新文本。

（6）选择副标题中的文本，如图 9-25 所示，按【Delete】键或【Backspace】键删除，完成演示文稿的制作。

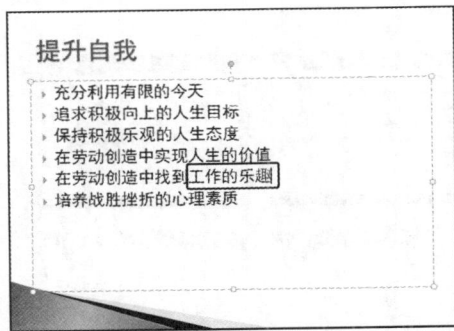

图 9-24　增加和删除文本

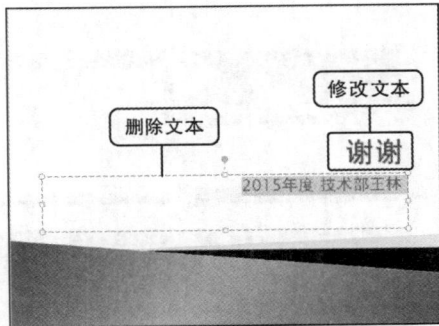

图 9-25　修改和删除文本

> **提示：** 在副标题占位符中删除文本后，将显示"单击此处添加副标题"文本，此时可不理会，在放映时将不会显示其中的内容。用户也可选择该占位符，按【Delete】键将其删除。

任务二　编辑产品上市策划演示文稿

任务要求

制作一份产品上市方案演示文稿，"产品上市策划"演示文稿效果如图 9-26 所示。

具体要求如下。

① 在第 4 张幻灯片中将第 2 段、第 3 段、第 4 段、第 6 段、第 7 段、第 8 段正文文本降级，然后设置降级文本的字体格式为"楷体、22 号"；设置未降级文本的颜色为红色。

② 在第 2 张幻灯片中插入艺术字"目录"，其样式选择为列表最后一行中第 2 列。移动艺术字到幻灯片顶部，再设置其字体为"华文琥珀"，使用图片"橙汁"填充艺术字，设置其映像效果为第 1 列最下面一项。

③ 在第 4 张幻灯片中插入"饮料瓶"图片，缩小后放在幻灯片右边，图片向左旋转一点角度，再删除其白色背景，并设置阴影效果为"左上对角透视"；在第 11 张幻灯片中插入剪贴画"📢"。

④ 在第 6 张、第 7 张幻灯片中新建一个 SmartArt 图形，分别为"分段循环""棱锥型列表"，输入文字，为第 7 张幻灯片中的 SmartArt 图形添加一个形状，并输入文字。接着将第 8 张幻灯片中的 SmartArt 图形布局改为"圆箭头流程"，SmartArt 样式为"金属场景"，设置其艺术字样式为最后一行第 3 个。

⑤ 在第 9 张幻灯片中绘制"房子"，在矩形中输入"学校"，设置格式为"黑体、20 号、深蓝"；绘制五边形，输入"分杯赠饮"，设置格式为"楷体、加粗、28 号、白色、段落居中"；设置房子的快速样式为第 3 行第 3 个选项；组合绘制的图形，向下垂直复制两个，再分别修改

其中的文字。

⑥ 在第 10 张幻灯片中制作 5 行 4 列的表格，输入内容后增加表格的行距，在最后一列和最后一行后各增加 1 列和 1 行，并输入文本，合并最后一行中除最后一个单元格外的所有单元格，设置该行底纹颜色为"浅蓝"；为第 1 个单元格绘制一条白色的斜线，设置表格"单元格凹凸效果"为"圆"。

⑦ 在第 1 张幻灯片中插入一个跨幻灯片循环播放的音乐文件,并设置声音图标在播放时不显示。

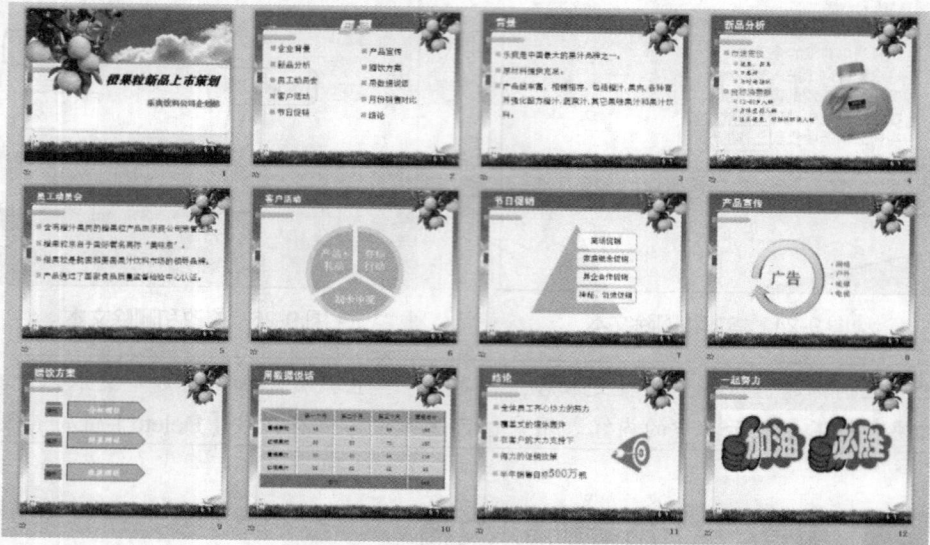

图 9-26 "产品上市策划"演示文稿

相关知识

（一）幻灯片文本设计原则

文本是制作演示文稿最重要的元素之一，对文本的设计不仅要求设计美观，更重要的是要符合演示文稿的需求，如根据演示文稿的类型设置文本的字体，为了方便观众查看，设置相对较大的字号等。

1. 字体设计原则

字体搭配效果的好坏，直接影响到演示文稿的阅读性和感染力，实际上，字体设计也是有一定的原则可循的，下面介绍 5 种常见的字体设计原则。

① 幻灯片标题字体最好选用更容易阅读的较粗的字体。正文使用比标题更细的字体，以区分主次。

② 在搭配字体时,标题和正文尽量选用常用字体,而且还要考虑标题字体和正文字体的搭配效果。

③ 在演示文稿中如果要使用英文字体，可选择 Arial 与 Times New Roman 两种英文字体。

④ PowerPoint 不同于 Word，其正文内容不宜过多，正文中只列出较重点的标题即可，其余扩展内容可留给演示者临场发挥。

⑤ 在商业、培训等较正式的场合，其字体可使用较正规的字体，如标题使用方正粗宋简体、

黑体和方正综艺简体等，正文可使用微软雅黑、方正细黑简体和宋体等；在一些相对较轻松的场合，其字体可更随意一些，如方正粗倩简体、楷体（加粗）和方正卡通简体等。

2. 字号设计原则

在演示文稿中，字体的大小不仅会影响观众接受信息的程度，还会影响演示文稿的专业度，因此，字体大小的设计也非常重要。

字体大小还需根据演示文稿演示的场合和环境来决定，因此在选用字体大小时要注意以下两点。

① 如果演示的场合越大，观众越多，那么幻灯片中的字体就应该越大，要保证观众在最远的位置都能看清幻灯片中的文字。此时，标题建议使用 36 号以上的字号，正文使用 28 号以上的字号。为了保证观众更易查看，一般情况下，演示文稿中的字号不应小于 20 号。

② 同类型和同级别的标题和文本内容要设置同样大小的字号，这样可以保证内容的连贯性，让观众更容易地把信息归类，也更容易理解和接受信息。

注意： 除了字体、字号之外，对文本显示影响较大的元素还有颜色，文本的颜色一般使用与背景颜色反差较大的颜色，以方便查看。另外，一个演示文稿中最好用统一的文本颜色，只有需重点突出的文本才使用其他的颜色。

（二）幻灯片对象布局原则

幻灯片中除了文本之外，还包含图片、形状和表格等对象，在幻灯片中合理使用这些元素，将这些元素有效地布局在各张幻灯片中，不仅可以使演示文稿更加美观，更重要的是可以提高演示文稿的说服力，达到其应有的作用。幻灯片中的各个对象在分布排列时，可考虑如下 5 个原则。

① 画面平衡。布局幻灯片时应尽量保持幻灯片页面的平衡，以避免左重右轻或头重脚轻的现象，从而使整个幻灯片画面更加协调。

② 布局简单。虽然说一张幻灯片是由多种对象组合在一起的，但在一张幻灯片中对象的数量不宜过多，否则幻灯片就会显得很复杂，不利于信息的传递。

③ 统一和谐。同一演示文稿中各张幻灯片的标题文本的位置，文字采用的字体、字号、颜色和页边距等应尽量统一，不能随意设置，以避免破坏幻灯片的整体效果。

④ 强调主题。要想使观众快速、深刻地对幻灯片中表达的内容产生共鸣，可通过颜色、字体以及样式等手段对幻灯片中要表达的核心部分和内容进行强调，以引起观众的注意。

⑤ 内容简练。幻灯片只是辅助演讲者传递信息，而且人在短时间内可接收并记忆的信息量并不多，因此，在一张幻灯片中只需列出要点或核心内容。

任务实现

（一）设置幻灯片中的文本格式

下面将打开"产品上市策划.pptx"演示文稿，在第 4 张幻灯片中将第 2 段、第 3 段、第 4 段、第 6 段、第 7 段、第 8 段正文文本降级，然后设置降级文本的字体格式为"楷体、22 号"；设置未降级文本的颜色为"红色"，其具体操作如下。

（1）选择【文件】/【打开】命令，打开"打开"对话框，选择"产品上市策划.pptx"演示文稿，单击 打开(O) 按钮将其打开。

（2）在"幻灯片"浏览窗格中选择第4张幻灯片，再在右侧窗格中选择第2段、第3段、第4段正文文本，按【Tab】键，将选择的文本降低一个等级。

（3）保持文本的选择状态，选择【开始】/【字体】组，在"字体"下拉列表框中选择"楷体"选项，在"字号"下拉列表框中输入"22"，如图9-27所示。

（4）保持文本的选择状态，选择【开始】/【剪贴板】组，单击"格式刷"按钮 ，此时鼠标光标变为 形状。

（5）使用鼠标在第6段、第7段、第8段正文文本，为其应用第2段、第3段、第4段正文的格式，如图9-28所示。

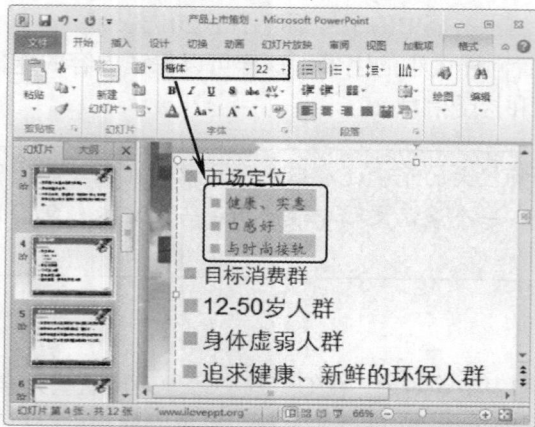

图9-27　设置文本级别、字体、字号

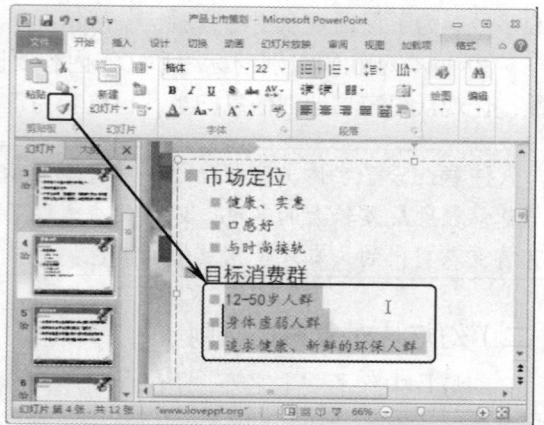

图9-28　使用格式刷

（6）选择未降级的两段文本，选择【开始】/【字体】组，单击"字体颜色"按钮 后的下拉按钮 ，在打开的下拉列表中选择"红色"选项，效果如图9-29所示。

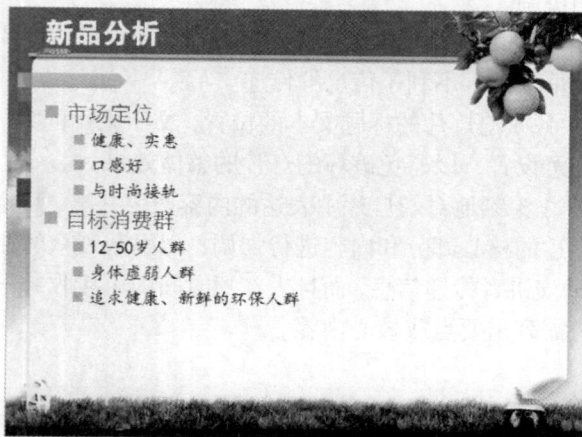

图9-29　设置文本后的效果

微课：设置幻灯片中
的文本格式

提示： 用户要想更详细地设置字体格式，可以通过"字体"对话框来进行设置。其方法是选择【开始】/【字体】组，单击右下角的 按钮，打开"字体"对话框，在"字体"选项卡中不仅可设置字体格式，在"字符间距"选项卡中还可设置字与字之间的距离。

（二）插入艺术字

艺术字拥有比普通文本更多的美化和设置功能，如渐变的颜色、不同的形状效果、立体效果等。艺术字在演示文稿中使用十分频繁。下面将在第 2 张幻灯片中输入艺术字"目录"。要求样式为最后一行第 2 列的效果，移动艺术字到幻灯片顶部，再设置其字体为"华文琥珀"，然后设置艺术字的填充为图片"橙汁"，设置艺术字映像效果为第 1 列最下面一项，其具体操作如下。

微课：插入艺术字

（1）选择【插入】/【文本】组，单击"艺术字"按钮 A 下方的下拉按钮，在打开的下拉列表框中选择最后一行中第 2 列的艺术字效果。

（2）此时出现 1 个艺术字占位符，在"请在此放置您的文字"占位符中单击，输入"目录"。

（3）将鼠标指针移动到"目录"文本框四周的非控制点上，鼠标指针变为 形状，拖曳鼠标至幻灯片顶部，将艺术字"目录"移动到该位置。

（4）选择其中的"目录"文本，选择【开始】/【字体】组，在"字体"下拉列表框中选择"华文琥珀"选项，修改艺术字的字体，如图 9-30 所示。

（5）保持文本的选择状态，此时将自动激活"绘图工具"的"格式"选项卡，选择【格式】/【艺术字样式】组，单击 文本填充 按钮，在打开的下拉列表中选择"图片"选项，打开"插入图片"对话框，选择需要填充到艺术字的图片"橙汁"，单击 插入(S) 按钮。

图 9-30　移动艺术字并修改字体

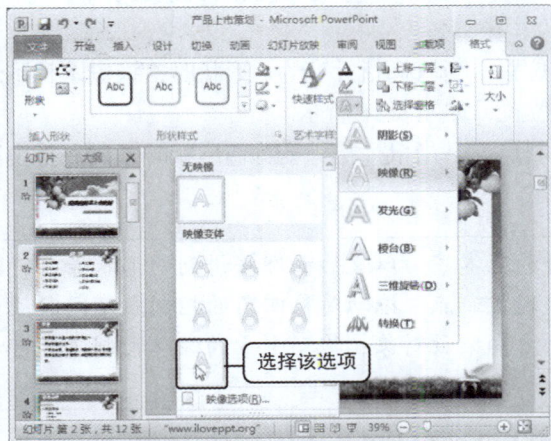

（6）选择【格式】/【艺术字样式】组，单击 文本效果 按钮，在打开的下拉列表中选择【映像】/【紧密映像，8#pt 偏移量】选项，如图 9-31 所示，最终效果如图 9-32 所示。

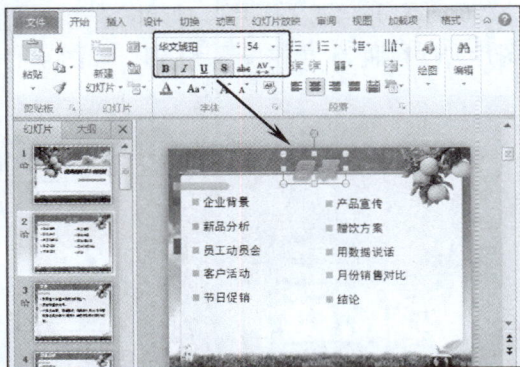

图 9-31　选择文本映像

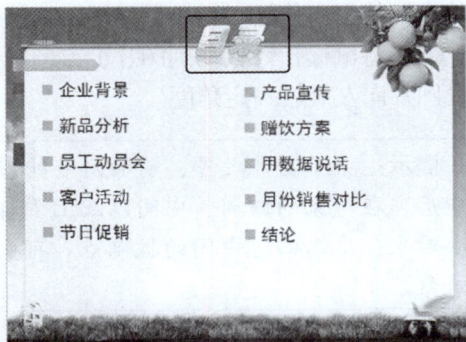

图 9-32　查看艺术字效果

207

提示：选择输入的艺术字，在激活的"格式"选项卡中还可设置艺术字的多种效果，其设置方法基本类似，如选择【格式】/【艺术字样式】组，单击 A 文本效果▼ 按钮，在打开的下拉列表中选择"转换"选项，在打开的子列表中将列出所有变形的艺术字效果，选择任意一个，即可为艺术字设置该变形效果。

（三）插入图片

图片是演示文稿中非常重要的一部分，在幻灯片中可以插入计算机中保存的图片，也可以插入 PowerPoint 自带的剪贴画。下面将在第 4 张幻灯片中插入"饮料瓶"图片，将其缩小后放在幻灯片右边，图片向左旋转一点角度，再删除其白色背景，并设置阴影效果为"左上对角透视"；在第 11 张幻灯片中插入剪贴画"🔊"，其具体操作如下。

（1）在"幻灯片"浏览窗格中选择第 4 张幻灯片，选择【插入】/【图像】组，单击"图片"按钮。

（2）打开"插入图片"对话框，选择需插入图片的保存位置，这里的位置为"桌面"，选择图片"饮料瓶"，单击 插入(S) 按钮，如图 9-33 所示。

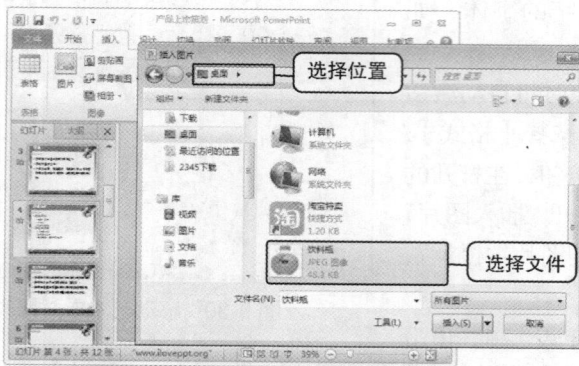

微课：插入图片

图 9-33　插入图片

（3）返回 PowerPoint 工作界面即可看到插入图片后的效果。将鼠标指针移动到图片四角的圆形控制点上，拖动鼠标调整图片大小。

（4）选择图片，将鼠标指针移到图片任意位置，当鼠标指针变为 ✥ 形状时，拖曳图片到幻灯片右侧的空白位置，释放鼠标将图片移到该位置，如图 9-34 所示。

（5）将鼠标指针移动到图片上方的绿色控制点上，当鼠标指针变为 🔄 形状时，向左拖曳图片使图片向左旋转一定角度。

提示：除了图片之外，前面讲解的占位符和艺术字，以及后面即将讲到的形状等，将其选中后，在对象的四周、中间以及上方都会出现控制点，拖动对象四角的控制点可同时放大缩小对象；拖动四边中间的控制点，可向一个方向缩放对象；拖动上方的绿色控制点，可旋转对象。

（6）继续保持图片的选择状态，选择【格式】/【调整】组，单击"删除背景"按钮，在幻灯片中使用鼠标拖曳图片每一边中间的控制点，使饮料瓶的所有内容均显示出来，如图 9-35 所示。

图 9-34　缩放并移动图片

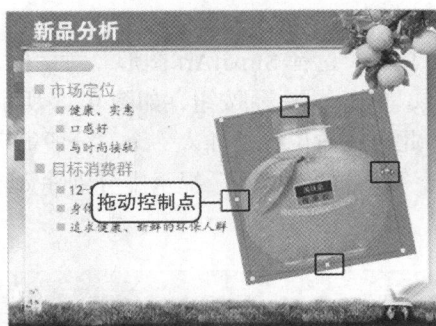

图 9-35　显示饮料瓶所有内容

（7）激活"背景消除"选项卡，单击"关闭"功能区的"保留更改"按钮 ✓，饮料瓶的白色背景将消失。

（8）选择【格式】/【图片样式】组，单击 ◎ 图片效果▾ 按钮，在打开的下拉列表中选择【阴影】/【左上对角透视】选项，为图片设置阴影后的效果如图 9-36 所示。

（9）选择第 11 张幻灯片，单击占位符中的"剪贴画"按钮 🖼，打开"剪贴画"窗格，在"搜索文字"文本框中不输入任何内容（表示搜索所有剪贴画），单击选中"包括 Office.com 内容"复选框，单击 搜索 按钮，在下方的列表框中选择需插入的剪贴画，该剪贴画将插入幻灯片的占位符中，效果如图 9-37 所示。

图 9-36　设置阴影

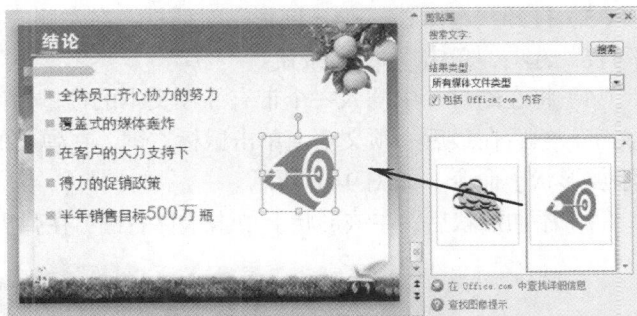

图 9-37　插入剪贴画

注意：图片、剪贴画、SmartArt 图片、表格等都可以通过选项卡或占位符插入，即这两种方法是插入幻灯片中各对象的通用方式。

（四）插入 SmartArt 图形

SmartArt 图形是从 PowerPoint 2007 开始新增的功能，它用于表明各种事物之间的关系，在演示文稿中使用非常广泛。下面将在第 6 张、第 7 张幻灯片中各新建一个 SmartArt 图形，分别为"分段循环"和"棱锥型列表"，然后输入文字，其中第 7 张幻灯片中的 SmartArt 图形需要添加一个形状，并输入文字"神秘、饥饿促销"。接着编辑第 8 张幻灯片已有的 SmartArt 图形，包括更改布局为"圆箭头流程"，设置 SmartArt 样式为"金属场景"，设置艺术字样式为最后一行第 3 个，其具体操作如下。

微课：插入 SmartArt 图形

（1）在"幻灯片"浏览窗格中选择第 6 张幻灯片，在右侧单击占位符中的"插入 SmartArt

图形"按钮 📷。

（2）打开"选择 SmartArt 图形"对话框，在左侧选择"循环"选项，在右侧选择"分段循环"选项，单击 确定 按钮，如图 9-38 所示。

（3）此时在占位符处插入一个"分段循环"样式的 SmartArt 图形，该图形主要由 3 部分组成，在每一部分的"文本"提示中分别输入"产品+礼品""夺标行动""刮卡中奖"，如图 9-39 所示。

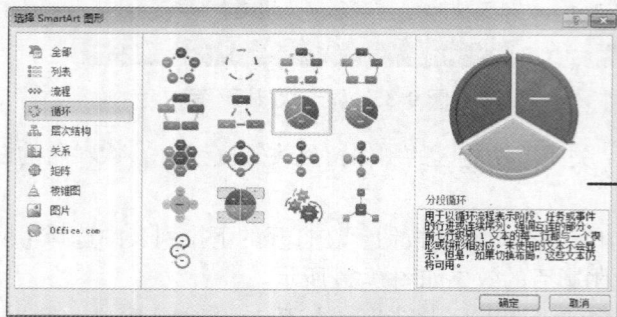

图 9-38　选择 SmartArt 图形

图 9-39　输入文本内容

（4）选择第 7 张幻灯片，在右侧选择占位符，按【Delete】键将其删除，选择【插入】/【插图】组，单击"SmartArt"按钮 📷。

（5）打开"选择 SmartArt 图形"对话框，在左侧选择"棱锥图"选项，在右侧选择"棱锥型列表"选项，单击 确定 按钮。

（6）将在幻灯片中插入一个带有 3 项文本的棱锥型图形，分别在各个文本提示框中输入对应文字，然后在最后一项文本上单击鼠标右键，在弹出的快捷菜单中选择【添加形状】/【在后面添加形状】命令，如图 9-40 所示。

（7）添加形状后，在该形状上单击鼠标右键，在弹出的快捷菜单中选择"编辑文字"命令。

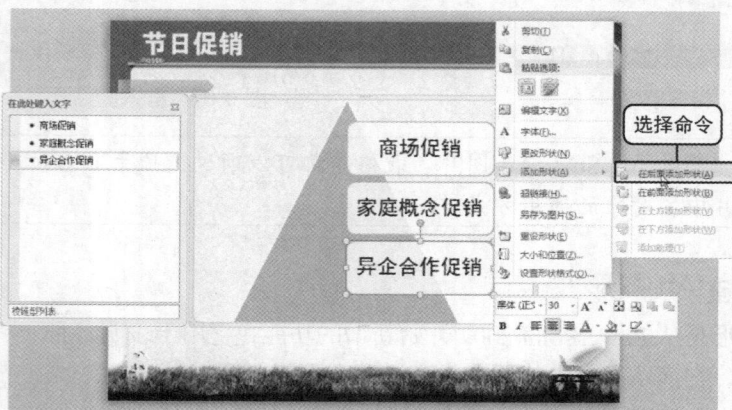

图 9-40　在后面插入形状

（8）文本插入点自动定位到新添加的形状中，输入新的文本"神秘、饥饿促销"。

（9）选择第 8 张幻灯片，选择其中的 SmartArt 图形，选择【设计】/【布局】组，在中间的列表框中选择"圆箭头流程"选项。

（10）选择【设计】/【SmartArt 样式】组，在中间的列表框中选择"金属场景"选项，如图 9-41 所示。

（11）选择【格式】/【艺术字样式】组，在中间的列表框中选择最后一行第 3 个选项，最终效果如图 9-42 所示。

图 9-41　修改布局和样式　　　　　图 9-42　设置艺术字样式

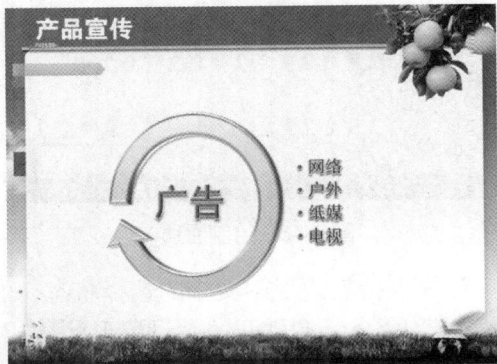

（五）插入形状

形状是 PowerPoint 提供的基础图形，通过基础图形的绘制、组合，有时可达到比图片和系统预设的 SmartArt 图形更好的效果。下面将通过绘制梯形和矩形，组合成房子的形状，在矩形中输入文字"学校"，设置文字的"字体"为"黑体"，"字号"为"20 号"，"颜色"为"深蓝"，取消"倾斜"；绘制一个五边形，输入文字"分杯赠饮"，设置"字体"为"楷体"，"字形"

微课：插入形状

为"加粗"，"字号"为"28 号"，颜色为"白色"，段落居中，使文字距离文本框上方 0.4 厘米；设置房子的快速样式为第 3 行的第 3 个选项；组合绘制的几个图形，向下垂直复制两个，再分别修改其中的文字，其具体操作如下。

（1）选择第 9 张幻灯片，在【插入】/【插图】组中单击"形状"按钮，在打开的列表中选择"基本形状"栏中的"梯形"选项，此时鼠标指针变为＋形状，在幻灯片右上方拖动鼠标指针绘制一个梯形，作为房顶的示意图，如图 9-43 所示。

（2）选择【插入】/【插图】组，单击"形状"按钮，在打开的下拉列表中选择【矩形】/【矩形】选项，然后在梯形下方绘制一个矩形，作为房子的主体。

（3）在绘制的矩形上单击鼠标右键，在弹出的快捷菜单中选择"编辑文字"命令，文本插入点将自动定位到矩形中，此时输入文本"学校"。

（4）使用前面相同的方法，在已绘制好的图形右侧绘制一个五边形，并在五边形中输入文字"分杯赠饮"，如图 9-44 所示。

（5）选择"学校"文本，选择【开始】/【字体】组，在"字体"下拉列表框中选择"黑体"选项，在"字号"下拉列表框中选择"20"选项，在"颜色"下拉列表框中选择"深蓝"选项，单击"倾斜"按钮，取消文本的倾斜状态。

（6）使用相同方法，设置五边形中的文字"字体"为"楷体"、"字形"为"加粗"，"字号"为"28 号"，"颜色"为"白色"。选择【开始】/【段落】组，单击"居中"按钮，将文字在五边形中水平居中对齐。

图 9-43　绘制屋顶

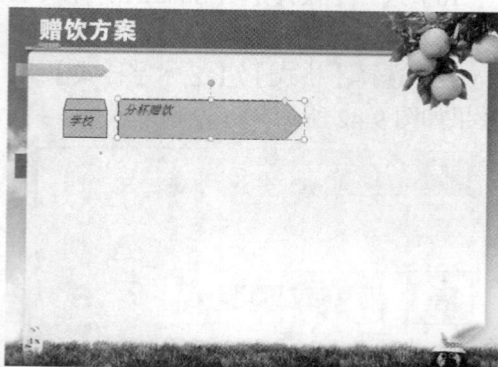

图 9-44　绘制图形并输入文字

（7）保持五边形中文字的选择状态，单击鼠标右键，在弹出的快捷菜单中选择"设置形状格式"命令，在打开的"设置形状格式"对话框左侧选择"文本框"选项，在对话框右侧的"上"数值框中输入"0.4 厘米"，单击 关闭 按钮，使文字在五边形中垂直居中，如图9-45 所示。

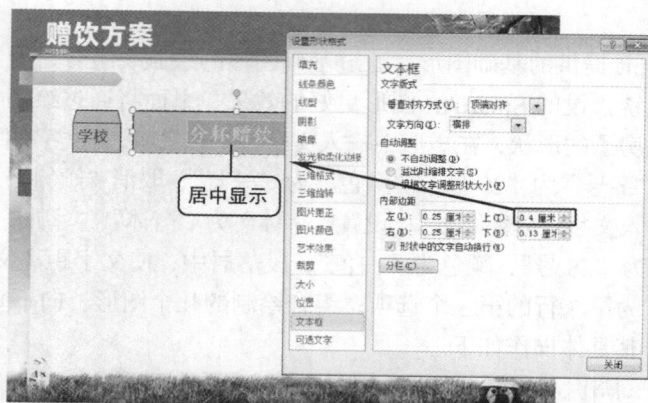

图 9-45　设置形状格式

注意：在打开的"设置形状格式"对话框中可对形状进行各种不同的设置，甚至可以说关于形状的所有设置都可以通过该对话框完成。除了形状之外，在图形、艺术字和占位符等形状上单击鼠标右键，在弹出的快捷菜单中选择"设置形状格式"命令，也会打开对应的设置对话框，在其中也可进行样式的设置。

（8）选择左侧绘制的房子图形，选择【格式】/【形状样式】组，在中间的列表框中选择第3 行第 3 个选项，快速更改房子的填充颜色和边框颜色。

（9）同时选择左侧的房子图形、右侧的五边形图形，单击鼠标右键，在弹出的快捷菜单中选择【组合】/【组合】命令，将绘制的 3 个形状组合为一个图形，如图 9-46 所示。

（10）选择组合的图形，按住【Ctrl】键和【Shift】键不放，向下拖曳鼠标，将组合的图形再复制两个。

（11）对所复制图形中的文本进行修改，修改后的文本如图 9-47 所示。

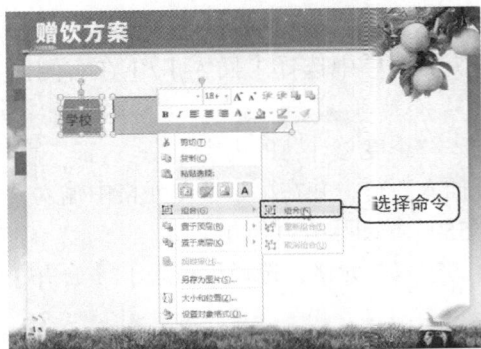

图 9-46　组合图形

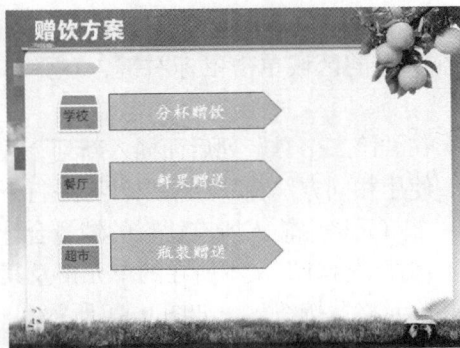

图 9-47　复制并编辑图形

提示：选择图形后，在拖曳鼠标约同时按住【Ctrl】键是为了复制图形，按住【Shift】键则是为了使复制的图形与原始选择的图形能够在一个方向平行或垂直，从而使最终制作的图形更加美观。在绘制形状的过程中，【Shift】键也是经常使用的一个键，在绘制线和矩形等形状中，按住【Shift】键可绘制水平线、垂直线、正方形和圆。

（六）插入表格

表格可直观形象地表达数据情况。在 PowerPoint 中用户既可在幻灯片中插入表格，也可对插入的表格进行编辑和美化，下面将在第 10 张幻灯片中制作一个表格。首先插入一个 5 行 4 列的表格，输入表格内容后增加表格的行距，然后在最后一列和最后一行后各增加 1 列和 1 行，并在其中输入文本，合并新增加的一行中除最后一个单元格外的所有单元格，设置该行的底纹颜色为"浅蓝"；为第一个单元格绘制一条白色的斜线，最后设置表格的"单元格凹凸效果"为"圆"。

微课：插入表格

（1）选择第 10 张幻灯片，单击占位符中的"插入表格"按钮，打开"插入表格"对话框，在"列数"数值框中输入"4"，在"行数"数值框中输入"5"，单击 确定 按钮，在幻灯片中插入一个表格。

（2）分别在各单元格中输入表格内容，如图 9-48 所示。

（3）在表格中的任意位置处单击，此时表格四周将出现一个操作框，将鼠标指针移动到操作框上，当光标变为 形状时，按住【Shift】键不放的同时向下拖曳鼠标，使表格向下移动。

（4）将鼠标光标移动到表格操作框下方中间的控制点处，当鼠标光标变为 形状时，向下拖曳，增加表格各行的行距，如图 9-49 所示。

图 9-48　插入表格并输入文本

图 9-49　调整表格位置和大小

（5）将鼠标光标移动到"第三个月"所在列上方，当鼠标光标变为↓形状时单击，选择该列，在选择的区域单击鼠标右键，在弹出的快捷菜单中选择【插入】/【在右侧插入列】命令。

（6）在"第三个月"列后面插入新列，并输入"季度总计"的内容。

（7）使用相同方法在"红橘果汁"一行下方插入新行，并在第1个单元格中输入"合计"，在最后一个单元格中输入所有饮料的销量合计"559"，如图9-50所示。

（8）选择"合计"文本所在的单元格及其后的空白单元格，选择【布局】/【合并】组，单击"合并单元格"按钮▦，如图9-51所示。

图9-50　插入列和行

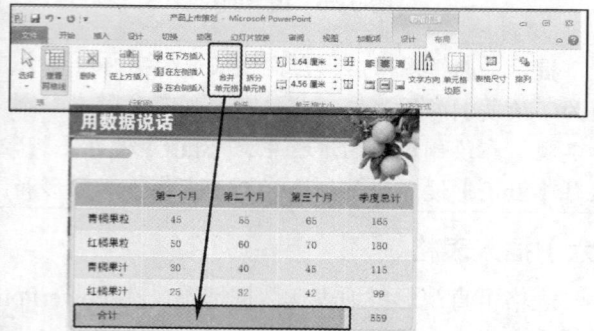

图9-51　合并单元格

（9）选择"合计"所在的行，选择【设计】/【表格样式】组，单击▨底纹·按钮，在打开的下拉列表中选择"浅蓝"选项。

（10）选择【设计】/【绘图边框】组，单击✐笔颜色·按钮，在打开的下拉列表中选择"白色"选项，自动激活该组的"绘制表格"按钮▨。

（11）此时鼠标指针变为✐形状，移动鼠标指针到第一个单元格，按住鼠标左键不放，从左上角到右下角按住鼠标不放，绘制斜线表头，如图9-52所示。

（12）选择整个表格，选择【设计】/【表格样式】组，单击▨效果·按钮，在打开的下拉列表中选择【单元格凹凸效果】/【圆】选项，为表格中的所有单元格都应用该样式，最终效果如图9-53所示。

图9-52　绘制斜线表头

图9-53　设置元格凹凸效果

提示：以上操作将表格的常用操作串在一起进行了简单讲解，用户在实际操作过程中，制作表格的方法相对简单，只是其编辑的内容较多，此时可选择需要操作的单元格或表格，然后自动激活"设计"选项卡和"布局"选项卡，其中，"设计"选项卡与美化表格相关，"布局"选项卡与表格的内容相关，通过这两个选项卡中的选项、按钮即可设置不同的表格效果。

（七）插入媒体文件

媒体文件即音频和视频文件，PowerPoint 支持插入媒体文件，和图片一样，用户可根据需要插入剪贴画中的媒体文件，也可以插入计算机中保存的媒体文件。下面将在演示文稿中插入一个音乐文件，并设置该音乐跨幻灯片循环播放，在放映幻灯片时不显示声音图标，其具体操作如下。

微课：插入媒体文件

（1）选择第 1 张幻灯片，选择【插入】/【媒体】组，单击"音频"按钮，在打开的下拉列表中选择"文件中的音频"选项。

（2）打开"插入音频"对话框，在上方的下拉列表框中选择背景音乐的存放位置，在中间的列表框中选择背景音乐，单击 插入(S) 按钮，如图 9-54 所示。

（3）此时自动在幻灯片中插入一个声音图标，选择该声音图标，将激活音频工具，选择【播放】/【预览】组，单击"播放"按钮，将在 PowerPoint 中播放插入的音乐。

（4）选择【播放】/【音频选项】组，单击选中"放映时隐藏"复选框，单击选中"循环播放，直到停止"复选框，在"开始"下拉列表框中选择"跨幻灯片播放"选项，如图 9-55 所示。

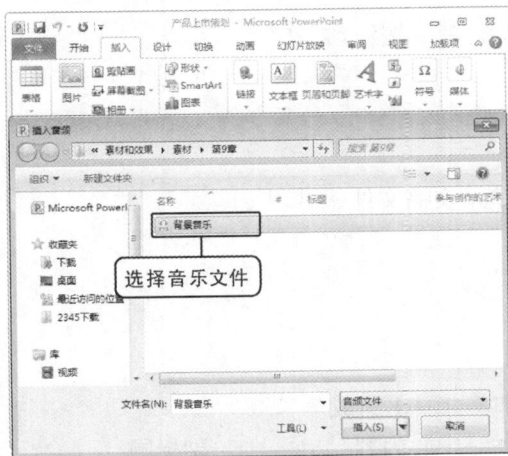

图 9-54　插入声音

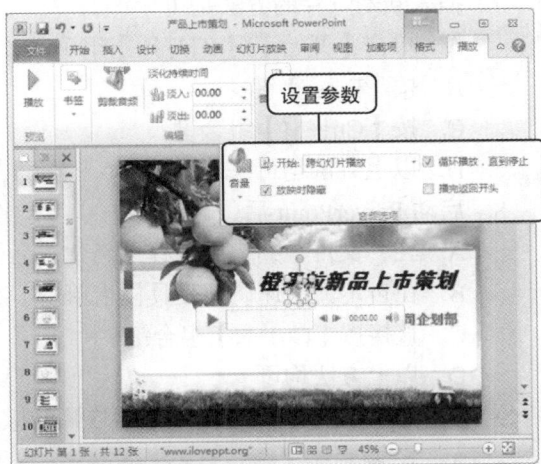

图 9-55　设置声音选项

提示：选择【插入】/【媒体】组，单击"音频"按钮，或单击"视频"按钮，在打开的下拉列表中选择相应选项，即可插入相应类型的音频和视频文件。插入音频文件后，选择声音图标，将在图标下方自动显示声音工具栏，单击对应的按钮，可对声音执行播放、前进、后退和调整音量大小的操作。

课后作业

一、单选题

1. 在 PowerPoint 中，演示文稿与幻灯片的关系是（　　）。
   A. 同一概念
   B. 相互包含
   C. 演示文稿中包含幻灯片
   D. 幻灯片中包含演示文稿

2. 使用 PowerPoint 制作幻灯片时，主要通过（　　）区域制作幻灯片。
   A. 状态栏
   B. 幻灯片区
   C. 大纲区
   D. 备注区

3. 在 PowerPoint 窗口中，如果同时打开两个 PowerPoint 演示文稿，会出现（　　）情况。
   A. 同时打开两个重叠的窗口
   B. 打开第 1 个时，第 2 个被关闭
   C. 当打开第 1 个时，第 2 个无法打开
   D. 执行非法操作，PowerPoint 将被关闭

4. PowerPoint 演示稿的扩展名是（　　）。
   A. .potx
   B. .pptx
   C. .docx
   D. .dotx

5. 在 PowerPoint 的下列视图模式中，（　　）可以进行文本的输入。
   A. 普通视图、幻灯片浏览视图、大纲视图
   B. 大纲视图、备注页视图、幻灯片放映视图
   C. 普通视图、大纲视图、幻灯片放映视图
   D. 普通视图、大纲视图、备注页视图

6. 在幻灯片中插入的图片盖住了文字，可通过（　　）来调整这些叠放效果。
   A. 叠放次序命令
   B. 设置
   C. 组合
   D.【格式】/【排列】组

7. 插入新幻灯片的方法是（　　）。
   A. 单击【开始】/【幻灯片】组中的"新幻灯片"按钮
   B. 按【Enter】键
   C. 按【Ctrl+M】组合键
   D. 以上方法均可

8. 启动 PowerPoint 后，可通过（　　）建立演示文稿文件。
   A. 在"文件"列表中选择"新建"命令
   B. 在自定义快速访问工具栏中单击"新建"命令
   C. 直接按【Ctrl+N】组合键
   D. 以上方法均可

9. 在大纲视图中，大纲由每张幻灯片的标题和（　　）组成。
   A. 段落
   B. 提纲
   C. 中心内容
   D. 副标题

10. 在 Power Point 的幻灯片浏览视图中，不能完成的操作是（　　）。
    A. 调整个别幻灯片位置
    B. 删除个别幻灯片
    C. 编辑个别幻灯片内容
    D. 复制个别幻灯片

11. 在 PowerPoint 普通视图下，操作区主要包括大纲编辑区、幻灯片编辑区（　　）和其他任务窗格 4 个部分。
    A. 备注编辑区
    B. 动画预览区
    C. 幻灯片浏览区
    D. 幻灯片放映区

12. 在下列操作中，不能删除幻灯片的操作是（ ）。

    A. 在"幻灯片"窗格中选择幻灯片，按【Delete】键

    B. 在"幻灯片"窗格中选择幻灯片，按【Backspace】键

    C. 在"幻灯片"窗格中选择幻灯片，单击鼠标右键，在弹出快捷菜单中选择"删除幻灯片"命令 1

    D. 在"幻灯片"窗格中选择幻灯片，单击鼠标右键，选择"重设幻灯片"命令

13. 以下操作中，可以保存演示文稿文档的方法有（ ）。

    A. 在"文件"菜单中选择"保存"命令   B. 单击"保存"按钮

    C. 按【Ctrl+S】组合键   D. 以上均可

14. 对演示文稿中的幻灯片进行操作，通常包括（ ）。

    A. 选择、插入、移动、复制和删除幻灯片

    B. 选择、插入、移动和复制幻灯片

    C. 选择、移动、复制和删除幻灯片

    D. 复制、移动和删除幻灯片

15. 利用（ ）视图可以方便地拖曳幻灯片，改变次序，还可以为它们增加转换效果，改变放映方式。

    A. 幻灯片视图   B. 幻灯片放映视图 C. 大纲视图   D. 幻灯片浏览视图

16. 在 PowerPoint 中，更改当前演示文稿的设计模板后，则（ ）。

    A. 所有幻灯片均采用新模板

    B. 只有当前幻灯片采用新模板

    C. 所有的剪贴画均丢失

    D. 除已加入的空白幻灯片外，所有的幻灯片均采用新模板

17. 下列视图模式中，不属于 PowerPoint 视图的是（ ）。

    A. 大纲视图   B. 幻灯片视图   C. 幻灯片浏览视图 D. 详细资料视图

18. 在调整幻灯片顺序时，通过（ ）进行调整最方便快捷。

    A. 普通视图   B. 备注页视图   C. 幻灯片浏览视图 D. 幻灯片放映视图

19. 在 PowerPoint 的各种视图中，侧重于编辑幻灯片的标题和文本信息的是（ ）。

    A. 普通视图   B. 大纲视图   C. 幻灯片视图   D. 幻灯片浏览视图

20. 在 PowerPoint 的各种视图中，（ ）更适合对幻灯片内容进行编辑。

    A. 备注页视图   B. 浏览视图   C. 幻灯片视图   D. 幻灯片放映视图

21. 在 PowerPoint 各种视图中，（ ）可以同时浏览多张幻灯片，且更方便选择、添加、删除、移动幻灯片等操作。

    A. 备注页视图   B. 幻灯片浏览视图 C. 幻灯片视图   D. 幻灯片放映视图

22. 在 PowerPoint 各种视图中，（ ）模式上面是一张缩小的幻灯片，下面的方框可以输入幻灯片的备注信息。

    A. 普通视图   B. 幻灯片浏览视图 C. 幻灯片视图   D. 备注页

23. 在 PowerPoint 各种视图中，（ ）可以在同一窗口中显示多张幻灯片。

    A. 大纲视图   B. 幻灯片浏览视图 C. 备注页视图   D. 幻灯片视图

24. 下列关于幻灯片移动、复制和删除等操作，叙述错误的是（ ）。

A. 在"幻灯片浏览"视图中最方便进行这些操作

B. "复制"命令只能在同一演示文稿中进行

C. "剪切"命令也可用于删除幻灯片

D. 选择幻灯片后，按【Delete】键可以删除幻灯片

25. 下列关于 PowerPoint 的说法，错误的是（　　）。

A. 可以在幻灯片浏览视图中更改幻灯片上动画对象的出现顺序

B. 可以在普通视图中设置动态显示文本和对象

C. 可以在浏览视图中设置幻灯片切换效果

D. 可以在普通视图中设置幻灯片切换效果

26. 在 PowerPoint 浏览视图下，按住【Ctrl】键的同时拖曳某张幻灯片，可以完成（　　）操作。

A. 移动幻灯片　　　B. 复制幻灯片　　　C. 删除幻灯片　　　D. 选定幻灯片

27. 在 PowerPoint 浏览视图下，选择并拖曳某张幻灯片，可以完成（　　）操作。

A. 移动幻灯片　　　B. 复制幻灯片　　　C. 删除幻灯片　　　D. 选定幻灯片

28. 下列有关选择幻灯片的操作，错误的是（　　）。

A. 在浏览视图中单击幻灯片

B. 如果要选择多张不连续幻灯片，在浏览视图下按【Ctrl】键并单击各张幻灯片

C. 如果要选择多张连续幻灯片，在浏览视图下按【Shift】键并单击最后要选择的幻灯片

D. 在普通视图下，不可以选择多个幻灯片

29. 关闭 PowerPoint 时，若不保存修改过的文档，则（　　）。

A. 系统会发生崩溃　　　　　　　　　B. 刚刚编辑过的内容将会丢失

C. PowerPoint 将无法正常启动　　　　D. 硬盘产生错误

30. 下列操作中，关闭 PowerPoint 的正确操作是（　　）。

A. 关闭显示器　　　　　　　　　　　B. 拔掉主机电源

C. 按【Ctrl+Alt+Delete】组合键　　　D. 单击 PowerPoint 标题栏右上角的关闭按钮

31. 关于 PowerPoint 的视图模式，下列选项中说法正确的是（　　）。

A. 大纲视图是默认的视图模式　　　　B. 普通视图主要显示主要的文本信息

C. 普通视图最适合编辑幻灯片　　　　D. 阅读视图用于查看幻灯片的播放效果

32. 在 PowerPoint 中，如需在占位符中添加文本，其正确的操作是（　　）。

A. 单击标题占位符，将文本插入点置于占位符内

B. 单击功能区的"插入"按钮

C. 通过粘贴命令插入文本

D. 通过"新建"按钮来创建新的文本

33. 在 PowerPoint 中，对占位符进行操作一般是在（　　）区域进行。

A. 幻灯片区　　　B. 状态栏　　　C. 大纲区　　　D. 备注区

34. 在 PowerPoint 中，如需通过"文本框"工具在幻灯片中添加竖排文本，则（　　）。

A. 默认的格式就是竖排

B. 将文本格式设置为竖排排列

C. 选择"文本框"栏的"横排文本框"命令

D.　选择"文本框"栏的"垂直文本框"命令

35.　在 PowerPoint 中，如需用文本框在幻灯片中添加文本时，则应该在【插入】/【文本】组中单击（　　　）按钮。

A.　图片　　　　　　　　B.　文本框　　　　　　　C.　文字　　　　　　　D.　表格

36.　在 PowerPoint 中为形状添加文本的方法为（　　　）。

A.　在插入的图形上单击鼠标右键，在弹出的快捷菜单中选择"添加文本"命令

B.　直接在图形上编辑

C.　另存到图像编辑器编辑

D.　用粘贴在图形在上加文本

37.　下列关于在幻灯片的占位符中添加文本的要求，说法正确的是（　　　）。

A.　只要是文本形式就行　　　　　　　　B.　文本中不能含有数字

C.　文本中不能含有中文　　　　　　　　D.　文本必须简短

38.　下列有关选择幻灯片文本的叙述，错误的是（　　　）。

A.　单击文本区，会显示文本控制点

B.　选择文本时，可按住鼠标不放并进行拖曳

C.　文本选择成功后，所选文本会出现底纹，表示已选择

D.　选择文本后，必须对文本进行后续操作

39.　在 PowerPoint 中移动文本时，在两张幻灯片中进行移动操作，则（　　　）。

A.　操作系统进入死锁状态　　　　　　　B.　文本无法复制

C.　文本正常移动　　　　　　　　　　　D.　两张幻灯片中的文本都会被移动

40.　在 PowerPoint 中，如要将所选的文本存入剪贴板上，下列操作中无法实现的是（　　　）。

A.　在【开始】/【剪贴板】组中单击"复制"按钮

B.　通过右键快捷菜单中的"复制"命令

C.　使用【Ctrl+C】组合键

D.　使用【Ctrl+V】组合键

41.　下列有关移动和复制文本的叙述，不正确的是（　　　）。

A.　在复制文本前，必须先选择　　　　　B.　复制文本的组合键是【Ctrl+C】组合键

C.　文本的剪切和复制没有区别　　　　　D.　能在多张幻灯片间进行复制文本的操作

42.　用户在 PowerPoint 中进行粘贴操作时，可使用的组合键为（　　　）。

A.【Ctrl+C】　　　　　　B.【Ctrl+P】　　　　　　C.【Ctrl+X】　　　　　D.【Ctrl+V】

43.　下列关于在 PowerPoint 中设置文本字体格式的叙述，正确的是（　　　）。

A.　字号的数值越小，字体就越大　　　　B.　字号是连续变化的

C.　66 号字比 72 号字大　　　　　　　　D.　字号决定每种字体的大小

44.　用户在 PowerPoint 中设置文本字体时，下列选项中，（　　　）不属于字体列表中的默认常用选项。

A.　"宋体"　　　　　　　B.　"黑体"　　　　　　　C.　"隶书"　　　　　　　D.　"草书"

45.　下列关于设置文本段落格式的叙述，正确的是（　　　）。

A.　图形不能作为项目符号

B.　设置文本的段落格式时，一般通过【格式】/【排列】组进行操作

    C. 行距可以是任意值

    D. 以上说法全都错误

46. 在 PowerPoint 中设置文本的项目符号和编号时，可通过（　　）进行设置。

    A. "字体"命令　　　　　　　　　　　　B. 单击"项目符号和编号"按钮

    C.【开始】/【段落】组　　　　　　　　D. 行距

47. 在 PowerPoint 中设置文本段落格式时，一般通过（　　）开始设置。

    A.【开始】/【视图】组　　　　　　　　B.【开始】/【插入】组

    C.【开始】/【段落】组　　　　　　　　D.【开始】/【格式】组

48. 在 PowerPoint 中设置文本的行距时，一般是通过（　　）进行设置。

    A. "项目符号和编号"对话框　　　　　　B. "字体"对话框

    C. "段落"对话框　　　　　　　　　　　D. 分行

49. 在 PowerPoint 中创建表格时，一般为在（　　）进行操作。

    A.【插入】/【图片】组　　　　　　　　B.【插入】/【对象】组

    C.【插入】/【表格】组　　　　　　　　D.【插入】/【绘制表格】组

50. 下列关于在 PowerPoint 中插入图片的叙述，错误的是（　　）。

    A. 在幻灯片任何视图中，都可以显示要插入图片的幻灯片

    B. 在 PowerPoint 2010 中，也可以通过占位符插入图片

    C. 插入图片的路径可以是本地图片路径，也可以是网络图片路径

    D. 用户可以根据需要更改幻灯片中的图片大小和位置

二、操作题

1. 新建演示文稿，并进行下列操作。

（1）新建空白演示文稿，为其应用"平衡"模板样式。

（2）新建 1 张幻灯片，在其中插入一个文本框，输入"保护生态"，并将其字体设置为"微软雅黑、48"。

（3）在第 2 张幻灯片中插入剪贴画"Tree，树.wmf"图片。

（4）在第 3 张幻灯片中插入"水.jpg"图片。

（5）在第 4 张幻灯片中插入"5 列 3 行"的表格。

（6）将演示文稿保存为"保护生态"。

2. "年终总结"演示文稿内容如图 9-56 所示，按以下要求进行操作。

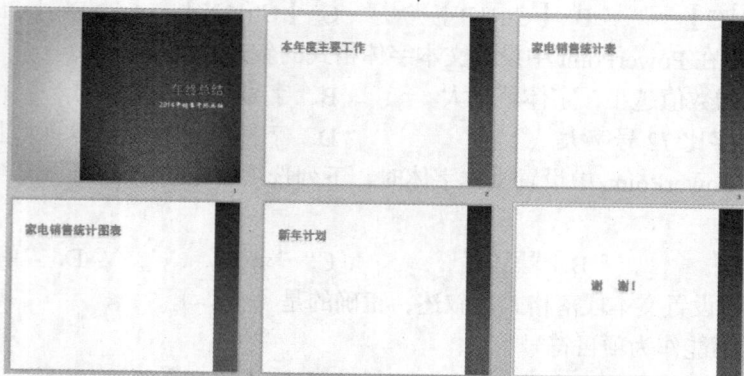

图 9-56 "年终总结"演示文稿

（1）启动 PowerPoint 2010，打开"年终总结. ppt"演示文稿。

（2）为演示文稿应用"新闻纸"模板。

（3）依次为每张幻灯片输入内容，设置内容文本格式为"微软雅黑、20"，设置标题文本格式为"微软雅黑，36"。

（4）为文本内容添加项目符号，并插入图片。

（5）设置图片格式为"映像圆角矩形"。

（6）在幻灯片中添加图表、表格。

（7）保存演示文稿。

项目十　设置并放映演示文稿

PowerPoint 作为主流的多媒体演示软件，在易学、易用性方面得到广大用户的肯定，其中母版、主题和背景都是用户常用的功能，它可以快速美化演示文稿，简化操作。演示文稿的最终目的是放映，PowerPoint 的动画与放映功能是其有别于其他办公软件的重要功能，它可以让呆板的对象变得灵活起来，在某种意义上可以说，正因为"动画和放映"功能，才成就了 PowerPoint "多媒体"软件的地位。本项目将通过两个典型任务，介绍 PowerPoint 母版的使用，设置幻灯片切换动画、设置幻灯片对象动画，以及放映、输出幻灯片的方法等。

学习目标

- 设置市场分析演示文稿
- 放映并输出课件演示文稿

任务一　设置市场分析演示文稿

任务要求

制作商贸城市场定位分析演示文稿，演示文稿效果如图 10-1 所示，具体要求如下。

① 打开演示文稿，应用"气流"主题，设置"效果"为"主管人员"，"颜色"为"凤舞九天"。

② 为演示文稿的标题页设置背景图片"首页背景.jpg"。

③ 在幻灯片母版视图中设置正文占位符的"字号"为"26 号"，向下移动标题占位符，调整正文占位符的高度。插入名为"标志"的图片并去除标志图片的白色背景；插入艺术字，设置"字体"为"隶书"，"字号"为"28 号"；设置幻灯片的页眉页脚效果；退出幻灯片母版视图。

④ 对幻灯片中各个对象进行适当的位置调整，使其符合应用主题和设置幻灯片母版后的效果。

⑤ 为所有幻灯片设置"旋转"切换效果，设置切换声音为"照相机"。

⑥ 为第 1 张幻灯片中的标题设置"浮入"动画，为副标题设置"基本缩放"动画，并设置效果为"从屏幕底部缩小"。

⑦ 为第 1 张幻灯片中的副标题添加一个名为"对象颜色"的强调动画，修改效果为红色，动画开始方式为"上一动画之后"，"持续时间"为"01:00"，"延迟"为"00:50"。最后将标题动画的顺序调整到最后，并设置播放该动画时的声音为"电压"。

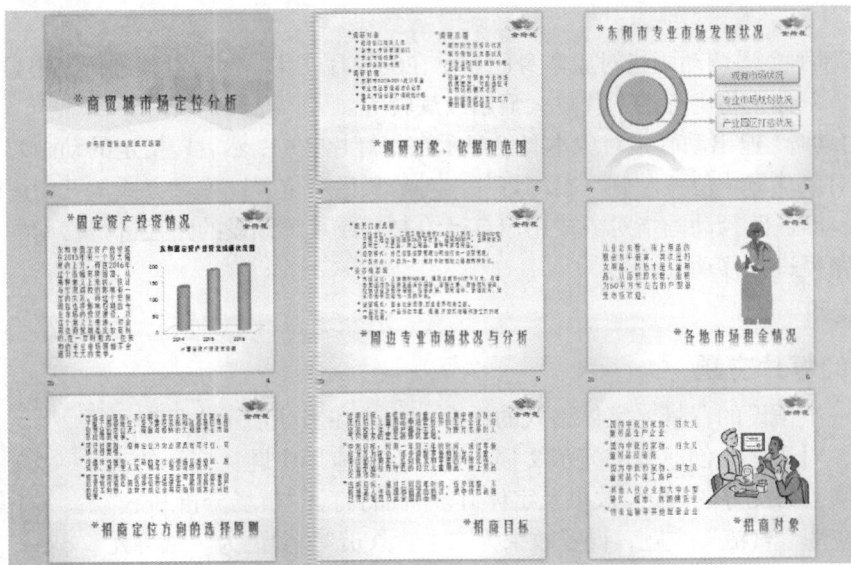

图 10-1 "市场分析"演示文稿

相关知识

(一) 认识母版

母版是演示文稿中特有的概念，通过设计、制作母版，可以快速将设置内容在多张幻灯片、讲义或备注中生效。在 PowerPoint 中存在 3 种母版，一是幻灯片母版，二是讲义母版，三是备注母版。其作用分别如下。

① 幻灯片母版。幻灯片母版用于存储关于模板信息的设计模板，这些模板信息包括字形、占位符大小和位置、背景设计和配色方案等，只要在母版中更改了样式，则对应的幻灯片中相应样式也会随之改变。

② 讲义母版。讲义母版是指为方便演讲者在演示演示文稿时使用的"纸稿"，纸稿中显示了每张幻灯片的大致内容、要点等。讲义母版就是用于设置该内容在纸稿中的显示方式，制作讲义母版主要包括设置每页纸张上显示的幻灯片数量、排列方式以及页面和页脚的信息等。

③ 备注母版。备注母版指演讲者在幻灯片下方输入的内容，根据需要可将这些内容打印出来。要想使这些备注信息显示在打印的纸张上，就需要对备注母版进行设置。

(二) 认识幻灯片动画

演示文稿之所以在演示、演讲领域成为主流软件，动画在其中占了非常重要的作用。在 PowerPoint 中，幻灯片动画有两种类型，一种是幻灯片切换动画，另一种是幻灯片对象动画。这两种动画都是在幻灯片放映时才能看到并生效。

幻灯片切换动画是指放映幻灯片时，幻灯片进入及离开屏幕时的动画效果；幻灯片对象动画是指为幻灯片中添加的各对象设置动画效果，多种不同的对象动画组合在一起可形成复杂而自然的动画效果。在 PowerPoint 中幻灯片切换动画种类较简一，而对象动画相对较复杂，对象动画类别主要有 4 种。

① 进入动画。进入动画指对象从幻灯片显示范围之外，进入到幻灯片内部的动画效果，例如，对象从左上角飞入幻灯片中指定的位置，对象在指定位置以翻转效果由远及近地显示

出来等。

② 强调动画。强调动画指对象本身已显示在幻灯片之中，然后对其进行突出显示，从而起到强调作用，例如，将已存的图片放大显示或旋转等。

③ 退出动画。退出动画指对象本身已显示在幻灯片之中，然后以指定的动画效果离开幻灯片，例如，对象从显示位置左侧飞出幻灯片，对象从显示位置以弹跳方式离开幻灯片等。

④ 路径动画。路径动画指对象按用户自己绘制的或系统预设的路径进行移动的动画，例如，对象按圆形路径进行移动等。

🔍 任务实现

（一）应用幻灯片主题

主题是一组预设的背景、字体格式的组合，用户在新建演示文稿时可以新建主题，对于已经创建好的演示文稿，也可对其应用主题。应用的主题后还可以修改搭配好的颜色、效果及字体等。下面将打开"市场分析.pptx"演示文稿，应用"气流"主题，设置效果为"主管人员"，颜色为"凤舞九天"，其具体操作如下。

微课：应用幻灯片主题

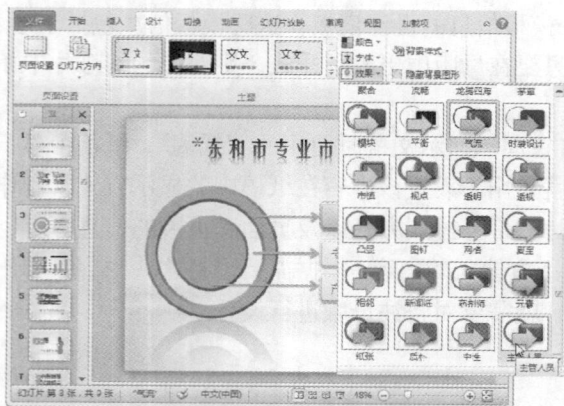

（1）打开"市场分析.pptx"演示文稿，选择【设计】/【主题】组，在中间的列表框中选择"气流"选项，为该演示文稿应用"气流"主题。

（2）选择【设计】/【主题】组，单击 效果▾ 按钮，在打开的下拉列表中选择"主管人员"选项，如图 10-2 所示。

（3）选择【设计】/【主题】组，单击 颜色▾ 按钮，在打开的下拉列表中选择"凤舞九天"选项，如图 10-3 所示。

图 10-2　选择主题效果

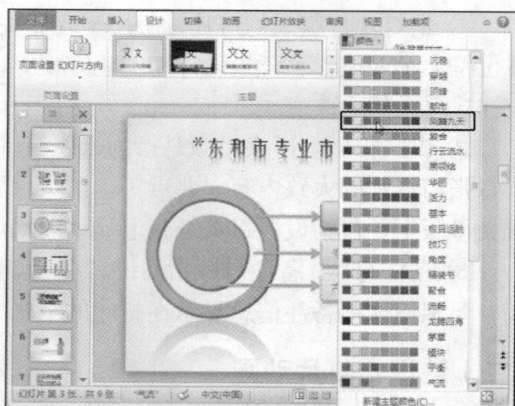

图 10-3　选择主题颜色

（二）设置幻灯片背景

幻灯片的背景可以是一种颜色，也可以是多种颜色，还可以是图片。设置幻灯片背景是快速改变幻灯片效果的方法之一。下面将"首页背景"图片设置成幻灯片标题页背景，其具体操作如下。

微课：设置幻灯片背景

（1）选择标题幻灯片，在幻灯片的空白处单击鼠标右键，在弹出的快捷菜单中选择"设置背景格式"命令。

（2）打开"设置背景格式"对话框，单击"填充"选项卡，单击选中"图片或纹理填充"单选项，在"插入自"栏中单击 文件(F)… 按钮，如图10-4所示。

（3）打开"插入图片"对话框，选择图片的保存位置后，选择"首页背景"选项，单击 插入(S) 按钮，如图10-5所示。

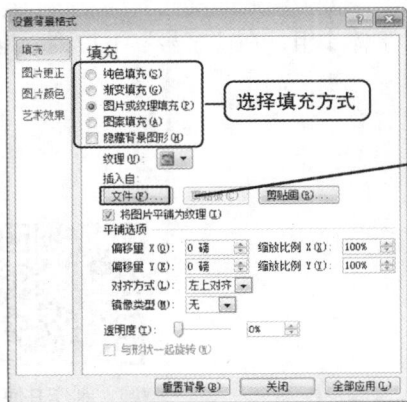

图 10-4　选择填充方式　　　　　　　　图 10-5　选择背景图片

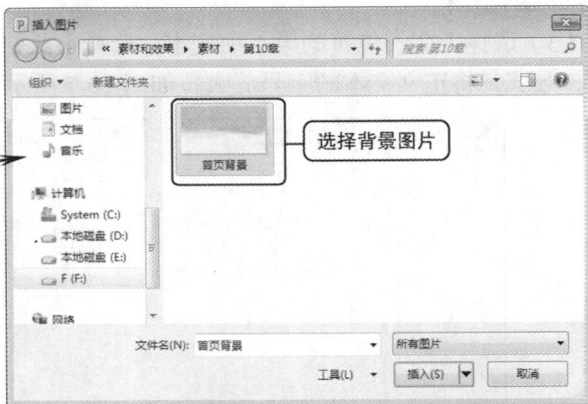

（4）返回"设置背景格式"对话框，单击选中"隐藏背景图形"复选框，单击 关闭 按钮，即可看到标题幻灯片已应用图片背景，如图10-6所示。

图 10-6　设置标题幻灯片背景

提示： 设置幻灯片背景后，在"设置背景格式"对话框中单击 全部应用(L) 按钮，可将该背景应用到演示文稿的所有幻灯片中，否则将只应用到选择的幻灯片中。

（三）制作并使用幻灯片母版

母版在幻灯片编辑过程中的使用频率非常高，在母版中编辑的每一项操作，都可能影响使用该版式的所有幻灯片。下面将进入幻灯片母版视图，设置正文占位符的"字号"为"26号"，向下移动标题占位符，调整正文占位符的高度；插入标志图片和艺术字，并编辑标志图片，删除白色背景，设置艺术字的"字体"为"隶书"，"字号"为"28号"；然后设置幻灯片的页眉页脚效果。最后退出幻灯片母版视图，查看应用母版后的效果，并调整幻灯片中各对象的位置，使其符合应用主题和设置幻灯片母版后的效果，其具体操作如下。

（1）选择【视图】/【母版视图】组，单击"幻灯片母版"按钮 ，进入幻灯片母版编辑状态。

（2）选择第 1 张幻灯片母版，表示在该幻灯片下的编辑将应用于整个演示文稿，将鼠标光标移动到标题占位符左侧中间的控制点处，按住鼠标左键再向左拖曳，使占位符中所有的文本内容都显示出来。

（3）选择正文占位符的第 1 项文本，选择【开始】/【字体】组，在"字号"下拉列表框中输入"26"，将正文文本的字号放大，如图 10-7 所示。

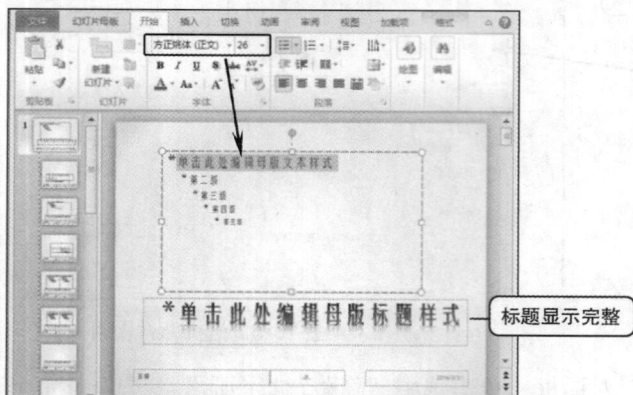

微课：制作并使用
幻灯片母版

图 10-7　设置正文占位符字号

（4）选择标题占位符，使用鼠标向下拖曳至正文占位符的下方；将鼠标光标移动到正文占位符下方中间的控制点，向下拖曳以增加占位符的高度，如图 10-8 所示。

（5）选择【插入】/【图像】组，单击"图片"按钮 ，打开"插入图片"对话框，在地址栏中选择图片位置，在中间选择"标志"图片，单击 插入(S) 按钮。

（6）将"标志"图片插入幻灯片中，适当缩小后移动到幻灯右上角。

（7）选择【格式】/【调整】组，单击"删除背景"按钮 ，在幻灯片中使用鼠标拖曳图片每一边中间的控制点，使"标志"的所有内容均显示出来。

（8）激活"背景消除"选项卡，单击"关闭"功能区的"保留更改"按钮 ，"标志"的白色背景将消失，如图 10-9 所示。

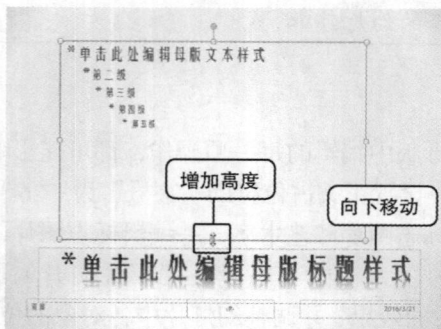

图 10-8　调整占位符

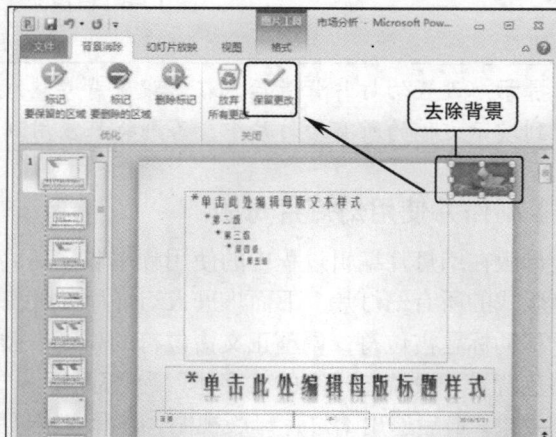

图 10-9　插入并调整标志

（9）选择【插入】/【文本】组，单击"艺术字"按钮下方的下拉按钮，在打开的下拉列表中选择第 2 列的第 4 个艺术字效果。

（10）在艺术字占位符中输入"金荷花"，选择【开始】/【字体】组，在"字体"下拉列表框中选择"隶书"选项，在"字号"下拉列表框中选择"28"选项，移动艺术字到"标志"图片下方。

（11）选择【插入】/【文本】组，单击"页眉和页脚"按钮，打开"页眉和页脚"对话框。

（12）单击"幻灯片"选项卡，单击选中"日期和时间"复选框，其中的单选项将自动激活，再单击选中"自动更新"单选项，即可在每张幻灯片下方显示日期和时间，它会根据打开的日期不同而自动更新日期。

（13）单击选中"幻灯片编号"复选框，将根据演示文稿幻灯片的顺序显示编号。

（14）单击选中"页脚"复选框，下方的文本框将自动激活，在其中输入文本"市场定位分析"。

（15）单击选中"标题幻灯片中不显示"复选框，所有的设置都不在标题幻灯片中生效，如图 10-10 所示。

（16）在【幻灯片母版】/【关闭】组中单击"退出幻灯片母版视图"按钮，退出该视图，此时可发现设置已应用于各张幻灯片，如图 10-11 所示为前两页修改后的效果。

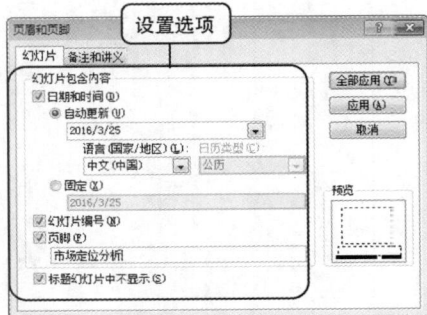

图 10-10　"页眉和页脚"对话框

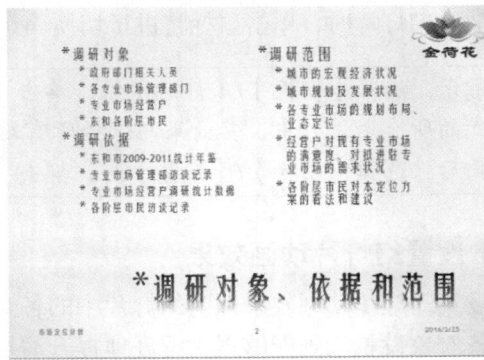

图 10-11　设置母版后的效果

（17）依次查看每一页幻灯片，适当调整标题、正文和图片等对象之间的位置，使幻灯片中各对象的显示效果更和谐。

提示：选择【视图】/【母版视图】组，单击"讲义母版"按钮或"备注母版"按钮，将进入讲义母版视图或备注母版视图，然后在其中设置讲义页面和备注页面的版式。

（四）设置幻灯片切换动画

PowerPoint 2010 中提供了多种预设的幻灯片切换动画效果，在默认情况下，上一张幻灯片和下一张幻灯片之间没有设置切换动画效果，但在制作演示文稿的过程中，用户可根据需要为幻灯片添加切换动画。下面将为所有幻灯片设置"旋转"切换效果，设置其切换声音为"照相机"，其具体操作如下。

（1）在"幻灯片"浏览窗格中按【Ctrl+A】组合键，选择演示文稿中的所有幻灯片，选择【切换】/【切换到此张幻灯片】组，在中间的列表框中选择"旋转"选项，如图 10-12 所示。

（2）选择【切换】/【计时】组，在"声音"下拉列表框中选择"照相机"选项，将设置应用到所有幻灯片中。

微课：设置幻灯片
切换动画

图 10-12　选择切换动画

（3）选择【切换】/【计时】组，在"换片方式"栏下单击选中"单击鼠标时"复选框，表示在放映幻灯片时，单击鼠标将进行切换操作。

提示：选择【切换】/【计时】组，单击 按钮，可将设置的切换效果应用到当前演示文稿的所有幻灯片中，其效果与选择所有幻灯片再设置切换效果的效果相同。设置幻灯片切换动画后，选择【切换】/【预览】组，单击"预览"按钮，可查看设置的切换动画。

（五）设置幻灯片动画效果

设置幻灯片动画效果即为幻灯片中的各对象设置动画效果，为幻灯片中的各对象设置动画能够很大程度地提升演示文稿的效果。下面将为第 1 张幻灯片中的各对象设置动画，首先为标题设置"浮入"动画，为副标题设置"基本缩放"动画，并设置效果为"从屏幕底部缩小"，然后为副标题再次添加一个名为"对象颜色"的强调动画，修改效果选项为"红色"，接着修改新增加的动画的开始方式、持续时间和延迟时间，最后将标题动画的顺序调整到最后，并设置播放该动画时有"电压"声音，其具体操作如下。

微课：设置幻灯片
动画效果

（1）选择第 1 张幻灯片的标题，选择【动画】/【动画】组，在其列表框中选择"浮入"动画效果。

（2）选择副标题，选择【动画】/【高级动画】组，单击"添加动画"按钮，在打开的下拉列表中选择"更多进入效果"选项。

（3）打开"添加进入效果"对话框，选择"温和型"栏的"基本缩放"选项，单击 确定 按钮，如图 10-13 所示。

（4）选择【动画】/【动画】组，单击"效果选项"按钮，在打开的下拉列表中选择"从屏幕底部缩小"选项，修改动画效果，如图 10-14 所示。

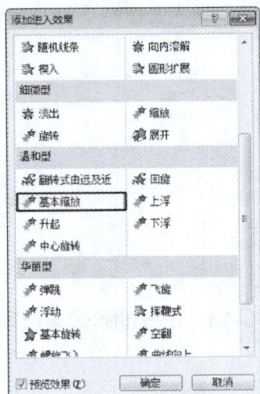

图 10-13　选择进入效果　　　　　图 10-14　修改动画的效果选项

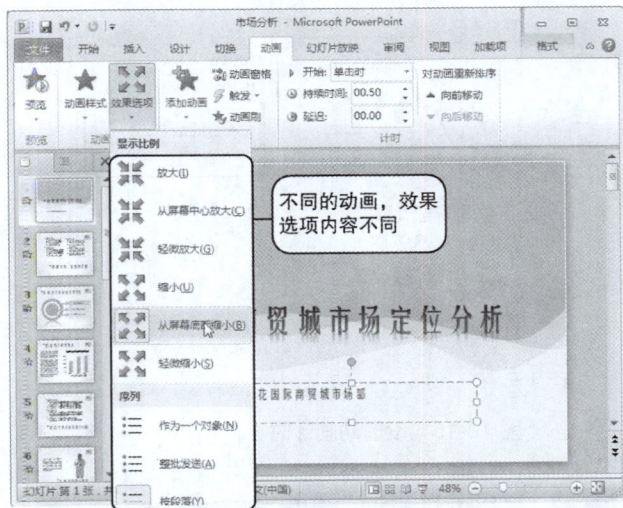

（5）继续选择副标题，选择【动画】/【高级动画】组，单击"添加动画"按钮，在打开的下拉列表中选择"强调"栏的"对象颜色"选项。

（6）选择【动画】/【动画】组，单击"效果选项"按钮，在打开的下拉列表中选择"红色"选项。

提示：通过第（5）步和第（6）步操作，即为副标题再增加了一个"对象颜色"动画，用户可根据需要为一个对象设置多个动画。设置动画后，在对象前方将显示一个数字，它表示动画的播放顺序。

（7）选择【动画】/【高级动画】组，单击动画窗格按钮，在工作界面右侧增加一个窗格，其中显示了当前幻灯片中所有对象已设置的动画。

（8）选择第 3 个选项，选择【动画】/【计时】组，在"开始"下拉列表框中选择"上一动画之后"选项，在"持续时间"数值框中输入"01:00"，在"延迟"数值框中输入"00:50"，如图 10-15 所示。

提示：选择【动画】/【计时】组，在"开始"下拉列表框中各选项的含义如下："单击时"表示单击鼠标时开始播放动画；"与上一动画同时"表示播放前一动画的同时播放该动画；"上一动画之后"表示前一动画播放完之后，在约定的时间自动播放该动画。

（9）选择动画窗格中的第 1 个选项，按住鼠标不放，将其拖曳到最后，调整动画的播放顺序。

（10）在调整后的最后一个动画选项上单击鼠标右键，在弹出的快捷菜单中选择"效果选项"命令。

（11）打开"上浮"对话框，在"声音"下拉列表框中选择"电压"选项，单击其后的按钮，在打开的列表中拖动滑块，调整音量大小，单击确定按钮，如图 10-16 所示。

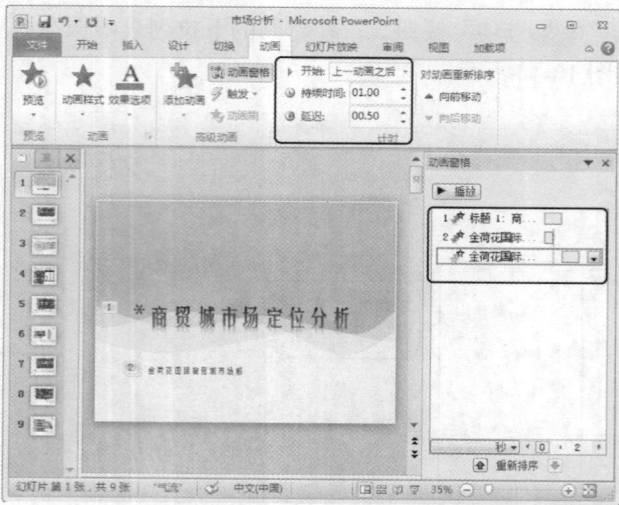

图 10-15　设置动画计时

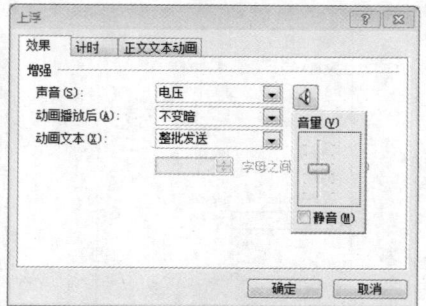

图 10-16　设置动画效果选项

任务二　放映并输出课件演示文稿

任务要求

对"课件"演示文稿（见图 10-17）进行播放设置，具体要求如下。

图 10-17　"课件"演示文稿

① 根据第 4 张幻灯片的各项文本的内容创建超链接，并链接到对应的幻灯片中。

② 在第 4 张幻灯片右下角插入一个动作按钮，并链接到第 2 张幻灯片；在动作按钮下方插入艺术字"作者简介"。

③ 放映制作好的演示文稿，并使用超链接快速定位到"一剪梅"所在的幻灯片，然后返回上次查看的幻灯片，依次查看各幻灯片和对象。

④ 在最后一页使用红色的"荧光笔"标记"要求"下的文本，退出幻灯片放映视图。

⑤ 隐藏最后一张幻灯片，然后再次进入幻灯片放映视图，查看隐藏幻灯片后的效果。

⑥ 对演示文稿中各动画进行排练。

⑦ 将课件打印出来，要求一页纸上显示两张幻灯片，两张幻灯片四周加框，并且幻灯片的大小需根据纸张的大小进行调整。

⑧ 将设置好的课件打包到文件夹中，并命名为"课件"。

相关知识

（一）幻灯片放映类型

演示文稿的最终目的是放映，在 PowerPoint 2010 中，用户可以根据实际的演示场合选择不同的幻灯片放映类型，PowerPoint 2010 提供了 3 种放映类型。放映类型的设置方法为选择【幻灯片放映】/【设置】组，单击"设置幻灯片放映"按钮，打开"设置放映方式"对话框，在"放映类型"栏中单击选中不同的单选项即可选择相应的放映类型，如图 10-18 所示，设置完成后单击 确定 按钮。

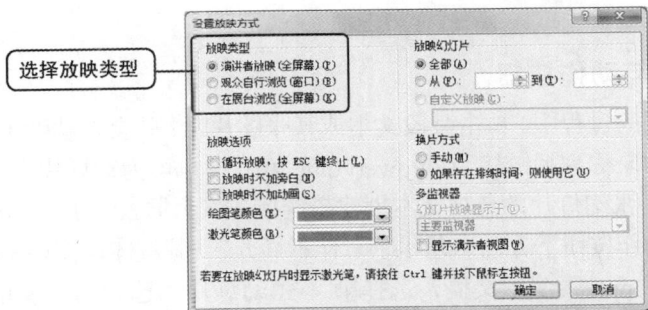

图 10-18　"设置放映方式"对话框

各种放映类型的作用和特点如下。

① 演讲者放映（全屏幕）。演讲者放映（全屏幕）是默认的放映类型，此类型将以全屏幕的状态放映演示文稿，在演示文稿放映过程中，演讲者具有控制权，演讲者可手动切换幻灯片和动画效果，也可以将演示文稿暂停、添加会议细节等，还可以在放映过程中录下旁白。

② 观众自行浏览（窗口）。此类型将以窗口形式放映演示文稿，在放映过程中可利用滚动条、【PageDown】键、【PageUp】键对放映的幻灯片进行切换，但不能通过单击鼠标放映。

③ 在展台放映（全屏幕）。此类型是放映类型中最简单的一种，不需要人为控制，系统将自动全屏循环放映演示文稿。使用这种类型时，演讲者不能单击鼠标切换幻灯片，但可以通过单击幻灯片中的超链接和动作按钮来进行切换，按【Esc】键可结束放映。

（二）幻灯片输出格式

使用 PowerPoint 2010 既可以将制作的文件保存为演示文稿，也可以将其输出成其他多种格式。操作方法较简单，选择【文件】/【另存为】命令，打开"另存为"对话框，选择文件的保存位置，在"保存类型"下拉列表中选择需要输出的格式选项，单击 保存(S) 按钮即可。下面讲解 4 种常见的输出格式。

① 图片。选择"GIF 可交换的图形格式（＊.gif）""JPEG 文件交换格式（＊.jpg）""PNG 可移植网络图形格式（＊.png）"或"TIFF Tag 图像文件格式（＊.tif）"选项，单击 保存(S) 按钮，根据提示进行相应操作，可将当前演示文稿中的幻灯片保存为一张对应格式的图片。如果要在其他软件中使用，还可以将这些图片插入到对应的软件中。

② 视频。选择"Windows Media 视频（＊.wmv）"选项，可将演示文稿保存为视频，如果在演示文稿中排练了所有幻灯片，则保存的视频将自动播放这些动画。保存为视频文件后，文件播放的随意性更强，不受字体、PowerPoint 版本的限制，只要计算机中安装了视频播放软件，就可以播放，这对于一些需要自动展示演示文稿的场合非常实用。

③ 自动放映的演示文稿。选择"PowerPoint 放映（＊.ppsx）"选项，可将演示文稿保存为自动放映的演示文稿，以后双击该演示文稿将不再打开 PowerPoint 2010 的工作界面，而是直接启动放映模式，开始放映幻灯片。

④ 大纲文件。选择"大纲/RTF 文件（＊.rtf）"选项，可将演示文稿中的幻灯片保存为大纲文件，生成的大纲 RTF 文件中将不再包含幻灯片中的图形、图片以及插入到幻灯片的文本框中的内容。

⊕ 任务实现

（一）创建超链接与动作按钮

用户在浏览网页的过程中，单击某段文本或某张图片时，就会自动弹出另一个相关的网页，通常这些被单击的对象称为超链接，在 PowerPoint 2010 中也可为幻灯片中的图片和文本创建超链接。下面将为第 4 张幻灯片的各项文本创建超链接，然后插入一个动作按钮，并链接到第 2 张幻灯片；最后在动作按钮下方插入艺术字"作者简介"，其具体操作如下。

（1）打开"课件.pptx"演示文稿，选择第 4 张幻灯片，选择第一段正文文本，选择【插入】/【链接】组，单击"超链接"按钮。

（2）打开"插入超链接"对话框，单击"链接到"列表框中的"本文档中的位置"按钮，在"请选择文档中的位置"列表框中选择要链接到的第 5 张幻灯片，单击 确定 按钮，如图 10-19 所示。

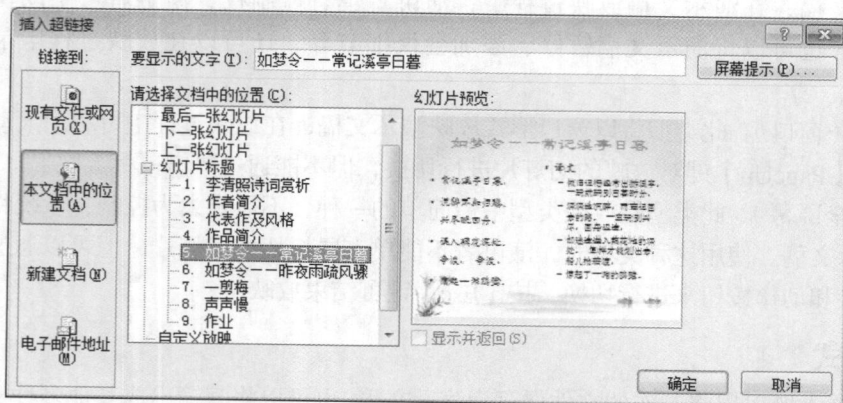

微课：创建超链接与
动作按钮

图 10-19　选择链接的目标位置

（3）返回幻灯片编辑区即可看到设置超链接的文本颜色已发生变化，并且文本下方有一条蓝色的线，使用相同方法，依次为各项文本设置超链接。

（4）选择【插入】/【链接】组，单击"形状"按钮，在打开的下拉列表中选择"动作按钮"栏的第 5 个选项，如图 10-20 所示。

（5）此时鼠标指针变为+形状，在幻灯片右下角空白位置按住鼠标左键不放并拖曳鼠标，绘制一个动作按钮，如图 10-21 所示。

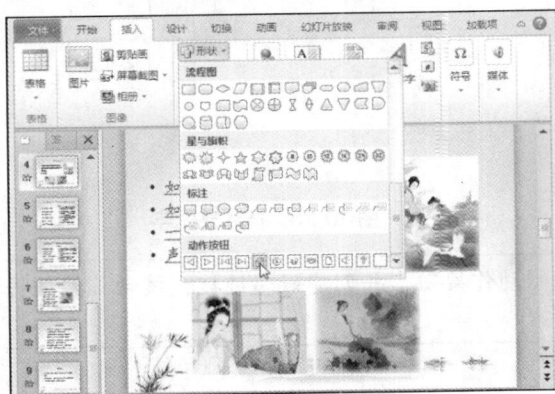

图 10-20　选择动作按钮类型

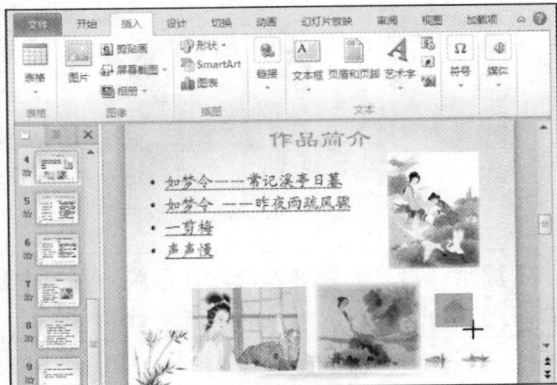

图 10-21　绘制动作按钮

（6）绘制动作按钮后会自动打开"动作设置"对话框，单击选中"超链接到"单选项，在下方的下拉列表框中选择"幻灯片"选项，如图 10-22 所示。

（7）打开"超链接到幻灯片"对话框，选择第 2 张幻灯片，依次单击 确定 按钮，使超链接生效，如图 10-23 所示。

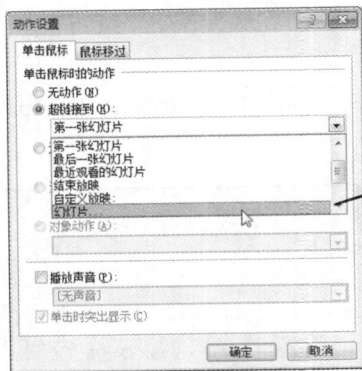

图 10-22　"动作设置"对话框

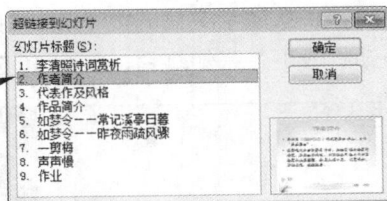

图 10-23　选择超链接到的目标

（8）返回 PowerPoint 编辑界面，选择绘制的动作按钮，选择【格式】/【形状样式】组，在中间的列表框中选择第 4 行第 2 个样式，如图 10-24 所示。

（9）选择【插入】/【文本】组，单击"艺术字"按钮，在打开的下拉列表中选择第 4 行第 2 个样式。

（10）在艺术字占位符中输入文字"作者简介"，设置其"字号"为"24 号"，然后将设置好的艺术字移动到动作按钮下方，如图 10-25 所示。

图 10-24　选择形状样式

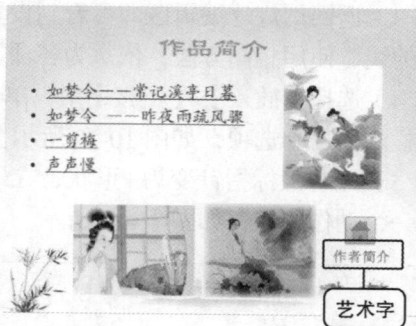

图 10-25　插入艺术字

> 提示：用户如果进入幻灯片母版，在其中绘制动作按钮，并创建好超链接，该动作按钮将应用到该幻灯片版式对应的所有幻灯片中。

（二）放映幻灯片

　　制作演示文稿的最终目的就是要将制作的演示文稿展示给观众欣赏，即放映演示文稿。下面将放映前面制作好的演示文稿，并使用超链接快速定位到"一剪梅"所在的幻灯片，然后返回上次查看的幻灯片，依次查看各幻灯片和对象，在最后一页标记重要内容，然后退出幻灯片放映视图，其具体操作如下。

微课：放映幻灯片

　　（1）选择【幻灯片放映】/【开始放映幻灯片】组，单击"从头开始"按钮　，进入幻灯片放映视图。

　　（2）这时，将从演示文稿的第 1 张幻灯片开始放映，如图 10-26 所示，单击鼠标左键依次放映下一个动画或下一张幻灯片，如图 10-27 所示。

图 10-26　进入幻灯片放映视图

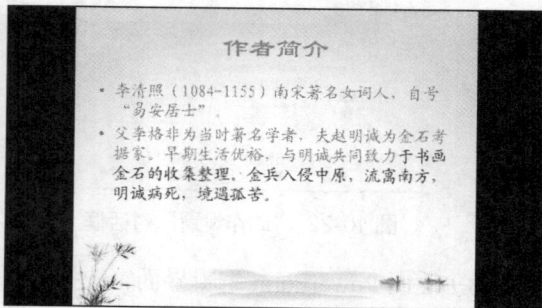

图 10-27　放映动画

　　（3）当播放到第 4 张幻灯片时，将鼠标指针移动到"一剪梅"文本上，此时鼠标指针变为　形状，如图 10-28 所示，单击鼠标左键，即可切换到超链接的目标幻灯片。

　　（4）此时可使用前面的方法单击鼠标左键进行幻灯片的放映。在幻灯片上单击鼠标右键，在弹出的快捷菜单中选择"上次查看过的"命令，如图 10-29 所示。

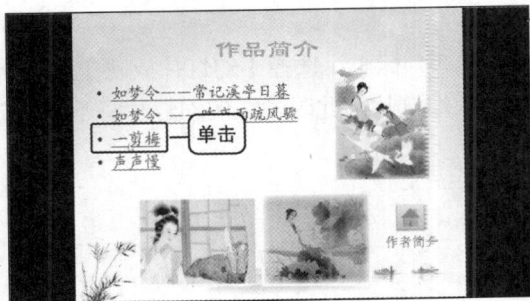

图 10-28　单击超链接

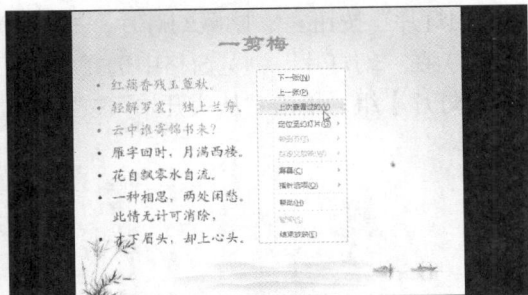

图 10-29　定位幻灯片

（5）返回上一次查看的幻灯片，然后依次播放幻灯片中的各个对象，当播放到最后一张幻灯片的内容时，单击鼠标右键，在弹出的快捷菜单中选择【指针选项】/【墨迹颜色】/【红色】命令，然后再次单击鼠标右键，在弹出的快捷菜单中选择【指针选项】/【荧光笔】命令，如图10-30 所示。

（6）此时鼠标指针变为 ∕ 形状，按住鼠标左键不放并拖曳鼠标，标记重要的内容，摞完最后一张幻灯片后，单击鼠标，打开一个黑色页面，提示"放映结束，单击鼠标左键退出。"，此时单击鼠标左键退出。

（7）由于前面标记了内容，将扩开是否保留墨迹注释的提示对话框，单击 放弃(D) 按钮，删除绘制的标注，如图 10-31 所示。

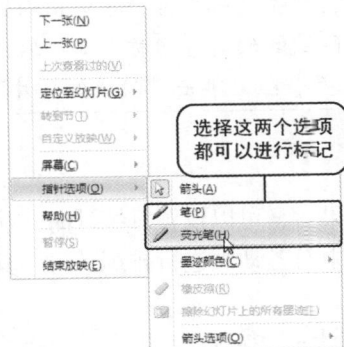

图 10-30　选择标记使用的笔

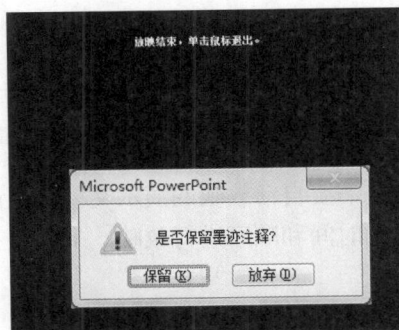

图 10-31　选择是否保留墨迹注释

提示： 选择【幻灯片放映】/【开始放映幻灯片】组，单击"从当前幻灯片开始"按钮或在状态栏中单击"幻灯片放映"按钮，可从选择的幻灯片开始播放幻灯片。在播放幻灯片的过程中，通过右键快捷菜单，可快速定位到上一张幻灯片、下一张幻灯片或具体的某张幻灯片。

（三）隐藏幻灯片

放映幻灯片时，系统将自动按设置的放映方式依次放映每张幻灯片，但在实际放映运程中，可以将暂时不需要的幻灯片隐藏起来，等到需要时再将其显示。下面将隐藏最后一张幻灯片，然后放映查看隐藏幻灯片后的效果。其具体操作如下。

（1）在"幻灯片"浏览窗格中选择第 9 张幻灯片，选择【幻灯片放映】/【设置】组，单击

"隐藏幻灯片"按钮，隐藏幻灯片，如图 10-32 所示。

（2）在"幻灯片"浏览窗格中选择的幻灯片上将出现标志，选择【幻灯片放映】/【开始放映幻灯片】组，单击"从头开始"按钮，开始放映幻灯片，此时隐藏的幻灯片将不再被放映出来。

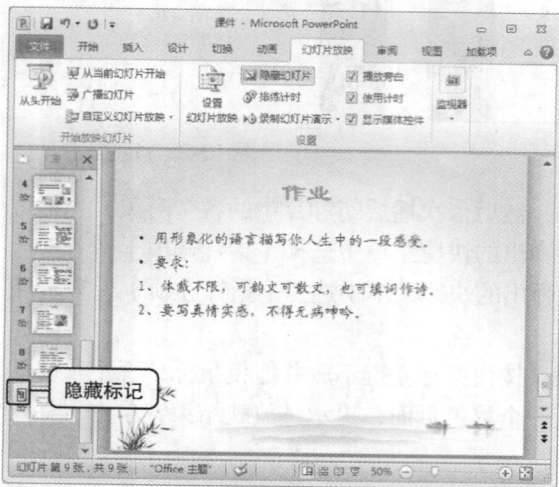

图 10-32　隐藏幻灯片

> **提示：** 若要显示隐藏的幻灯片，可在放映幻灯片时，单击鼠标右键，在弹出的快捷菜单中选择"定位至幻灯片"命令，再在弹出的子菜单中选择隐藏的幻灯片名称。如要取消隐藏幻灯片，可再次执行隐藏操作，即选择【幻灯片放映】/【设置】组，单击"隐藏幻灯片"按钮。

（四）排练计时

对于某些需要自动放映的演示文稿，在设置动画效果后，可以设置排练计时，从而在放映时根据排练的时间和顺序进行放映。下面将在演示文稿中对各动画进行排练计时，其具体操作如下。

（1）选择【幻灯片放映】/【设置】组，单击"排练计时"按钮。进入放映排练状态，同时打开"录制"工具栏自动为该幻灯片计时，如图 10-33 所示。

图 10-33　"录制"工具栏

（2）通过单击鼠标或按【Enter】键控制幻灯片中下一个动画出现的时间，如果用户确认该幻灯片的播放时间，可直接在"录制"工具栏的时间框中输入时间值。

（3）一张幻灯片播放完成后，单击鼠标切换到下一张幻灯片，"录制"工具栏中的时间将从头开始为该张幻灯片的放映进行计时。

（4）放映结束后，打开提示对话框，提示排练计时时间，并询问是否保留幻灯片的排练时间，单击 是(I) 按钮进行保存，如图 10-34 所示。

（5）打开"幻灯片浏览"视图样式，在每张幻灯片的左下角将显示幻灯片的播放时间，图 10-35 所示为前两张幻灯片在"幻灯片浏览"视图中显示的播放时间。

图 10-34 是否保留排练时间

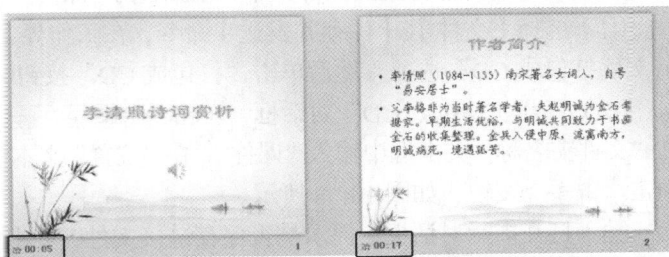

图 10-35 显示播放时间

提示： 如果不想使用排练好的时间放映该幻灯片，可选择【幻灯片放映】/【设置】组，撤销选中"使用计时"复选框，这样在放映幻灯片时就能手动进行切换。

（五）打印演示文稿

演示文稿不仅可以进行现场演示，用户还可以将其打印在纸张上，以便手执演讲或分发给观众作为演讲提示等。下面将前面制作并设置好的课件打印出来，要求一页纸上显示两张幻灯片，其具体操作如下。

微课：打印演示文稿

（1）选择【文件】/【打印】命令，在窗口右侧的"份数"数值框中输入"2"，即打印两份，如图 10-36 所示。

（2）在"打印机"下拉列表框中选择与计算机相连的打印机。

（3）在幻灯片的布局下拉列表框中选择"2 张幻灯片"选项，单击选中"幻灯片加框""根据纸张调整大小"复选框，如图 10-37 所示。

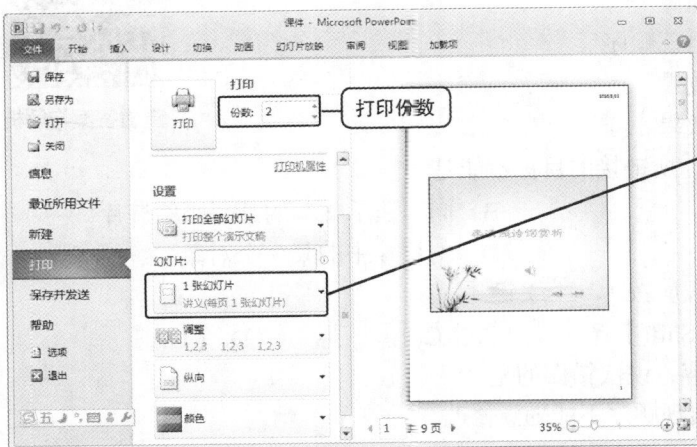

图 10-36 设置打印份数

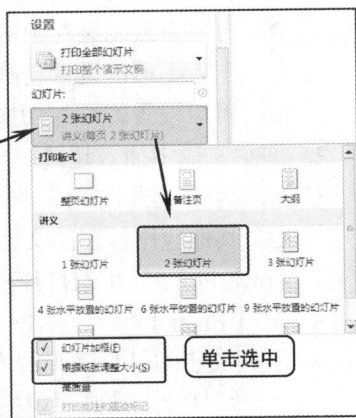

图 10-37 设置幻灯片布局

（4）单击"打印"按钮📠，开始打印幻灯片。

（六）打包演示文稿

演示文稿制作好后，有时需要在其他计算机上进行放映，要想在其他没有安装 PowerPoint 2010 的计算机上也能正常播放其中的声音和视频等对象，除了将演示文稿保存为视频之外，还可将制作的演示文稿打包。下面将前面设置好的课件打包到文件夹中，并命名为"课件"，其具体操作如下。　微课：打包演示文稿

（1）选择【文件】/【保存并发送】命令，在工作界面右侧的"文件类型"栏中选择"将演示文稿打包成 CD"选项，然后单击"打包成 CD"按钮💿。

（2）打开"打包成 CD"对话框，单击 复制到文件夹(F)... 按钮，打开"复制到文件夹"对话框，在"文件夹名称"文本框中输入"课件"，在"位置"文本框中输入打包后的文件夹的保存位置，单击 确定 按钮，如图 10-38 所示。

（3）打开提示对话框，提示是否保存链接文件，单击 是(Y) 按钮，如图 10-39 所示。稍作等待后即可将演示文稿打包成文件夹。

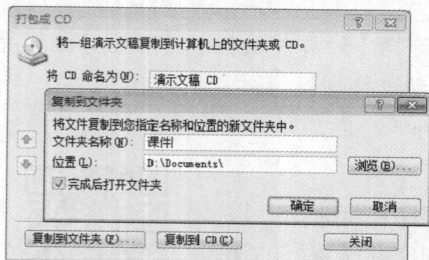

图 10-38　复制到文件夹

图 10-39　保存链接文件

课后作业

一、单选题

1. 下列说法中错误的是（　　　）。

　A. 可以动态显示文本和对象

　B. 可以更改动画对象的出现顺序

　C. 图表不可以设置动画效果

　D. 可以设置幻灯片切换效果

　查看答案与解析

2. 演示文稿中插入超链接时，所链接的目标不能是（　　　）。

　A. 另一个演示文稿　　　　　　　　B. 同一演示文稿的某一张幻灯片

　C. 其他应用程序的文档　　　　　　D. 幻灯片中的某一个对象

3. PowerPoint 停止幻灯片播放应按（　　　）键。

　A.【Enter】　　　　B.【Shift】　　　　C.【Ctrl】　　　　D.【Esc】

4. 下列关于幻灯片动画的内容，说法错误的是（　　　）。

　A. 幻灯片上动画对象的出现顺序不能随意修改

　B. 动画对象在播放之后可以再添加效果

　C. 可以在演示文稿中添加超链接，然后用它跳转到不同的位置

    D. 创建超链接时，起点可以是任何文本或对象

5. 下列有关幻灯片背景设置的说法，错误的是（　　　）。

    A. 可以为幻灯片设置不同的颜色、图案或者纹理的背景

    B. 可以使用图片作为幻灯片背景

    C. 可以为单张幻灯片设置背景

    D. 不可以同时对当前演示文稿中的所有幻灯片设置背景

6. 用户在 PowerPoint 中应用模板后，新模板将会改变原演示文稿的（　　　）。

    A. 配色方案　　　　　　B. 幻灯片母版　　　　C. 标题母版　　　　　　D. 以上选项都对

7. 下列关于 PowerPoint 的说法，正确的是（　　　）。

    A. 可以将演示文稿中选定的信息链接到其他演示文稿幻灯片中的任何对象

    B. 可以为幻灯片中的对象设置播放动画的时间顺序

    C. PowerPoint 演示文稿的扩展名为.pot

    D. 不能在一个演示文稿中同时使用不同的模板

8. 下列（　　　）是在幻灯片母版上不可以完成的操作。

    A. 使相同的图片出现在所有幻灯片的相同位置

    B. 使所有幻灯片具有相同的背景颜色及图案

    C. 使所有幻灯片的占位符具有相同格式

    D. 通过母版编辑所有幻灯片中的内容

9. 在 PowerPoint 中，幻灯片放映视图的主要功能不包括（　　　）。

    A. 编辑幻灯片上的具体对象　　　　　　B. 切换幻灯片

    C. 定位幻灯片　　　　　　　　　　　　D. 播放幻灯片

10. 若要改变超链接文字的颜色，应该通过（　　　）对话框。

    A. "超链接设置"　　　　　　　　　　　B. "幻灯片版面设置"

    C. "字体设置"　　　　　　　　　　　　D. "新建主体颜色"

11. 在制作演示文稿时可为幻灯片对象创建超链接，关于"超链接"，以下说法错误的是
（　　　）。

    A. 超链接目的地只能指向另一个演示文稿

    B. 超链接目的地可以指向某个 Word 文档或 Excel 文档

    C. 超链接目的地可以指向邮件地址

    D. 超链接目的地可以指向某个网上资源地址

12. 在 PowerPoint 中，为所有幻灯片中的对象设置统一样式，需应用（　　　）的功能。

    A. 模板　　　　　　　　B. 母版　　　　　　　C. 版式　　　　　　　　D. 样式

13. 若要在幻灯片上配合讲解做标记，可使用（　　　）。

    A. "指针选项"中的各种笔　　　　　　B. "画笔"工具

    C. "绘图"工具栏　　　　　　　　　　　D. 笔

14. 执行（　　　）操作不能切换至幻灯片放映视图中。

    A. 按【F5】键　　　　　　　　　　　　B. 单击"从头开始"放映

    C. 单击"从当前幻灯片开始"按钮　　　D. 双击幻灯片

15. 在幻灯片放映过程中，按（　　　）可以退出幻灯片放映。

    A. 空格键　　　　　B.【Esc】键　　　　C. 鼠标左键　　　　D. 鼠标右键

16. 在（　　　）方式下可以进行幻灯片的放映控制。

    A. 普通视图　　　　B. 幻灯片浏览视图　C. 幻灯片放映视图　D. 大纲视图

17. 在 PowerPoint 2010 中，通过"页眉和页脚"对话框中不能设置（　　　）。

    A. 日期和时间　　　B. 幻灯片编号　　　C. 页眉　　　　　　D. 页脚

18. 在设置幻灯片放映的换页效果时，应通过（　　　）进行设置。

    A. 动作按钮　　　　B. "切换"功能组　C. 预设动画　　　　D. 自定义动画

19. 在 PowerPoint 中全屏演示幻灯片，可将窗口切换到（　　　）。

    A. 幻灯片视图　　　B. 大纲视图　　　　C. 浏览视图　　　　D. 幻灯片放映视图

20. 如果要终止 PowerPoint 中正在演示的幻灯片，应按（　　　）键。

    A.【Ctrl+Break】组合　　　　　　　　B.【Esc】

    C.【Alt+Break】组合　　　　　　　　D.【Enter】

21. 若要在放映过程中迅速找到某张幻灯片，可通过（　　　）方法直接移动至要查找的幻灯片。

    A. 翻页　　　　　　　　　　　　　　B. 定位至幻灯片

    C. 退出放映视图，再进行翻页　　　　D. 退出放映视图，再进行查找

22. 如果演示文稿中设置了隐藏的幻灯片，那么在打印时，这些隐藏的幻灯片（　　　）。

    A. 是否打印根据用户的设置决定　　　B. 不会被打印

    C. 将同其他幻灯片一起打印　　　　　D. 只能打印出黑白效果

23. 在幻灯片浏览视图下不能进行的操作是（　　　）。

    A. 设置动画效果　　　　　　　　　　B. 幻灯片切换

    C. 幻灯片的移动和复制　　　　　　　D. 幻灯片的删除

24. 下列（　　　）放映方式不是全屏幕放映。

    A. 讲演者放映　　　B. 从头开始放映　　C. 观众自行浏览　　D. 在展台浏览

25. 在 Power Point 中使用母版的目的是（　　　）。

    A. 使演示文稿的风格一致

    B. 通过编辑美化现有的模板

    C. 通过标题母版控制标题幻灯片的格式和位置

    D. 以上均是

26. 要从当前幻灯片开始放映，应单击（　　　）按钮。

    A. 幻灯片切换　　　　　　　　　　　B. 从当前幻灯片开始

    C. 按【F5】键　　　　　　　　　　　D. 开始放映

27. 在演示文稿中设置幻灯片切换速度是在（　　　）进行。

    A.【切换】/【切换到此幻灯片】组的列表框

    B.【切换】/【切换到此幻灯片】组的"效果"下拉列表

    C.【切换】/【计时】组

    D.【动画】/【高级动画】组

28. 在演示文稿中取消"超级链接"时，不可以通过（　　　）实现。

    A. 选择链接内容，打开"插入超链接"对话框，单击 删除链接(R) 按钮

B. 在超链接上单击鼠标右键，在弹出的快捷菜单中选择"取消超链接"命令

C. 在超链接上单击鼠标右键，在弹出的快捷菜单中选择"编辑超链接"命令，在打开的"插入超链接"对话框中单击 删除链接(R) 按钮

D. 通过撤销命令删除超链接

29. 演示文稿支持的视频文件格式有（　　　）。

A. AVI 文件　　　　B. WMV 文件　　　　C. MPG 文件　　　　D. 以上均可

30. 在幻灯片中添加声音和媒体文件，主要是通过（　　　）进行。

A.【插入】/【媒体】组　　　　　　　　B.【插入】/【对象】组

C.【插入】/【符号】组　　　　　　　　D.【插入】/【公式】组

31. 母版分为（　　　）。

A. 幻灯片母版和讲义母版

B. 幻灯片母版和标题母版

C. 幻灯片母版、讲义母版、标题母版和备注母版

D. 幻灯片母版、讲义母版和备注母版

32. 在演示文稿中设置母版通常是在（　　　）功能组中进行。

A. "视图"　　　　B. "格式"　　　　C. "工具"　　　　D. "插入"

33. 在下列操作中，可以隐藏幻灯片的操作是（　　　）。

A. 在"幻灯片"窗格的幻灯片上单击鼠标右键，在弹出的快捷菜单中选择"隐藏幻灯片"命令

B. 在母版幻灯片上单击鼠标右键，在弹出的快捷菜单中选择"隐藏幻灯片"命令

C. 通过【视图】/【演示文稿视图】组

D. 通过【视图】/【母版视图】组

34. PowerPoint 提供了文件的（　　　）功能，可以将演示文稿、其所链接的各种声音、图片等外部文件统一保存起来。

A. "定位"　　　　B. "另存为"　　　　C. "存储"　　　　D. "打包"

35. 插入音频的操作，一般通过（　　　）功能组。

A. "编辑"　　　　B. "视图"　　　　C. "插入"　　　　D. "工具"

36. 打开"插入音频"对话框的方法为（　　　）。

A. 在【插入】/【媒体】组单击"音频"按钮，在打开的下拉列表中选择"文件中的音频"选项

B. 在【插入】/【媒体】组单击"音频"按钮，在打开的下拉列表中选择"剪贴画音频"选项

C. 在【插入】/【对象】组单击"音频"按钮，在打开的下拉列表中选择"文件中的音频"选项

D. 在【插入】/【对象】组单击"音频"按钮，在打开的下拉列表中选择"剪贴画音频"选项

37. 在 PowerPoint 中应用模板时，下列选项中不正确的是（　　　）。

A. 可直接在已有模板上重新编辑内容　　B. 在"设计"组中选择应用模板设计

C. 模板的内容要到导入之后才能看见　　D. 模板的选择是多样化的

38. 在 PowerPoint 中，一般是通过（　　）功能组设置动画效果。

    A. "编辑"　　　　　　B. "视图"　　　　　　C. "动画"　　　　　　D. "幻灯片放映"

39. 下列选项中，不属于动画播放的开始方式的是（　　）。

    A. 单击时　　　　　　B. 与上一动画同时　C. 上一动画之后　　D. 上一动画之前

40. 如果要在幻灯片视图中预览动画，应（　　）。

    A. 单击【动画】/【动画】组的 "播放" 按钮

    B. 单击【动画】/【动画】组的 "预览" 按钮

    C. 单击【动画】/【预览】组的 "预览" 按钮

    D. 按【F5】键

41. 打开 "动画窗格" 的方法为（　　）。

    A. 在【动画】/【高级动画】组中单击 "动画窗格" 按钮

    B. 在【工具】/【自定义】组中单击 "动画窗格" 按钮

    C. 在【幻灯片放映】组中单击 "自定义动画" 按钮

    D. 在【视图】/【工具栏】组中单击 "控制工具箱" 按钮

42. 在 "动画效果" 对话框的 "效果" 选项卡中，下列不属于 "动画文本" 设置效果的是（　　）。

    A. 整批发送　　　　　B. 按字/词　　　　　　C. 按字母　　　　　　D. 按字

43. 如果要在 "动画窗格" 中更改幻灯片上各对象出现的顺序，一般可通过（　　）调整。

    A. 选择需调整的动画，将其拖至所需位置

    B. 选择需调整的动画，单击鼠标右键，通过快捷菜单进行调整

    C.【动画】/【动画】组

    D.【动画】/【高级动画】组

44. 为整张幻灯片添加动画效果，一般通过（　　）功能组实现。

    A. "切换"　　　　　　B. "动画"　　　　　　C. "开始"　　　　　　D. "编辑"

45. 如果要更改幻灯片切换效果，应该在（　　）功能组进行操作。

    A. "切换"　　　　　　B. "动画"　　　　　　C. "开始"　　　　　　D. "编辑"

46. 如果要将同一种切换效果应用于全部幻灯片，则可单击（　　）按钮。

    A. "剪切"　　　　　　B. "复制"　　　　　　C. "全部应用"　　　　D. "粘贴"

47. 在 PowerPoint 中，一般通过（　　）添加动作按钮。

    A.【插入】/【插图】组　　　　　　　　　　B.【插入】/【动作】组

    C.【插入】/【对象】组　　　　　　　　　　D.【插入】/【链接】组

48. "动作设置" 对话框中的 "鼠标移过" 表示（　　）。

    A. 所设置的按钮采用单击鼠标执行动作的方式

    B. 所设置的按钮采用双击鼠标执行动作的方式

    C. 所设置的按钮采用自动执行动作的方式

    D. 所设置的按钮采用鼠标移过执行动作的方式

49. 如果要创建一个指向某一程序的动作按钮，应单击选中 "动作设置" 对话框中的（　　）单选项。

    A. "无动作"　　　　　B. "运行对象"　　　　C. "运行程序"　　　　D. "超级链接到"

50. PowerPoint 中显示页码和日期等对象时，可以通过（　　）进行设置。

    A. 视图　　　　　　　B. 屏幕　　　　　　　C. 幻灯片　　　　　　　D. 母版

二、操作题

1. "市场调查.ppt" 演示文稿内容如图 10-40 所示，按以下要求进行操作。

（1）打开演示文稿，为其应用 "角度" 幻灯片模板样式，进入幻灯片母版，在内容幻灯片的标题占位符下绘制一条横线。

（2）插入 "logo.jpg" 图片，调整至合适大小后置于幻灯片左上角。

（3）设置幻灯片内容的文本格式为 "微软雅黑，18"。

（4）退出幻灯片母版。

（5）依次在每张幻灯片中输入文本，并调整占位符的位置。

（6）完成后保存演示文稿，按【F5】键放映演示文稿。

（7）使用荧光笔在幻灯片中做标记。

（8）切换至第 3 张幻灯片进行放映。

（9）退出放映。

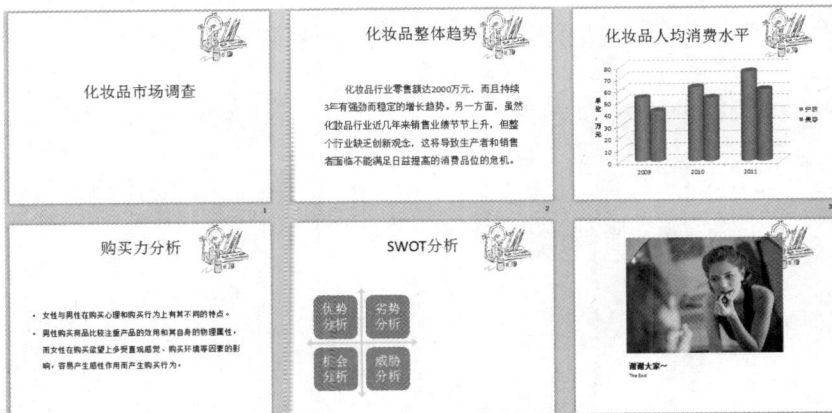

图 10-40　"市场调查.ppt" 演示文稿

2. "礼仪培训.ppt" 演示文稿内容如图 10-41 所示，按以下要求进行操作。

图 10-41　"礼仪培训.ppt" 演示文稿

（1）选择第 1 张标题幻灯片，分别为其中的对象添加"飞入"动画效果。

（2）将标题文本框的动画效果设置为"自左侧"。

（3）依次为第 2～第 7 张幻灯片设置动画效果，并设置其效果选项。

（4）从头开始放映幻灯片，使用荧光笔在幻灯片放映过程中添加标记。

（5）退出放映模式，并保留标记。

（6）保存演示文稿，将其打包为文件夹。

项目十一　使用 Internet

随着信息化技术的不断深入，计算机网络应用成为计算机应用的常用领域。计算机网络即将计算机连入网络，然后共享网络中的资源并进行信息传输。要连入网络必须具备相应的条件。现在最常用的网络是因特网（Internet），它是一个全球性的网络，将全世界的计算机联系在一起，通过这个网络，用户可以实现多种功能。本项目将通过 3 个典型任务，介绍计算机网络的基础知识、Internet 的基础知识，以及在 Internet 中进行信息浏览、文件下载、邮件收发、即时通信以及流媒体文件的使用等。

学习目标

- 了解计算机网络基础知识
- 了解 Internet 基础知识
- 应用 Internet

任务一　了解计算机网络基础知识

任务要求

本任务要求了解计算机网络、计算机网络的发展、数据通信的概念、网络的类别、网络拓扑结构，以及认识网络中的硬件设备、网络中的软件设备。

相关知识

（一）计算机网络的概念

在计算机网络发展的不同阶段，人们根据当时网络发展的水平和对网络的认知度，对计算机网络提出了不同的定义。目前，计算机网络是这样定义的：计算机网络是指分布在不同地理位置上的具有独立功能的多个计算机系统，通过通信设备和通信线路相连接，在网络软件的管理下实现数据传输和资源共享的系统。

计算机技术和通信技术相结合，形成为了一门新的技术——"数据通信"技术。数据通信指在两个计算机之间或一个计算机与终端之间进行信息交换、数据传输。在讲解数据通信的过程中将经常使用一些专业术语，下面分别进行解释。

1. 信道

信道是指能传送电信号的通路，即媒介。它可以分为物理信道和逻辑信道。物理信道是由传输介质和有关设备组成的信道。逻辑信道在信号的发送端和接收端之间没有客观存在的物理传输介质，而是通过节点设备内部的连接来实现的，它是建立在物理信道已经存在的基础上而言的。

2. 数字信号和模拟信号

通信的目的是传输数据，信号是数据的表现形式。信号分为数字信号和模拟信号两类。数字信号是一种离散的脉冲序列，一般每个脉冲表示一个二进制数。模拟信号是一种连续变化的信号，可以用连续的电波表示。现在计算机内部处理的信号都是数字信号。

3. 调制与解调

将数字信号转换成模拟信号的过程称为调制（Modulate），将模拟信号转换成数字信号的过程称为解调（Demodulate）。把这两种功能结合在一起的设备称为调制解调器（Modem）。调制解调器在一端将数字信号转换成模拟信号，而在另一端则将模拟信号转换成数字信号。

4. 带宽与数据传输速率

带宽是指信道所能传送的信号的频率宽度，它的值为信道上可传送信号的最高频率与最低频率之差，以 Hz、kHz、MHz、GHz 为单位。

数据传输速率是指单位时间内传输的信息量，其单位为比特/秒，用"bit/s"表示，含义是"每秒传输的位数"，常用单位有 bit/s、kbit/s、Mbit/s 或 Gbit/s。带宽和传输速率是通信系统中的主要技术指标。

5. 误码率

误码率是指在信息传输过程中的出错率，是通信系统的可靠性指标。计算机网络系统中的误码率应低于 10^{-6}。

（二）计算机网络的分类

计算机网络按照其覆盖的地理范围进行分类，可以很好地反映不同类型网络的技术特点。由于网络覆盖的地理范围不同，它们所采用的传输技术也就不同，从而形成了不同的网络技术特点与网络服务功能。按地理分布范围来分类，计算机网络可以分为局域网、广域网和城域网3种。

1. 局域网（Local Area Network，LAN）

局域网是将小区域内的各种通信设备互连在一起的网络，其分布范围局限在一个办公室、一幢大楼或一个校园内。它具有分布距离近（通常在几千米之内，最大不超过 10 千米），传输速度高（一般为 10Mbit/s～1 000Mbit/s），连接费用低，数据传输可靠，误码率低等特点。

2. 广域网（Wide Area Network，WAN）

广域网也称远程网，它的联网设备分布范围广，一般从数十千米至数千千米。因此，网络所涉及的范围可以是一个地区、省、国家，乃至世界范围，可以使用传统的公共传输网（电话线、微波或卫星等）来实现。广域网的传输速率较低，一般在 96kbit/s～45Mbit/s，而且误码率较高。

3. 城域网（Metropolitan Area Network，MAN）

城域网的分布范围介于局域网和广域网之间，一般为几千米到几十千米，传输速率一般在 50Mbit/s 左右，其用户多为需要在市内进行高速通信的较大单位或公司等。

（三）计算机网络的拓扑结构

拓扑是一数学分支，它是研究与大小、形状无关的点、线和面的图形特征的方法。网络拓扑结构是指一个网络的通信链路和节点的几何排列或物理布局图形。网络拓扑结构主要有星形、环形和总线型等几种。

1．星形结构

星形结构是最早的通用网络拓扑结构形式，星形结构的每一个节点都有一条单独的链路与中心节点相连。这种拓扑结构的优点是结构简单、建网容易、便于管理；缺点是一旦中心结点出现故障，会引起整个系统的瘫痪，可靠性较差。星形结构如图 11-1 所示。

2．环形结构

环形网络中各节点通过环路接口连在一条首尾相连的闭合环形通信线路中。环路上任何节点均可以请求发送信息，请求一旦被批准，便可以向环路发送信息。环形网中的数据可以是单向传输也可以是双向传输。环形结构的优点是结构简单、成本低；缺点是环中任意一点的故障都会引起网络瘫痪，可靠性低。环形结构如图 11-2 所示。

3．总线型结构

总线型结构中每个节点都直接与同一条公共链路相连，信息可沿两个不同的方向由一个节点传向另一个节点。其优点是结构简单灵活，非常便于扩充，可靠性高、设备量少、价格低、安装使用方便，共享资源能力强，便于广播式工作（即所有节点都可接收一个节点发送的信息）。

总线型网络结构是目前使用最为广泛的一种结构，也是相对传统的一种主流网络结构，适合于信息管理系统、办公自动化系统等应用领域。总线型结构如图 11-3 所示。

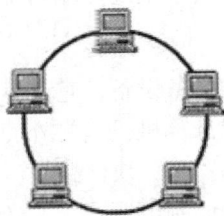

图 11-1　星形结构　　　　图 11-2　环形结构　　　　图 11-3　总线型结构

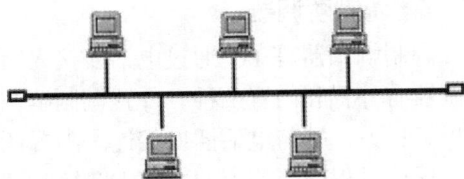

（四）计算机网络硬件

与计算机系统类似，计算机网络系统也由网络软件和硬件设备两部分组成。网络操作系统对网络进行控制和管理。目前，在计算机网络上流行的网络操作系统有 Windows NT Server、NetWare、Unix 和 Linux 等。下面主要介绍几种常见的网络硬件设备。

1．主机（Host）

（1）服务器

服务器是向所有客户机提供服务的机器，它装备有网络的共享资源。对网络服务器的基本要求是高速度、大容量和安全性。

（2）客户机

客户机也称工作站，是网络用户直接处理信息和事务的计算机。

2. 网络适配器

网络适配器又称网络接口卡或网卡（Network Interface Card，NIC）。它通常是一块电路板，插在主机板的扩展槽中。服务器和工作站都需要通过网卡与传输介质相连。

3. 传输介质

传输介质是通信网络中发送方和接收方之间的物理通路。在计算机网络中常用的传输介质有双绞线、同轴电缆、光缆和无线信道等。

4. 集线器

集线器是局域网的基本连接设备，在传统的局域网中，连网的结点通过双绞线与集线器相连，构成物理上的星形拓扑结构。集线器分为无源集线器、有源集线器和智能集线器。

5. 路由器

路由器是一种连接多个网络或网段的网络设备，它能将不同网络或网段之间的数据信息进行"翻译"，以使它们能够相互"读"懂对方的数据，从而构成一个更大的网络。路由器有两大典型功能，即数据信道功能和控制功能。数据信道功能包括转发决定、背板转发以及输出链路调度等，一般由特定的硬件来完成。控制功能一般用软件来实现，包括与相邻路由器之间的信息交换、系统配置、系统管理等。

6. 交换机

交换机是一种新型的网络互连设备，它将传统的网络"共享"传输介质技术改变为交换式的"独占"传输介质技术，提高了网络的带宽。

交换机与集线器有很大的区别，前者工作在数据链路层，有些高档交换机工作于网络层，而后者工作于物理层；且交换机端口的工作速度高于集线器端口工作的速度。

7. 调制解调器

调制解调器是 PC 通过电话线接入因特网的必备设备，它具有调制和解调两种功能。调制解调器有外置和内置两种，外置调制解调器是在计算机机箱之外使用的，一端用电缆连接在计算机上，另一端与电话插口相连。内置调制解调器是一块电路板，插在主机板的扩展插槽中。

通信过程中，信道的发送端和接收端都需要调制解调器。发送端的调制解调器将数字信号调制成模拟信号送入通信线路，接收端的调制解调器将模拟信号解调还原成数字信号进行接收和处理。

（五）计算机网络软件

与硬件相对的是软件，要在网络中实现资源共享以及一些需要的功能就必须得到软件的支持。网络软件一般是指网络操作系统、网络通信协议和应用级的提供网络服务功能的专用软件，下面分别进行讲解。

① 网络操作系统。网络操作系统用于管理网络软、硬资源，常见的网络操作系统有 UNIX、NetWare、Windows NT 和 Linux 等。

② 网络通信协议。网络通信协议是网络中计算机交换信息时的约定，它规定了计算机在网络中互通信息的规则。互联网采用的协议是 TCP/IP。

③ 提供网络服务功能的专用软件。该类软件用于提供一些特定的网络服务功能，如文件的上传与下载服务、信息传输服务等。

（六）无线局域网

随着技术的发展，无线局域网已逐渐代替有线局域网，成为现在家庭、小型公司主流的局域网组建方式。无线局域网（Wireless Local Area Networks，WLAN）利用射频技术，使用电磁波取代双绞线所构成的局域网络。

WLAN 的实现协议有很多，其中应用最为广泛的是无线保真技术（Wi-Fi），它提供了一种能够将各种终端都使用无线进行互联的技术，为用户屏蔽了各种终端之间的差异性。要实现无线局域网功能，目前一般需要一台无线路由器、多台有无线网卡的计算机和手机等可以上网的智能移动设备。

无线路由器可以看作一个转发器，它将宽带网络信号通过天线转发给附近的无线网络设备，同时它还具有其他的网络管理功能，如 DHCP 服务、NAT 防火墙、MAC 地址过滤和动态域名等。

任务二　了解 Internet 基础知识

任务要求

本任务要求认识 Internet 与万维网，了解 TCP/IP，认识 IP 地址和域名系统，掌握连入 Internet 的各种方法。

相关知识

（一）认识 Internet

因特网英文名为 Internet，它利用覆盖全球的通信系统，将全世界不同地区、不同规模、不同类型的网络通过网络互连设备连接起来，从而实现智能化的信息交流和资源共享，因此它是一个"计算机网络的网络"。

Internet 起源于 1969 年美国国防部高级研究计划局（ARPA）提出并资助的 ARPANet 网络计划，目的是将各地不同的主机以一种对等的通信方式连接起来，方便美国政府及科技工作者互通信息。此后，TCP/IP 协议的提出，为 Internet 的发展奠定了基础。1985 年，美国国家科学基金会（NSF）发现 Internet 在科学研究上的重大价值，投资支持 Internet 和 TCP/IP 的发展，将美国五大超级计算机中心连接起来，组成了 NSFNet。不久，人们就意识到该系统非常有用而且有趣，越来越多的人加入 Internet，于是一些商业机构开始为普通用户提供 Internet 服务，从而使 Internet 更加普及，使用更加方便。

我国于 1994 年 4 月 20 日实现了与国际互联网的全功能连接，从此，中国被国际上正式承认为真正拥有全功能 Internet 的第 77 个国家，开始步入互联网时代。到 1996 年年初，中国的 Internet 已形成了中国科技网（CSTNet）、中国教育和科研计算机网（CERNet）、中国公用计算机互联网（ChinaNet）和中国金桥信息网（ChinaGBN）四大具有国际出口的网络体系。前两个网络面向科研和教育机构，后两个网络主要向社会提供 Internet 服务，以经营为目的，属于商业性的组织。

目前，Internet 已成为除报纸、广播、电视之外的第 4 种信息传播通道。Internet 向用户提供的各种功能称为"Internet 的信息服务"，其最基本的服务方式是信息浏览（WWW）、电子邮件（E-mail）、文件传输（FTP）、远程登录（Telnet）等。

（1）信息浏览（WWW）。WWW（World Wide Web）俗称"万维网"，它是一个基于超文本方式的信息检索服务工具，是 Internet 发展最快和使用最广的服务。只要操纵电脑的鼠标，用户就可以通过 Internet 从全世界任何地方调来所希望得到的文本、图像和声音等信息。

（2）电子邮件（E-mail）。电子邮件是一种通过网络实现 Internet 用户之间快速、简便、价廉的现代化通信手段，而且电子邮箱不受时间和地点的限制，只要能连接上 Internet，就能使用电子信箱，所以电子邮件成为 Internet 上使用最频繁的一种服务。

（3）文件传输（FTP）。文件传输（File Transfer Protocol，FTP）主要用于计算机之间数据的交换。通过 FTP，可以在 Internet 上的任意两台计算机之间互传文件，是 Internet 的基本信息服务之一。FTP 服务分为普通 FTP 服务和匿名 FTP 服务两种。普通 FTP 服务向注册用户提供文件传输服务，匿名 FTP 服务能向任意用户提供核定的文件传输服务。

（4）远程登录（Telnet）。远程登录也是 Internet 提供的基本信息服务之一，是用来提供远程连接服务的终端仿真协议。用户计算机通过 Telnet 可以实现利用本地计算机使用远程计算机的目的。

此外，Internet 还提供如电子公告板（BBS）、新闻（Usenet）、文件查询（Archie）、关键字检索（WAIS）、菜单检索（Gopher）、图书查询系统（Librarise）、网络论坛（NetNews）、聊天室（IRC）、网络电话、电子商务、网上购物等多种服务功能。

（二）了解 TCP/IP

TCP/IP（Transmission Control Protocol/Internet Protocol）是用于计算机通信的一组协议，其目的在于通过它实现网际间各种异构网络和异种计算机的互联通信。TCP/IP 由应用层、传输层、网络层、网络接口层 4 个层次组成。在 TCP/IP 众多协议中，TCP 和 IP 是最重要的两个核心协议。

1. TCP（Transmission Control Protocol）

TCP 是传输控制协议，用来规定一种可靠的数据信息传递服务。它位于传输层。TCP 向应用层提供面向连接的服务，确保网上所发送的数据报可以完整地接收，一旦数据报丢失或破坏，则由 TCP 负责将丢失或破坏的数据报重新传输一次，实现数据的可靠传输。

2. IP（Internet Protocol）

IP 又称互联网协议，是支持网间互连的数据报协议。它位于网络层，主要功能是将不同格式的物理地址转换为统一的 IP 地址；同时将不同格式的帧转换为"IP 数据报"，并向 TCP 所在的传输层提供 IP 数据报，实现无连接数据报传送；IP 的另一个功能是数据报的路由选择。

（三）认识 IP 地址和域名系统

Internet 上的计算机众多，如何有效地分辨这些计算机，就需要通过 IP 地址和域名来实现。

1. IP 地址

Internet 采用一种全局通用的地址格式，为整个网络的每一子网和每一台主机都分配一个唯一的地址，称为 IP 地址。

IP 地址由两部分组成：一个是物理网络上所有主机通用的网络地址（网络 ID）；另一个是网络上主机专有的主机（节点）地址（主机 ID）。

IP 地址用 32 个比特（4 个字节）表示。为了便于管理，将每个 IP 地址分为四段（一个字节一段），用 3 个圆点隔开，每段用一个十进制整数表示，取值范围为 0～255。由于 IP 地址很多，所以又将它们按照第 1 段的取值范围划分为五类：0～127 为 A 类、128～191 为 B 类、192～223 为 C 类、D 类和 E 类留作特殊用途。例如，210.29.233.1 和 211.138.198.10 都是合法的 IP 地址。

IP 地址是由各级因特网管理组织分配给网上计算机的。

2. 域名系统

用数字表示各主机的 IP 地址对计算机来说是合适的，但对于用户来说，记忆一组毫无意义的数字是相当困难的。为了解决用户记忆 IP 地址的困难，TCP/IP 引进了一种字符的主机命名制，这就是域名。域名的实质就是以一组助记符的英文简写代替 IP 地址。为了避免重名，主机的域名采用层次结构，各层次之间用圆点"."作为分隔符。它的层次从左到右，逐级升高，其一般格式：主机名.….第二级域名.顶级域名。

关于域名应该注意以下几点。

① 只能以字母字符开头，以字母字符或数字符结尾，其他位置可用字母、数字、连字符或下画线。

② 大写字母和小写字母在域名中是等价的。

③ 各子域名之间以圆点分开。

④ 域名在整个 Internet 中必须唯一的。

域名地址的最后一部分是顶级域名，也称为第一级域名（常用顶级域名的标准代码见表11-1），它分组织机构和地理模式两类。由于美国是 Internet 的发源地，所以其顶级域名采用组织机构域名，美国以外的其他国家和地区，都用主机所在的地区的名称（由两个字母组成）作为顶级域名，例如：CN（中国）、KR（韩国）、UK（英国）等。

表 11-1　常用顶级域名的标准代码

域名代码	意义
COM	商业组织
EDU	教育机构
GOV	政府机构
MIL	军事部门
NET	主要网络支持中心
ORG	其他组织
INT	国际组织
<countrycode>	国家和地区代码（地理域名）

我国将第二级域名划分为类别域名和地区域名，共计 40 个。类别域名有 6 个，分别为 ac 表示科研院以科技管理部门，gov 表示国家政府部门，org 表示各社会团体及民间非营利组织，net 表示互联网络、接入网络的信息和运行中心，COM 表示工商和金融等企业，EDU 表示教育机构。地区域名有 34 个"行政区别名"，如 JS（江苏省）、AH（安徽省）等。

例如：nju.edu.cn 是南京大学的一个域名，其中 nju 是该单位的英文缩写，edu 表示教育机构，cn 表示中国。

域名和 IP 地址都是表示主机的地址，实际上是同一事物的不同表示。用户可以使用主机的 IP 地址，也可以使用它的域名。从域名到 IP 地址或者从 IP 地址到域名的转换由域名解析服务器 DNS（Domain Name Server）完成。

（四）连入 Internet

1. Internet 的接入方式

Internet 的接入方式通常有以下几种：电话线上网、通过专线上网、通过有线电视网路上网、通过无线微波上网和通过局域网上网。

目前电话线上网的方式对众多个人用户和小单位来说，是最经济、简单，也是采用最多的一种接入方式，它又可以细分为以下 3 种：通过 Modem 拨号接入、通过 ISDN 接入、通过 ADSL 接入。

ADSL 的中文名称是非对称数字用户专线。它是一种在普通电话线上进行宽带通信的接入技术。采用 ADSL 技术，在普通电话线上传输数据的速度可以达到普通拨号 Modem 的 140 倍。安装 ADSL 非常方便，无须为宽带上网而重新布设或变动线路，只需在用户侧安装一台 ADSL Modem 即可。用户接上 ADSL 电源便可以享受高速网上冲浪的服务，而且可以同时拨打电话。

2. 连接 Internet 的步骤

采用 ADSL 连接的具体步骤如下。

（1）硬件的安装

① 所需硬件

网卡、ADSL Modem、滤波器、交叉网线、带水晶头的电话线。

② 连接步骤

在设备安装前需要做些必要的准备工作，一般情况下，电信部门是不提供网卡的，所以用户需要准备一块 RJ-45 的网卡，建议选择 PCI 的 10M 或 100M 网卡。

ADSL 分为内置和外置两种，两者没有什么本质上面的区别，内置的可以省去网卡，但安装调试较麻烦；外置的安装比较方便，并且面板上有指示灯，可以从这些指示灯来判断 ADSL 的使用状态，电信部门提供的也大多是外置的。外置 ADSL 设备主要包括以下几个部件：滤波器，使上网和打电话互不干扰；ADSL Modem，作为数据传输设备；交叉网线，用于连接 ADSL Modem 和网卡；用户光盘，包括使用说明和拨号的软件。

在安装之前先简单介绍一下 ADSL Modem。它的外形比普通的 Modem 略大一些（见图 11-4），面板上有几个指示灯（见图 11-5），其后面主要是一些接口（见图 11-6）。

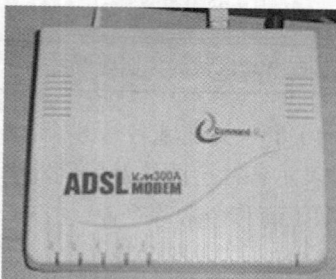

图 11-4　ADSL Modem 外观

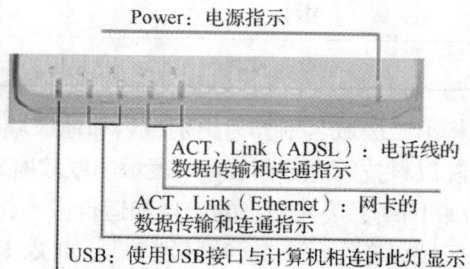

图 11-5　ADSL Modem 前面板

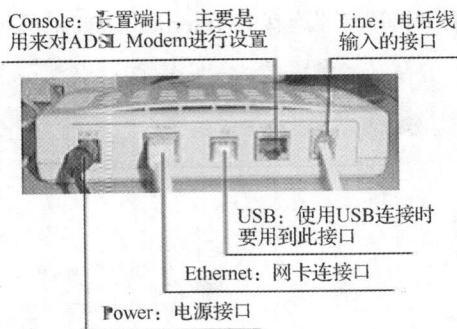

图 11-6　ADSL Modem 后面的接口

　　a. 安装网卡。网卡在这里起到了数据传输的作用,所以只有正确地安装,才能使用好 ADSL。现在的网卡一般都符合即插即用的标准,所以只要将网卡插到主板上,让系统自己寻找。在安装过程中可能会提示用户插入网卡的驱动程序,按照提示指定驱动程序的位置即可。

　　b. 滤波器的安装。滤波器有 3 个接口,分别为外线输入接口、电话信号输出接口、数据信号输出接口。输入端接入户线,如果家里有分机,千万不能在分线器后接入滤波器。电话信号输出端接电话机,这样就可以在上网的同时进行通话了。

　　c. 安装 ADSL Modem。通上电源后,将数据信号输出接到 ADSL Modem 的电话 Line 端口,当正确连接后,其面板上的电话 Link 指示灯会亮,说明已正确连接。用交叉网线将 ADSL Modem 和网卡连接起来,一端接到网卡的 RJ-45 口上,另一端接到 ADSL Modem 的 Ethernet 口上,当 ADSL Modem 前面板的网卡 Link 灯亮了就可以了。做完以上的步骤就完成了硬件的安装,现在还需进行必要的软件安装与设置。

　　(2)软件安装

　　ADSL 上网方式有两种:专线上网和虚拟拨号上网。其中,专线上网是指由电信公司分配给专线用户一条固定的链路和一个固定的公网 IP 地址,用户通过此 IP 地址来与网络相连。而虚拟拨号方式是指用户的链路是固定的,但每次上网时都需电信部门的服务器来验证用户的合法身份,并自动分配 IP 地址,依靠此 IP 地址上网。

　　下面,我们介绍在 Windows 7 操作系统中使用系统自带的软件进行拨号上网的方法。

　　① 单击"开始"菜单,选择"控制面版",如图 11-7 所示。

图 11-7　打开控制面版

② 在打开的控制面版窗口中单击"连接到 Internet"（如果已经存在 Internet 连接，不会显示此项），如图 11-8 所示。

图 11-8 打开连接到 Internet

③ 在打开的窗口中单击"宽带（PPoE(R)）"，打开宽带链接设置，在弹出的窗口中输入用户名，如"user01"，在"密码"中输入用户密码，如"123456789"，在"连接名称"中给链接名命名，如"宽带链接"，如图 11-9 所示。

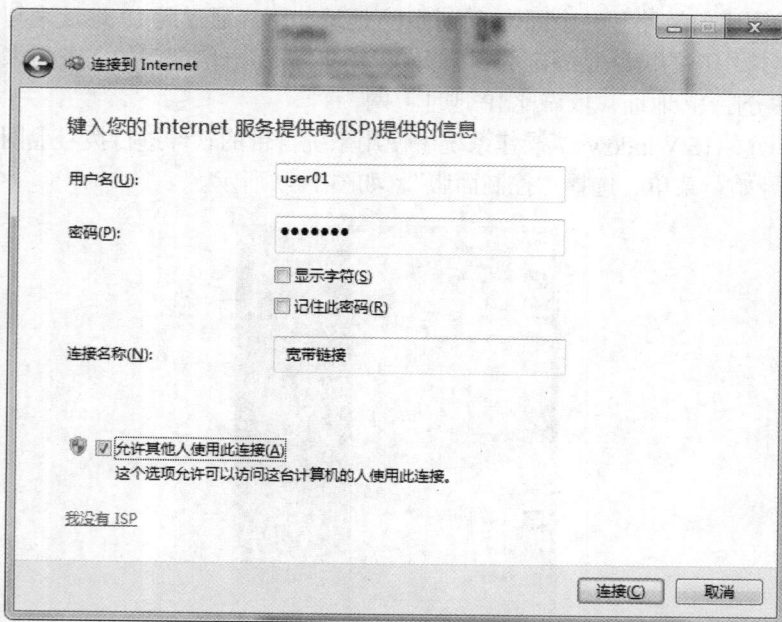

图 11-9 输入链接信息

④ 单击"连接"按钮，进行拨号，如图 11-10 所示。所创建的宽带链接的界面如图 11-11 所示。

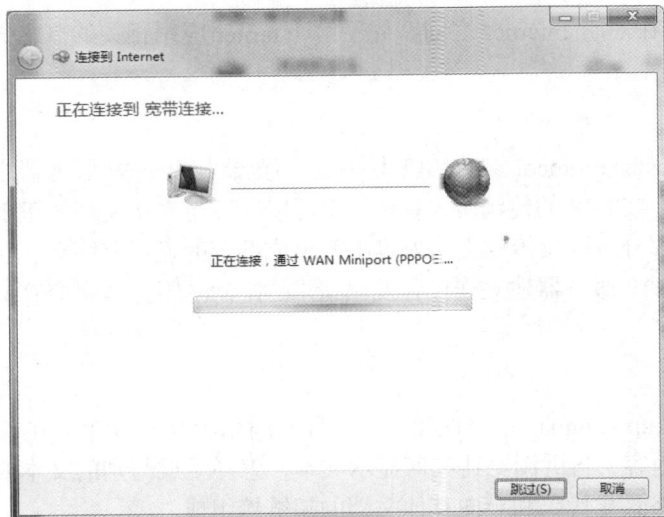

图 11-10　拨号界面　　　　　　图 11-11　ADSL 拨号连接窗口

用户的计算机要连入 Internet 的方法有多种，一般都是通过联系 Internet 服务提供商（ISP），对方派专人根据当前的情况实际查看　连接后，进行 IP 地址分配、网关及 DNS 设置等，从而实现上网。

目前，总体来说，连入 Internet 的方法主要有 ADSL 拨号上网和光纤宽带上网两种，下面分别介绍。

① ADSL。ADSL（非对称数字用户线路）可直接利用现有的电话线路，通过 ADSL Modem 进行数字信息传输，ADSL 连接理论速率可达到 1~8Mbit/s。它具有速率稳定、带宽独享、语音数据不干扰等优点；适用于家庭、个人等用户的大多数网络应用需求。它可以与普通电话线共存于一条电话线上，接听、拨打电话的同时能进行 ADSL 传输，而又互不影响。

② 光纤。光纤是目前宽带网络中多种传输媒介中最理想的一种，它具有传输容量大、传输质量好、损耗小、中继距离长等优点。光纤连入 Internet 现在一般有两种，一种是通过光纤接入到小区节点或楼道，再由网线连接到各个共享点上；另一种是光纤到户，将光缆一直扩展到每一台计算机终端上。

任务三　应用 Internet

任务要求

通过一段时间的基础知识学习，小刘迫不及待地想进入 Internet 的神奇世界。同事告诉他，Internet 中可以实现的功能很多，不仅可以进行信息的查看和搜索，还能进行资料的上传与下载，电子邮件的发送等。在信息化技术如此深入的今天，不管是办公工作还是日常生活，都离不开 Internet。小刘决定系统地学学 Internet 的使用方法。

本任务需要掌握常见的 Internet 操作，包括 IE 浏览器的使用、搜索信息、上传与下载资源、发送电子邮件、即时通信软件的使用和网上流媒体的使用等。

+ 相关知识

（一）Internet 应用的相关概念

Internet 中可以实现的功能很多，在使用 Internet 之前，先了解 Internet 应用相关的概念，以帮助后期的学习。

1. 超文本传输协议

超文本传输协议（Hyper Text Transfer Protocol，HTTP）是 Web 浏览器与 WWW 服务器之间互相通信的协议。HTTP 协议是基于 TCP/IP 的传输协议，它不仅可以保证超文本文档的正确传输，还可以确定传输文档中的哪一部分，以及传输文档内容中各组成部分的显示顺序等。在浏览网页时，浏览器通过 HTTP 与 WWW 服务器建立连接并发出请求，WWW 服务器将应答信息发回计算机，用户就可以浏览网页了。

2. 超文本标记语言

超文本标记语言（Hyper Text Markup Language，HTML）是一种专门用于 Web 页制作的编程语言，用来描述超文本各个部分的内容，告诉浏览器如何显示文本，怎样生成与别的文本或图像的链接点。HTML 文档由文本、格式化代码和导向其他文档的超链接组成。

3. 浏览器

浏览器（Browser）是用来连接 WWW 服务器，查找和显示 Web 页，并允许用户通过链接在页面间跳转的应用软件。当前流行的浏览器有 Internet Explorer、Chrome 和 Firefox。

4. 统一资源定位器

统一资源定位器（Uniform Resource Locator，URL）用来定位信息资源在 Internet 上的位置。URL 描述了 Web 浏览器检索信息时，所使用的协议、信息源所在的 Web 主机名，以及该资源所在的路径名及文件名。

URL 一般的格式如下：

协议：//IP 地址或域名/路径/文件名

协议是服务方式或获取数据的方法，IP 地址或域名是存放资源的主机地址或域名，路径和文件名是用路径的形式表示资源在主机的具体位置。

例如：

http://www.onlinedown.net/sort/65_1.htm

就是一个 Web 页的 URL，它告诉系统使用超文本传输协议（http），资源是域名为 www.onlinedown.net 主机上，文件夹名为 sort 下的一个 HTML 语言文件 65_1.htm。

（二）认识 IE 浏览器窗口

下面我们以 Windows 7 自带的 Internet Explorer 8.0（IE8.0，以下简称 IE）为例，介绍浏览器的常用功能及操作方法。

1. IE 的启动与关闭

① 启动 IE 的常用方法。

a. 单击"快速启动工具栏"中的 IE 图标 ⬤ 。

b. 双击桌面上的 IE 快捷图标。

c. 通过"开始"菜单启动 IE。

② 关闭 IE 的常用方法。

a. 单击 IE 窗口关闭按钮 ⊠。

b. 单击窗口控制菜单中的"关闭"菜单项，或双击窗口控制菜单中的 图标。

c. 单击"文件"下拉菜单中"关闭"命令。

d. 按【Alt+F4】组合键。

2. IE 窗口组成

启动 IE 后，出现图 11-12 所示的 IE 界面。该图为"中国教育和科研计算机网"站点的主页。不同的页面虽然内容各不相同，但格式是相同的。

图 11-12 Internet Explorer 8.0 的窗口

① 在界面窗口的最上方是标题栏，显示的是用户正浏览的页面的名字。标题栏的最右端是 Windows 的常用的 3 个窗口控制按钮，分别是"最小化""最大化/还原"和"关闭"按钮。

② 标题栏的下方是菜单栏，IE 的所有功能均可通过单击下拉菜单中的各命令来实现。标题栏最右边有一个 Internet Explorer 的产品标志 。当 Internet Explorer 与某个 URL 建立连接或下载 Web 文档时此标志将动态旋转。

③ 菜单栏下面是标准按钮栏，这一栏中有"后退""前进""停止""刷新""主页""搜索""收藏夹""媒体""历史""邮件""打印"等按钮，单击其中某一按钮可以方便地启动相应的功能。

④ 地址栏位于标准按钮栏的下方，它对用户来说是最重要的，只有在地址栏中输入欲浏览的页面地址（URL）后才能浏览该页面。

⑤ 链接栏提供了指向一些热门或非常有用的站点的快捷按钮，灵活使用可以提高浏览速度。

⑥ 位于链接栏和状态栏之间的是浏览器窗口，用来显示所选中的 Web 页面的内容。

⑦ 浏览器窗口最下面是状态栏，当浏览器正在下载时，有一个蓝色小条不断向右延伸，表示已经下载部分的比例。状态栏的最右边显示站点的性质。

3. IE 浏览器使用

① Web 地址输入

将插入点移到地址栏的文本框中便可进行 Web 地址的输入。输入地址时可不必输入类似 "http://" 的开始部分，IE 会自动补上这部分。IE 也会记住以前输入的地址，只要输入开始的几个字符，IE 就会自动将相似的地址显示出来供用户选择，如图 11-13 所示。

图 11-13　Web 地址的输入

单击地址栏右端的下拉按钮 ▼，同样能够显示一些地址供选择。

输入地址后，按回车键或单击地址栏右端的"转到"按钮，就可进入相应的页面。

② 浏览页面

进入页面后即可浏览。第 1 页称为主页，通常都设有类似目录一样的网站索引，表述网站设有哪些主要栏目、近期要闻或改动等。需要注意的是，网页上有许多链接，它们或显现不同的颜色，或有下画线，最明显的标志是当鼠标指针移动到其上时，光标指针就会变成一只小手，单击链接就可以从一个页面转到另一个页面，再单击新页面中的链接又能转到其他页面，就像从一个浪尖转向另一个浪尖一样，所以，人们把浏览比作"冲浪"。

③ 前进和后退

前进和后退操作能在同一个 IE 窗口中对以前浏览过的网页进行任意跳转。

单击工具栏中的"后退"按钮，可以退到上一个浏览过的网页，如果单击"后退"右侧的小三角按钮，会弹出一个下拉列表，罗列出所有以前浏览的网页，可以从列表中直接选择一个，转到该网页。

如果前面通过"后退"按钮回退过，工具栏中的"前进"按钮就可以使用了，否则是灰色的。它的使用方法与"后退"按钮是相同的。

④ 中断连接和刷新当前网页

单击工具栏中的"停止"按钮，可以中止当前正在进行的操作，停止和网站服务器的联系。

单击工具栏的"刷新"按钮，浏览器会和服务器重新取得联系，并显示当前网页的内容。

⑤ 设置主页

如果希望打开浏览器时，能自动进入一个指定的网站的主页，可以设置启动主页。方法如下。

- 在浏览器窗口中，选择"工具"菜单的"Internet 选项"命令。
- 在"Internet 选项"对话框中选择"常规"标签。

- 在"主页地址栏"中输入指定的网址。如果要将当前正在访问的网页设置为首页，可直接单击"使用当前页"按钮。
- 单击"确定"按钮。

⑥ 收藏夹的使用

将一些最常用的网站地址保存到收藏夹中，以后就可以方便地再次访问这些网站。收藏网站地址的方法如下。

- 访问要保存的网站。
- 选择"收藏"菜单中的"添加到收藏夹"命令，弹出图 11-14 所示的对话框。

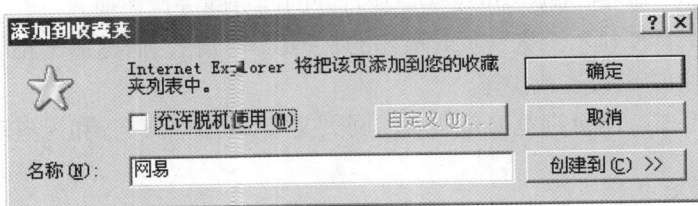

图 11-14　"添加到收藏夹"对话框

如果要修改名称，则输入自己定义的名称。

如果希望能够离线浏览，可选中"允许脱机使用"选项。

如果希望放到不同的收藏夹中，则单击"创建到"按钮，在打开的对话框中选择所要存放的收藏夹。

⑦ 历史记录管理

单击工具栏上的"历史"按钮，在 IE 左边的窗口出现历史记录栏，其中包含了在最近几天或几个星期内访问过的 Web 页和站点的链接。这样，用户可以通过最近访问过的 Web 页的列表来直接访问这些站点。

IE 8.0 界面如图 11-15 所示，其中的标题栏、前进/后退按钮和状态栏的作用与前面章节中介绍应用程序的窗口类似，下面对 IE 8.0 窗口中的特有部分分别进行介绍。

图 11-15　IE 浏览器窗口

● 地址栏。地址栏用来显示用户当前所打开网页的地址，也就是常说的网站的网址，单击地址栏右边的 ▾ 按钮，在打开的下拉列表中可以快速打开曾经访问过的网址。单击地址栏右侧的"刷新"按钮 ↻，浏览器将重新从网上下载当前网页的内容；单击"停止"按钮 × 可以停止对当前网页的下载。

● 搜索列表框。搜索列表框用于在默认搜索网站查找相关内容，在该列表框中输入要搜索的内容后，按【Enter】键或单击"搜索"按钮 ρ 即可。单击其后的下拉按钮 ▾，可在打开的下拉列表中对搜索选项进行详细设置。

● 网页选项卡。网页选项卡可以使用户在单个浏览器窗口中查看多个网页，即当打开多个网页时，通过单击不同的选项卡可以快速在打开的网页间进行切换。

● 工具栏。工具栏显示浏览网页时所需的常用工具按钮，通过单击相应的按钮可以快速对浏览的网页进行相应的设置或操作。

● 网页浏览窗口。网页浏览窗口所有的网页文字、图片、声音和视频等信息都显示在网页浏览窗口。

（三）电子邮箱和电子邮件

电子邮件是日常生活和工作中频繁使用的工具，电子邮件也称 E-mail，是一种通过网络在相互独立的地址之间实现传送和接收消息与文件的现代化通信手段。相对于传统的通信方式来说，电子邮件不仅可以传送文本，还可以传送声音、视频和图像等多种类型的文件。

电子邮件（E-mail）是 Internet 上使用最广泛的一种服务。由于电子邮件通过网络传送，具有方便、快速，不受地域和时间限制，费用低廉等优点，深受广大用户欢迎。

电子邮件的格式为<用户>@<主机域名>。它由收件人用户标识，字符"@"（读作"at"）和电子信箱所在计算机的域名 3 部分组成。地址中间不能有空格或逗号。例如：cdg@163.com 就是一个正确的电子邮件地址。

我们常用的电子邮件收发软件有 Outlook Express、Foxmail、金山邮件等。下面我们以 Foxmail 为例介绍电子邮件的使用方法。

1. 安装 Foxmail

首先我们要下载 Foxmail 软件，下载完毕后直接双击安装文件的图标，根据提示信息进行安装。

2. 建立账户

在 Foxmail 安装完毕后，第 1 次运行时，系统会自动启动向导程序，引导用户添加第 1 个邮件账户。弹出的第 1 个窗口显示提示信息，单击"下一步"按钮进入"建立新的用户账户"窗口，如图 11-16 所示。

在"用户名"文本框中输入用户姓名或代号信息。如果有多个邮箱，并且准备建立多个账户管理多个邮箱，建议在"用户名"栏输入与对应邮箱相关的信息。

窗口中"邮箱路径"这一栏用来设置邮件的存储路径，一般选择默认路径。如果要将邮件存储在自己认为适合的位置，则可以单击"选择"按钮，在弹出的对话框中选择存放的目录。

单击"下一步"按钮，进入"邮件身份标记"窗口，如图 11-17 所示。它要求用户输入"发送者姓名"与"邮件地址"信息。"发送者姓名"用来在发送邮件时追加用户姓名，以便于 E-mail 的接收者识别邮件到底是由哪个用户发送过来的。"邮件地址"信息则是在发送的邮件中显示发送者的 E-mail 地址，以便于接收者回信。

图 11-16 "建立新的用户账户"窗口

图 11-17 "邮件身份标记"窗口

单击"下一步"按钮，进入"指定邮件服务器"设置窗口，如图 11-18 所示。这一步需要填写"POP3 服务器""POP3 账户名""密码"及"SMTP 服务器"等信息。密码就是邮箱的密码，可以不填写，但是这样在每次收邮件的时候就要输入密码，建议在这里填写密码。对于一些流行的免费邮箱，如：163、新浪等，Foxmail 会自动填写正确的 POP3 和 SMTP 服务器地址。如果服务器地址填写不正确，就不能正常收/发邮件。

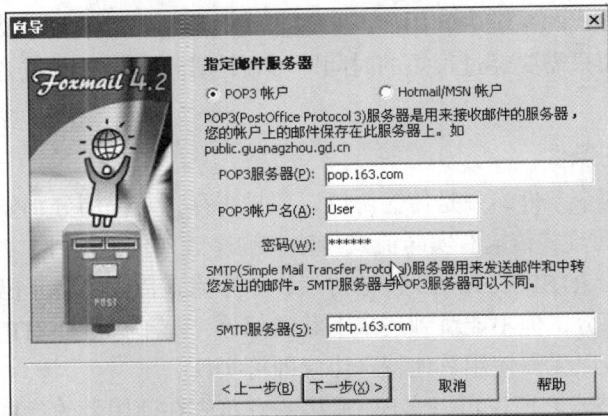

图 11-18 "指定邮件服务器"窗口

单击"下一步"按钮，屏幕将显示"账户建立完成"窗口。单击"完成"按钮，完成账户建立。

3. 邮件的接收和阅读

如果在建立账户过程中填写的信息无误，接收邮件是非常简单的事情，只要选中某个账户，然后单击工具栏上的"收取"按钮，在接收过程中会显示进度条和邮件信息提示。

用鼠标单击邮件列表框中的一封邮件，邮件内容就会显示在邮件预览框中。双击邮件标题，将以邮件阅读窗口显示邮件。

4. 撰写和发送邮件

单击工具栏上的"撰写"按钮，打开邮件编辑器，如图 11-19 所示。

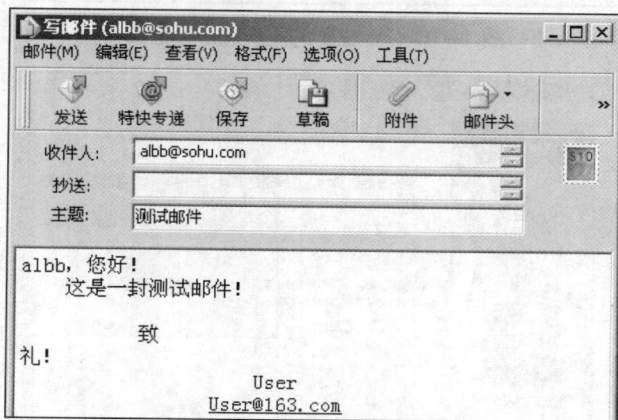

图 11-19　撰写邮件

在"收件人"一栏填写收信人的 E-mail 地址。"主题"相当于一篇文章的题目，可以让收信人大致了解邮件的内容，方便收信人管理邮件，也可以不填。

写好信后，单击工具栏的"发送"按钮，即可立即发送邮件。

（四）流媒体

流媒体是一种以"流"的方式在网络中传输音频、视频和多媒体文件的形式，它将视频和音频等多媒体文件经过特殊的压缩方式分成一个个压缩包，由服务器向用户计算机连续、实时传送。在流媒体传输方式的系统中，用户不必像非流式传输，必须整个文件全部下载完毕后才能看到当中的内容，而只需要经过很短的时间即可在计算机上对视频或音频等流式媒体文件进行边播放边下载。

1. 实现流媒体的条件

实现流媒体需要两个条件，一是传输协议，二是缓存，其作用分别如下。

① 传输协议。实现流式传输有实时流式传输和顺序流式传输两种。实时流式传输适合于现场直播，需要另外使用 RTSP 或 MMS 传输协议；顺序流式传输适合于已有媒体文件，这时用户可观看已下载的那部分，但不能跳到还未下载的部分，由于标准的 HTTP 服务器可以直接发送这种形式的文件，所以无需使用其他特殊协议即可实现。

② 缓存。流媒体技术之所以可以实现，是因为它首先在使用者的计算机上创建了一个缓冲

区，在播放前预先下载一段数据作为缓冲，在网路实际连线速度小于播放所耗用数据的速度时，播放程序就会取用缓冲区内的数据，从而避免播放中断，实现了流媒体连续不断的目的。

2．流媒体传输过程

流媒体在服务器和客户端之间进行传输的过程如下。

（1）客户端 Web 浏览器与媒体服务器之间交换控制信息，检索出需要传输的实时数据。

（2）Web 浏览器启动客户端的音频/视频程序，并对该程序初始化，包括目录信息、音频/视频数据的编码类型和相关的服务地止等信息。

（3）客户端的音频/视频程序和媒体服务器之间运行流媒体传输协议，交换音频/视频传输所需的控制信息，实时流协议提供播放、快进、快退和暂停等功能。

（4）媒体服务器通过传输协议将音频/视频数据传输给客户端，当数据到达客户端，客户端程序即可播放流媒体。

任务实现

（一）使用 IE 浏览器网上冲浪

IE 浏览器的最终目的是浏览 Internet 的信息，并实现信息交换的功能。IE 浏览器作为 Windows 操作系统集成的浏览器，拥有浏览网页、保存信息和收藏网页等多种功能。

1．浏览网页

使用 IE 浏览器对于个人用户而言实际上就是打开一个个网页，对网页中的内容进行查看。

【例 11-1】使用 IE 浏览器打开网易网页，然后进入"旅游"专题，查看其中感兴趣的网页内容。

（1）双击桌面上的 Internet Explorer 图标 e 启动 IE 浏览器，在上方的地址栏中输入需打开网页网址的关键部分"www.163.com"，按【Enter】键，IE 系统自动补充剩余部分，并打开该网页。

（2）在网页中列出了很多信息的目录索引，将鼠标光标移动到"旅游"超链接上时，鼠标指针变为 形状，单击鼠标，如图 11-20 所示。

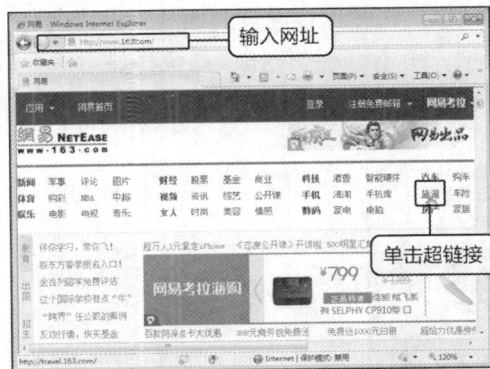

图 11-20　打开网页

（3）打开"旅游"专题，滚动鼠标滚轮实现网页的上下移动，在该网页中浏览到自己感兴趣的内容超链接后，再次单击鼠标，如图 11-21 所示，将在打开的网页中显示其具体内容，如图 11-22 所示。

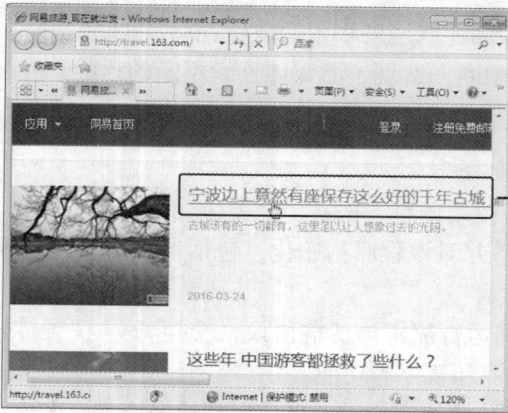

图 11-21　单击超链接

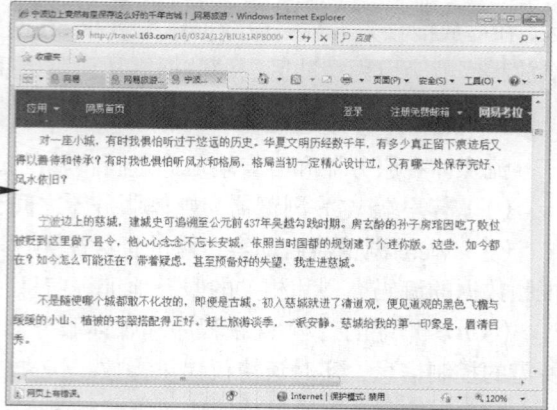

图 11-22　浏览具体内容

2. 保存网页中的资料

IE 浏览器提供了信息保存功能，当用户浏览到的网页有自己需要的内容时，可将其长期保存在计算机中，以备随时调用。

【例 11-2】保存打开网页中的文字信息和图片信息，最后保存整个网页内容。

（1）打开一个需要保存资料的网页，使用鼠标选择需要保存的文字，在选择的文字区域中单击鼠标右键，在弹出的快捷菜单中选择"复制"命令或按【Ctrl+C】组合键。

（2）启动记事本程序或 Word 软件，选择【编辑】/【粘贴】命令或按【Ctrl+V】组合键，将复制的文字粘贴到该软件中。

（3）选择【文件】/【保存】命令，在打开的对话框中进行设置后，将文档保存在计算机中。

（4）在需要保存的图片上单击鼠标右键，在弹出的快捷菜单中选择"图片另存为"命令，打开"保存图片"对话框。

（5）选择图片的保存位置，在"文件名"文本框中输入要保存图片的名称，这里输入"马尔代夫"，单击 保存(S) 按钮，将图片保存在计算机中，如图 11-23 所示。

（6）在当前打开的网页的工具栏中单击 页面(P) ▼ 按钮，在打开的下拉列表中选择"另存为"选项，打开"保存网页"对话框，选择保存网页的地址，设置名称，在"保存类型"下拉列表框中选择"网页，全部"选项，单击 保存(S) 按钮，系统将显示保存进度，保存好后即可在所保存的文件夹内找到该网页文件。

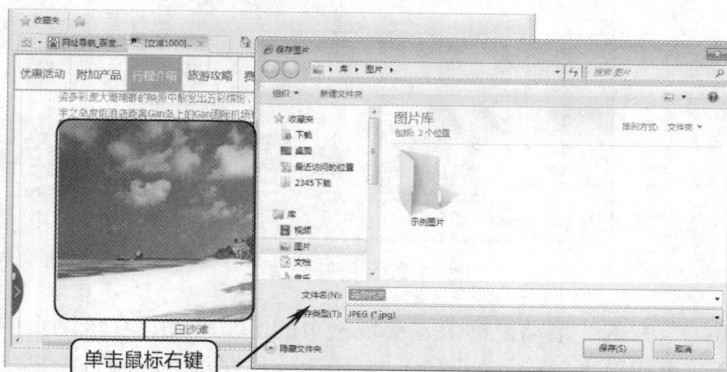

单击鼠标右键

图 11-23　保存图片

3. 使用历史记录

用户使用 IE 浏览器查看的网页，将被记录在 IE 浏览器中，当某日需要再次打开该网页时，可通过历史记录进入。

【例 11-3】使用历史记录查看星期四曾经浏览过的一个网页。

（1）在收藏夹栏中单击 ☆收藏夹 按钮，在网页左侧打开"收藏夹"窗格，单击上方的"历史记录"选项卡。

（2）在下方以星期形式列出日期列表，选择"星期四"选项，在展开的子列表中列出星期四查看的所有网页文件夹。

（3）选择一个网页文件夹，在下方显示出在该网站查看的所有网页列表，选择一个网页选项，即可在网页浏览窗口中显示该网页内容，如图 11-24 所示。

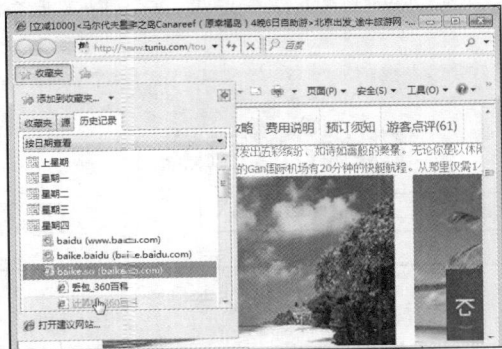

图 11-24 使用历史记录

4. 使用收藏夹

对于需要经常浏览的网页，可以添加到收藏夹中，以便快速打开。

【例 11-4】将"京东"网页添加到收藏夹的"购物"文件夹中。

（1）在地址栏中输入"www.jd.com"，按【Enter】键打开该网页，单击收藏夹栏的 ☆收藏夹 按钮。

（2）在网页左侧打开"收藏夹"窗格，单击上方的 添加到收藏夹... ▼ 按钮，打开"添加收藏"对话框，在"名称"文本框中输入"京东"，单击 新建文件夹(E) 按钮，如图 11-25 所示。

（3）打开"创建文件夹"对话框，在"文件夹名"文本框中输入"购物"，依次单击 创建(A) 按钮和 添加(A) 按钮，完成设置，如图 11-26 所示。

（4）再次打开收藏夹，可发现其中多了一个"购物"文件夹，选择该文件夹，下面将显示保存的"京东"网页选项，如图 11-27 所示，单击即可将其打开。

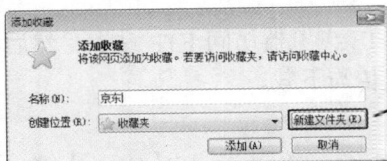

图 11-25 添加到收藏夹

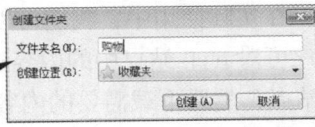

图 11-26 新建文件夹

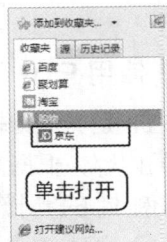

图 11-27 收藏后的网页

（二）使用搜索引擎

搜索引擎是专门用来查询信息的网站，这些网站可以提供全面的信息查询。目前，常用的搜索引擎有百度、搜狗、必应、360 搜索以及搜搜等。

【例 11-5】在百度搜索引擎中搜索有关计算机等级考试的相关信息。

（1）在地址栏输入"http://www.baidu.com"，按【Enter】键打开"百度"网站首页。

（2）在文本框中输入搜索的关键字"计算机等级考试"，单击 百度一下 按钮，如图 11-28 所示。

图 11-28　输入关键字

（3）在打开的网页中列出搜索结果，如图 11-29 所示，单击任意一个超链接即可在打开的网页中查看具体内容。

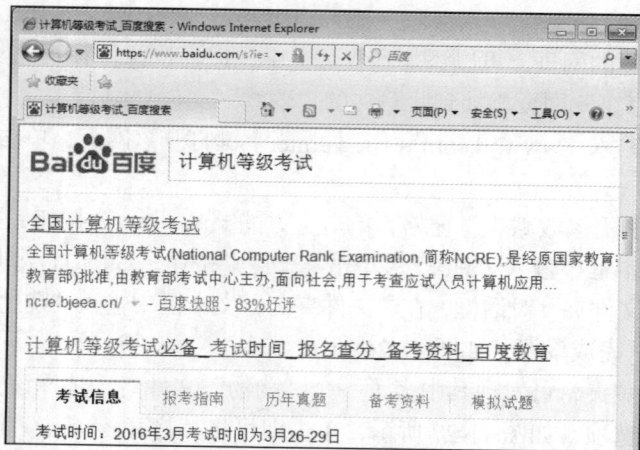

图 11-29　搜索结果

（三）使用 FTP

FTP 是文件传输协议，在实际使用中，我们可以通过 IE 浏览器访问 FTP 站点，然后浏览其中的内容，根据需要用户可对 FTP 站点中的内容进行上传与下载。

【例 11-6】浏览 FTP 站点，然后下载需要的内容。

（1）启动 IE 浏览器，在地址栏输入 FTP 站点地址"ftp.sjtu.edu.cn"，按【Enter】键，自动补全 FTP 站点地址，打开对应的页面，如图 11-30 所示。

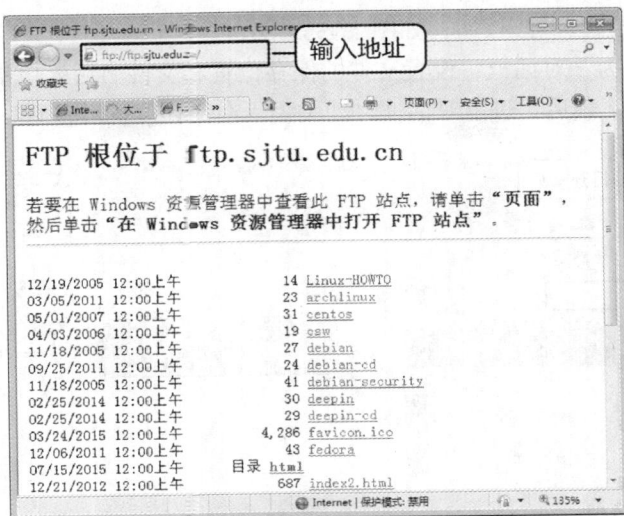

图 11-30　打开 FTP 站点

（2）依次单击需要查看内容的各项超链接，可在打开的页面中详细查看，在需要下载的超链接上单击鼠标右键，在弹出的快捷菜单中选择"目标另存为"命令。

（3）打开"另存为"对话框，当设置保存的位置和名称后，单击 保存(S) 按钮，如图 11-31 所示。

图 11-31　下载站点内容

（四）下载资源

Internet 的网站中有很多资源，除了在 FTP 站点中可以下载之外，在日常的生活和工作中，人们更多是在普通的网站中进行下载。

【例 11-7】在 ZOL 软件下载网中下载"搜狗五笔"软件。

（1）在 IE 浏览器的地址栏中输入"http://xiazai.zol.com.cn"，按【Enter】键打开 ZOL 软件下载网，在搜索文本框中输入下载的软件名称"搜狗五笔"，单击 搜索 按钮，如图 11-32 所示。

（2）打开搜狗五笔搜索网页，找到下载地址后，单击 ZOL本地下载 按钮，打开"文件下载-安全警告"对话框，单击 保存(S) 按钮，如图 11-33 所示。

（3）打开"另存为"对话框，设置文件的保存位置和文件名后，单击 保存(S) 按钮。打开下载进度对话框，完成下载后，进度对话框自动关闭。在保存位置可查看下载的资源。

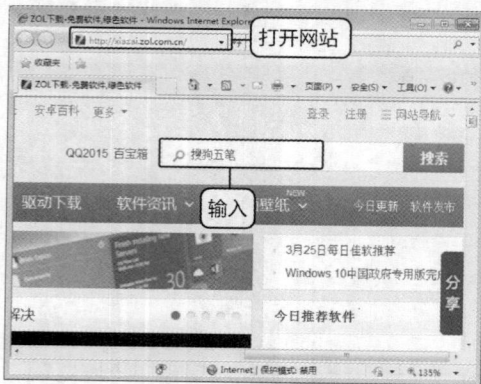

图 11-32　搜索下载资源

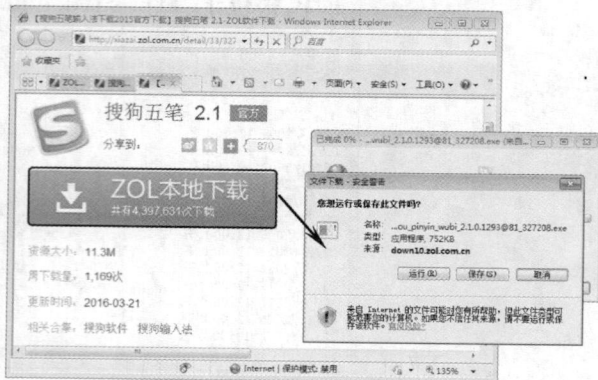

图 11-33　下载文件

（五）收发电子邮件

电子邮件的应用领域广泛，用户根据需要可以在网页上收发电子邮件，也可以使用专门的软件——Outlook 收发电子邮件。

1. 申请电子邮箱

要使用电子邮件进行信息交流，首先应申请一个电子邮箱。提供电子邮件服务的网站很多，在这些网站中都可以申请一个电子邮箱。

【例 11-8】在网易网页中申请一个免费的电子邮箱。

（1）在 IE 浏览器中输入网页邮箱的网址"mail.163.com"，按【Enter】键打开"网易邮箱"网站首页，单击其中的 注册 按钮。

（2）打开注册网页，根据提示输入电子邮箱的地址、密码和验证码等信息，单击 立即注册 按钮，如图 11-34 所示，将在打开的网页中提示注册成功。

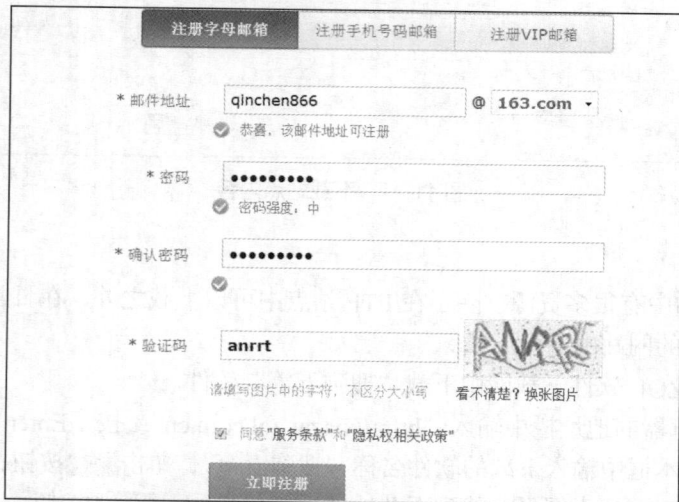

图 11-34　输入注册信息

2．使用 Outlook 收发电子邮件

Outlook 是 Office 2010 的组件之一，它作为办公综合管理软件，可以实现日程管理和收发电子邮件等功能。

【例 11-9】在 Outlook 中配置一个电子邮箱，然后使用该邮箱发送和接收电子邮件。

（1）选择【开始】/【所有程序】/【Microsoft Office】/【Microsoft Outlook 2010】命令，启动该软件，由于是第 1 次启动，将打开账户配置向导对话框，单击 下一步(N) > 按钮。

（2）在打开的对话框中会提示是否进行电子邮箱配置，单击选中"是"单选项，单击 下一步(N) > 按钮。

（3）打开"自动账户设置"对话框，单击选中"手动配置服务器设置或其他服务器类型"单选项，单击 下一步(N) > 按钮。

（4）在打开的对话框中单击选中"Internet 电子邮件"单选项，单击 下一步(N) > 按钮。

（5）在打开的对话框中按要求输入用户姓名、电子邮箱地址、接收邮件和发送邮件服务器地址、登录密码等信息，单击 下一步(N) > 按钮，如图 11-35 所示。

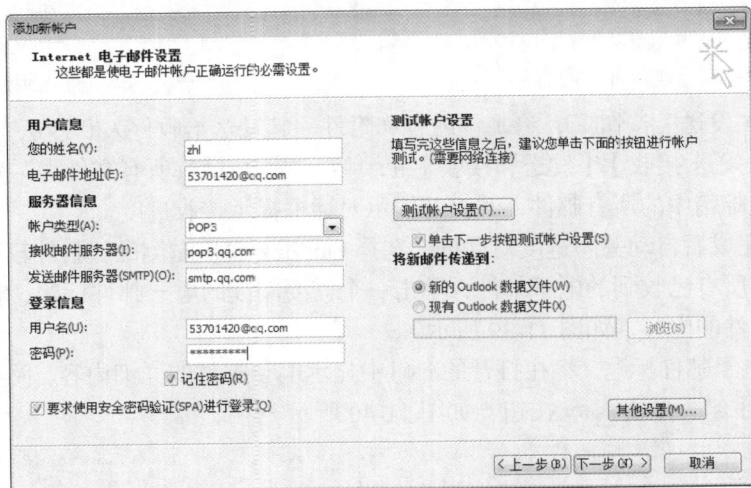

图 11-35　Internet 电子邮件设置

（6）Outlook 自动连接用户的电子邮箱服务器进行账户的配置，稍候片刻将打开提示对话框提示配置成功，并打开 Outlook 窗口，如图 11-36 所示。

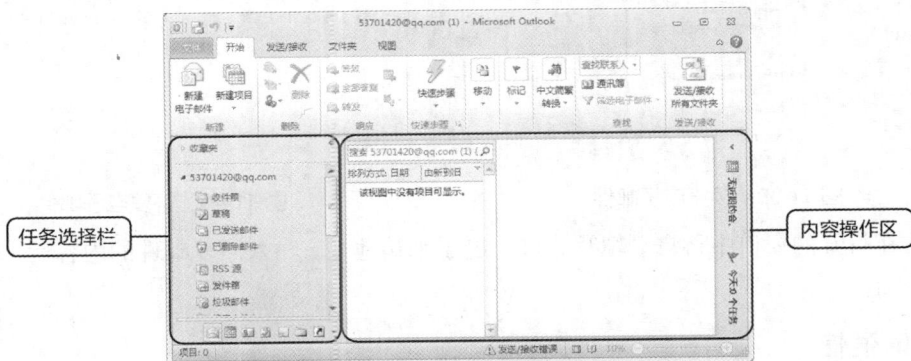

图 11-36　Outlook 窗口

（7）选择【新建】/【新建】组，单击"新建电子邮件"按钮 ，打开新建邮件窗口。

（8）在"收件人"和"抄送"文本框中输入接收邮件的用户电子邮箱地址，在"主题"文本框中输入邮件的标题，在下方的窗口中输入邮件的正文内容。

（9）选择【邮件】/【添加】组，单击"添加文件"按钮 ，如图 11-37 所示。

（10）打开"插入文件"对话框，在其中选择附件文件，单击 插入(S) 按钮，如图 11-38 所示。

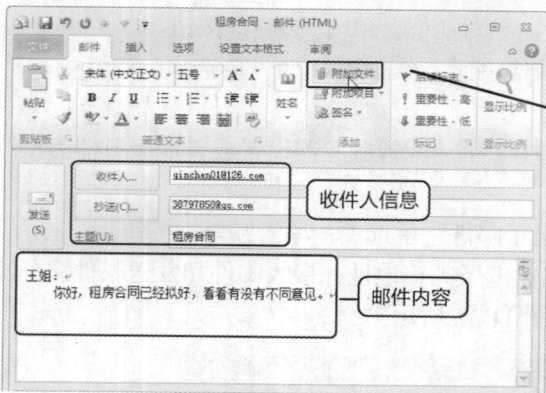

图 11-37　输入邮件内容

图 11-38　插入附件

（11）单击"发送"按钮 ，将邮件内容和附件一起发送给收件人和抄送人。

（12）选择【发送/接收】/【发送和接收】组，单击"发送/接收所有文件夹"按钮 ，Outlook 将开始接收配置邮箱中的所有邮件，并打开提示对话框提示接收进度。

（13）接收完成后自动关闭进度对话框，选择 Outlook 窗口左侧的"收件箱"选项，在中间的窗格中将显示所有已收到的电子邮件，单击一个需要阅读的电子邮件标题，将在右侧的窗格中显示该电子邮件的内容，如图 11-39 所示。

（14）双击电子邮件标题，将在打开的窗口中显示电子邮件的详细内容，阅读完之后，选择【邮件】/【响应】组，单击 答复 按钮，如图 11-40 所示。

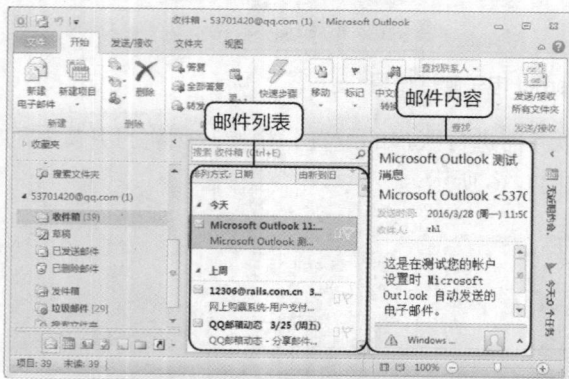

图 11-39　预览电子邮件

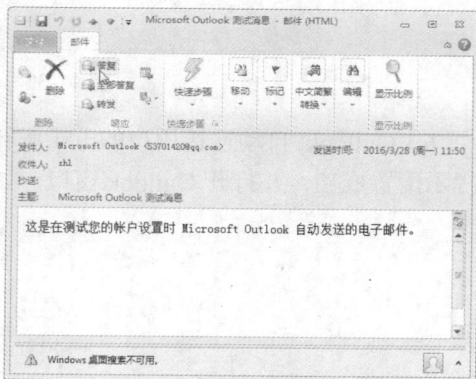

图 11-40　答复电子邮件

（15）在打开的窗口中将自动填写收件人电子邮箱地址，输入回复邮件的内容后，单击"发送"按钮 。

（六）即时通信

即时通信顾名思义即"信息的即时发送与接收"，要实现即时通信，应通过一些专用软件，其中 QQ 就是其中之一。

【例 11-10】使用 QQ 进行消息的发送与接收。

（1）选择【开始】/【所有程序】/【腾讯软件】/【腾讯 QQ】命令，启动腾讯 QQ 软件，打开登录窗口，输入 QQ 号码和密码后单击 　　登录　　 按钮，如图 11-41 所示。

（2）打开 QQ 窗口，在窗口中双击某个需要即时通信的对象，如图 11-42 所示。

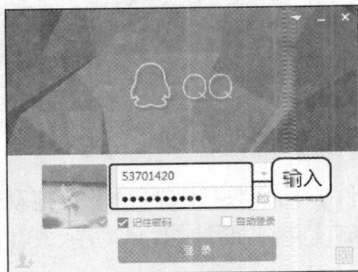

图 11-41　输入登录信息

图 11-42　选择通信对象

（3）打开即时通信窗口，在窗口下方输入通信内容，单击 发送(S) 按钮，如图 11-43 所示。

（4）此时对方将收到消息，对方回复信息后，状态栏的 QQ 图标将不停闪烁，双击该 QQ 图标，将打开聊天窗口，上方显示了对方回应的通信内容，如图 11-44 所示。

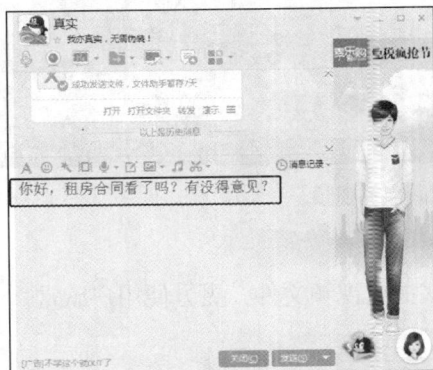

图 11-43　输入通信内容

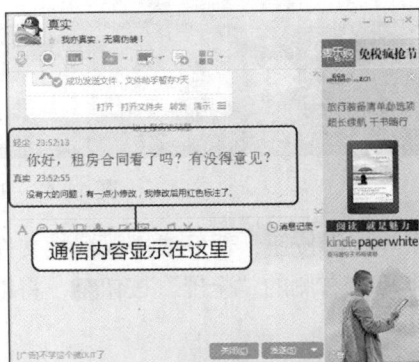

图 11-44　查看回复信息

（七）使用流媒体

现在很多网站都提供了音频/视频在线播放服务，如优酷、土豆和爱奇艺等。它们的使用方法基本相同，只是每个网站中保存的音频/视频文件各有不同。

【例 11-11】在爱奇艺网中欣赏一段动画片。

（1）在 IE 浏览器中打开爱奇艺网，单击首页的"少儿"超链接，打开少儿频道。

（2）依次单击超链接，选择喜欢看的视频文件，视频文件将在网页的窗口进行显示，如图 11-45 所示。

图 11-45　选择视频文件

（3）在窗口右侧还可以选择需要播放的视频文件，在视频播放窗口下方拖动进度条或单击进度条的某一个时间点，可从该时间点开始播放视频文件，如图 11-46 所示。在进度条下方有一个时间表，表示当前视频的播放时长和总时长。

图 11-46　播放任意时间点的视频

（4）单击▶按钮，暂停或播放视频文件。

（5）单击右侧的"全屏"按钮，将以全屏模式播放视频文件，更方便用户欣赏。

课后作业

一、单选题

1. 第一代计算机网络又称为（　　　）。

A. 面向终端的计算机网络　　　　　　B. 初始端计算机网络

    C.　面向终端的互联网　　　　　　　　　　D.　初始端网络和互联网

2.　根据计算机网络覆盖的地域范围与规模，可以将其分为（　　　　）。

    A.　局域网、城域网和广域网　　　　　　　B.　局域网、城域网和互联网

    C.　局域网、区域网和广域网　　　　　　　D.　以太网、城域网和广域网

3.　如果要把个人计算机用电话拨号方式接入互联网，除需性能合适的计算机外，硬件上还应配置一个（　　　　）。

    A.　连接器　　　　　B.　调制解调器　　　　C.　路由器　　　　　D.　集线器

4.　（　　　　）是 Internet 最基本的协议。

    A.　X.25　　　　　　B.　TCP/IP　　　　　　C.　FTP　　　　　　D.　UDP

5.　TCP 在以下（　　　　）工作。

    A.　物理层　　　　　B.　链路层　　　　　　C.　传输层　　　　　D.　应用层

6.　Internet 实现了世界各地各类网络的互连，其最基础和核心的协议是（　　　　）。

    A.　HTTP　　　　　B.　FTP　　　　　　　C.　HTML　　　　　D.　TCP/IP

7.　在 Internet 中，主机域名和主机 IP 地址之间的关系是（　　　　）。

    A.　完全相同，毫无区别　　　　　　　　　B.　一一对应

    C.　一个 IP 地址对应多个域名　　　　　　　D.　一个域名对应多个 IP 地址

8.　a@b.cn 表示一个（　　　　）。

    A.　IP 地址　　　　　B.　电子邮箱　　　　　C.　域名　　　　　　D.　网络协议

9.　第三代计算机的特征是全网中所有的计算机遵守（　　　　）。

    A.　各自的协议　　　B.　政府规定协议　　　C.　同一种协议　　　D.　不同协议

10.　以下不属于电子邮件地址的是（　　　　）。

    A.　ly@yahoo.com.cn　B.　ly@163.com.cn　　C.　ly@126.com.cn　D.　ly.baidu.com

11.　（　　　　）是将文件从远程计算机复制到本地计算机上。

    A.　下载　　　　　　B.　上传　　　　　　　C.　保存　　　　　　D.　传送

12.　浏览网页过程中，当鼠标移动到已设置了超链接的区域时，鼠标指针形状一般变为（　　　　）。

    A.　小手形状　　　　B.　双向箭头　　　　　C.　禁止图案　　　　D.　下拉箭头

13.　下列四项中表示域名的是（　　　　）。

    A.　www.cctv.com　　　　　　　　　　　　B.　hk@zj.school.com

    C.　zjwww@china.com　　　　　　　　　　D.　202.96.68.1234

14.　下列软件中可以查看 WWW 信息的是（　　　　）。

    A.　游戏软件　　　　B.　财务软件　　　　　C.　杀毒软件　　　　D.　浏览器软件

15.　局域网的拓扑结构主要包括（　　　　）。

    A.　总线型结构、环形结构和星形结构　　　B.　环网结构、单环结构和双环结构

    C.　单环结构、双环结构和星形结构　　　　D.　网状结构、单总线结构和环形结构

16.　WWW 是（　　　　）。

    A.　局域网的简称　B.　城域网的简称　　　C.　广域网的简称　　D.　万维网的简称

17.　在计算机网络中，LAN 网指的是（　　　　）。

    A.　局域网　　　　　B.　广域网　　　　　　C.　城域网　　　　　D.　以太网

18. （　　）可以适应大容量、突发性的通信需求，提供综合业务服务，具备开放的设备接口与规范的协议以及完善的通信服务与网络管理。

    A. 资源子网　　　　　B. 局域网　　　　　C. 通信子网　　　　　D. 广域网

19. Internet 采用的基础协议是（　　）。

    A. HTML　　　　　B. CSMA　　　　　C. SMTP　　　　　D. TCP/IP

20. IP 地址是由一组长度为（　　）的二进制数字组成。

    A. 8 位　　　　　B. 16 位　　　　　C. 32 位　　　　　D. 20 位

21. Internet 与 WWW 的关系是（　　）。

    A. 均为互联网，只是名称不同　　　　　B. WWW 只是在 Internet 上的一个应用功能

    C. Internet 与 WWW 没有关系　　　　　D. Internet 就是 WWW

22. 调制解调器也称（　　）。

    A. 调制器　　　　　B. 解调器　　　　　C. 调频器　　　　　D. Modem

23. 电子邮件发送系统使用的传输协议是（　　）。

    A. HTTP　　　　　B. SMTP　　　　　C. HTML　　　　　D. FTP

24. E-mail 地址格式正确的表示是（　　）。

    A. 主机地址@用户名　　　　　B. 用户名，用户密码

    C. 电子邮箱号，用户密码　　　　　D. 用户名@主机域名

25. 超文本的含义是（　　）。

    A. 该文本中包含有图形、图像　　　　　B. 该文本中包含有二进制字符

    C. 该文本中包含有与其他文本的链接　　　　　D. 该文本中包含有多媒体信息

26. WWW 中的信息资源是以（　　）为元素构成的。

    A. 主页　　　　　B. Web 页　　　　　C. 图像　　　　　D. 文件

27. 用户在使用电子邮件之前，需要向 ISP 申请一个（　　）。

    A. 电话号码　　　　　B. IP 地址　　　　　C. URL　　　　　D. E-mail 账户

28. 用户使用 WWW 浏览器访问 Internet 上任何 WWW 服务器，所看到的第 1 个页面称为（　　）。

    A. 主页　　　　　B. Web 页　　　　　C. 文件　　　　　D. 目录

29. 域名地址中的后缀 cn 的含义是（　　）。

    A. 美国　　　　　B. 中国　　　　　C. 教育部门　　　　　D. 商业部门

30. HTTP 是（　　）。

    A. 一种程序设计语言　　　　　B. 域名

    C. 超文本传输协议　　　　　D. 网址

31. 在通过电话线拨号上网的情况下，电子邮箱设在（　　）。

    A. 用户自己的微机上　　　　　B. 用户的 Internet 服务商的服务器上

    C. 和用户通信人的主机上　　　　　D. 根本不存在电子邮件信箱

32. 如果电子邮件带有"别针"图标，则表示该邮件（　　）。

    A. 设有优先级　　　　　B. 带有标记　　　　　C. 带有附件　　　　　D. 可以转发

33. 撰写电子邮件的界面中，"抄送"功能是指（　　）。

    A. 发信人地址　　　　　B. 邮件主题

C. 邮件正文　　　　　　　　　　D. 将邮件同时发送给多个人

34. 下列属于搜索引擎的（　　　）。

A. 百度　　　　　B. 爱奇艺　　　　C. 迅雷　　　　　D. 酷狗

二、操作题

1. 打开"百度"首页，输入并搜索"最新电影"的相关知识，保存网页。

2. 打开"新浪"首页，通过该页面打开"新浪新闻"页面，在其中浏览新闻，并将页面保存到指定的文件夹下。

3. 将"yeyuwusheng@163.com"添加到联系人中，然后向该邮箱发送一封邮件，主题为"会议通知"，正文为"请于周三下午 14:00 准时到会议室参加季度总结会议"。

4. 将当前接收的"会议通知"邮件抄送给"yeyuwusheng@163.com"。

5. 打开 IE 浏览器的收藏夹，将"游戏中心"重命名为"消灭星星"，并移动至"娱乐"文件夹。

项目十二　了解计算机常用工具

计算机病毒和木马威胁着计算机系统的安全运行，因此，对计算机病毒的防护成为用户关注的重点之一。为了提高计算机的使用效率，掌握必要的反病毒软件、文件压缩等常用工具的使用方法，则成为信息处理技术的重要技能之一。本项目将通过具体的典型任务，介绍计算机病毒及防火墙基础知识和文件压缩等常用工具的使用。

学习目标

- 防治计算机病毒
- 文件压缩

任务一　防治计算机病毒

任务要求

随着计算机网络的普及，计算机面临着被攻击和被病毒感染的风险。如何让计算机在享用 Internet 带来的便捷的同时又使其不受侵害，这是计算机用户面临的新问题。

本任务要求认识计算机病毒的特征、分类和防治方法，然后通过实际操作，了解防治计算机病毒的各种途径。

任务实现

（一）了解计算机病毒

1983 年 11 月 3 日，美国计算机专家首次提出了计算机病毒的概念并进行了验证。1988 年 11 月 2 日下午 5 时 1 分 59 秒，美国康奈尔大学的计算机科学系研究生、23 岁的莫里斯（Morris）将其编写的蠕虫程序输入计算机网络，致使这个拥有数万台计算机的网络被堵塞。这件事就像是计算机界的一次大地震，引起了巨大反响，震惊全世界，引起了人们对计算机病毒的恐慌，也使更多的计算机专家开始重视并致力于计算机病毒的研究。

1988 年下半年，我国在国家统计局系统首次发现了"小球"病毒，它对统计系统影响极大。1999 年 4 月 26 日，我国及世界范围内 CIH 病毒大发作，据报道，全世界约有 6 000 万台计算机受感染，造成的直接、间接经济损失超过 10 亿元，我国受损害的计算机总数约为 36 万台，个别单位的整个网络，多达上百台工作站均遭到病毒袭击而全部瘫痪。随着计算机和 Internet 的日益普及，计算机在给人们带来巨大变革的同时，也存在着潜在的危机。计算机的安全问题越来越受到人们的重视。

计算机病毒（Computer Virus）在《中华人民共和国计算机信息系统安全保护条例》中有明确的定义，是"指编制或者在计算机程序中插入的破坏计算机功能或者破坏数据，影响计算机使用并且能够自我复制的一组计算机指令或者程序代码"。

病毒不是来源于突发或偶然的原因。一次突发的停电和偶然的错误，会在计算机的磁盘和内存中产生一些乱码和随机指令，但这些代码是无序和混乱的。病毒则是一种比较完美的、精巧严谨的代码，按照严格的秩序组织起来，与所在的系统网络环境相适应和配合，病毒不会偶然形成，而且它需要有一定的长度，这个基本的长度从概率上来讲是不可能通过随机代码产生的。现在流行的病毒基本是由人为故意编写的，多数病毒可以找到作者和产地信息，从大量的统计分析来看，病毒作者主要情况和目的是：一些天才的程序员为了表现自己和证明自己的能力而编写病毒代码，当然也有因政治、军事、宗教、民族、专利等方面的原因而专门编写的，其中也包括一些病毒研究机构和黑客的测试病毒。

（二）认识计算机病毒的特点和分类

1．计算机病毒的特点

计算机病毒具有以下几个特点。

（1）寄生性

计算机病毒寄生在其他程序之中，当执行这个程序时，病毒就起破坏作用，而在未启动这个程序之前，它是不易被人发觉的。

（2）传染性

计算机病毒不但本身具有破坏性，更有害的是具有传染性，一旦病毒被复制或产生变种，其速度之快令人难以预防。它是一段人为编制的计算机程序代码，这段程序代码一旦进入计算机并得以执行，它就会搜寻其他符合其传染条件的程序或存储介质，确定目标后再将自身代码插入其中，达到自我繁殖的目的。只要一台计算机染毒，如不及时处理，那么病毒会在这台计算机上迅速扩散，其中的大量文件（一般是可执行文件）会被感染，被感染的文件又成了新的传染源，再与其他机器进行数据交换或通过网络接触，病毒会继续进行传染。正常的计算机程序一般是不会将自身的代码强行连接到其他程序之上的。而病毒却能使自身的代码强行传染到一切符合其传染条件的未受到传染的程序之上。计算机病毒可通过各种可能的渠道，如软盘、计算机网络去传染其他的计算机。所以，是否具有传染性是判别一个程序是否为计算机病毒的最重要条件，病毒程序通过修改磁盘扇区信息或文件内容并把自身嵌入到其中的方法达到病毒的传染和扩散的目的，被嵌入的程序叫作宿主程序。

（3）潜伏性

潜伏性的第一种表现，是指病毒程序不用专用检测程序是检查不出来的，一个编制精巧的计算机病毒程序进入系统之后一般不会马上发作，可以在几周或者几个月内甚至几年内隐藏在合法文件中，对其他系统进行传染而不被人发现，潜伏性越好，其在系统中的存在时间就会越长，病毒的传染范围就会越大。潜伏性的第二种表现，是指计算机病毒的内部往往有一种触发机制，不满足触发条件时，计算机病毒除了传染外不做破坏。触发条件一旦得到满足，就对系统进行破坏。

（4）隐蔽性

计算机病毒具有很强的隐蔽性，有的可以通过病毒软件检查出来，有的根本就查不出来，有的时隐时现、变化无常，这类病毒处理起来通常很困难。

（5）破坏性

计算机中毒后，可能会导致正常的程序无法运行、计算机内的文件被删除或受到不同程度的损坏。

（6）可触发性

病毒因某个事件或数值的出现，诱使病毒实施感染或进行攻击的特性称为可触发性。为了隐蔽自己，病毒必须潜伏，少做动作。如果完全不动一直潜伏，病毒既不能感染也不能进行破坏，便失去了杀伤力。病毒既要隐蔽又要维持杀伤力，它就必须具有可触发性。病毒的触发机制就是用来控制感染和破坏动作频率的。病毒具有预定的触发条件，这些条件可能是时间、日期、文件类型或某些特定数据等。病毒运行时，触发机制检查预定条件是否满足，如果满足，启动感染或破坏动作，使病毒进行感染或攻击；如果不满足，病毒则继续潜伏。

2. 计算机病毒的分类

（1）按寄生方式分为引导型病毒、文件型病毒和复合型病毒

引导型病毒是指寄生在磁盘引导区或主引导区的计算机病毒。此种病毒利用系统引导时，不对主引导区的内容正确与否进行判别，在引导型系统运行的过程中侵入系统、驻留内存、监视系统运行，待机传染和破坏。按照引导型病毒在硬盘上的寄生位置又可细分为主引导记录病毒和分区引导记录病毒。主引导记录病毒感染硬盘的主引导区，如大麻病毒；分区引导记录病毒感染硬盘的活动分区引导记录，如小球病毒。

文件型病毒主要以感染可执行程序文件为主。文件型病毒分为源码型病毒、嵌入型病毒和外壳型病毒。源码型病毒是用高级语言编写的，若不进行汇编、链接则无法传染扩散。嵌入型病毒嵌入在程序中，它只能针对某个具体程序。这两类病毒受环境限制尚不多见。目前流行的文件型病毒几乎都是外壳型病毒，这类病毒寄生在宿主程序的前面或后面，并修改程序的第一个执行指令，使病毒先于宿主程序执行，这样随着宿主程序的使用而传染扩散。

复合型病毒是指具有引导型病毒和文件型病毒寄生方式的计算机病毒。这种病毒扩大了病毒程序的传染途径，它既感染磁盘的引导记录，又感染可执行文件。当染有此种病毒的磁盘用于引导系统或调用执行染毒文件时，病毒都会被激活。因此在检测、清除复合型病毒时，必须全面彻底地根除。如果只发现该病毒的一个特性，把它只当作引导型或文件型病毒进行清除，虽然表面好像是清除了，但还留有隐患。这种病毒的两种感染方式增加了病毒的传染性以及存活率。不管以哪种方式传染，只要中毒就会经开机或执行程序而感染其他的磁盘或文件，所以，此种病毒也是最难杀灭的。

（2）按破坏性分为良性病毒和恶性病毒

良性病毒是指那些不包含有立即对计算机系统产生直接破坏作用的代码，只是为了表现自身，并不彻底破坏系统和数据。这种病毒多数是恶作剧者的产物，他们的目的不是为了破坏系统和数据，而是为了让使用染有病毒的计算机用户通过显示器或扬声器看到或听到病毒设计者的编程技术。这类病毒有小球病毒、1575/1591 病毒、救护车病毒、扬基病毒等。其实良性、恶性都是相对而言的。即使是良性病毒，在取得系统控制权后，也会大量占用 CPU 时间，增加系统开销，同时导致整个系统死锁，给正常操作带来麻烦。

3．计算机病毒的表现形式

计算机受到病毒感染后，会表现出一些异常现象，如计算机无缘无故重新启动、死机等，具体表现如下。

（1）机器不能正常启动

开机后机器根本不能启动，或者可以启动，但所需要的时间比原来的启动时间变长。有时会突然出现黑屏现象或机器自动重启。

（2）运行速度降低

如果发现在运行某个程序时，读取数据的时间比原来长，存文件或调文件的时间都增加了，那就可能是由于病毒造成的。

（3）磁盘空间迅速变小

由于病毒程序要进驻内存，而且又能自动繁殖，因此会使内存空间变小甚至变为 0，用户什么信息也无法读取。

（4）文件内容和长度有所改变

一个文件存入磁盘后，本来它的长度和内容都不会改变，可是由于病毒的干扰，文件长度可能改变，文件内容也可能出现乱码。有时会导致文件内容无法显示或显示后又消失了。

（5）经常出现"死机"现象

正常的操作是不会造成死机现象的，即使是初学者，命令输入不对也不会死机。如果机器经常死机，那可能是由于系统被病毒感染了。

（6）外部设备工作异常

因为外部设备受系统的控制，如果机器中有病毒，外部设备在工作时可能会出现一些无法用理论或经验解释的异常情况。

4．计算机病毒的防治、检测与消除

计算机病毒及反病毒是两种以软件编程为基础的技术，它们的发展是交替进行的。对计算机病毒以预防为主，防止病毒的入侵要比病毒入侵后再去处理要好得多。

要预防计算机病毒，首先从思想上重视，加强管理，防止病毒的入侵。在从外部往机器里复制或下载信息前，如从光盘、U 盘复制，网络下载，电子邮件附件下载前，都应该先进行查毒，若有病毒必须清除，这样可以保证计算机不被新的病毒传染。硬盘分区表、引导扇区、注册表等关键数据应备份，并妥善保管，在进行系统维护和修复工作时可作为参考。重要数据文件应定期进行备份，将计算机病毒所造成的损失降到最小，不要等到由于计算机病毒破坏，计算机硬件或软件出现故障，使数据受到损伤时再去急救。许多病毒的流行都是利用了操作系统中的漏洞，所以要定期下载系统补丁。此外，由于病毒具有潜伏性，可能机器中还隐蔽着某些旧病毒，一旦时机成熟还将发作，所以，要经常对磁盘进行检查，若发现病毒就及时杀除。思想重视是基础，采取有效的查毒与消毒方法是技术保证。

（三）掌握计算机的安全维护

1．启用 Windows 防火墙

防火墙是指协助确保信息安全的硬件或者软件，使用防火墙可以过滤掉不安全的网络访问服务，提高上网安全性。Windows 7 操作系统提供了防火墙功能，用户应将其开启。

【例 12-1】启用 Windows 7 的防火墙。

（1）选择【开始】/【控制面板】命令，打开"所有控制面板项"窗口，单击"Windows 防火墙"超链接。

（2）打开"Windows 防火墙"窗口，单击左侧的"打开或关闭 Windows 防火墙"超链接，如图 12-1 所示。

（3）打开"自定义设置"窗口，在"家庭或工作（专用）网络位置设置"和"公用网络位置设置"栏中单击选中"启用 Windows 防火墙"单选项，单击 确定 按钮，如图 12-2 所示。

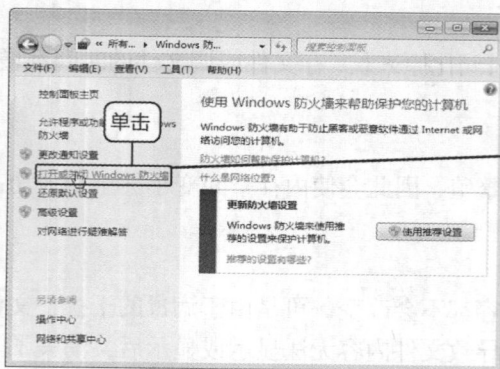

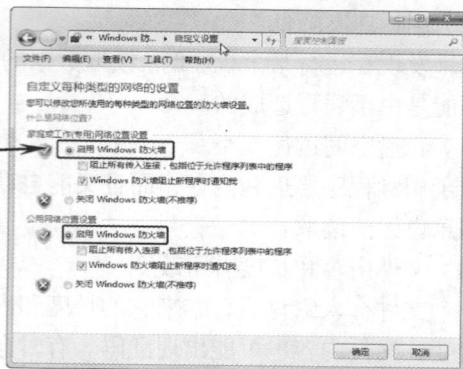

图 12-1　单击超链接　　　　　　图 12-2　开启 Windows 防火墙

2. 使用第三方软件保护系统

对于普通用户而言，防范计算机病毒保护计算机最有效、最直接的措施是使用第三方软件。一般使用 QQ 电脑管家、360 杀毒、金山新毒霸、百度杀毒和卡巴斯基等。

【例 12-2】使用 360 杀毒软件快速扫描计算机中的文件，然后清理有威胁的文件；接着在 360 安全卫士软件中对计算机进行体检，修复后扫描计算机中是否存在木马病毒。

（1）安装 360 杀毒软件后，启动计算机的同时默认自动启动该软件，其图标在状态栏右侧的通知栏中显示，单击状态栏中的"360 杀毒"图标 。

（2）打开 360 杀毒工作界面，选择扫描方式，这里选择"快速扫描"选项，如图 12-3 所示。

（3）程序开始对指定位置的文件进行扫描，将疑似病毒文件或对系统有威胁的文件都扫描出来，并显示在打开的窗口中，如图 12-4 所示。

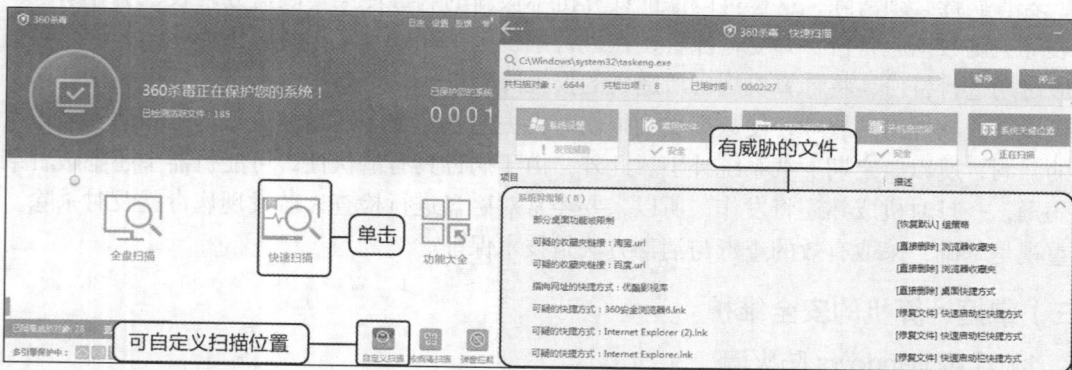

图 12-3　选择扫描位置　　　　　　图 12-4　扫描文件

（4）扫描完成后，单击选中要清理的文件前的复选框，单击 立即处理 按钮，然后在打开的提示对话框中单击 确认 按钮确认清理文件，如图 12-5 所示。清理完成后，打开对话框提示本次扫描和清理文件的结果，并提示需要重新启动计算机，单击 立即重启 按钮。

（5）单击状态栏中的"360 安全卫士"图标 ，启动 360 安全卫士并打开其工作界面，单击中间的 立即体检 按钮，软件自动运行并扫描计算机中的各个位置，如图 12-6 所示。

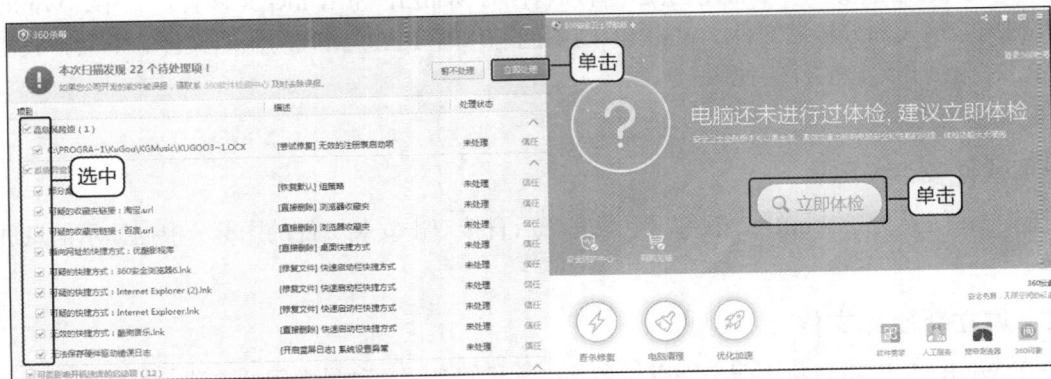

图 12-5　清理文件　　　　　　　　　　图 12-6　360 安全卫士

（6）360 安全卫士将检测到的不安全的选项列在窗口中显示，单击 一键修复 按钮，对其进行清理，如图 12-7 所示。

（7）返回 360 工作界面，单击左下角的"查杀修复"按钮 ，在打开界面中单击"快速扫描"按钮 ，将开始扫描计算机中的文件，查看其中是否存在木马文件，如存在木马文件，则根据提示单击相应的按钮进行清除。

图 12-7　修复系统

任务二　文件压缩

任务要求

在文件的整理或网络传送过程中，经常会发生数据丢失现象，或文件数据占用存储空间过大的问题，这就需要对文件数据进行压缩、整理，提高数据发送、存储的效率，学习和掌握压缩工具软件则成为数据处理技术的重要技能之一。

相关知识

Internet 上可以下载的文件大多属于压缩文件，文件下载后必须先解压缩才能够使用；另外在使用电子邮件附加文件功能的时候，最好也能事先对附加文件进行压缩处理，这样做不仅可以减轻网络的负荷，而且更加省时。

目前网络上的压缩文件格式有很多种，其中常见的有 ZIP、RAR 和自解压文件格式 EXE 等。在 Windows 系统中，最常用的压缩管理软件有 WinZIP 和 WinRAR 两种。其中，WinRAR 可以解压缩绝大部分压缩文件，WinZIP 则不能解压缩 RAR 格式的压缩文件。下面，我们以 WinRAR 为例介绍该软件的使用。

任务实现

（一）软件安装

首先我们要下载 WinRAR 软件，下载完毕后直接双击安装文件的图标，根据提示信息进行安装。

（二）建立新压缩文件

在 WinRAR 中建立新压缩文件有很多方法，我们介绍一种最常用的方法，具体操作如下。

（1）选定要压缩的文件或文件夹。

（2）在选定的文件或文件夹上单击鼠标右键，在弹出的快捷菜单中选择"添加到压缩文件"。

（3）在弹出的对话框中输入压缩文件名，单击"确定"按钮。

（三）解压缩文件或文件夹

解压缩文件或文件夹的具体操作如下。

（1）双击要解压缩的文件，单击工具栏上的"解压到"按钮。

（2）在"解压路径和选项"对话框中进行一些相关的设置，主要是选择解压后文件存放的路径，并单击"确定"按钮，如图 12-8 所示。

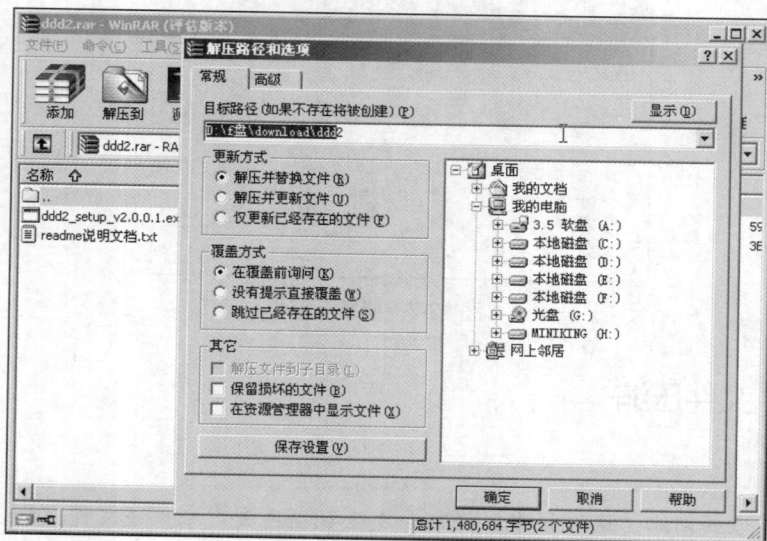

图 12-8　解压缩文件或文件夹

（四）创建分卷压缩文件

我们经常会遇到这样的情况，一个文件即使在被压缩以后还是超过了一张光盘的容量。这时我们用创建分卷压缩文件的方法就可以简单解决了。

在压缩窗口中有一项"压缩分卷大小，字节"，我们可以在这里指定一个压缩包的大小，这样，WinRAR 就会把文件按指定的大小压缩成几个压缩包了。

（五）解压缩部分文件

WinRAR 中把压缩文件作为一个文件来管理，双击一个 RAR 文件，就可以查看压缩文件内部的文件，而且还可以对选定的文件进行解压缩。解压缩的方法也很简单，即先选定要解压缩的文件，再单击工具栏上的"解压到"按钮，在弹出的解压缩对话框中选择解压缩后文件存放的文件夹，单击"确定"按钮，就可将选定的文件进行解压缩了。

课后作业

一、单选题

1. 设置系统自动更新，一般通过（　　）进行设置。

    A. "计算机管理"窗口　　　　　　　　B. "WindowsUpdate"窗口

    C. "计算机"窗口　　　　　　　　　　D. "系统配置"窗口

2. 蠕虫病毒的前缀是（　　）。

    A. Win32　　　　　B. Worm　　　　　C. Win95　　　　　D. Macro

3. 下列选项（　　），可能是计算机感染病毒的途径。

    A. 从键盘上输入数据　　　　　　　　B. 通过电源线

    C. 所使用的硬盘表面不清洁　　　　　D. 通过 Internet 的 E-mail

4. 下列选项中，可以防止移动硬盘感染计算机病毒的方法是（　　）。

    A. 使移动硬盘远离电磁场　　　　　　B. 定期对移动硬盘作格式化处理

    C. 对移动硬盘加上写保护　　　　　　D. 禁止与有病毒的其他移动硬盘放在一起

5. 计算机病毒会造成（　　）。

    A. CPU 烧毁　　　　　　　　　　　　B. 磁盘驱动器损坏

    C. 程序和数据被破坏　　　　　　　　D. 磁盘的物理损坏

6. 计算机病毒是一种（　　）。

    A. 程序　　　　　　　　　　　　　　B. 电子元件

    C. 微生物"病毒体"　　　　　　　　　D. 机器部件

7. 黑客病毒前缀名一般为（　　）。

    A. Worm　　　　　B. Macro　　　　　C. Hack　　　　　D. Word

8. 按其寄生场所不同，计算机病毒可分为引导型病毒和（　　）两大类。

    A. 娱乐性病毒　　　B. 破坏性病毒　　　C. 文件型病毒　　　D. 潜在性病毒

9. 下列属于计算机常见病毒特点的是（　　）。

    A. 良性、恶性、明显性和同期性　　　B. 周期性、隐蔽性、复发性和良性

    C. 隐蔽性、潜伏性、传染性和破坏性　D. 只读性、趣味性、隐蔽性和传染性

10. 可以感染 Windows 操作系统的病毒，其文件后缀名一般为（　　）。

    A. *.docx 和*.dll　　B. *.docx 和*.xlsx　　C. *.exe 和*.txt　　D. *.exe 和*.dll

11. 下列设备中，能在计算机之间传播"病毒"的是（　　）。

    A. 扫描仪   B. 鼠标   C. 光盘   D. 键盘

12. 为了预防计算机病毒，对于外来 U 盘应（   ）。

    A. 禁止使用   B. 先查毒，后使用   C. 使用后，就杀毒   D. 随便使用

13. 出现下列（   ）现象时，应首先考虑计算机感染了病毒。

    A. 不能读取光盘   B. 系统报告磁盘已满

    C. 程序运行速度明显变慢   D. 开机启动 Windows 时，首先扫描硬盘

14. 发现计算机感染病毒后，可通过（   ）操作清除病毒。

    A. 使用杀毒软件   B. 扫描磁盘   C. 整理磁盘碎片   D. 重新启动计算机

15. 在下列操作中，通过（   ）不可以清除文件型计算机病毒。

    A. 删除感染计算机病毒的文件   B. 将感染计算机病毒的文件更名

    C. 格式化感染计算机病毒的磁盘   D. 用杀毒软件进行清除

16. 对于已经感染病毒的磁盘，应（   ）。

    A. 不能使用   B. 用杀毒软件杀毒后继续使用

    C. 用酒精消毒后继续使用   D. 可直接使用，对系统无任何影响

17. 冰河播种者（Dropper.BingHe2.2C）属于（   ）。

    A. 复合型病毒   B. 引导文件型病毒

    C. 病毒种植程序病毒   D. 非生物型病毒

18. 下列关于防火墙作用的描述，正确的是（   ）。

    A. 防止具有危害性的网站主动连接计算机

    B. 可以过滤掉不安全的网络访问服务，提高上网安全性

    C. 防止病毒在计算机上的传播和扩散

    D. 以上说法都不对

19. 下列不属于第三方系统保护软件的是（   ）。

    A. 卡巴斯基   B. 金山毒霸   C. 瑞星杀毒   D. 鲁大师

20. 对 WinRAR 描述错误的是（   ）。

    A. 能够对文件加密后解压

    B. 支持分卷压缩

    C. 可以压缩和解压 RAR/ZIP/ARJ 等格式的文件

    D. 能够将 RAR 文件转换为 EXE 文件

21. 在资源管理器中把一个文件用鼠标拖曳到 RAR 压缩文件上，实现的操作是（   ）。

    A. 没有任何变化   B. 自动打开 WinRAR 软件

    C. 该文件将自动添加到压缩文件中   D. 将打开"压缩文件名和参数"对话框

22. WinRAR 不能生成的文件格式是（   ）。

    A. RAR   B. ZIP   C. EXE   D. ISO

23. 在 WinRAR 窗口中，选中某 RAR 压缩文件，按【Alt+X】组合键可以实现的操作是（   ）。

    A. 为该压缩文件设置密码   B. 解压该压缩文件

    C. 将该压缩文件转换为自解压文件   D. 测试该压缩文件

24. WinRAR 默认的压缩方式是（   ）的。

A. 最快   B. 标准   C. 较快   D. 最好

25. 不是压缩文件的是（   ）。

     A. 快乐.rar   B. 快乐.dot   C. 快乐.cab   D. 快乐.zip

26. 在文件 1.doc 上单击鼠标右键，在弹出的快捷菜单中没有的菜单项是（   ）。

     A. 添加到压缩文件   B. 添加到 1.rar   C. 解压到这里   D. 复制

27. 在 WinRAR "压缩文件名和参数" 对话框的（   ）选项卡中可以设置密码。

     A. 常规   B. 高级   C. 文件   D. 备份

28. WinRAR 解压文件的默认覆盖方式是（   ）。

     A. 在覆盖前询问   B. 没有提示直接覆盖

     C. 跳过已经存在的文件   D. 提示更新文件

29. WinRAR 软件可以对文件进行（   ）操作。

     A. 压缩   B. 解压缩   C. 压缩与解压   D. 压缩损伤

二、操作题

1. 设置 QQ 为禁止开机自动启动的程序。

2. 使用杀毒软件执行快速杀毒操作，并清理扫描出来的病毒文件。

3. 对当前系统盘进行病毒扫描，并清理扫描出来的病毒文件。

4. 对 5 个任意的 Word 文件进行压缩。